अनुप्रयुक्त रसायन शास्त्र

(लैब मैन्युअल सहित)

अंजू रावले

देवदत्त विनायकराव सराफ

KHANNA BOOK PUBLISHING CO. (P) LTD.
PUBLISHER OF ENGINEERING AND COMPUTER BOOKS
4C/4344, Ansari Road, Darya Ganj, New Delhi-110002
Phone: 011-23244447-48 **Mobile:** +91-99109 09320
E-mail: contact@khannabooks.com
Website: www.khannabooks.com

Dear Readers,

To prevent the piracy, this book is secured with HIGH SECURITY HOLOGRAM on the front title cover. In case you don't find the hologram on the front cover title, please write us to at contact@khannabooks.com or whatsapp us at +91-99109 09320 and avail special gift voucher for yourself.

Specimen of Hologram on front Cover title: 

Moreover, there is a SPECIAL DISCOUNT COUPON for you with EVERY HOLOGRAM.

How to avail this SPECIAL DISCOUNT:
Step 1: Scratch the hologram
Step 2: Under the scratch area, your "coupon code" is available
Step 3: Logon to www.khannabooks.com
Step 4: Use your "coupon code" in the shopping cart and get your copy at a special discount
Step 5: Enjoy your reading!

ISBN: 978-93-5538-184-2
Book Code: DIP177HI

Applied Chemistry *by*
Anju Rawlley, Devdatta Vinayakrao Saraf
[Hindi Edition]

First Edition: 2021
Reprint: 2022, 2023, 2025

Published by:

Khanna Book Publishing Co. (P) Ltd.
CIN: U22110DL1998PTC095547

Visit us at: **www.khannabooks.com**
Write us at: **contact@khannabooks.com**

To view complete list of books,
Please scan the QR Code:
KPH

Printed in Bharat.

प्रो. अनिल डी. सहस्रबुद्धे
अध्यक्ष
Prof. Anil D. Sahasrabudhe
Chairman

सत्यमेव जयते

अखिल भारतीय तकनीकी शिक्षा परिषद
(भारत सरकार का एक सांविधिक निकाय)
(शिक्षा मंत्रालय, भारत सरकार)
नेल्सन मंडेला मार्ग, वसंत कुंज, नई दिल्ली–110070
दूरभाष : 011–26131498
ई–मेल : chairman@aicte-india.org

ALL INDIA COUNCIL FOR TECHNICAL EDUCATION
(A STATUTORY BODY OF THE GOVT. OF INDIA)
(Ministry of Education, Govt. of India)
Nelson Mandela Marg, Vasant Kunj, New Delhi-110070
Phone : 011-26131498
E-mail : chairman@aicte-india.org

प्राक्कथन

इंजीनियरिंग ने सदियों से समाज की प्रगति और विस्तार में बहुत महत्वपूर्ण भूमिका निभाई है। भारतीय उपमहाद्वीप में उपजे इंजीनियरिंग विचारों ने संपूर्ण विश्व के चिंतन को प्रभावित किया है।

अखिल भारतीय तकनीकी शिक्षा परिषद (अभातशिप) ने वर्ष 1987 में अपने स्थापना से ही तकनीकी विद्यार्थियों को सर्व संभव सहायता देने में अग्रणी भूमिका का निर्वहन किया है। अभातशिप का लक्ष्य गुणवत्तापूर्ण तकनीकी शिक्षा को प्रोत्साहन देते हुए इसके माध्यम से उद्योग जगत को नवीन उत्कर्ष पर पहुँचाना एवं अंततः मातृभूमि भारत को एक आधुनिक विकसित राष्ट्र के रूप में स्थापित करना है| यहां यह उल्लेख करना अनुचित नहीं होगा कि इंजीनियर आधुनिक समाज की रीढ़ हैं - बेहतर इंजीनियर अर्थात बेहतर उद्योग और उद्योग जितने बेहतर होंगे राष्ट्र उतना ही विकास करेगा।

राष्ट्रीय शिक्षा नीति 2020 की परिकल्पना है कि सभी के लिए क्षेत्रीय भाषा में शिक्षा उपलब्ध हो, जो सुनिश्चित करती है कि प्रत्येक विद्यार्थी समग्र रूप से सक्षम एवं दक्ष हो ताकि राष्ट्रीय विकास में सकल योगदान दे सके।

अभातशिप का विगत कुछ वर्षों से यह अथक प्रयास रहा है कि, इंजीनियरिंग के सभी विद्यार्थियों को उच्च गुणवत्ता वाली अंतरराष्ट्रीय स्तर की पुस्तकें क्षेत्रीय भाषाओं में तैयार कर, उचित मूल्य पर उपलब्ध कराई जाएँ। ये पुस्तकें न केवल सरल भाषा में व्यावहारिक जीवन के उदाहरणों तथा समृद्ध विषय सामग्री को ध्यान में रखकर तैयार की गई हैं, अपितु इनमें दिन प्रति दिन बदलते वैश्विक परिदृश्य तथा उद्योग जगत की आवश्यकताओं का भी ध्यान रखा गया है । क्षेत्रीय भाषाओँ में तैयार की गई ये पुस्तकें, अभातशिप के इंजीनियरिंग एवं प्रौद्योगिकी के मॉडल पाठ्यक्रम - 2018 के अनुरूप हैं।

संपूर्ण भारत के अनुभवी एवं विषय के निष्णात प्रख्यात प्राध्यापकों द्वारा इन पुस्तकों को अकादमिक समुदाय के लाभ के लिए लिखा गया है। अभातशिप को पूर्ण विश्वास है कि, विषय सामग्री की दृष्टि से समृद्ध, ये पुस्तकें तकनीकी शिक्षा के विद्यार्थियों को अधिक सुगमता और गुणवत्ता के साथ विषयों में दक्षता प्राप्त करने में सहायक होंगी |

अभातशिप इन पुस्तकों और इंजीनियरिंग विषयों को अधिक सुस्पष्ट एवं प्रभावी बनाने के लिए सभी मूल लेखकों, समन्वयकों तथा अनुवादकों के अथक प्रयास और परिश्रम की प्रशंसा करता है।

(Anil D. Sahasrabudhe)

आभार

इंजीनियरिंग एवं प्रौद्योगिकी के विद्यार्थियों के लिए तकनीकी पुस्तकों के प्रकाशन हेतु कुशल नियोजन, संयोजन एवं क्रियान्वयन हेतु अखिल भारतीय तकनीकी शिक्षा परिषद् के प्रति लेखक हृदय से कृतज्ञ हैं।

पुस्तक को विद्यार्थियों के अनुकूल रोचक एवं कलात्मक रूप देने में पुस्तक के समीक्षक श्रीमती सुनीता मुकेश पाटिल के बहुमूल्य योगदान के प्रति भी लेखक हृदय से आभारी है।

लेखक के लिए अत्यंत गौरव का विषय है कि, यह पुस्तक एआईसीटीई के मॉडल पाठ्यक्रम एवं राष्ट्रीय शिक्षा नीति (NEP)–2020 के दिशानिर्देशों के अनुरूप तैयार की गई है। साथ ही क्षेत्रीय भाषाओं में शिक्षा को बढ़ावा देने के लिए इस पुस्तक का अनुसूचित भारतीय क्षेत्रीय भाषाओं में भी अनुवाद किया जा रहा है।

हम इस पुस्तक के हिंदी भाषा में अनुवाद के लिए डॉ. पारुल जैन के प्रति आभार व्यक्त करते हैं।

हम श्री बुद्धा चंद्रशेखर, मुख्य समन्वय अधिकारी (CCO), NEAT, एआईसीटीई के प्रति हार्दिक सम्मान व्यक्त करते हैं जिनके द्वारा विकसित आर्टिफिशियल इंटेलिजेंस (AI) आधारित ट्रांसलेशन टूल का उपयोग अनुवाद के लिए किया गया।

अंत में, लेखक, खन्ना बुक पब्लिशिंग कंपनी प्राइवेट लिमिटेड, नई दिल्ली, के सभी सदस्यों जिन्होंने प्रकाशन के दौरान तत्परता से सहयोग प्रदान किया एवं इसे एक स्मरणीय अनुभव बनाया, के प्रति भी हार्दिक धन्यवाद ज्ञापित करते हैं।

–अंजू रावले और देवदत्त विनायकराव सराफ

प्रस्तावना

जीवन की जटिलताओं को समझने और सुलझाने के लिए रसायन विज्ञान को इस्तेमाल किया जाता है। रसायन विज्ञान की प्रगति सभी मनुष्यों की भलाई के साथ निकटता से जुड़ी हुई है और इसने जीवन को बहुत ही सरल और आरामदायक बना दिया है।

"अनुप्रयुक्त रसायन शास्त्र" पाठ्यपुस्तक एआईसीटीई मॉडल पाठ्यक्रम के अनुसार विकसित की गई है। यह पुस्तक इस बात को ध्यान में रखते हुए लिखी गई है कि नवोदित डिप्लोमा इंजीनियरों द्वारा रसायन विज्ञान की बुनियादी अवधारणाओं को गहराई से समझा जाना चाहिए, क्योंकि इन अवधारणाओं को उद्योगों के कई इंजीनियरिंग अनुप्रयोगों में और दैनिक जीवन में लागू किया जा सकता है। प्रस्तुत पाठ्य पुस्तक इसी दिशा में एक ईमानदार प्रयास है।

इस पुस्तक को उपयोगी बनाने और अध्ययन को सेल्फ-लर्निंग मोड में रोचक बनाने का प्रयास किया गया है। पाठ्यपुस्तक की संरचना व्यापक है, जिसमें कुल सोलह प्रायोगिक अभ्यास प्रत्येक सैद्धांतिक इकाइयों, एक से पांच तक, के अभिन्न अंग हैं।

पुस्तक की मुख्य विशेषता यह है कि प्रत्येक पाठ को चित्रों, उदाहरणों, तालिकाओं, प्रवाह चार्ट, स्व-मूल्यांकन प्रश्नों एवं उनके समाधान के साथ बहुत ही सरल तरीके से प्रस्तुत किया गया है। सूक्ष्म परियोजनाएं, रचनात्मक अन्वेषणशीलता और जिज्ञासा के लिए बिंदु/ मुद्दे, अधिक जानें, वीडियो लिंक, केस स्टडी और सारांश बिंदु विद्यार्थियों में वैज्ञानिक जांच के दृष्टिकोण को विकसित करने, कारण और प्रभाव संबंध की जांच करने, व्यवस्थित करने, वैज्ञानिक और तार्किक सोच विकसित करने, निरीक्षण करने, विश्लेषण करने और व्याख्या करने की क्षमता को विकसित करने के लिए विभिन्न इकाइयों के अभिन्न अंग हैं। कामकाज की इस दुनिया में डिप्लोमा इंजीनियरिंग पास करने वालों के लिए इन सभी क्षमताओं के विकास की अनिवार्य रूप से आवश्यकता होती है।

विद्यार्थियों, प्रयोगशाला कर्मियों और शिक्षकों को प्रदर्शन और कार्यान्वयन में सुविधा के लिए प्रत्येक इकाई के पाठ्यक्रम में सूचीबद्ध प्रायोगिक विवरण को एक व्यवस्थित प्रारूप में उल्लेखित किया गया है। प्रयोगशाला प्रयोग प्रारूप में प्रायोगिक महत्व, प्रासंगिक सिद्धांत, चरणबद्ध प्रक्रिया, सुरक्षा सावधानियां, मौखिक परीक्षा के लिए नमूना जांच प्रश्न आदि शामिल हैं। आउटकम आधारित शिक्षा (OBE) और आउटकम आधारित मूल्यांकन (OBA) की आवश्यकता को पूरा करने के लिए, मानदंड संदर्भित परीक्षण (CRT) का उपयोग प्रत्येक प्रयोग में मूल्यांकन के एक अभिन्न अंग के रूप में किया गया है। इसके लिए प्रत्येक प्रयोग में प्रक्रिया और उत्पाद मूल्यांकन के विशिष्ट और मापने योग्य मानदंड उनके प्रतिशत भार के साथ शामिल हैं। यह विद्यार्थियों, शिक्षकों और मूल्यांकनकर्ताओं को परिणामों की प्राप्ति के लिए प्रत्येक प्रयोग के प्रदर्शन और मूल्यांकन के मानदंड को जानने में सक्षम बनाएगा।

हालाँकि इस पाठ्यपुस्तक को त्रुटि मुक्त बनाने का पूरा ध्यान रखा गया है। फिर भी, स्वाभाविक रूप से कभी-कभी त्रुटियां हो सकती हैं। पाठकों से आवश्यक संशोधन जानना हमारे लिए बहुत खुशी की बात होगी। इसके अलावा, पुस्तक के सुधार के लिए सुझावों का स्वागत है।

–अंजू रावले और देवदत्त विनायकराव सराफ

परिणाम आधारित शिक्षा

परिणाम आधारित शिक्षा (आउटकम बेस्ड एजुकेशन) के क्रियान्वयन के लिए प्रथम आवश्यकता है, परिणाम आधारित पाठ्यक्रम विकसित करना एवं शिक्षा प्रणाली में परिणाम आधारित मूल्यांकन का समावेश करना। परिणाम आधारित आकलन के माध्यम से मूल्यांकनकर्ता यह मूल्यांकन करने में सक्षम हो सकेंगे कि क्या विद्यार्थियों ने उल्लेखित मानक, विशिष्ट और मापने योग्य लक्ष्यों (परिणामों) को प्राप्त कर लिया है। परिणाम-आधारित शिक्षा के उचित समावेश से सभी विद्यार्थियों में, प्रोग्राम बीच में छोड़े बिना, न्यूनतम मानक अर्जित करने के लिए एक निश्चित प्रतिबद्धता होगी। परिणाम आधारित शिक्षा युक्त प्रोग्राम के अंत में, विद्यार्थी निम्नलिखित लक्ष्यों (परिणामों) तक पहुंचने में सक्षम होगेः

PO1 : **मूलभूत एवं अध्ययन संकाय विशिष्ट ज्ञानः** गणित, विज्ञान, इंजीनियरिंग के आधारभूत ज्ञान और इंजीनियरिंग विशेषज्ञता को इंजीनियरिंग समस्याओं के समाधान के लिए उपयोग करना।

PO2 : **समस्या विश्लेषणः** संहिताबद्ध मानक विधियों का उपयोग करके सुपरिभाषित इंजीनियरिंग समस्याओं को पहचानना एवं उनका विश्लेषण करना।

PO3 : **समाधानों की रूपरेखा/विस्तारः** सुपरिभाषित तकनीकी समस्याओं के लिए समाधानों की रूपरेखा (डिजाईन) तैयार करना और निर्दिष्ट आवश्यकताओं को पूरा करने के लिए प्रणाली के घटकों या प्रक्रियाओं के डिजाइन में सहायता करना।

PO4 : **इंजीनियरिंग उपकरण, प्रयोग और परीक्षणः** मानक परीक्षण और माप करने के लिए आधुनिक इंजीनियरिंग उपकरण और उपयुक्त तकनीक का उपयोग करना।

PO5 : **समाज एवं पर्यावरणीय स्थायित्व के लिए इंजीनियरिंग कार्यप्रणालीः** समाज, स्थिरता, पर्यावरण और नैतिक कार्यप्रणालियों के संदर्भ में उपयुक्त प्रौद्योगिकी का उपयोग करना।

PO6 : **परियोजना प्रबंधनः** इंजीनियरिंग और प्रबंधन के सिद्धांतों का उपयोग व्यक्तिगत एवं समूह के सदस्य अथवा प्रमुख के रूप में परियोजना प्रबंधन करना एवं सुपरिभाषित इंजीनियरिंग गतिविधियों के विषय में प्रभावी ढंग से संप्रेषित करना।

PO7 : **जीवन-पर्यन्त सीखनाः** व्यक्तिगत आवश्यकताओं का विश्लेषण करने की क्षमता और तकनीकी परिवर्तनों के व्यापक संदर्भ में जीवन-पर्यन्त सीखना।

कोर्स आउटकम्स

पाठ्यक्रम के पूरा होने के बाद विद्यार्थी निम्न में सक्षम होंगे:

CO-1 : परमाणु संरचना और रासायनिक बंध की बुनियादी अवधारणाओं को लागू करने वाली विभिन्न इंजीनियरिंग समस्याओं को हल करने में।

CO-2 : घरेलू और औद्योगिक समस्याओं को हल करने के लिए प्रासंगिक जल उपचार पद्धति का उपयोग करने में।

CO-3 : इंजीनियरिंग सामग्री और गुणों की अवधारणाओं का उपयोग करके इंजीनियरिंग समस्याओं को हल करने में।

CO-4 : घरेलू और औद्योगिक अनुप्रयोगों के लिए प्रासंगिक ईंधन और स्नेहक का उपयोग करने में।

CO-5 : विद्युत् रसायन और संक्षारण की अवधारणा का उपयोग करके इंजीनियरिंग की समस्याओं को हल करने में।

कोर्स आउटकम्स (COs)	प्रोग्राम आउटकम्स (POs) के साथ अपेक्षित संबंध *(1. कमजोर सहसम्बन्ध; 2. मध्यम सहसम्बन्ध; 3. मजबूत सहसम्बन्ध)*						
	PO-1	**PO-2**	**PO-3**	**PO-4**	**PO-5**	**PO-6**	**PO-7**
CO-1	3	2	1	1	2	1	1
CO-2	3	3	2	3	2	3	2
CO-3	3	2	3	3	3	2	2
CO-4	3	3	2	3	3	2	2
CO-5	3	2	2	2	2	2	2

संक्षेपण और प्रतीक

संक्षेपण सूची

संक्षेपण	पूर्ण रूप	संक्षेपण	पूर्ण रूप
CE	रासायनिक समतुल्यांक या समतुल्य भार	TAN	कुल अम्ल संख्या
CO	कोर्स आउटकम	TEL	टेट्रा इथाइल लेड
EDTA	एथिलीन डायमाइन टेट्रा एसिटिक अम्ल	UO	यूनिट आउटकम
HCV	उच्च कैलोरी मान	VII	श्यानता सूचकांक सुधारक
LCV	निम्न कैलोरी मान	VM	श्यानता संशोधक
PO	प्रोग्राम आउटकम	Z या ECE	विद्युत रासायनिक तुल्यांक
RCC	प्रबलित सीमेंट कंक्रीट		

प्रतीक सूची

प्रतीक	विवरण	प्रतीक	विवरण
n	मुख्य क्वांटम संख्या	m	चुंबकीय क्वांटम संख्या
l	कोणीय संवेग या द्विगंशी क्वांटम संख्या	m_s	स्पिन क्वांटम संख्या

प्रयुक्त इकाइयाँ

प्रतीक	विवरण	प्रतीक	विवरण
B.Th.U/ ft^3	ब्रिटिश थर्मल यूनिट प्रति घन फुट	Kcal / Kg	किलोकैलोरी प्रति किलोग्राम
B.Th.U. / lb	ब्रिटिश थर्मल यूनिट प्रति पाउंड	Kcal / m^3	किलोकैलोरी प्रति क्यूबिक मीटर
Cals / g	कैलोरी प्रति ग्राम	mg / L	मिलीग्राम प्रति लीटर
C.H.U. / lb	सेंटीग्रेड हीट यूनिट प्रति पाउंड	meq / L	मिली तुल्यांक प्रति लीटर
^{0}Cl	०क्लार्क	ppm	पार्ट्स प्रति मिलियन
^{0}Fr	०फ्रेंच	ppt	अवक्षेप
K	केल्विन		

चित्र सूची

यूनिट 1: परमाणु संरचना, रासायनिक बंध और विलयन

तालिका सूची

यूनिट 1: परमाणु संरचना, रासायनिक बंध और विलयन

यूनिट 2: जल

यूनिट 3: इंजीनियरिंग सामग्री

यौगिकों और आम लवणों की सूची

कुछ आयनिक यौगिक (विद्युत् संयोजक यौगिक)

क्रमांक	नाम	सूत्र	उपस्थित आयन
1.	सोडियम क्लोराइड	$NaCl$	Na^+ और Cl^-
2.	पोटेशियम क्लोराइड	KCl	K^+ और Cl^-
3.	अमोनियम क्लोराइड	NH_4Cl	NH_4^+ और Cl^-
4.	मैग्नीशियम क्लोराइड	$MgCl_2$	Mg^{2+} और Cl^-
5.	कैल्शियम क्लोराइड	$CaCl_2$	Ca^{2+} और Cl^-
6.	सोडियम ऑक्साइड	Na_2O	Na^+ और O^{2-}
7.	मैग्नीशियम ऑक्साइड	MgO	Mg^{2+} और O^{2-}
8.	कैल्शियम ऑक्साइड	CaO	Ca^{++} और O^{2-}
9.	एल्यूमिनियम ऑक्साइड	Al_2O_3	Al^{3+} और O^{2-}
10.	सोडियम हाइड्रॉक्साइड	$NaOH$	Na^+ और OH^-
11.	कॉपर सल्फेट	$CuSO_4$	Cu^{2+} और SO_4^{2-}
12.	कैल्शियम नाइट्रेट	$Ca(NO_3)_2$	Ca^{2+} और NO_3^-
13.	एल्यूमिनियम क्लोराइड	$AlCl_3$	Al^{3+} और Cl^-

कुछ सहसंयोजक यौगिक

क्रमांक	नाम	सूत्र	उपस्थित परमाणु
1.	मीथेन	CH_4	C और H
2.	ईथेन	C_2H_6	C और H
3.	इथाइलीन	C_2H_4	C और H
4.	एथाइन (एसिटिलीन)	C_2H_2	C और H

क्रमांक	नाम	सूत्र	उपस्थित परमाणु
5.	जल	H_2O	H और O
6.	अमोनिया	NH_3	N और H
7.	एथिल अल्कोहल (इथेनॉल)	C_2H_5OH	C, H और O
8.	हाइड्रोजन क्लोराइड गैस	HCl	H और Cl
9.	हाइड्रोजन सल्फाइड गैस	H_2S	H और S
10.	कार्बन डाइऑक्साइड	CO_2	C और O
11.	कार्बन डाइसल्फाइड	CS_2	C और S
12.	कार्बन टेट्राक्लोराइड	CCl_4	C और Cl
13.	ग्लूकोज	$C_6H_{12}O_6$	C, H और O
14.	गन्ना चीनी	$C_{12}H_{22}O_{11}$	C, H और O
15.	यूरिया	$CO(NH_2)_2$	C, O, N और H
16.	बेंजीन	C_6H_6	C और H
17.	हाइड्रोजन गैस	H_2	H
18.	क्लोरीन गैस	N_2	N
19.	ऑक्सीजन गैस	O_2	O

जल में उपस्थित कुछ सामान्य लवण

क्रमांक	नाम	फॉर्मूला	मौजूद आयन
01	कैल्शियम कार्बोनेट	$CaCO_3$	Ca^{2+} और CO_3^{2-}
02	मैग्नीशियम कार्बोनेट	$MgCO_3$	Mg^{2+} और CO_3^{2-}
03	कैल्शियम बाइकार्बोनेट	$Ca(HCO_3)_2$	Ca^{2+} और HCO_3^-
04	मैग्नीशियम बाइकार्बोनेट	$Mg(HCO_3)_2$	Mg^{2+} और HCO_3^-
05	कैल्शियम क्लोराइड	$CaCl_2$	Ca^{2+} और Cl^-
06	मैग्नीशियम क्लोराइड	$MgCl_2$	Mg^{2+} और Cl^-
07	कैल्शियम सल्फेट	$CaSO_4$	Ca^{2+} और SO_4^{2-}

क्रमांक	नाम	फॉर्मूला	मौजूद आयन
08	मैग्नीशियम सल्फेट	$MgSO_4$	Mg^{2+} और SO_4^{2-}
09	फेरस क्लोराइड	$FeCl_2$	Fe^{2+} और Cl^-
10	फैरस सल्फेट	$FeSO_4$	Fe^{2+} और SO_4^{2-}
11	मैंगनीज क्लोराइड	$FeCl_2$	Mn^{2+} और Cl^-
12	मैंगनीज सल्फेट	$MnCl_2$	Mn^{2+} और SO_4^{2-}
13	कैल्शियम सिलिकेट	$CaSiO_3$	Ca^{2+}, Si^{4+} और O^{2-}
14	मैग्नीशियम सिलिकेट	$MgSiO_3$	Mg^{2+}, Si^{4+} और O^{2-}
15	सोडियम कार्बोनेट	Na_2CO_3	Na^+ और CO_3^{2-}
16	सोडियम सल्फेट	Na_2SO_4	Na^+ और SO_4^{2-}
17	पोटेशियम क्लोराइड	KCl	K^+ और Cl^-
18	पोटेशियम कार्बोनेट	K_2CO_3	K^+ और CO_3^{2-}
19	पोटेशियम सल्फेट	K_2SO_4	K^+ और SO_4^{2-}
20	कैल्शियम हाइड्रोजन फॉस्फेट	$CaHPO_4$	Ca^{2+}, HPO_4^{2-}

शिक्षकों के लिए दिशानिर्देश

परिणाम आधारित शिक्षा (OBE) की रुपरेखा के क्रियान्वयन और ब्लूम की टैक्सोनॉमी के उपयोग पर अधिक ध्यान देने के लिए आवश्यक है कि विद्यार्थियों के ज्ञान एवं व्यावसायिक कौशल को बढ़ाया जाना चाहिए। इसके उचित क्रियान्वयन के लिए शिक्षकों को एक बड़ी जिम्मेदारी लेनी चाहिए। परिणाम आधारित शिक्षा प्रणाली में शिक्षकों के असीमित उत्तरदायित्वों में से कुछ निम्न प्रकार के हो सकते है:

- यथोचित प्रतिबंधो के अंतर्गत, सभी विद्यार्थियों के सर्वोत्तम लाभ के लिए उन्हें युक्तिपूर्ण तरीके से समय का प्रबंधन करना चाहिए।
- उन्हें विद्यार्थियों का आकलन किसी भेदभाव या अन्य संभावित अपात्रता पर विचार किए बिना केवल कुछ निश्चित मानदंडों के आधार पर ही करना चाहिए।
- उन्हें विद्यार्थियों के संस्थान को छोड़ने के पूर्व उनकी सीखने की क्षमता को एक निश्चित स्तर तक बढ़ाने का प्रयास करना चाहिए।
- उन्हें यह सुनिश्चित करने का प्रयास करना चाहिए कि शिक्षा पूर्ण करने तक सभी विद्यार्थी गुणवत्ता पूर्ण ज्ञान एवं योग्यता ग्रहण कर चुके हों।
- उन्हें विद्यार्थियों को उनकी श्रेष्ठ प्रदर्शन करने की क्षमताओं को विकसित करने के लिए हमेशा प्रोत्साहित करना चाहिए।
- उन्हें नए दृष्टिकोण को सुद्रढ़ करने के लिए सामूहिक एवं दलगत रूप में कार्य करने के लिए सुविधा एवं प्रोत्साहन देना चाहिए।
- उन्हें आकलन के लिए प्रत्येक चरण में ब्लूम्स टैक्सोनॉमी का पालन करना चाहिए।

ब्लूम्स टैक्सोनॉमी

स्तर	शिक्षक को जाँचना चाहिए	विद्यार्थी को सक्षम होना चाहिए	आकलन का संभावित तरीका
सृजन Creating	विद्यार्थियों की सृजन क्षमता	डिजाइन या सृजन	लघु परियोजना
मूल्यांकन Evaluating	विद्यार्थियों की तर्क एवं मूल्यांकन की क्षमता	तर्क या प्रतिरक्षा	निर्दिष्ट कार्य
विश्लेषण Analyzing	विद्यार्थियों की विश्लेषण क्षमता	पृथक करना या भेद करना	परियोजना एवं प्रयोगशाला पद्धति
अनुप्रयोग Applying	विद्यार्थियों में जानकारी के उपयोग की क्षमता	प्रचालन/प्रदर्शन	तकनीकी प्रस्तुति/प्रदर्शन
समझ Understanding	विद्यार्थियों में विचारों की व्याख्या करने की क्षमता	व्याख्या या वर्गीकरण	प्रस्तुति/संगोष्ठी
स्मरण Remembering	विद्यार्थियों की याद करने की क्षमता (या याद रखना)	परिभाषित या याद करना	प्रश्नोत्तरी

विद्यार्थियों के लिए दिशानिर्देश

विद्यार्थियों को परिणाम आधारित शिक्षा (OBE) को लागू करने के लिए समान जिम्मेदारी लेनी चाहिए। परिणाम आधारित शिक्षा प्रणाली में विद्यार्थियों के लिए असीमित जिम्मेदारियों में से कुछ इस प्रकार हैं:

- प्रत्येक पाठ्यक्रम में यूनिट शुरू होने से पहले विद्यार्थियों को प्रत्येक UO के बारे में अच्छी तरह से अवगत होना चाहिए।
- पाठ्यक्रम शुरू होने से पहले विद्यार्थियों को प्रत्येक CO के बारे में अच्छी तरह से अवगत होना चाहिए।
- पाठ्यक्रम शुरू होने से पहले विद्यार्थियों को प्रत्येक PO के बारे में अच्छी तरह से अवगत होना चाहिए।
- विद्यार्थियों को उचित चिंतन और क्रिया के साथ आलोचनात्मक और तर्कसंगत रूप से सोचना चाहिए।
- विद्यार्थियों के सीखने को व्यावहारिक और दैनिक जीवन के परिणामों के साथ सम्बद्ध और एकीकृत किया जाना चाहिए।
- विद्यार्थियों को परिणाम आधारित शिक्षा के प्रत्येक स्तर पर अपनी योग्यता के बारे में अच्छी तरह से अवगत होना चाहिए।

विषय-सूची

1 परमाणु संरचना, रासायनिक बंध और विलयन

यूनिट विशिष्ट

इस यूनिट में निम्नलिखित प्रमुख विषय शामिल हैं:

- परमाण्विक संरचना
- रासायनिक बंध
- विलयन

यहाँ विभिन्न अवधारणाओं को उदाहरणों के द्वारा समझाया गया है ताकि विद्यार्थियों में आगे जिज्ञासा और रचनात्मक अन्वेषणशीलता उत्पन्न हो, साथ ही उद्योगों एवं दैनिक जीवन में उनके विभिन्न व्यवहारिक अनुप्रयोगों का उल्लेख किया गया है ताकि विद्यार्थियों में रचनात्मक समस्या समाधान की क्षमता विकसित हो।

यूनिट के भीतर विभिन्न अंतरालों पर अध्ययन के मूल्यांकन हेतु रचनात्मक मूल्यांकन (formative assessment) प्रश्नों को संज्ञानात्मक क्षेत्र (cognitive domain) के विभिन्न स्तरों पर डिजाइन किया गया है।

सही अर्थों में आउटकम आधारित पाठ्यक्रम के प्रभावी कार्यान्वयन के लिए सूक्ष्म परियोजनाओं, कार्यों, औद्योगिक भ्रमण आदि जैसी गतिविधियों के व्यापक स्पेक्ट्रम को विद्यार्थियों के लाभ और उन्हें बढ़ावा देने के लिए यूनिट में डिजाइन और एकीकृत किया गया है। अतिरिक्त अध्ययन और सीखे हुए को मजबूत करने के लिए विभिन्न विषयों / उप विषयों पर नमूना क्यूआर कोड प्रदान किए गए हैं।

भूमिका

डिप्लोमा इंजीनियरों को सभी मौजूदा तत्वों की व्यवस्था, मौलिक कणों, परमाणुओं और अणुओं की संरचनात्मक व्यवस्था को समझने की आवश्यकता है। परमाणु की संरचना को समझने के लिए विभिन्न वैज्ञानिकों द्वारा नियमों और परिकल्पनाओं के रूप में विभिन्न सिद्धांतों की व्याख्या की गई है।

मानव शरीर क्रिया विज्ञान में रासायनिक बंध महत्वपूर्ण हैं। हमारे शरीर के लिए आवश्यक प्रोटीन और कार्बोहाइड्रेट, परमाणुओं के बीच रासायनिक बंध के ही परिणाम हैं। ऑक्सीजन जो हम सांस लेते हैं, हमें जिन दवाओं की आवश्यकता होती है, वे परमाणुओं के बीच रासायनिक आबंधन का परिणाम हैं। विभिन्न प्रकार की संरचनाओं में परमाणुओं को एक साथ कैसे रखा जाता है, इसे समझाने में यह मदद करता है।

रसायनज्ञों, वैज्ञानिकों और प्रत्येक व्यक्ति के लिए रासायनिक बंध और विलयन का ज्ञान अत्यंत महत्वपूर्ण है। रासायनिक बंध से ऐसे पदार्थ / यौगिक बनते हैं जिनका उपयोग हर कोई करता हैं। यह वैज्ञानिकों को नई इंजीनियरिंग सामग्री को डिजाइन करने और विशिष्ट उपयोगों के लिए वांछनीय गुणों के साथ रायायनिक यौगिक बनाने में मदद करता है। रासायनिक बंध चूँकि के कारण वैज्ञानिक आवर्त सारणी में 118 तत्वों को प्रस्तुत कर चुके हैं। भविष्य के परिदृश्य पर विचार करते हुए, छात्रों को विभिन्न क्षेत्रों में काम करना पड़ता है इसलिए जरूरी हैं कि वे बंध निर्माण और परमाणुओं, आयनों और अणुओं के विभिन्न विषम व्यवहार जैसे मूलभूत पहलू को समझ सकें।

पूर्व-अपेक्षित ज्ञान

रसायन विज्ञान : पदार्थ की संरचना
गणित : मूल बीजगणित और ज्यामिति
अन्य : बुनियादी आईसीटी कौशल

यूनिट आउटकम्स (UOs)

इस यूनिट के आउटकम्स की सूची निम्नलिखित है:

U1-O1 संरचनात्मक चित्रण के लिए विभिन्न परमाणु परिकल्पनाओं, मॉडलों और सिद्धांतों को लागू करना।

U1-O2 विभिन्न तत्वों के इलेक्ट्रॉनिक विन्यास लिखना।

U1-O3 रासायनिक बंध के प्रकार के आधार पर आयनिक, सहसंयोजक और उपसहसंयोजक यौगिकों में अंतर करना।

U1-O4 दी गई सांद्रता (नार्मलता, मोलरता) का विलयन तैयार करना।

यूनिट-1 आउटकम्स	**कोर्स आउटकम्स (COs) के साथ यूनिट आउटकम्स (UOs) के अपेक्षित संबंध** *(1. कमजोर सहसंबंध; 2. मध्यम सहसंबंध; 3. मजबूत सहसंबंध)*				
	CO-1	CO-2	CO-3	CO-4	CO-5
U1-O1	3	-	-	-	-
U1-O2	3	-	-	-	-
U1-O3	3	-	-	-	-
U1-O4	3	-	-	-	-

1.1 परमाणु संरचना

1.1.1 एक परिचय

मौजूदा ब्रह्मांड का सबसे छोटा हिस्सा एक परमाणु (atom) है। पदार्थ के सबसे छोटे हिस्से की संरचना और व्यवस्था को समझने के लिए, दुनियाभर के विचारकों और दार्शनिकों ने पदार्थ के सबसे छोटे कण की व्याख्या के लिए अलग-अलग सिद्धांत रखे। इस इकाई में, हम परमाणु की मूल संरचना के बारे में सीखेंगे, जिसकी पुष्टि विभिन्न प्रयोग करने के बाद की जाती है।

रोचक तथ्य : बोहर द्वारा एक परमाणु की संरचना को समझाया गया, जो ठीक हमारे सौरमंडल की तरह है, जहाँ सूर्य केंद्र में है और ग्रह उसके चारों ओर चक्कर लगा रहे हैं।

1.1.2 परमाणु का रदरफोर्ड मॉडल

1900 की शुरुआत में विभिन्न देशों के वैज्ञानिकों ने परमाणु की संरचना को समझाने की कोशिश की। जे. जे. थामसन ने 1897 में एक परमाणु में इलेक्ट्रॉन की उपस्थिति की खोज की, फिर भी वह एक परमाणु की संरचना की भविष्यवाणी करने में असमर्थ रहे। जे. जे. थॉमसन ने इलेक्ट्रॉनों की खोज के लिए 1906 का नोबल पुरस्कार जीता।

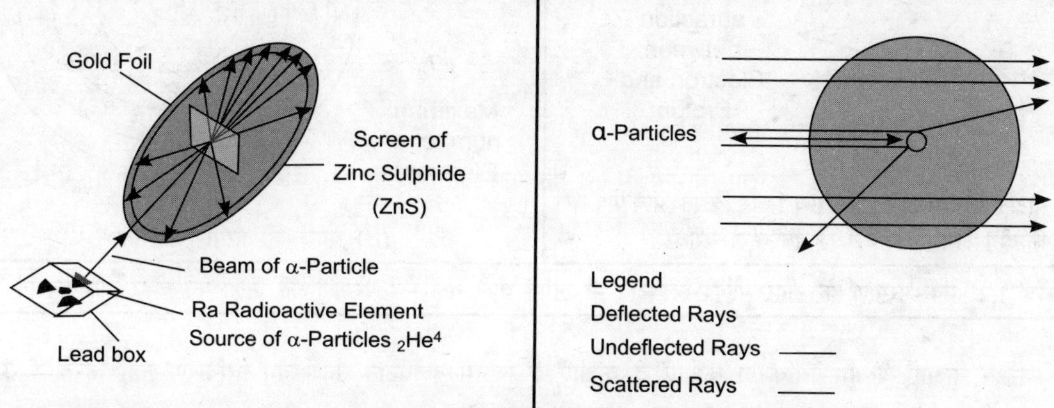

(a) सोने की पन्नी वाला प्रयोग

(b) एक परमाणु पर α-किरणों का प्रकीर्णन

चित्र 1.1: रदरफोर्ड प्रयोग

रदरफोर्ड ने अपने प्रसिद्ध सोने की पन्नी प्रयोग में प्रोटॉन की उपस्थिति की खोज की। रदरफोर्ड ने रेडियम का उपयोग अल्फा कणों के स्रोत के रूप में किया था, जिसे लेड के बॉक्स के अंदर रखा गया था। इस में अल्फा कणों की एक किरण पुंज की बमबारी एक अति पतली सोने की पन्नी पर की गयी और फिर जिंक सल्फाइड (ZnS) स्क्रीन पर इसकी प्रतिदीप्त प्रकृति के कारण अविक्षेपित, प्रकीर्णित और विक्षेपित अल्फा कणों की उपस्थिति को रिकॉर्ड किया गया, जैसा कि चित्र 1.1.(a) में दिखाया गया है।

परमाणु का रदरफोर्ड मॉडल

उन्होंने निष्कर्ष निकाला कि समस्त धनात्मक आवेश और परमाणु का अधिकांश द्रव्यमान परमाणु के केंद्र में एक बहुत ही छोटी जगह में केंद्रित होना चाहिए, जिसे उन्होंने नाभिक (nucleus) कहा चित्र 1.1.(b)।

नाभिक परमाणु का घना, केंद्रीय भाग है और यह प्रोटॉन और न्यूट्रॉन से बना होता है जो परमाणु के लगभग सभी द्रव्यमान को रखता है। इलेक्ट्रॉन नाभिक के चारों ओर वितरित होते हैं और परमाणु के अधिकांश आयतन को घेर लेते हैं।

1.1.3 बोहर का सिद्धांत

बोहर ने रदरफोर्ड के परमाणु मॉडल की कमियों को दूर करने के लिए अपने परमाणु मॉडल का प्रस्ताव रखा। बोहर का परमाणु मॉडल निम्नलिखित अभिधारणाओं पर आधारित है–

- एक परमाणु, एक घने धनात्मक आवेश वाले केंद्रीय भाग जिसे नाभिक कहा जाता है, से मिलकर बना होता है, जो कि विश्राम की अवस्था में होता है।
- नाभिक में प्रोटॉन और न्यूट्रॉन होते हैं जिन्हें संयुक्त रूप से न्यूक्लिऑन (nucleons) कहा जाता है।
- निश्चित वृत्ताकार मार्ग जिसमें इलेक्ट्रॉन नाभिक के चारों ओर घूमता है उन्हें कक्षा (orbit) या कोश (shell) कहते हैं।

बोहर का मॉडल

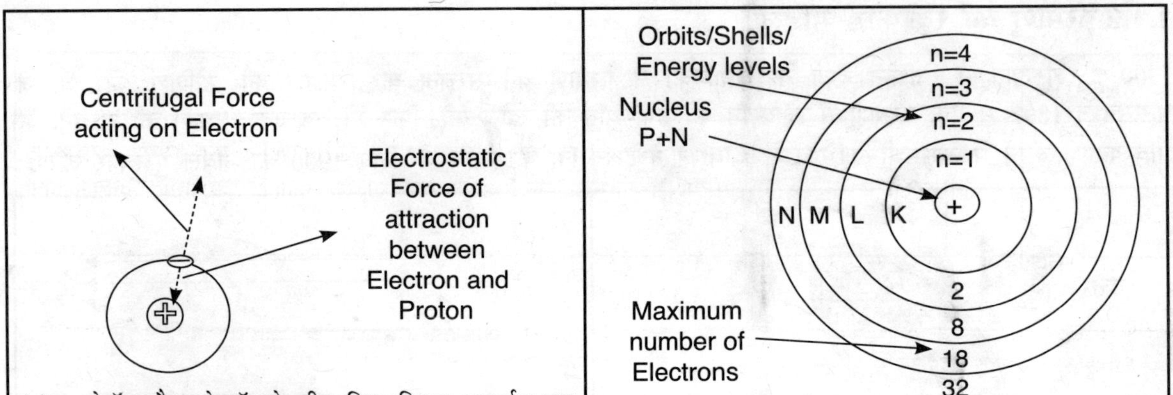

(a) प्रोटॉन और इलेक्ट्रॉन के बीच स्थिर विद्युत आकर्षण बल केन्द्रीय अपसारक बल के बिल्कुल बराबर

(b) बोहर की परमाणु संरचना

चित्र 1.2: एक परमाणु के अंदर मौजूद इलेक्ट्रॉन पर लगने वाले बल एवं परमाणु की कक्षा का बोहर द्वारा प्रदर्शन

- स्थिर कक्षाएँ या गैर विकिरण कक्षाएँ वे कक्षाएँ हैं जिनमें इलेक्ट्रॉन ऊर्जा का विकिरण नहीं करते हैं अर्थात उन्हें ऊर्जा की हानि के बिना घूमने की अनुमति होती है।
- अनुमत कोश (allowed shell) या कक्षाएं वे है जिसके लिए इलेक्ट्रॉन का कोणीय संवेग $\frac{h}{2\pi}$ का एक पूर्ण गुणांक होता है

  अर्थात $mvr = n\frac{h}{2\pi}$,

जहां n एक मुख्य क्वांटम संख्या (Principal quantum no.) या कोश संख्या है, संवेग और कुछ नहीं द्रव्यमान और वेग का गुणनफल (mv) है, r त्रिज्या है, h प्लांक नियतांक है $h = 6.626 \times 10^{-34}$ J sec

$n = 1, 2, 3, 4$ के लिए एक इलेक्ट्रॉन की कोणीय गति क्रमशः निम्न रूप में है–

$$mvr = 1\left(\frac{h}{2\pi}\right), mvr = 2\left(\frac{h}{2\pi}\right), mvr = 3\left(\frac{h}{2\pi}\right), mvr = 4\left(\frac{h}{2\pi}\right) ...$$

- कक्षा का आकार वृत्ताकार होता है। कक्षाओं को K, L, M, N... द्वारा निर्दिष्ट किया जाता है या नाभिक से 1, 2, 3, 4 के रूप में दर्शाया जाता है जैसा कि चित्र 1.2(b) में दिखाया गया है।
- किसी कक्षा में इलेक्ट्रॉनों की अधिकतम संख्या $2n^2$ सूत्र से दी जाती है जहां n कक्षा संख्या है।
- नाभिक और इलेक्ट्रॉन के बीच लगने वाला स्थिर विद्युत आकर्षण बल (Electrostatic Force) अपकेंद्रीय बल (Centrifugal Force) के कारण संतुलित रहता जैसा कि चित्र 1.2(a) में दिखाया गया है, यही कारण है कि इलेक्ट्रॉन नाभिक में गिरता नहीं है या कक्षा से दूर नहीं जाता है और इसलिए परमाणु स्थिर रहता है।

*SAQ-1	कोश की अधिकतम संख्या में इलेक्ट्रॉनों को समायोजित करने की क्षमता निम्न सूत्र द्वारा दी गई है			
	1. $\frac{1}{2n^2}$	2. $2n^2$	3. $\frac{3}{2n^2}$	4. $\frac{4}{2n^2}$

उत्तर: 2

SAQ-2	रदरफोर्ड प्रयोग में, अविक्षेपित कणों की अधिकतम संख्या दर्शाती है कि			
	1. परमाणु का अधिकांश भाग खाली है	2. परमाणु में अधिकतम संख्या में नाभिक होते हैं	3. केंद्र पर अधिकांश धनात्मक आवेश होता है	4. केंद्र पर अधिकांश ऋणात्मक आवेश होता है

उत्तर: 1

SAQ-3	बोर के सिद्धांत के अनुसार, $n = 4$ के लिए एक इलेक्ट्रॉन का कोणीय संवेग है			
	1. $\frac{h}{2\pi}$	2. $\frac{2h}{2\pi}$	3. $\frac{3h}{2\pi}$	4. $\frac{4h}{2\pi}$

उत्तर: 4

1.1.4 परमाणु के बोहर मॉडल के आधार पर हाइड्रोजन स्पेक्ट्रम की व्याख्या

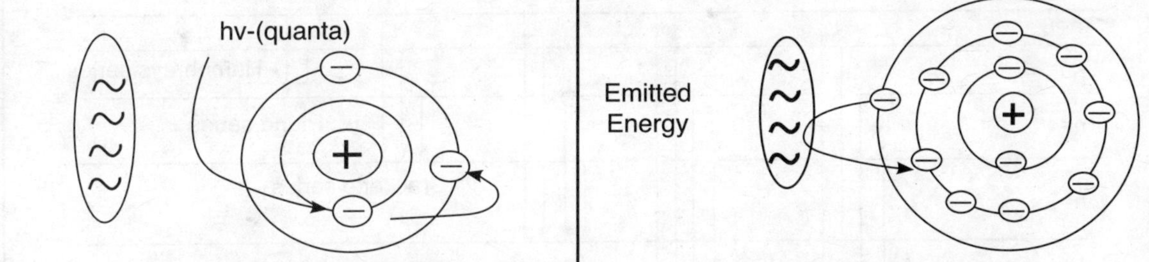

(a) इलेक्ट्रॉन का ऊर्जा अवशोषित करके उच्च ऊर्जा स्तर में जाना

(b) इलेक्ट्रॉन का ऊर्जा उत्सर्जित करके निम्न ऊर्जा स्तर में जाना

चित्र 1.3: ऊर्जा के अवशोषण एवं उत्सर्जन के बाद इलेक्ट्रॉन का संक्रमण

जब परमाणु ऊर्जा को अवशोषित करता है, तो इलेक्ट्रॉन निम्न ऊर्जा स्तर से उच्च ऊर्जा स्तर की ओर जाते हैं। गति करने वाले इन इलेक्ट्रॉनों को उत्तेजित इलेक्ट्रॉनों के रूप में जाना जाता है। [चित्र 1.3(a)] जब कोई इलेक्ट्रॉन ऊर्जा का उत्सर्जन करता है तो इलेक्ट्रॉन उच्च ऊर्जा स्तर से निम्न ऊर्जा स्तर पर कूद जाते हैं जैसा कि चित्र 1.3(b) में दिखाया गया है। उत्सर्जित ऊर्जा दोनों ऊर्जा स्तर के ऊर्जा अंतर के बराबर होती है अर्थात $h\nu =$ उच्च ऊर्जा स्तर में इलेक्ट्रॉन की ऊर्जा–निम्न ऊर्जा स्तर में इलेक्ट्रॉन की ऊर्जा। अवशोषित ऊर्जा या उत्सर्जित ऊर्जा केवल क्वांटा या फोटॉन के रूप में होती है। उत्तेजित इलेक्ट्रॉन उच्च ऊर्जा के साथ निम्न ऊर्जा कक्षकों में छलांग नहीं लगा सकता।

जब एक इलेक्ट्रॉन उच्च ऊर्जा स्तर से निम्न ऊर्जा स्तर में जाता है तो वहां ऊर्जा में अंतर होता है। [चित्र 1.3(b)] जब एक इलेक्ट्रॉन ऊर्जा को उत्सर्जित करता है तब ऊर्जा फोटोन अर्थात $E = h\nu$ के रूप में उत्सर्जित होती है। ऊर्जा में

कमी होने के कारण विभिन्न आवृत्ति की स्पेक्ट्रम रेखाएं विकसित होती है, जो दर्शाता है कि दो अलग-अलग कक्षाओं के बीच की दूरी भी समान नहीं होती है।

जैसे-जैसे हम नाभिक से दूर जाते हैं, कक्षाओं की ऊर्जा बढ़ती जाती है, जबकि कक्षाओं के बीच की दूरी कम होती जाती है। इलेक्ट्रॉन के एक कक्षा से दूसरी कक्षा में जाने से ऊर्जा का उत्सर्जन होता है जिसे इलेक्ट्रॉन के संक्रमण के रूप में भी जाना जाता है। फोटॉन के रूप में उत्सर्जित होने वाली संक्रमण आवृत्ति निम्न सूत्र द्वारा दी जाती है।

$$\bar{\nu} = \frac{1}{\lambda} = R_H \left[\frac{1}{n_f^2} - \frac{1}{n_i^2} \right]$$

जहाँ R_H रिडवर्ग (Rydberg) स्थिरांक है, n_i प्रारंभिक स्थिर कक्षा है, n_f अंतिम स्थिर कक्षा है। तरंग संख्या $\bar{\nu}$ तरंगदैर्ध्य का व्युत्क्रम है। इसलिए विभिन्न स्पेक्ट्रमीय श्रृंखलाओं के फोटोन की तरंग संख्या ज्ञात की जाती है जैसा कि तालिका 1.1 और चित्र 1.4 में दिखाया गया है। बोहर सिद्धांत हाइड्रोजन और हाइड्रोजन जैसे परमाणुओं जैसे He^+, Li^{2+}, Be^{3+}, B^{4+} की सफलतापूर्वक व्याख्या करता है। उच्च ऊर्जा स्तर से निम्न ऊर्जा स्तर तक इलेक्ट्रॉन के संक्रमण के कारण विभिन्न स्पेक्ट्रम विकसित होते हैं। उदाहरण के लिए लाइमैन श्रृंखला ऊर्जा स्तर 2 या 3 या 4 या... से पहले ऊर्जा स्तर पर इलेक्ट्रॉन के संक्रमण के लिए एक स्पेक्ट्रमीय श्रृंखला है। इसी प्रकार अन्य श्रृंखलाएँ विकसित की गई हैं (तालिका 1.1)

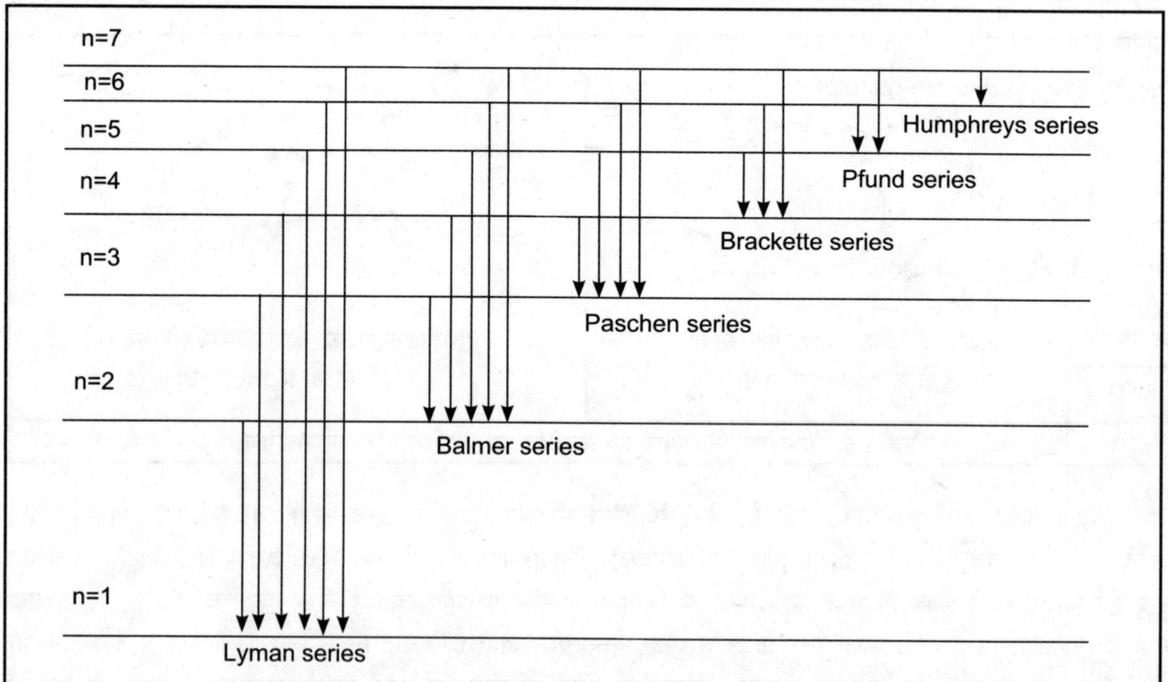

चित्र 1.4: इलेक्ट्रॉनों के कूदने के कारण हाइड्रोजन स्पेक्ट्रम रेखाएं

तालिका 1.1: विभिन्न क्षेत्रों में हाइड्रोजन स्पेक्ट्रम की उपस्थिति

सीरीज का नाम	n_f ऊर्जा स्तर पर इलेक्ट्रॉन का वापस आना	$\geq n_i$ ऊर्जा स्तर से इलेक्ट्रॉन कूदते हैं	प्रदर्शन क्षेत्र
लाइमैन श्रृंखला	1	2, 3, 4	पराबैंगनी क्षेत्र
बामर श्रृंखला	2	3, 4, 5, 6	दृश्य क्षेत्र
पाशचेन श्रृंखला	3	4, 5, 6	अवरक्त क्षेत्र
ब्रैकेट श्रृंखला	4	5, 6, 7	अवरक्त क्षेत्र
फंड श्रृंखला	5	6, 7	अवरक्त क्षेत्र
हम्फ्रेस श्रृंखला	6	7, 8	अवरक्त क्षेत्र

1.1.5 हाइजेनबर्ग का अनिश्चितता सिद्धांत

हाइजेनबर्ग के अनिश्चितता सिद्धांत (Heisenberg's Uncertainty Principle) के अनुसार किसी गतिमान इलेक्ट्रॉन की एक साथ सटीक स्थिति और संवेग का यथार्थ निर्धारण करना संभव नहीं है।

मान लीजिए Δx एक इलेक्ट्रॉन की स्थिति से संबंधित अनिश्चितता और Δp इलेक्ट्रॉन के संवेग से संबंधित अनिश्चितता है।

गणितीय के रूप में $(\Delta x)(\Delta p) \geq \frac{h}{2\pi}$

जब (Δx) का मान काफी कम होता है तो हम कण की अनुमानित स्थिति की भविष्यवाणी कर सकते हैं पर उसी समय Δp यानि संवेग से संबंधित अनिश्चितता अधिक होगी। जहां Δx स्थिति में अनिश्चितता है और Δp कण के संवेग (या वेग) में अनिश्चितता है। यदि इलेक्ट्रॉन की स्थिति उच्च सटीकता के साथ जानी जाती है (Δx कम है), तो इलेक्ट्रॉन का वेग अनिश्चित होगा [Δp अधिक है]। दूसरी ओर, यदि इलेक्ट्रॉन का वेग परिशुद्धता से ज्ञात हो (Δp कम है), तो इलेक्ट्रॉन की स्थिति अनिश्चित होगी (Δx अधिक होगा)। हाइजेनबर्ग ने 1932 में क्वांटम यांत्रिकी के निर्माण के लिए नोबल पुरस्कार जीता, जिसके उपयोग से हाइड्रोजन के अपररूपों की खोज हुई।

SAQ-4	एक छोटे से गतिमान कण की एक साथ स्थिति और संवेग को सटीक रूप से निर्धारित करना संभव नहीं है			
	1. कक्षीय सिद्धांत	2. आफबाऊ सिद्धांत	3. पाउली अपवर्जन सिद्धांत	4. हाइजेनबर्ग अनिश्चितता सिद्धांत

उत्तर: 4

1.1.6 कक्षक की अवधारणा एवं s, p, d और f कक्षको के आकार

बोहर द्वारा प्रस्तावित कक्षा, नाभिक के चारों ओर एक निश्चित वृत्ताकार पथ है जिसमें एक इलेक्ट्रॉन घूमता है। हाइजेनबर्ग अनिश्चितता सिद्धांत के अनुसार इलेक्ट्रॉन के इस पथ का यथार्थ विवरण असंभव है।

इस प्रकार एक परमाणु कक्षक (orbital) नाभिक के चारों ओर का वह त्रिविमीय क्षेत्र है जहां विशिष्ट ऊर्जा के इलेक्ट्रॉन के पाए जाने की संभावना अधिकतम होती है।

कक्षक चार प्रकार के होते हैं जो इस प्रकार हैं:

s-कक्षक

इन कक्षकों का आकार गोलाकार और अदिशात्मक होता है। प्रत्येक s कक्षक विपरीत चक्रण में 2 इलेक्ट्रॉनों को समायोजित कर सकता है। एक इलेक्ट्रॉन +1/2 चक्रण के साथ, दूसरा इलेक्ट्रॉन −1/2 चक्रण के साथ। एक अन्य तरीके से एक ऊपर की ओर घूमने वाला और दूसरा नीचे की ओर घूमने वाला या एक दक्षिणावर्त घुमाने वाला और दूसरा वामावर्त (घड़ी की दिशा के विपरीत चक्रण) घूमने वाला। 1*s* का आकार 2*s* कक्षक से कम होता है; 2*s* का आकार 3*s* कक्षक से कम होता है।

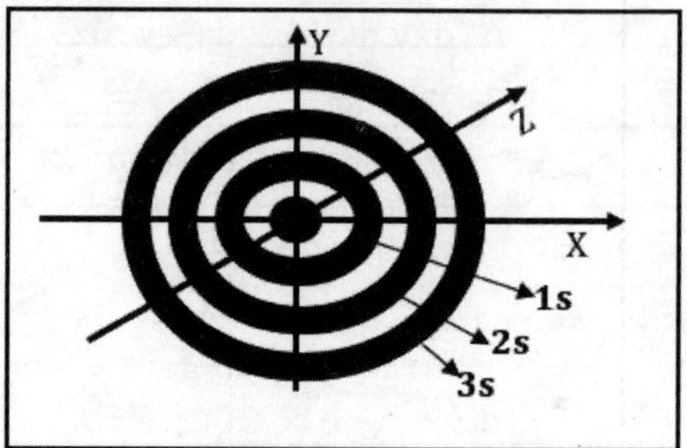

चित्र 1.5: *s*-कक्षक का आकार

दो s-कक्षकों के बीच का खाली क्षेत्र, जहां इलेक्ट्रॉनों के मिलने की संभावना शून्य प्रतिशत होती है, शून्य इलेक्ट्रॉन घनत्व क्षेत्र के रूप में जाना जाता है।

बॉक्स आरेख

p-कक्षक

p-कक्षक तीन (*px*, *py* और *pz*) होते हैं जिनका डमरु (dumb-bell) आकार होता है। ये कक्षक दिशात्मक होते हैं और अक्ष के अनुदिश होते हैं। प्रत्येक *p* कक्षक विपरीत चक्रण में 2 इलेक्ट्रॉनों को समायोजित कर सकता है इसलिए *p* कक्षक की क्षमता 6 इलेक्ट्रॉनों की है। ये उपकक्षक डीजनरेट होते हैं (ऊर्जा की समान मात्रा वाले)। यदि कक्षक की पाली *x*-अक्ष के परितः होती है तो उस कक्षक को *px* कक्षक कहा जाता है। इसी तरह यदि कक्षक की पाली *y*-अक्ष के परितः होती है तो उस कक्षक को *py*-कक्षक कहा जाता है और यदि कक्षक की पाली *z*-अक्ष के परितः होती है तो उस कक्षक को *pz* कक्षक कहा जाता है।

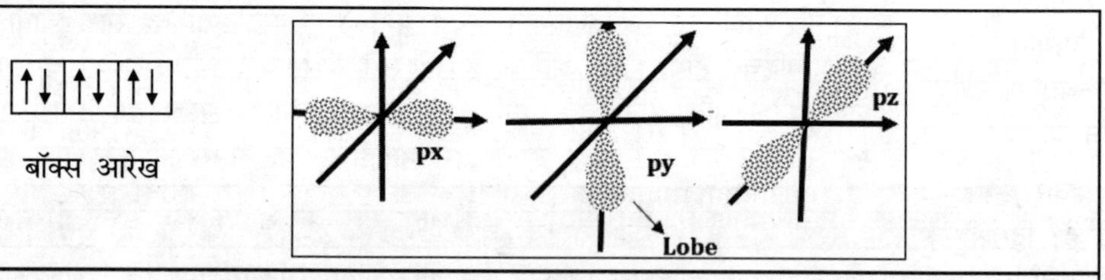

चित्र 1.6: *p*-कक्षकों का डम्बल आकार

d-कक्षक

d उप कक्षक (*dxy*, *dyz*, *dxz*, dx^2-y^2 और dz^2) पाँच होते हैं। *d*-कक्षकों का डबल डमरु (duble-dumbell) आकार या चार-पाली समतलीय संरचना होती है। ये कक्षक दिशात्मक होते हैं और अक्षीय कक्षकों (dx^2–y^2 और dz^2) के साथ-साथ अनाक्षीय कक्षक (*dxy*, *dyz* और *dxz*) होते हैं,जो अक्षों के बीच में रहते हैं। प्रत्येक *d* उप कक्षक विपरीत चक्रण में 2 इलेक्ट्रॉनों को समायोजित कर सकता है इसलिए इलेक्ट्रॉनों को समायोजित करने के लिए *d* कक्षक की अधिकतम क्षमता 10 इलेक्ट्रॉनों की है।

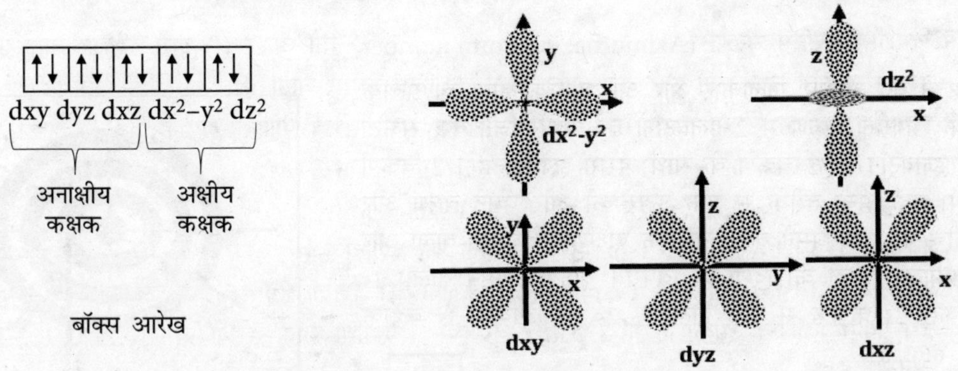

चित्र 1.7: d–कक्षको का डबल डम्बल आकार

***f*–कक्षक**

- f उप कक्षक $fx\ (x^2 - 3y^2), fy\ (3x^2 - y^2), fz(x^2 - y^2\ ), fxz^2, fyz^2, fz^3, fxyz$ सात होते हैं।
- f–कक्षको का जटिल आकार होता है।
- प्रत्येक f–कक्षक में सात f–उप कक्षक होते हैं इसलिए इलेक्ट्रॉनों को समायोजित करने की अधिकतम क्षमता 14 इलेक्ट्रॉन है।

1.1.7 क्वांटम संख्याएँ

बोहर मॉडल एक विमीय मॉडल था, जो परमाणु में इलेक्ट्रॉनों के वितरण का वर्णन करने के लिए एक क्वांटम संख्या का उपयोग करता था। यह कक्षा के आकार की व्याख्या करता है, जिसे मुख्य क्वांटम संख्या (n) द्वारा वर्णित किया गया था। श्रोडिंगर के मॉडल ने इलेक्ट्रॉन को त्रिविमीय स्थान पर रहने की अनुमति दी। इसलिए उन कक्षाओं का वर्णन करने के लिए चार क्वांटम संख्याओं के सेट की आवश्यकता होती है, जिनमें इलेक्ट्रॉन पाए जा सकते हैं।

चार क्वांटम संख्याएं (quantum numbers) जैसे मुख्य क्वांटम संख्या (n) मुख्य ऊर्जा स्तर के बारे में जानकारी देती हैं; द्विगंशी क्वांटम संख्या (l) उप ऊर्जा स्तर के बारे में जानकारी प्रदान करती है; चुंबकीय क्वांटम संख्या (m) उप–ऊर्जा स्तर के अभिविन्यास की जानकारी देती है और चक्रण क्वांटम संख्या (m_s) इलेक्ट्रॉन के चक्रण की दिशा बताती है।

परमाणु में ये चार क्वांटम संख्याएं इलेक्ट्रॉन की सटीक स्थिति बताती हैं, यह ग्लोबल पोजीशनिंग सिस्टम (GPS) स्थान या पते की तरह काम करती हैं, हम कह सकते हैं कि ये क्वांटम संख्याएं इलेक्ट्रॉन का सटीक स्थान या पता देती हैं।

1.1.7 (A) मुख्य क्वांटम संख्या (n)

- मुख्य क्वांटम संख्या (Principal quantum number) को अक्षर (n) द्वारा दर्शाया जाता है।
- यह संख्या इलेक्ट्रॉन की स्थिति के साथ ही इलेक्ट्रॉन के साथ जुड़ी ऊर्जा के बारे में जानकारी देता है।
- 'n' के मान धनात्मक पूर्णांक जैसे 1, 2, 3, 4... आदि के रूप में होते हैं जिनके संगत K, L, M, N आदि कोश होते हैं

1.1.7 (B) कोणीय गति क्वांटम संख्या या द्विगंशीय क्वांटम संख्या (l)

- द्विगंशीय क्वांटम संख्या (Azimuthal quantum number) को अक्षर (l) द्वारा दर्शाया जाता है।
- इसका उपयोग उप ऊर्जा स्तर का वर्णन करने के लिए किया जाता है।
- द्विगंशीय क्वांटम संख्याओं के मान 0 से $n-1$ तक सभी संभव पूर्णांक होते हैं;

जब $n = 1$ तब $l = 0$ (s कक्षक को दर्शाता है)

जब $n = 2$ तब $l = 0, 1$ (s एवं p कक्षक को दर्शाता है)

जब $n = 3$ तब $l = 0, 1, 2$ (s, p एवं d कक्षक को दर्शाता है)

जब $n = 4$ तब $l = 0, 1, 2, 3$ (s, p, d एवं f कक्षक को दर्शाता है)

- इस प्रकार विभिन्न उपकोशो को s, p, d, f के रूप में दर्शाया जाता है जो क्रमश: $l = 0, 1, 2, 3$ के मान के अनुसार है।

1.1.7 (C) चुंबकीय क्वांटम संख्या (m)

- चुंबकीय क्वांटम संख्या (magnetic quantum number) को अक्षर (m) द्वारा दर्शाया जाता है।
- इसका उपयोग कक्षको के अभिविन्यास का वर्णन करने में किया जाता है।
- m के मानों की संख्या 1 के मानो पर निर्भर करती है।
- m के संभावित मान –l से 0 से +l तक होते हैं, इस प्रकार कुल 21 + 1 मान बनते हैं। [तालिका 1.2]

तालिका 1.2: चुंबकीय क्वांटम संख्या

द्विगंशीय क्वांटम संख्याओं	चुंबकीय क्वांटम संख्या की गणना ($m = 21 + 1$)	चुंबकीय क्वांटम संख्या का मान	नाभिक के चारों ओर अभिविन्यास
$1 = 0$ (s कक्षक)	$m = 2 \times 0 + 1 = 1$	0	एक
$1 = 1$ (p कक्षक)	$m = 2 \times 1 + 1 = 3$	–1 , 0, +1	तीन
$1 = 2$ (d कक्षक)	$m = 2 \times 2 + 1 = 5$	–2, –1, 0, +1, +2	पांच
$1 = 3$ (f कक्षक)	$m = 2 \times 3 + 1 = 7$	–3, –2, –1, 0, +1, +2, +3	सात

1.1.7 (D) चक्रण क्वांटम संख्या (m_s)

चक्रण क्वांटम संख्या (Spin quantum number) (m_s) द्वारा दर्शाई जाती है।

यह उस दिशा को दर्शाती है जिसमें इलेक्ट्रॉन अपनी धुरी पर घूम रहा होता है।

चक्रण क्वांटम संख्या के दो संभावित मान होते है अर्थात दक्षिणावर्त चक्रण $+\frac{1}{2}$ के रूप में और वामावर्त चक्रण $-\frac{1}{2}$ के रूप में।

1.1.8 पाउली का अपवर्जन सिद्धांत

पाउली के अपवर्जन सिद्धांत (Pauli's Exclusion Principle) के अनुसार किसी एक परमाणु में दो इलेक्ट्रॉनों की चारो क्वांटम संख्याओं का सेट समान नहीं हो सकता।

एक परमाणु में दो इलेक्ट्रॉनों की तीन क्वांटम संख्याओं का एक ही सेट हो सकता है लेकिन उनकी चौथी क्वांटम संख्या अवश्य ही भिन्न होना चाहिए। [तालिका 1.3]

[Ne] गैस में पहले दो इलेक्ट्रॉनों की तीन क्वांटम संख्याओं का एक ही सेट होता है लेकिन चक्रण क्वांटम संख्या भिन्न होती है, अर्थात एक +1/2 चक्रण के साथ और दूसरा –1/2 चक्रण के साथ।

तालिका 1.3: [Ne] के पहले 10 इलेक्ट्रॉनों के लिए चार क्वांटम संख्याएं

मुख्य क्वांटम संख्या (n)	द्विगंशी क्वांटम संख्या (l) = 0 से $n-1$	चुंबकीय क्वांटम संख्या (m) = –1 से +1	चक्रण क्वांटम संख्या (m_s)	टिप्पणियां
1 (K–कोश)	0 (*s*–उप ऊर्जा स्तर)	0	+1/2	1*s* में पहला *s* इलेक्ट्रॉन
	0 (*s*–उप ऊर्जा स्तर)	0	–1/2	1*s* में दूसरा *s* इलेक्ट्रॉन
2 (L–कोश)	0 (*s*–उप ऊर्जा स्तर)	0	+1/2	2*s* में पहला *s* इलेक्ट्रॉन
	0 (*s*–उप ऊर्जा स्तर)	0	–1/2	2*s* में दूसरा *s* इलेक्ट्रॉन
	1 (*p*–उप ऊर्जा स्तर)	–1	+1/2	2*px* में पहला *p* इलेक्ट्रॉन
	1 (*p*–उप ऊर्जा स्तर)	0	+1/2	2*py* में पहला *p* इलेक्ट्रॉन
	1 (*p*–उप ऊर्जा स्तर)	+1	+1/2	2*pz* मे पहला *p* इलेक्ट्रॉन
	1 (*p*–उप ऊर्जा स्तर)	–1	–1/2	2*px* में दूसरा *p* इलेक्ट्रॉन
	1 (*p*–उप ऊर्जा स्तर)	0	–1/2	2*py* में दूसरा *p* इलेक्ट्रॉन
	1 (*p*–उप ऊर्जा स्तर)	+1	–1/2	2*pz* में दूसरा *p* इलेक्ट्रॉन

1.1.9 हुंड का अधिकतम बहुलता का नियम

हुंड के नियम (Hund's Rule) के अनुसार जब समान ऊर्जा वाले कई कक्षक उपलब्ध होते हैं, तो इलेक्ट्रॉन किसी एक कक्षक में युग्मन करने से पहले समांतर चक्रण के साथ सभी कक्षकों में प्रवेश करते हैं।

किसी भी कक्षक में इलेक्ट्रॉन का युग्मन तब तक संभव नहीं है जब तक कि दिए गए उपकोश से समान ऊर्जा वाले उपलब्ध कक्षकों में से प्रत्येक में एक-एक इलेक्ट्रॉन न भरा जाए। *p*–कक्षक में प्रवेश करते समय विभिन्न परमाणुओं के इलेक्ट्रॉन हुंड के नियम का पालन करते हैं जैसा कि तालिका 1.4 में दिखाया गया है:

तालिका 1.4: हुंड के नियम द्वारा अनुमत इलेक्ट्रॉनों की युग्मन व्यवस्था

विवरण	कक्षक	हुंड के नियम द्वारा अनुमत	हुंड के नियम द्वारा अनुमत नहीं
1 *p*–इलेक्ट्रान उदाहरण B	p	[↑][ ][ ] *px* *py* *pz*	
2 *p*–इलेक्ट्रान उदाहरण C	p	[↑][↑][ ] *px* *py* *pz*	[↑↓][ ][ ] *px* *py* *pz*

विवरण	कक्षक	हुंड के नियम द्वारा अनुमत	हुंड के नियम द्वारा अनुमत नहीं
3 p-इलेक्ट्रान उदाहरण N	p	[↑][↑][↑] px py pz	[↑↓][↑][ ] px py pz
4 p-इलेक्ट्रान उदाहरण O	p	[↑↓][↑][↑] px py pz	[↑↓][↑↓][ ] px py pz
5 p-इलेक्ट्रान उदाहरण F	p	[↑↓][↑↓][↑] px py pz	
6 p-इलेक्ट्रान उदाहरण Ne	p	[↑↓][↑↓][↑↓] px py pz	

1.1.10 ऑफबाऊ नियम

ऑफबाऊ नियम (Aufbau Rule) के अनुसार जब कई कक्षक उपलब्ध होते हैं, तब इलेक्ट्रॉन ऊर्जा की बढ़ती मात्रा के साथ सभी उपलब्ध कक्षकों में प्रवेश करता है। अर्थात कम ऊर्जा वाले कक्षक पहले भरे जाते हैं फिर इलेक्ट्रॉन उच्च ऊर्जा कक्षकों में प्रवेश करते हैं।

$$1s < 2s < 2p < 3s < 3p < 4s < 3d < 4p < 5s < 4d < 5p < 6s < 4f < 5d < 6p < 7s < 5f < 6d < 7p < 8s$$

1.1.11 इलेक्ट्रॉनिक विन्यास

$_3Li$ का इलेक्ट्रॉनिक विन्यास निम्न प्रकार लिखा जा सकता है–

$_3Li$ - $1s^2\ 2s^1$

लिथियम के मामले में पहले दो इलेक्ट्रॉन $1s$ कक्षक में प्रवेश करते हैं और $1s$ कक्षक की क्षमता को पूरा करने के बाद शेष इलेक्ट्रॉन $2s$ कक्षक में प्रवेश करते हैं। पहले 11 तत्वों का कक्षीय इलेक्ट्रॉनिक विन्यास तालिका 1.5 में दिखाया गया है–

तालिका 1.5: परमाणु संख्या 11 तक तत्वों का कक्षीय इलेक्ट्रॉनिक विन्यास

परमाणु संख्या	संकेत	तत्व का नाम	कक्षीय इलेक्ट्रॉनिक विन्यास			
			K	L	M	N
1	H	हाइड्रोजन	$1s^1$			
2	He	हीलियम	$1s^2$			
3	Li	लिथियम	$1s^2$	$2s^1$		
4	Be	बेरीलियम	$1s^2$	$2s^2$		

परमाणु संख्या	संकेत	तत्व का नाम	कक्षीय इलेक्ट्रॉनिक विन्यास			
			K	L	M	N
5	B	बोरॉन	$1s^2$	$2s^22p^1$		
6	C	कार्बन	$1s^2$	$2s^22p^2$		
7	N	नाइट्रोजन	$1s^2$	$2s^22p^3$		
8	O	ऑक्सीजन	$1s^2$	$2s^22p^4$		
9	F	फ्लोरीन	$1s^2$	$2s^22p^5$		
10	Ne	निआन गैस	$1s^2$	$2s^22p^6$		
11	Na	सोडियम	$1s^2$	$2s^22p^6$	$3s^1$	

1.2 रासायनिक बंध

1.2.1 एक परिचय

सभी पदार्थ परमाणुओं से बने होते हैं। प्रकृति में परमाणु पृथक अवस्था में नहीं होते हैं। सभी प्राकृतिक रूप से पाए जाने वाले तत्व जैसे सोना, चांदी, हीरा और प्राकृतिक रूप से पाए जाने वाले यौगिक जैसे जल, सोडियम क्लोराइड, CO_2 आदि हमेशा संयुक्त अवस्था में ही मौजूद होते है। यहां तक कि कृत्रिम रूप से तैयार किए जा रहे विभिन्न प्रकार के यौगिकों में भी परमाणु संयुक्त अवस्था में होते हैं।

रोचक तथ्य- जल, चीनी, ऑक्सीजन, कार्बन डाइऑक्साइड, एलपीजी, सिरका, नेल पॉलिश रिमूवर, हीरे, टेबल नमक, वाशिंग सोडा, बेकिंग सोडा, डेटॉल, दवाएं आदि सभी यौगिकों के उदाहरण संयुक्त अवस्था में मौजूद हैं।

चित्र 1.8: दैनिक जीवन में रासायनिक यौगिकों का महत्व

यौगिकों के बारे में एक बहुत महत्वपूर्ण पहलू यह है कि विभिन्न तत्वों की अलग-अलग संयोजन क्षमता होती है जैसा कि निम्नलिखित उदाहरण से स्पष्ट है-

तालिका 1.6: विभिन्न तत्वों की संयोजन क्षमता

किसी अन्य तत्व के एक परमाणु के साथ संयोजन करने वाले H परमाणु की विभिन्न संख्याएं	किसी अन्य तत्व के एक परमाणु के साथ संयोजन करने वाले Cl परमाणु की विभिन्न संख्याएं
HCl	NaCl
H_2O	$CaCl_2$
NH_3	$AlCl_3$
CH_4	CCl_4

उपरोक्त उदाहरण से यह स्पष्ट है कि परमाणुओं की संरचना और अन्य संयोजन परमाणुओं की संख्या के बीच एक निश्चित संबंध है। बनने वाले यौगिक की प्रकृति संयोजन परमाणुओं के संयोजक इलेक्ट्रॉनों पर निर्भर करती है।

रासायनिक बंध समान या अलग-अलग तत्वों के दो परमाणुओं के बीच पाए जाने वाले संबंधों का रसायन है। आइए रसायन शास्त्र में रिश्तों के रहस्य को समझते हैं। यह उप इकाई विशेष रूप से विभिन्न प्रकार के संबंधों और बंध बनाने वाले परमाणुओं के अभिलाक्षणिक गुणों से संबंधित है जो विभिन्न प्रकार के बंध के रूप में बनने वाले संबंधों की इस प्रकृति के लिए जिम्मेदार हैं।

जब दो परमाणु एक दूसरे से अलग होने के बजाय एक साथ रहने की प्रवृत्ति रखते हैं, तो वे एक दूसरे के साथ एक रासायनिक बंध बनाते हैं। एक रासायनिक बंध को एक ऐसे आकर्षण बल के रूप में परिभाषित किया जा सकता है जो एक अणु में उसके घटक परमाणुओं को एक साथ बनाए रखता है।

रासायनिक बंध के बारे में तत्वों के एक ऐसे समूह का पता चला है जो रासायनिक यौगिक बनाने की बहुत कम प्रवृत्ति दिखाते हैं। 1916 में, लुईस और कोसेल ने पाया कि अक्रिय गैसें अन्य तत्वों के साथ संयोजन नहीं करती हैं, इसका मतलब है कि उनके इलेक्ट्रॉनिक विन्यास के बारे में कुछ विशेष बात है। आइए लुईस सिद्धांत से समझते हैं।

1.2.1 (A) लुईस अष्टक नियम

लुईस अष्टक नियम (Lewis octet rule) के अनुसार, सभी तत्वों के परमाणु अक्रिय गैसों के समान इलेक्ट्रॉनिक विन्यास प्राप्त करने की प्रवृत्ति रखते हैं क्योंकि यह सबसे स्थिर इलेक्ट्रॉनिक विन्यास को दर्शाता है। एक रासायनिक बंध में संयोजक इलेक्ट्रॉनों की महत्वपूर्ण भूमिका होती है।

सभी परमाणु जिनकी बाहरी कोश अस्थाई या अपूर्ण होते हैं उनकी प्रवृत्ति इलेक्ट्रॉनों को प्राप्त करने या खोने की होती है ताकि वे आवर्त सारणी में निकटतम अक्रिय गैस का इलेक्ट्रॉनिक विन्यास प्राप्त किया जा सके। इसे **'अष्टक नियम'** कहा जाता है।

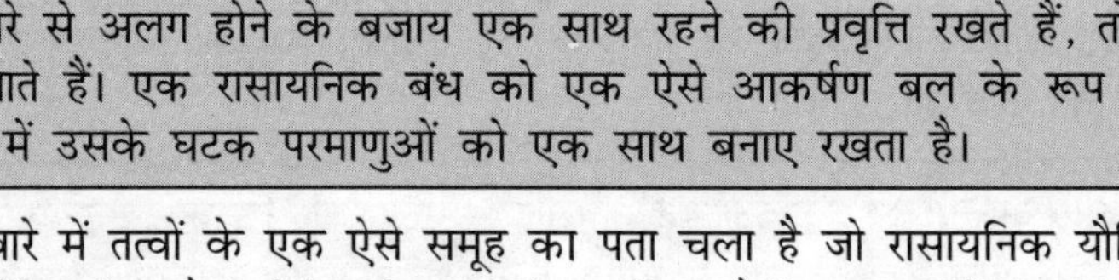

चित्र 1.9: अमोनिया की लुईस संरचना

नोटः 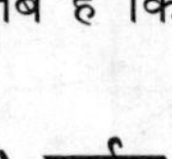 और 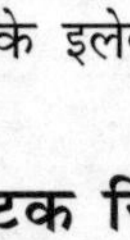 आकृतियाँ केवल साझा करने की अवधारणा को समझने के लिए उपयोग में लाई गयी है।

परमाणुओं की अपनी सबसे बाहरी कक्षा को पूर्ण और स्थिर करने की यह प्रवृत्ति ही परमाणुओं के बीच रासायनिक संयोजन के लिए जिम्मेदार है। अष्टक, कुछ इलेक्ट्रॉन जो स्वयं के है और कुछ इलेक्ट्रॉन जो साझा किए जाते हैं, से मिलकर बनाया जा सकता है। परमाणु तब तक बंध बनाते रहते हैं जब तक कि वे इलेक्ट्रॉनों का एक अष्टक नहीं बना लेते।

उदाहरण: NH_3 में नाइट्रोजन परमाणु में बाहरी कक्षा में 5 इलेक्ट्रॉन होते हैं। यह इनमें से तीन इलेक्ट्रॉन को साझा करता है और तीन बंध बनाता है और एक अष्टक प्राप्त करता है। H_2 में एक इलेक्ट्रॉन होता है और एक इलेक्ट्रॉन की साझेदारी से यह दो इलेक्ट्रॉनों की एक स्थिर व्यवस्था प्राप्त करता है।

1.2.1 (B) अष्टक नियम की सीमाएं

अष्टक नियम आवर्त सारणी के अधिकांश कार्बनिक यौगिकों और द्वितीय आवर्त के तत्वों की संरचना को समझने में सहायक है। यहां अष्टक नियम के कुछ अपवाद भी हैं जो इस प्रकार हैं–

- इससे अणुओं के आकार को नहीं समझाया जा सकता है।
- इसके द्वारा किसी अणु की सापेक्ष स्थिरता और ऊर्जा को नहीं समझाया जा सकता है।
- अष्टक नियम नोबल गैसों की रासायनिक निष्क्रियता पर आधारित है।
- जीनोन और क्रिप्टोन जैसे कुछ नोबल गैस ऑक्सीजन और फ्लोरीन के साथ मिलकर कई यौगिक बनाती हैं।

1.2.2 बंध के प्रकार

अब आइए उन तीन तरीकों को समझें, जिनके द्वारा परमाणु इलेक्ट्रॉनों को प्राप्त करने, खोने या साझा करने से एक स्थिर इलेक्ट्रॉनिक विन्यास प्राप्त कर सकते हैं। विभिन्न प्रकार के बंधों को निम्नलिखित तरीकों से भी समझा जा सकता है–

तालिका 1.7: बंध के प्रकार

क्रमांक	विभिन्न प्रकार के संयोजन	बंध के प्रकार
1	विद्युत धनात्मक तत्व + विद्युत ऋणात्मक तत्व	आयनिक बंध
2	विद्युत ऋणात्मक तत्व + विद्युत ऋणात्मक तत्व	सहसंयोजक बंध
3	विद्युत धनात्मक तत्व + विद्युत धनात्मक तत्व	धात्विक बंध

1.2.3 आयनिक बंध या विद्युत संयोजक बंध

1.2.3 (A) एक परिचय

जब कोई परमाणु अपने बाह्तम कक्ष के इलेक्ट्रॉनों को पूरा करने अर्थात आठ इलेक्ट्रॉनों (यानि ऑक्टेट) या दो इलेक्ट्रॉनों (यानि डुप्लेट) जैसे हाइड्रोजन, लिथियम के मामले में, को प्राप्त करने के लिए दूसरे परमाणु में इलेक्ट्रॉनों का पूर्ण स्थानांतरण करता है और इस प्रकार निकटतम स्थिर नोबेल गैस विन्यास प्राप्त करता है, तब बनने वाले बंध को आयनिक बंध (Ionic bond) या विद्युतसंयोजक बंध (electrovalent bond) कहा जाता है।

दो या दो से अधिक परमाणुओं के बीच बनने वाले रासायनिक बंध जो विद्युत धनात्मक परमाणुओं से विद्युत ऋणात्मक परमाणुओं में एक या एक से अधिक इलेक्ट्रॉनों के स्थानांतरण के परिणामस्वरूप बनता है, विद्युत संयोजक बंध कहा जाता है। इस बंध को आयनिक बंध या ध्रुवीय बंध (polar bond) भी कहा जाता है।

आयनिक बंध के परिणामस्वरूप दो विपरीत आवेशित आयन, धनात्मक आयन (cation) और ऋणात्मक आयन (anion) बनते हैं, जिसके परिणामस्वरूप उनके बीच एक मजबूत आकर्षण बल उत्पन्न हो जाता है, जिसे आयनिक या विद्युतसंयोजी बंध (electrovalent bond) कहा जाता है। आयनिक बंध ऐसे परमाणुओं के बीच बनता है जिनकी विद्युत ऋणात्मकता में अत्यधिक अंतर होता है। आयनिक बंध में कुछ सहसंयोजक गुण भी होते है।

NaCl का निर्माण

सोडियम क्लोराइड अणु में सोडियम का एक परमाणु और क्लोरीन का एक परमाणु होता है। आणविक निर्माण में मौजूद परमाणुओं का इलेक्ट्रॉनिक विन्यास इस प्रकार है।

${}_{11}Na$—$1s^2\ 2s^2\ 2p^6\ 3s^1$; (2, 8, 1)

${}_{17}Cl$—$1s^2\ 2s^2\ 2p^6\ 3s^2\ 3p^5$ (2, 8, 7)

यहाँ सोडियम एक इलेक्ट्रॉन खोकर +1 धनात्मक विद्युत संयोजकता दर्शाता है और [Ne] गैस इलेक्ट्रॉनिक विन्यास प्राप्त करता है

$$\underset{\substack{2,8,1 \\ \textit{Sodium atom}}}{{}_{11}Na} \longrightarrow \underset{\substack{2,\ 8 \\ \textit{Sodium ion (Cation)}}}{{}_{11}Na^+ + 1e^-}$$

आयनिक बंध

यहाँ क्लोरीन एक इलेक्ट्रॉन के लाभ से –1 ऋणात्मक विद्युत संयोजकता दर्शाता है और [Ar] गैस इलेक्ट्रॉनिक विन्यास प्राप्त करता है

$$\underset{\substack{2,8,7 \\ \textit{Chlorine atom}}}{{}_{17}Cl + 1e^-} \longrightarrow \underset{\substack{2,8,8 \\ \textit{Chloride ion (Anion)}}}{{}_{17}Cl^-}$$

एक इलेक्ट्रॉन के खोने और पाने के कारण आयन विकसित होते हैं, जो स्थिर वैद्युत आकर्षण बल द्वारा आपस में जुड़े रहते हैं। एक इलेक्ट्रॉन की हानि के कारण, सोडियम निकटतम अक्रिय गैस विन्यास [${}_{10}Ne$] प्राप्त करता है जबकि क्लोरीन निकटतम [${}_{18}Ar$] गैस विन्यास प्राप्त करता है।

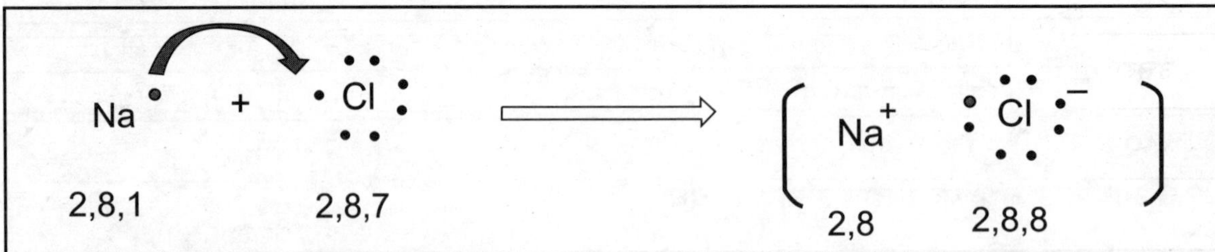

चित्र 1.10: इलेक्ट्रॉनों के स्थानांतरण के कारण विद्युत संयोजक बंध/आयनिक बंध निर्माण

बंध जो इलेक्ट्रॉनों की कमी या प्राप्ति के कारण बनता है या इलेक्ट्रॉनों के स्थानांतरण से बनता है, विद्युत संयोजक बंध या आयनिक बंध कहलाता है [चित्र 1.10]। आमतौर पर धातुओं के संयोजकता कोश में 1, 2, 3 इलेक्ट्रॉन होते हैं इसलिए उनमें संयोजी कोश के इलेक्ट्रॉनों को खोने और धनात्मक विद्युत संयोजकता प्रदर्शित करने की प्रवृत्ति होती है। अधातुओं के संयोजकता कोश में 5 या 6 या 7 इलेक्ट्रॉन होते हैं इसलिए उनमें इलेक्ट्रॉनों को स्वीकार करने और ऋणात्मक विद्युत संयोजकता दिखाने की प्रवृत्ति होती है।

जब सोडियम और क्लोरीन परमाणुओं को एक साथ लाया जाता है, तो वे अपने विपरीत आवेशों के स्थिर विद्युत बल द्वारा एक साथ रहते हैं और इस प्रकार सोडियम क्लोराइड (Na^+Cl^-) बनता है।

1.2.3 (B) आयनिक बंध और उसके यौगिकों के गुण

आयनिक बंध और उसके यौगिकों के कुछ गुण निम्न प्रकार हैं:

- आयनिक बंध एक परमाणु से दूसरे परमाणु के बीच इलेक्ट्रॉनों के पूर्ण स्थानांतरण से बनते हैं।
- उच्च विद्युत ऋणात्मक अंतर वाले परमाणुओं के बीच आयनिक बंध का निर्माण होता है उदाहरण (NaCl)।
- आयनिक बंध धातु और अधातु के बीच ही बनते हैं।
- आयनिक बंध अदिशात्मक होते हैं और ये यौगिक समावयवता प्रदर्शित नहीं करते।
- आयनिक बंध मजबूत होते हैं।
- आयनिक यौगिक आम तौर पर ठोस होते हैं।
- आयनिक यौगिक आयन से मिलकर बने होते हैं जिनके बीच उच्च स्थिर विद्युत आकर्षण बल पाए जाते हैं।
- आयनिक यौगिकों में आयनों के बीच मजबूत स्थिर विद्युत आकर्षण बल की वजह से इनके गलनांक एवं क्वथनांक अत्यधिक होते हैं।
- आयनिक यौगिक ध्रुवीय विलायकों, उदाहरण के लिए जल में घुलनशील होते हैं, जबकि कार्बनिक विलायको में यह अघुलनशील होते हैं।
- आयनिक यौगिक पिघली हुई या घुली हुई अवस्था में विद्युत का चालन करते हैं। ठोस अवस्था में यह विद्युत का चालन नहीं करते हैं।
- आयनिक यौगिक विलयन में आयन बनाते हैं, इसलिए आयनिक अभिक्रियाएं देते हैं जो बहुत तीव्र होती हैं।
- समान इलेक्ट्रॉनिक विन्यास वाले आयनिक यौगिक समरूपता को दर्शाते हैं। उदाहरण के लिए, सोडियम फ्लोराइड और मैग्नीशियम ऑक्साइड समरूपता प्रदर्शित करते हैं।
- आयनिक यौगिक, धनात्मक एवं ऋणात्मक आयनों से बने होते हैं जो जालक में नियमित रूप से व्यवस्थित होते हैं। यह आयन मजबूत स्थिर विद्युत आकर्षण बल द्वारा एक साथ बंधे रहते हैं, जिसे जालक ऊर्जा के रूप में जाना जाता है।

SAQ-5	**विद्युत संयोजक यौगिक किस अवस्था में विद्युत का संचालन करते हैं**		
	1. गलित	2. ठोस	3. गैसीय

उत्तरः (1)

SAQ-6	**आयनिक यौगिकों में निम्न गुण पाया जाता है**			
	1. समरूपता	2. समावयवता	3. बहुरूपता	4. बहुलीकरण

उत्तरः (1)

SAQ-7	**NaCl की अधिकतम घुलनशीलता निम्न में है**			
	1. ईथर	2. एथिल अल्कोहल	3. एसीटोन	4. जल

उत्तरः (4)

1.2.4 सहसंयोजक बंध

1.2.4 (A) एक परिचय

लैंगम्यूर ने सहसंयोजक बंध (covalent bond) शब्द की शुरुआत करके लुईस सिद्धांत को परिष्कृत किया। लुईस ने एक परमाणु के बाहरी कोश में मौजूद इलेक्ट्रॉनों को संयोजक इलेक्ट्रॉनों के रूप में दर्शाने के लिए सरल प्रतीकों की शुरुआत की। इन प्रतीकों को इलेक्ट्रॉन-बिंदु प्रतीकों के रूप में जाना जाता है और यौगिक की संरचना को लुईस बिंदु संरचना के रूप में जाना जाता है। बिंदु इलेक्ट्रॉनों का प्रतिनिधित्व करता है। ऐसी संरचनाओं को लुईस बिंदु संरचना के रूप में जाना जाता है। लुईस बिंदु संरचनाएं इलेक्ट्रॉनों की साझा जोड़ी और ऑक्टेट नियम के संदर्भ में अणुओं और आयनों में बंध की एक तस्वीर प्रदान करती हैं। सहसंयोजक अणुओं की इलेक्ट्रॉन बिंदु संरचनाएं अष्टक नियम के संबंध में लिखी जाती हैं।

इस नियम के अनुसार, हाइड्रोजन परमाणु को छोड़कर किसी अणु के सभी परमाणुओं के संयोजकता कोश में आठ इलेक्ट्रॉन होंगे। हाइड्रोजन में केवल दो इलेक्ट्रॉन होंगे क्योंकि केवल दो इलेक्ट्रॉन से पहला कोश पूरा होता है, जो हीलियम का विन्यास प्राप्त करने के लिए आवश्यक है।

समूह 17 का तत्व Cl, स्थिर अष्टक प्राप्त करने के लिए एक इलेक्ट्रॉन साझा करेगा; समूह 16 के तत्व O और S दो इलेक्ट्रॉनों को साझा करेंगे; समूह 15 के तत्व तीन इलेक्ट्रॉनों को साझा करेंगे और इसी तरह अन्य।

1.2.4. (B) लुईस बिंदु संरचना लिखने के लिए शर्तें

- दो परमाणुओं के बीच एक इलेक्ट्रॉन युग्म की साझेदारी के परिणाम स्वरूप सहसंयोजक बंध का निर्माण होता है।
- प्रत्येक बंध में दो इलेक्ट्रॉन होते हैं जो संयोजन करने वाले प्रत्येक परमाणुओं द्वारा बंध निर्माण के दौरान प्रदान किए जाते हैं जैसा कि चित्र 1.11 में दिखाया गया है।
- प्रत्येक परमाणु परस्पर साझेदारी के द्वारा अपनी संयोजक कक्षा में अष्टक विन्यास प्राप्त कर लेता है।

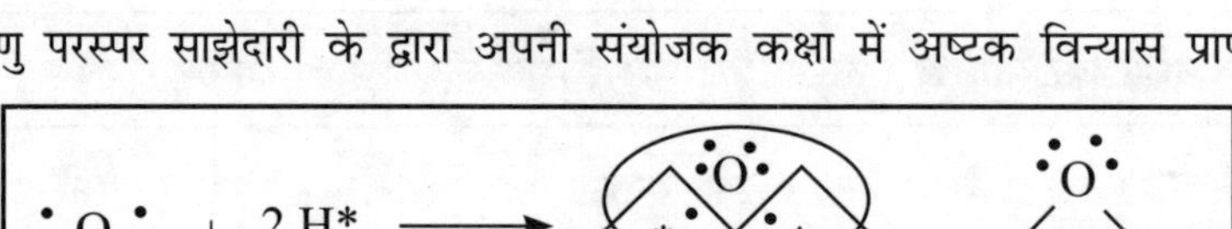

चित्र 1.11: लुईस बिंदु संरचना

दो परमाणुओं के बीच इलेक्ट्रॉनों की पारस्परिक साझेदारी द्वारा उनके अष्टक या द्वैध (केवल एक कोश वाले तत्वों के मामले में) को पूरा करने के लिए बनने वाले बंध को सहसंयोजक बंध या सहसंयोजक लिंकेज कहा जाता है और प्रत्येक परमाणु द्वारा सांझा किए गए इलेक्ट्रॉनों की संख्या को सहसंयोजकता के रूप में जाना जाता है। साझेदारी के प्रत्येक इलेक्ट्रॉन युग्म को एक रेखा (–) द्वारा दर्शाया जाता है।

एक सहसंयोजक बंध का निर्माण दोनों भाग लेने वाले परमाणुओं से इलेक्ट्रॉनों की समान साझेदारी से बनता है। इस प्रकार के बंध में भाग लेने वाले इलेक्ट्रॉनों के युग्म को साझा युग्म या बंध युग्म कहा जाता है। सहसंयोजक बंधों को आणविक बंध के रूप में भी जाना जाता है। बंध युग्म साझा करके, परमाणु उत्कृष्ट गैसों के परमाणुओं के समान अपने बाहरी कोश में स्थिरता प्राप्त कर लेते हैं।

1.2.4 (C) सहसंयोजक बंध दो तरीके से बनता है

- समान प्रकार के परमाणुओं के बीच इलेक्ट्रॉनों की साझेदारी से, उदाहरण H_2 का निर्माण [चित्र 1.12] Cl_2, O_2, आदि।
- विभिन्न प्रकार की परमाणुओं के बीच इलेक्ट्रॉनों की साझेदारी से, उदाहरण के लिए CH_4, H_2O, NH_3 आदि।

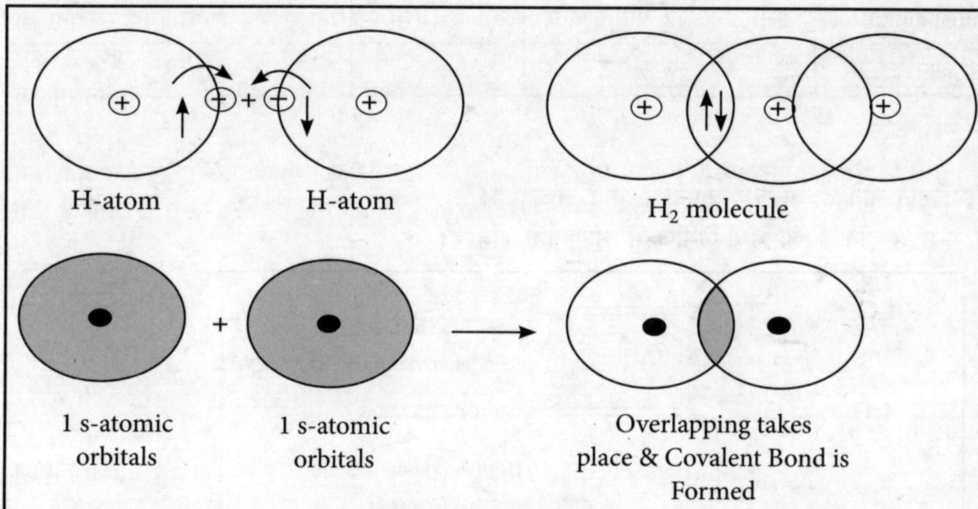

चित्र 1.12: हाइड्रोजन अणु का गठन

सहसंयोजक बंध

1.2.4 (D) कार्बन परमाणु में सहसंयोजक बंध

कार्बन परमाणु की बहुमुखी प्रकृति होती है। कार्बन परमाणु कई सारे तत्वों के साथ बहुत सारे बंध बनाने में सक्षम है। प्रत्येक C परमाणु स्थाई विन्यास प्राप्त करने के लिए चार इलेक्ट्रॉनों को या तो दान या स्वीकार कर सकता है। कार्बन की परमाणु संख्या 6 है। इसका इलेक्ट्रॉनिक विन्यास 2, 4 है। सबसे बाहरी कक्षा से चार इलेक्ट्रॉनों को दान करने से इसमें केवल दो इलेक्ट्रॉन बचते हैं। इस स्थिति में, कार्बन परमाणु धनात्मक रूप से आवेशित हो जाएगा लेकिन फिर भी अस्थिर रहेगा। इसी तरह बाहर से चार इलेक्ट्रॉनों को स्वीकार करने से कार्बन परमाणु ऋणात्मक रूप से आवेशित हो जाएगा। इस स्थिति में भी C परमाणु अस्थिर रहता है।

उपरोक्त व्याख्या से यह निष्कर्ष निकलता है कि दोनों ही स्थितियाँ कार्बन परमाणु को अस्थिरता की ओर ले जाती हैं। इसलिए C परमाणु के पास चार इलेक्ट्रॉनों को साझा करने के अलावा कोई विकल्प नहीं बचता है। कार्बन इलेक्ट्रॉनों को प्राप्त या दान नहीं कर सकता है, इसलिए अपने निकटतम नोबल गैस विन्यास को पूरा करने के लिए, कार्बन सभी चार संयोजक इलेक्ट्रॉनों को अन्य परमाणु के साथ साझा कर सकता है और इस प्रकार सहसंयोजक बंध बना सकता है।

1.2.4 (E) सहसंयोजक बंध के प्रकार

साझा किए गए इलेक्ट्रॉन युग्म की संख्या के आधार पर, सहसंयोजक बंध को एकल (single), द्विबंध (double) और त्रिबंध (triple) सहसंयोजक बंध में वर्गीकृत किया जा सकता है। (तालिका 1.8 और चित्र 1.13)

तालिका 1.8: सहसंयोजक बंध गठन में इलेक्ट्रॉनों की भागीदारी

सहसंयोजक बंध का प्रकार	अणु का नाम उदाहरणार्थ	पारस्परिक रूप से सांझा किए गए इलेक्ट्रॉन युग्म की संख्या	बंधी इलेक्ट्रॉनों की संख्या	एकाकी इलेक्ट्रॉन युग्म की संख्या	मुक्त इलेक्ट्रॉनों की संख्या
एकल बंध	क्लोरीन Cl_2	1	2	6	12
द्विबंध	ऑक्सीजन O_2	2	4	4	08
त्रिबंध	नाइट्रोजन N_2	3	6	2	04

लीजेंड :

* बंधी इलेक्ट्रॉन वे इलेक्ट्रॉन होते हैं जो बंध बनाने में भाग ले रहे हैं।

** एकाकी इलेक्ट्रॉन युग्म वे होते हैं जो बंध निर्माण में भाग नहीं लेते हैं।

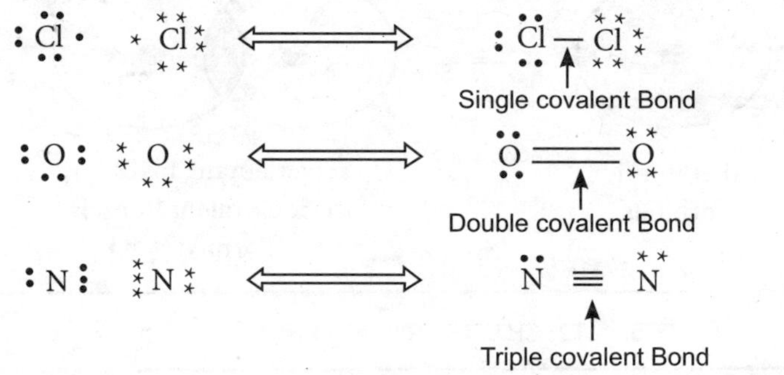

चित्र 1.13: सहसंयोजक बंध के प्रकार

1.2.4 (F) सहसंयोजक बंध और उनके यौगिकों के गुण

सहसंयोजक बंध और उनके यौगिकों के कुछ गुण निम्न प्रकार है

- सहसंयोजक बंध दो परमाणुओं के बीच इलेक्ट्रॉनों की साझेदारी द्वारा बनते हैं।
- सहसंयोजक बंध दो अधातु के बीच ही बनता है।
- सहसंयोजक बंध कठोर और दिशात्मक होते हैं।
- सहसंयोजक बंध पर्याप्त मजबूत होते हैं।
- यदि संयोजन परमाणुओं की विद्युत ऋणात्मकता (electronegativity) में ज्यादा अंतर नहीं होता है तो उनके बीच बनने वाला बंध सहसंयोजक होता है जैसे Cl_2।
- एक सहसंयोजक बंध सामान्य रूप से ~ 80 किलो कैलोरी (किलो कैलोरी/मोल) की ऊर्जा रखता है।
- सहसंयोजक यौगिक ठोस या तरल पदार्थ या गैस हो सकते हैं।
- सहसंयोजक यौगिक अणुओं से बने होते हैं जिनके बीच कमजोर वांडर वाल्स (vander waals) आकर्षण बल पाया जाता है।
- सहसंयोजक यौगिक सामान्य रूप से कम गलनांक बिंदु एवं क्वथनांक बिंदु वाले होते हैं।

- सहसंयोजक यौगिक अध्रुवीय विलायको जैसे बेंजीन में घुलनशील एवं ध्रुवीय विलायको जैसे जल में अघुलनशील होते हैं।
- सहसंयोजक यौगिक आमतौर पर विद्युत के कुचालक होते हैं।
- ये यौगिक समावयवता प्रदर्शित करते हैं।
- सहसंयोजक यौगिक आणविक अभिक्रियाएं देते हैं, जो बहुत धीमी गति से होती हैं।

1.2.4 (F) विद्युतसंयोजक बंध और सहसंयोजक बंध एवं उनके यौगिकों के गुणों में तुलना

विद्युत संयोजक बंध और सहसंयोजक बंध की अवधारणा और तुलना को निम्नलिखित द्वारा समझा जा सकता है [चित्र 1.14]।

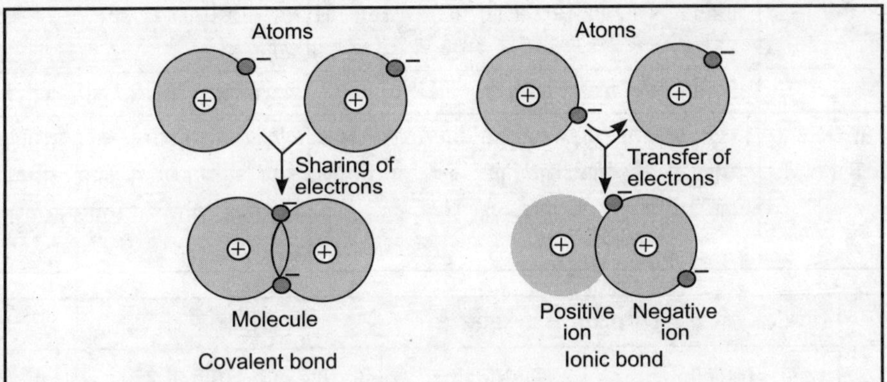

चित्र 1.14: विद्युत संयोजक बंध और सहसंयोजक बंध की तुलना

तालिका 1.9: विद्युत संयोजक बंध और सहसंयोजक बंध एवं उनके यौगिकों के गुणों में तुलना

गुण	आयनिक बंध एवं यौगिक	सहसंयोजक बंध एवं यौगिक
इलेक्ट्रॉनों का स्थानांतरण/ साझेदारी	ये एक परमाणु से दूसरे परमाणु में इलेक्ट्रॉन की पूर्ण स्थानांतरण से बनते हैं।	ये दो परमाणुओं के बीच इलेक्ट्रॉनों की साझेदारी से बनते हैं।
पदार्थ की अवस्था	ये यौगिक आम तौर पर ठोस होते हैं।	ये यौगिक ठोस या तरल पदार्थ या गैसें हो सकते हैं।
बंध	ये आयनों से बने होते हैं जिनके बीच में प्रबल स्थिर विद्युत आकर्षण बल पाया जाता है।	वे अणुओं से बने होते हैं जो कमजोर वांडर वाल्स बलों द्वारा जुड़े रहते हैं।
गलनांक एवं क्वथनांक बिंदु	आयनों के बीच प्रबल स्थिर विद्युत आकर्षण बल के कारण इनके गलनांक एवं क्वथनांक बिंदु उच्च होते हैं।	इनके गलनांक एवं क्वथनांक बिंदु निम्न होते हैं।
विलेयता	आयनिक यौगिक आम तौर पर ध्रुवीय विलायक जैसे जल में घुलनशील और कार्बनिक विलायक में अघुलनशील होते हैं।	सहसंयोजक यौगिक आम तौर पर अध्रुवीय विलायक जैसे बेंजीन में घुलनशील और ध्रुवीय विलायक जैसे जल में अघुलनशील होते हैं।

गुण	आयनिक बंध एवं यौगिक	सहसंयोजक बंध एवं यौगिक
विद्युत की चालकता	आयनिक यौगिक पिघली हुई अवस्था या विलयन में विद्युत का चालन करते हैं। ठोस अवस्था में वे विद्युत का चालन नहीं करते हैं।	सहसंयोजक यौगिक आम तौर पर विद्युत के कुचालक होते हैं।
अणु का आकार	आयनिक बंध अदिशात्मक होते हैं और ये यौगिक समावयवता प्रदर्शित नहीं करते।	सहसंयोजक बंध कठोर और दिशात्मक होते हैं। ये यौगिक समावयवता प्रदर्शित करते हैं।
क्रियाशीलता	यह यौगिक विलयन में आयन उत्पन्न करते हैं इसलिए यह आयनिक अभिक्रियाएं देते हैं जो बहुत तीव्र होती हैं।	इन यौगिकों आणविक अभिक्रियाएं देते हैं जो बहुत धीमी होती हैं।
बंध निर्माण के घटक	आयनिक बंध धातु और अधातु के बीच बनते हैं।	एक सहसंयोजक बंध दो अधातुओं के बीच बनता है।
बंध की शक्ति	आयनिक बंध मजबूत होता है।	सहसंयोजक बंध कमजोर होता है।
विद्युत ऋणात्मकता के अंतर के आधार पर बंध का निर्माण	विद्युत ऋणात्मकता में अधिक अंतर रखने वाले परमाणुओं के बीच आयनिक बंध का निर्माण होता है उदाहरण के लिए NaCl।	यदि संयोजन करने वाले परमाणुओं की विद्युत ऋण आत्मकथा में अंतर अधिक नहीं होता है तो उनके बीच सहसंयोजक बंध बनता है जैसे Cl_2।

SAQ-8	निम्न के बीच सहसंयोजक बंध बनता है:			
	1. दो अधातुओं	2. दो धातुओं	3. धातु और अधातुओं के	4. दो आयन

उत्तर: (1)

1.2.4 (G) संयोजकता बंध सिद्धांत

संयोजकता बंध सिद्धांत (Valence Bond Theory) लिनुस पॉलिंग (Linus Pauling) द्वारा प्रस्तावित किया गया था। जिसके अनुसार सहसंयोजक बंध का निर्माण दो अलग-अलग परमाणुओं के संयोजकता कोश के अयुग्मित इलेक्ट्रॉनों वाले परमाणु कक्षक (अर्ध-भरा) के अतिव्यापन से होता है। अतिव्यापन के कारण आबंधन परमाणुओं के बीच अधिकतम इलेक्ट्रॉन घनत्व होता है। परमाणु कक्षकों का अतिव्यापन जितना अधिक होता है, रासायनिक बंध की शक्ति उतनी ही अधिक होती है, जिससे बनने वाले अणु की स्थिरता बढ़ जाती है।

संयोजकता बंध सिद्धांत की विशेषताएं

- एक परमाणु के संयोजकता कोश में कई अयुग्मित इलेक्ट्रॉन की उपस्थिति, इसे अन्य परमाणुओं के साथ कई बंध बनाने में सक्षम करती है। संयोजकता कोश में उपस्थित युग्मित इलेक्ट्रॉन रासायनिक बंधों के निर्माण में भाग नहीं लेते हैं।
- सहसंयोजक रासायनिक बंध दिशात्मक होते हैं और अतिव्यापन करने वाले परमाणु कक्षको के क्षेत्र के समानांतर होते हैं।
- परमाणु कक्षाओं के अतिव्यापन के आधार पर सिग्मा बंध (σ) और पाई बंध (π) का निर्माण होता है। पाई बंध का निर्माण पार्श्ववती अतिव्यापन (sidewise overlapping) से होता है, जबकि दो परमाणुओं के नाभिक वाले अक्ष के साथ अक्षीय अतिव्यापन (coaxial overlapping) से सिग्मा बंध का निर्माण होता है।

सिग्मा बंध (σ)

जब एक ही अक्ष के अनुदिश अर्ध पूर्ण परमाणु कक्षकों के अतिव्यापन द्वारा सहसंयोजी आबंध बनता है तो इसे सिग्मा आबंध (σ) कहते हैं। इस प्रकार का बंध दो नाभिकों को मिलाने वाली रेखा पर सममित होता है, जैसा कि नीचे चित्र 1.15 में दिखाया गया है। H_2, F_2 और HF अणु के निर्माण के उदाहरण चित्र 1.16, 1.17 और 1.18 में दिखाए गए हैं।

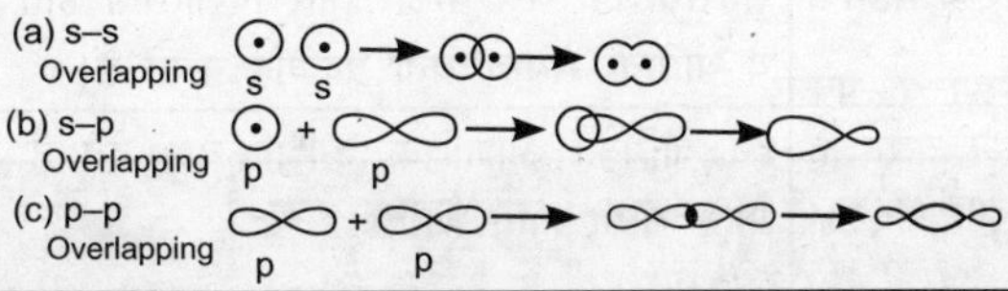

चित्र 1.15: अक्ष के अनुदिश कक्षीय अतिव्यापन

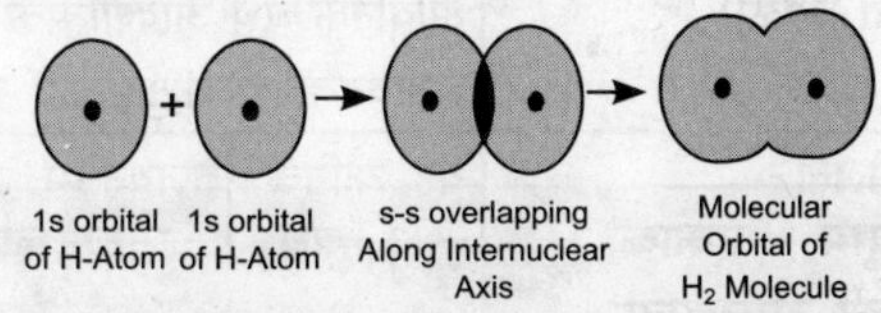

चित्र 1.16: H_2 अणु का निर्माण (s-s अतिव्यापन)

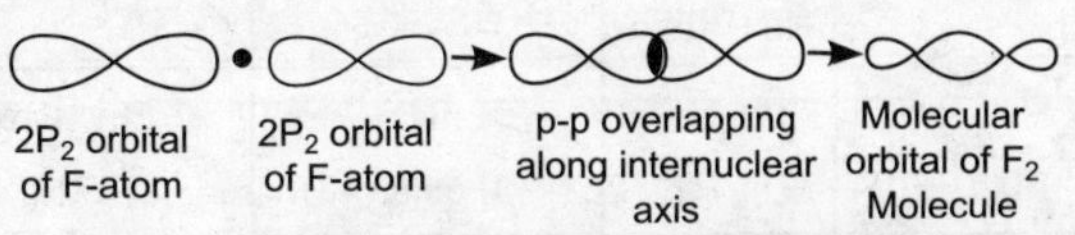

चित्र 1.17: F_2 अणु का निर्माण (p-p अतिव्यापन)

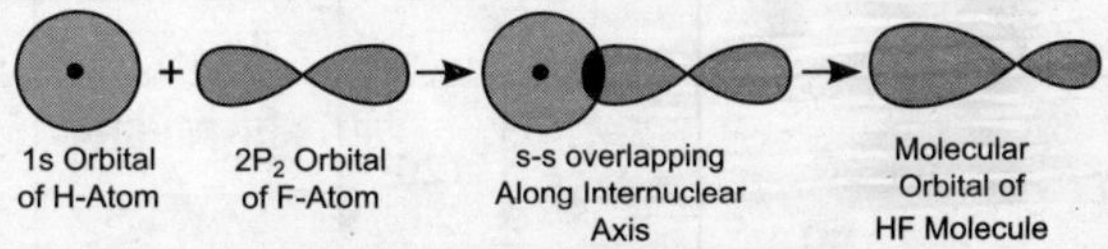

चित्र 1.18: HF अणु का निर्माण (s-p अतिव्यापन)

पाई-बंध (π)

इस प्रकार का बंध दो अर्ध-पूर्ण परमाणु कक्षाओं के पार्श्व या पार्श्ववती अतिव्यापन द्वारा बनता है [चित्र 1.19]। बंध की प्रबलता आधे भरे हुए परमाणु कक्षकों के अतिव्यापन की सीमा पर निर्भर करती है। जब परमाणु कक्षको का अतिव्यापन किनारों पर होता है तब अतिव्यापन की मात्रा हमेशा पार्श्ववती अतिव्यापन की तुलना में अधिक होती है इसलिए परमाणुओं के दो समान समूहों के बीच सिग्मा बंध, पाई बंध से अधिक मजबूत होता है।

एक अणु में दो बंधित परमाणुओं के नाभिकों के बीच की औसत दूरी को बंध लंबाई कहा जाता है और गैसीय अवस्था में एक विशेष प्रकार के बंध के एक मोल को तोड़ने के लिए आवश्यक ऊर्जा को बंध ऊर्जा या बंध शक्ति कहा जाता है। किसी विशेष बंध के 1 मोल के निर्माण में उतनी ही मात्रा में ऊर्जा निकलती है।

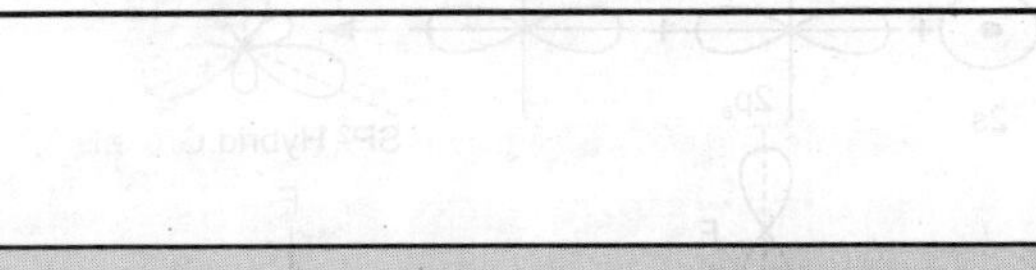

चित्र 1.19: कक्षको का पार्श्ववती अतिव्यापन

1.2.4 (H) संकरण

संकरण (hybridization) एक ही परमाणु से संबंधित परमाणु कक्षकों का काल्पनिक मिश्रण है, लेकिन इनमें थोड़ी भिन्न ऊर्जा होती है जिससे कि उनके बीच ऊर्जा का पुनर्वितरण होता है, जिसके परिणामस्वरूप समान ऊर्जा और समान आकार वाले नए कक्षकों का निर्माण होता है। इस प्रकार बनने वाले नए कक्षकों को संकरित कक्षकों के रूप में जाना जाता है। संकरित कक्षकों को मानक परमाणु कक्षकों के संयोजन के रूप में परिभाषित किया जा सकता है, जिसके परिणामस्वरूप नए परमाणु कक्षकों का निर्माण होता है। सरल शब्दों में संकरण को, नए संकरित कक्षक बनाने के लिए एक से अधिक प्रकार के परमाणु कक्षकों के मिश्रण और पुनर्वितरण के रूप में परिभाषित किया जा सकता है।

संकरण की महत्वपूर्ण विशेषताएं हैं–

- समान परमाणु या आयन के लगभग समान ऊर्जा वाले कक्षकों का संकरण होता है।
- संकरित कक्षकों की संख्या संकरण में भाग लेने के परमाणु कक्षकों की संख्या के बराबर होती है।
- संकरण के द्वारा तुल्य कक्षको का निर्माण होता है, जिससे अधिकतम सममिति प्राप्त होती है।
- संकरित कक्षक केवल सिग्मा बंध बनाते हैं।

तालिका 1.10: संकरण के प्रकार

बंधन युग्म + एकाकी युग्म की उपलब्धता	संकरण	बंध कोण	प्रोटोटाइप ज्यामितीय	संकरण में भाग लेने वाले कक्षको की संख्या	अभिलाक्षणिक %	उदाहरण
दो	*sp*	180°	रेखीय	एक *s* एक *p*	*s*-50% *p*-50%	CO_2, $HgCl_2$, $BeCl_2$
तीन	sp^2	120°	त्रिभुजाकार समतलीय	एक *s* दो *p*	*s*-33.33% *p*-66.66%	BF_3
चार	sp^3	109.5°	सम चतुषफलकीय	एक *s* तीन *p*	*s*-25% *p*-75%	CH_4, BF_4

BF_3 अणु का निर्माण

- बोरान की परमाणु संख्या 5 है
- मूल अवस्था में B का इलेक्ट्रॉनिक विन्यास $1s^2\ 2s^2\ 2px^1$ है
- उत्तेजित अवस्था में B का इलेक्ट्रॉनिक विन्यास $1s^2\ 2s^1\ 2px^1\ 2py^1$ है
- बोरान के एक 2*s* और दो 2*p* कक्षक आपस में मिलकर sp^2 संकरण करते हैं जो तीन अर्द्ध पूरित sp^2 संकर कक्षक बनाते हैं, जो समतलीय होते हैं और एक दूसरे से 120° के कोण पर अभिविन्यासित होते हैं। ये तीन क्लोरीन परमाणुओं के आधे भरे हुए कक्षकों के साथ अतिव्यापन करके BF_3 बनाते हैं, जो एक त्रिभुजाकार समतलीय आकार का होता है।

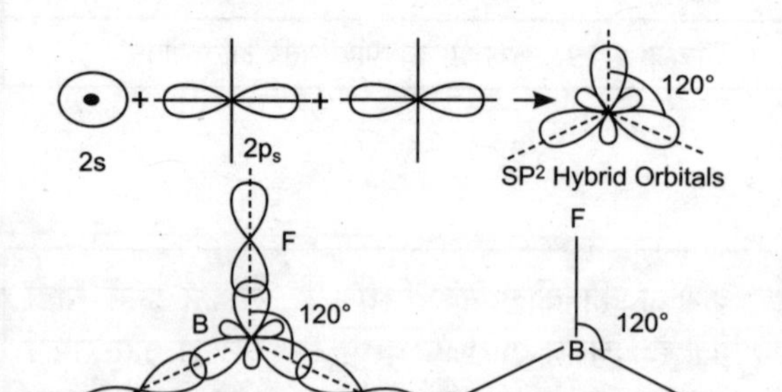

चित्र 1.20: sp^2 संकर कक्षकों का निर्माण और BF_3 अणु का आकार

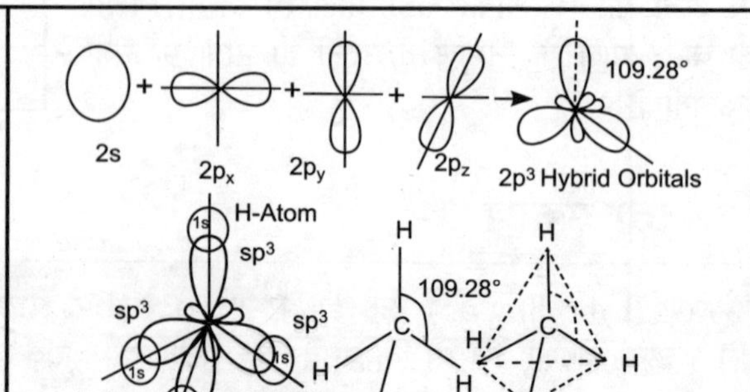

चित्र 1.21: sp^3 संकर कक्षकों और मीथेन (CH_4) अणु

CH_4 अणु का निर्माण

- कार्बन की परमाणु संख्या 6 है
- मूल अवस्था में C इलेक्ट्रॉनिक विन्यास है $1s^2\ 2s^2\ 2px^1\ 2py^1$
- उत्तेजित अवस्था में C इलेक्ट्रॉनिक विन्यास $1s^2\ 2s^1\ 2px^1\ 2py^1\ 2pz^1$
- कार्बन के एक $2s$ और तीन $2p$ कक्षक sp^3 संकरण से चार sp^3 संकरित कक्षक बनते हैं जो 109°28′ के कोण पर समचतुष्फलकीय रूप से व्यवस्थित होते हैं।
- चार sp^3 संकरित कक्षक CH_4 बनाने के लिए 4 हाइड्रोजन परमाणुओं के आधे भरे हुए $1s$ कक्षकों के साथ अतिव्यापन करते हैं। CH_4 एक समचतुष्फलकीय अणु है जिसका प्रत्येक HCH कोण 109°28′ के बराबर है। [चित्र 1.21]।

NH_3 अणु का निर्माण

- नाइट्रोजन की परमाणु संख्या 7 है
- मूल अवस्था में N इलेक्ट्रॉनिक विन्यास है $1s^2\ 2s^2\ 2px^1\ 2py^1\ 2pz^1$ है
- एक $2s$ और तीन $2p$ कक्षक sp^3 संकरण से चार sp^3 संकरित कक्षक बनते हैं जो H–N–H के बंधकोण 107° पर पिरामिडल रूप में व्यवस्थित होते हैं।
- चूँकि अयुग्मित युग्म–बंधित युग्म प्रतिकर्षण बंधित युग्म–बंधित युग्म प्रतिकर्षण की तुलना में अधिक होता है इसलिए हालांकि NH_3, sp^3 संकरण दिखाता है लेकिन इसका बंध कोण 109°28′ से घटकर 107° हो जाता है।
- तीन sp^3 संकरित कक्षक, NH_3 बनाने वाले 3 हाइड्रोजन परमाणुओं के आधे भरे हुए $1s$ कक्षकों के साथ अतिव्यापन करते हैं। जैसा कि चित्र 1.22 आरेख में दिखाया गया है।

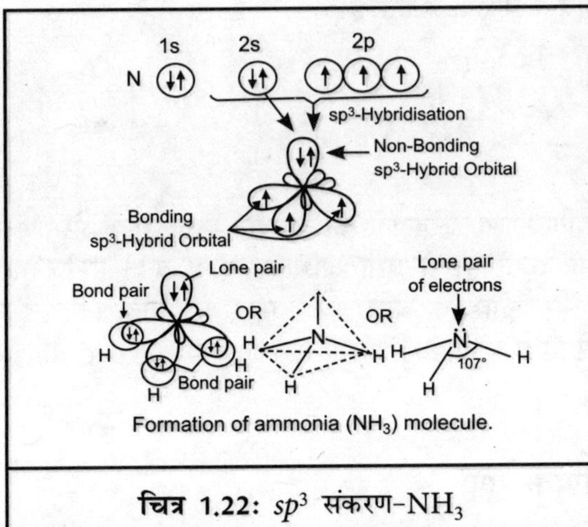

चित्र 1.22: sp^3 संकरण–NH_3

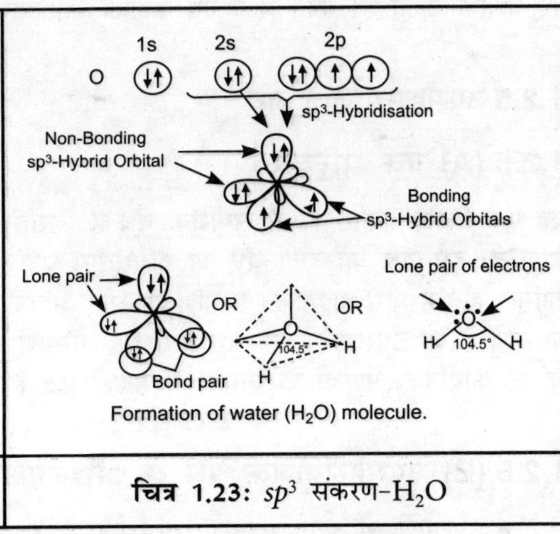

चित्र 1.23: sp^3 संकरण–H_2O

H_2O अणु का निर्माण

- ऑक्सीजन की परमाणु संख्या 8 है।
- मूल अवस्था में O इलेक्ट्रॉनिक विन्यास है $1s^2\ 2s^2\ 2px^2\ 2py^1\ 2pz^1$

- ऑक्सीजन के एक 2*s* और तीन 2*p* कक्षक sp^3 संकरण से चार sp^3 संकरित कक्षक बनते हैं जो V आकार में व्यवस्थित हो जाते हैं।
- दो sp^3 संकरित कक्षक 2 हाइड्रोजन परमाणुओं के आधे भरे हुए 1*s* कक्षकों के साथ अतिव्यापन करते हैं जिससे H_2O अणु बनता है जिसमें दो एकाकी युग्म और दो बंधित युग्म इलेक्ट्रॉन होते हैं।
- चूँकि प्रतिकर्षण का क्रम एकाकी युग्म - एकाकी युग्म > एकाकी युग्म - बंध युग्म > बंध युग्म - बंध युग्म (LP - LP > LP - BP > BP - BP) होता है इसलिए यद्यपि H_2O sp^3 संकरण दिखाता है लेकिन बंध कोण 104° 45′ हो जाता है [चित्र 1.23]

$BeCl_2$ का निर्माण

- बेरिलियम की परमाणु संख्या 4 है।
- मूल अवस्था में Be का इलेक्ट्रॉनिक विन्यास है $1s^2\ 2s^2$
- उत्तेजित अवस्था में Be का इलेक्ट्रॉनिक विन्यास है $1s^2\ 2s^1\ 2px^1$
- एक 2*s* और एक 2 *px* कक्षक आपस में मिलकर *sp* संकरण करते हैं, जो दो अर्द्ध पूरित *sp* संकरित कक्षक बनाते हैं।
- दो *sp* संकरित कक्षक दो हाइड्रोजन परमाणु के 1*s* कक्ष के साथ अतिव्यापन करके 180° H–Be–H बंध कोण के साथ रैखिक ज्यामिति बनाते हैं।

आणविक कक्षक सिद्धांत

अणुओं को, विशेष रूप से उनकी सापेक्ष बंध शक्ति, अनुचुंबकीय और प्रतिचुंबकीय प्रकृति को एक अन्य दृष्टिकोण द्वारा समझाया जाता है, जिसे आणविक कक्षक सिद्धांत (Molecular Orbital Theory) के रूप में जाना जाता है। इस के अनुसार जब दो परमाणु कक्षक आपस में जुड़ते हैं या अतिव्यापन करते हैं, तो वे अपनी पहचान खो देते हैं और नए कक्षक बनाते हैं। बनने वाले नए कक्षकों को आणविक कक्षक कहते हैं।

1.2.5 उपसहसंयोजक बंध

1.2.5 (A) एक परिचय

यह एक विशेष प्रकार का सहसंयोजक बंध है जिसमें दोनों साझा इलेक्ट्रॉनों का योगदान केवल एक परमाणु द्वारा किया जाता है। इस बंध को दाता बंध या द्विध्रुवीय बंध भी कहते हैं। ये ऐसी अभिक्रियाएं में बनते हैं जिनमें दो अधातु शामिल होते हैं जैसे हाइड्रोजन परमाणु या धातु आयनों और लिगैंड के बीच बंध निर्माण के दौरान। (लिगैंड एक आयन या अणु है जो उपसहसंयोजक बंध द्वारा धातु परमाणु से जुड़ा होता है।) उपसहसंयोजक बंध (Co-ordinate bond) जटिल कार्बनिक अणुओं के निर्माण में मदद करते हैं।

1.2.5 (B) उपसहसंयोजक बंध के अभिलाक्षणिक गुण

- परमाणु जो अपने इलेक्ट्रॉन युग्म देता है, दाता के रूप में जाना जाता है। जबकि दूसरा परमाणु जो दाता से इन साझा इलेक्ट्रॉन युग्म को स्वीकार करता है, उसे ग्राही या स्वीकर्ता के रूप में जाना जाता है।
- उपसहसंयोजक बंध को तीर के निशान द्वारा प्रदर्शित किया जाता है जो दाता परमाणु से ग्राही की ओर होता है। [चित्र 1.24]।
- प्रत्येक परमाणु इलेक्ट्रॉन युग्म को साझा करने के बाद स्थाई हो जाता है।

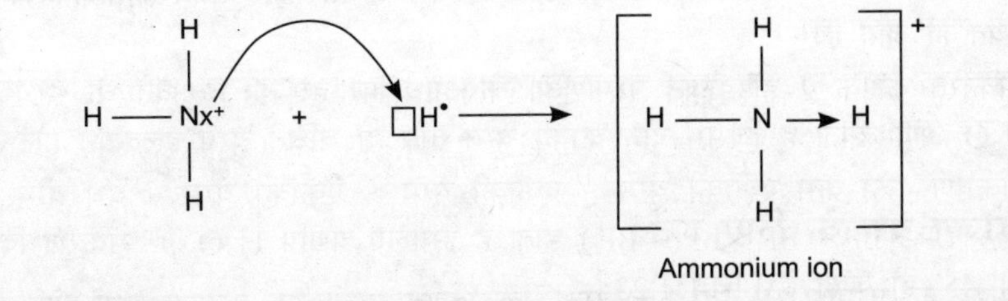

चित्र 1.24: NH_4^+ उपसहसंयोजक बंध

1.2.5 (C) उपसहसंयोजक यौगिकों के गुण

- उपसहसंयोजक यौगिकों के गलनांक एवं क्वथनांक आयनिक यौगिकों की तुलना में कम होते हैं।
- इनमें से कुछ यौगिक समावयवता प्रदर्शित करते हैं।
- इसे दिशात्मक बंध कहा जाता है क्योंकि इलेक्ट्रॉनों का साझा एक निश्चित दिशा में होता है।
- यह आयनिक बंध से कमजोर होता है।

1.2.6 हाइड्रोजन बंध

रोचकतथ्य: हाइड्रोजन बंध का जैविक प्रणाली में बहुत महत्व है। पौधों और जानवरों में भार अनुसार 50% जल मौजूद है। यह हाइड्रोजन आबंधन द्वारा प्रोटीन से जुड़ा रहता है। इसी प्रकार प्रोटीन और न्यूक्लिक अम्लों की संरचना हाइड्रोजन आबंधन द्वारा स्थिर होती है।

जब हाइड्रोजन परमाणु के साथ एक अत्यधिक ऋणविद्युतीय परमाणु (electronegative atom) (जैसे F, O या N) से जुड़ा होता है, तो ऋणविद्युतीय परमाणु इलेक्ट्रॉनों की साझा जोड़ी को अधिक आकर्षित करता है और इसलिए अणु का यह छोर थोड़ा ऋणात्मक हो जाता है जबकि दूसरा छोर (यानी, H-सिरा) थोड़ा धनात्मक हो जाता है। एक अणु का ऋणात्मक सिरा दूसरे के धनात्मक सिरे को आकर्षित करता है, इस प्रकार उनके बीच एक कमजोर बंध बनता है। इस बंध को हाइड्रोजन बंध (Hydrogen bond) कहा जाता है।

यह बिंदीदार रेखाओं (--) द्वारा दर्शाया जाता है जैसा कि यहां दिखाया गया है

$$\overset{+\delta}{H}-\overset{-\delta}{X}----\overset{+\delta}{H}-\overset{-\delta}{X}----\overset{+\delta}{H}-\overset{-\delta}{X}$$

हाइड्रोजन बंध के कारण, एक H-परमाणु एक साथ दो अत्यधिक विद्युत ऋणात्मक (electronegative) परमाणुओं के साथ जुड़ जाता है, एक सहसंयोजक बंध द्वारा और दूसरा हाइड्रोजन बंध द्वारा। इस प्रकार यह एक हाइड्रोजन ब्रिज बनाता है।

उदाहरण के लिए, जल के अणुओं (H_2O) में, हाइड्रोजन सहसंयोजक रूप से अधिक विद्युत ऋणात्मक ऑक्सीजन परमाणु से जुड़ा होता है। एक जल के अणु के हाइड्रोजन परमाणु और एक अन्य जल के अणु के ऑक्सीजन परमाणु के बीच द्विध्रुवीय-द्विध्रुवीय आकर्षण के कारण जल में हाइड्रोजन बंध का निर्माण होता है [चित्र 1.25]

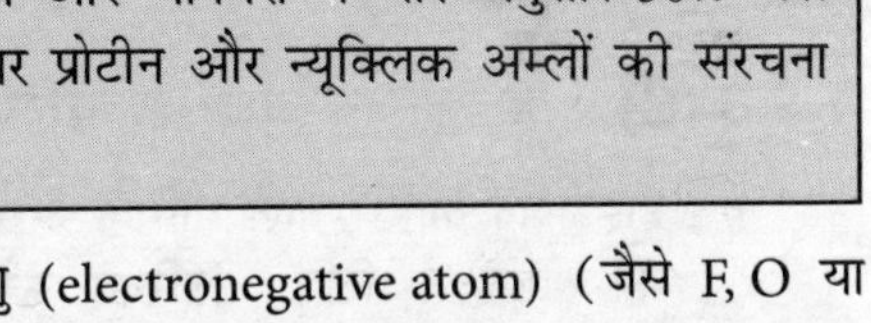

चित्र 1.25: जल के अणु में H आबंधन

हाइड्रोजन बंध कमजोर होता है। हाइड्रोजन बंध की शक्ति कमजोर वांडरवाल्स (vander waals) बल और मजबूत सहसंयोजक बंधों के बीच होती है।

यदि हम दो बर्फ के घनों को एक दूसरे के ऊपर दबाते हैं, तो वे हाइड्रोजन आबंधन के कारण एक घन बनाने के लिए आपस में जुड़ जाते हैं।

1.2.6 (A) हाइड्रोजन बंध के लिए शर्तें

- अणु में हाइड्रोजन परमाणु से जुड़ा एक अत्यधिक विद्युत ऋणात्मक परमाणु होना चाहिए।
- विद्युत ऋणात्मक परमाणु का आकार कम होना चाहिए।

1.2.6 (B) हाइड्रोजन बंध के प्रकार

अंतर-आणविक हाइड्रोजन बंध (Inter-Molecular Hydrogen Bonding): इसमें एक ही यौगिक के दो अणु समुच्चय बनाने के लिए जुड़ते हैं। इस प्रकार के आबंध से जल में विलेयता बढ़ जाती है और यौगिक का क्वथनांक भी बढ़ जाता है। (चित्र 1.26)

अंतः आण्विक हाइड्रोजन आबंध (Interamolecular Hydrogen Bonding): इसमें एक ही अणु के विभिन्न स्थानों पर उपस्थित परमाणुओं के बीच हाइड्रोजन बंध बनता है। इससे अंतः आण्विक रिंग का निर्माण होता है और इस घटना को कीलेशन (chelation) कहा जाता है।

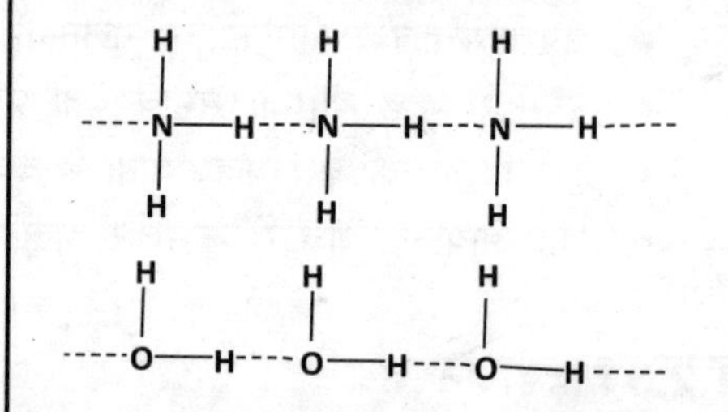

चित्र 1.26: अंतर-आणविक हाइड्रोजन बंध

1.2.6 (C) हाइड्रोजन बंध के परिणाम

- हाइड्रोजन आबंध वाले यौगिक असामान्य रूप से उच्च गलनांक एवं क्वथनांक बिंदु दिखाते हैं क्योंकि इन बंधों को तोड़ने के लिए अतिरिक्त ऊर्जा की आवश्यकता होती है। हैलोजन अम्लो के बीच हाइड्रोजन फ्लोराइड का असाधारण उच्च क्वथनांक हाइड्रोजन बंध की उपस्थिति के कारण होता है।
- NH_3, H_2O, HI के उच्च गलनांक एवं क्वथनांक बिंदु हाइड्रोजन बंध की वजह से होते हैं।
- जल और बर्फ का अनोखा गुण हाइड्रोजन बंध के कारण होते हैं। बर्फ का घनत्व जल की तुलना में कम होता है एवं जल 0 डिग्री सेंटीग्रेड से 4 डिग्री सेंटीग्रेड के बीच सिकुड़ता है इन दोनों अनोखे गुणों को हाइड्रोजन बंध के कारण निर्मित बर्फ के खुले पिंजरे वाली संरचना के द्वारा समझाया जाता है।
- कुछ अम्ल और क्षार की सामर्थ्य को हाइड्रोजन बंध के आधार पर समझाया जा सकता है।
- कार्बनिक यौगिक जैसे एल्केन, एल्कीन, और एल्काइन हाइड्रोजन बंध की अनुपस्थिति के कारण जल में अघुलनशील है, जबकि अल्कोहल, कार्बनिक अम्ल, अमीन; हाइड्रोजन बंध के कारण जल में घुलनशील होते हैं।
- जल हाइड्रोजन बंध की उपस्थिति के कारण द्रव अवस्था में पाया जाता है। जबकि हाइड्रोजन सल्फाइड गैसीय अवस्था में मौजूद होता है क्योंकि हाइड्रोजन सल्फाइड में कोई हाइड्रोजन बंध नहीं होती है।
- हैलोजन अम्लों में हाइड्रोजन फ्लोराइड का असामान्य क्वथनांक बिंदु हाइड्रोजन बंध के अस्तित्व के कारण होता है।

1.2.6 (D) जल के अणु में हाइड्रोजन बंध

- जल में, प्रत्येक ऑक्सीजन परमाणु चार H-परमाणुओं से जुड़ा होता है, दो सहसंयोजक बंध द्वारा और दो हाइड्रोजन-बंध द्वारा। प्रत्येक जल का अणु, चार जल अणुओं से चतुष्फलकीय रूप से H-बंधों द्वारा जुड़ा होता है।

- जल का अधिकतम घनत्व 277 K पर होता है। 273 K पर, जल के अणुओं (या बर्फ) में पर्याप्त हाइड्रोजन बंध मौजूद होता है।
- बर्फ का घनत्व जल से कम होता है। ठोस बर्फ के मामले में, हाइड्रोजन बंध जल के अणुओं की एक पिंजरे जैसी संरचना को जन्म देती है, क्योंकि जल का प्रत्येक अणु चतुष्फलकीय रूप से जल के चार अणुओं से जुड़ता है।
- जब बर्फ पिघलती है, तो पिंजरे जैसी संरचना ढह जाती है और अणु एक दूसरे के करीब आ जाते हैं। इस प्रकार, जल के समान द्रव्यमान के लिए, आयतन घट जाता है और घनत्व बढ़ जाता है। इसलिए बर्फ का घनत्व जल की तुलना में 273 K पर कम होता है। इसलिए बर्फ जल पर तैरती है।
- गर्म करने पर हाइड्रोजन बंध टूटने लगते हैं और अणु एक साथ आने लगते हैं जिसके परिणामस्वरूप आयतन में कमी और घनत्व में वृद्धि होती है। ऐसा 277 K तक चलता है। 277 K के बाद, तरल जल के विस्तार के कारण आयतन वृद्धि, H बंध के टूटने के कारण आयतन में होने वाली कमी से बहुत अधिक हो जाती है। 277 K के बाद, गर्म करने पर आयतन में शुद्ध वृद्धि होती है, जिसका अर्थ है घनत्व में कमी। इसलिए जल का घनत्व 277 K पर अधिकतम होता है।
- बर्फ में भी हाइड्रोजन बंध के कारण अपेक्षाकृत उच्च हिमांक और क्वथनांक होता है। ये वंडरवाल्स बलों की तुलना में अधिक मजबूत होते हैं इसलिए हाइड्रोजन बंध को तोड़ने के लिए अधिक ऊर्जा की आवश्यकता होती है, जिसके परिणामस्वरूप उच्च हिमांक और क्वथनांक होते हैं।

तालिका 1.11: हाइड्रोजन बंध और सहसंयोजक बंध के बीच अंतर

हाइड्रोजन बंध	सहसंयोजक बंध
हाइड्रोजन परमाणुओं और एक विद्युत ऋणात्मक परमाणु के बीच द्विध्रुवीय-द्विध्रुवीय अंतर-आणविक आकर्षण के कारण हाइड्रोजन बंध का निर्माण होता हैं।	इसमें दो परमाणुओं या अणुओं के बीच इलेक्ट्रॉनों की साझेदारी होती है।
यह एक हाइड्रोजन परमाणु और एक अत्यधिक विद्युत ऋणात्मक परमाणु जैसे कि F, O और N के बीच बनता है।	सहसंयोजक बंध दो विद्युत ऋणात्मक परमाणुओं के बीच बनता है, जो एक ही तत्व या विभिन्न तत्वों से संबंधित होते हैं।
इस बंध की सामर्थ्य बहुत कम होता है। यह बंध अणुओं के भौतिक गुणों को बदलता है।	इस बंध की बंध शक्ति अधिक है। यह बंध अणुओं के रासायनिक गुणों को बदलता है।
ये कमजोर बंध हैं।	ये अधिक बंध ऊर्जा के साथ मजबूत बंध है।

जल और अमोनिया के विषम गुण

जल एक द्रव है जबकि H_2S, H_2Se और H_2Te सामान्य ताप पर सभी गैस हैं। जल में, हाइड्रोजन बंध के कारण जल के अणु आपस में जुड़ जाते हैं जिसके परिणामस्वरूप जल का क्वथनांक अन्य यौगिकों की तुलना में अधिक होता है।

- मजबूत अंतराणविक हाइड्रोजन बंध के कारण, H_2O, HF और NH_3 संबद्ध अणुओं के रूप में मौजूद हैं। इसलिए, उनका गलनांक और क्वथनांक उनके संबंधित समूहों में संबंधित हाइड्राइड की तुलना में बहुत अधिक होता है।
- अमोनिया का क्वथनांक PH_3 की तुलना में अधिक होता है क्योंकि NH_3 में हाइड्रोजन बंध होता है लेकिन PH_3 में नहीं। जल में अमोनिया की उल्लेखनीय रूप से उच्च घुलनशीलता के लिए हाइड्रोजन बंध जिम्मेदार है।

SAQ-9	जल के उच्च क्वथनांक के लिए निम्न को जिम्मेदार ठहराया जाता है;			
	1. H और O के बीच सहसंयोजक बंध	2. जल के अणु का रैखिक आकार	3. हाइड्रोजन बंध के कारण जल के अणु संबद्ध होते हैं	4. जल के अणु रैखिक नहीं होते हैं।

उत्तर: (3)

1.2.7 धात्विक बंध

धातुओं के अंदर परमाणुओं की विशालकाय संरचनाएं एक नियमित पैटर्न में व्यवस्थित होती हैं। धातु परमाणुओं के बाहरी कोशों के इलेक्ट्रॉन विस्थानित (delocalised) होते हैं, और पूरी संरचना में गति करने के लिए स्वतंत्र होते हैं। विस्थानित इलेक्ट्रॉनों की साझेदारी के परिणामस्वरूप मजबूत धात्विक बंध (metallic bond) बनते है। [चित्र 1.27]

कई धनावेशित धातु आयनों के बीच संयोजकता इलेक्ट्रॉनों के समुद्र के सामूहिक साझेदारी को धात्विक बंध के रूप में जाना जाता है। दूसरे शब्दों में, धात्विक बंध कई धनात्मक आयनों के बीच कई असंलग्न इलेक्ट्रॉनों का साझाकरण है, जहां इलेक्ट्रॉन पदार्थ को एक निश्चित संरचना देने के लिए "गोंद" के रूप में कार्य करते हैं।

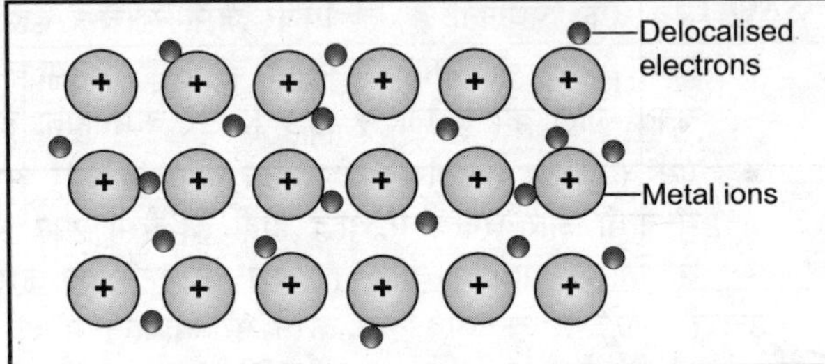

चित्र 1.27: धात्विक बंध में विस्थानित इलेक्ट्रॉन

धात्विक बंध गर्म करने पर ढीले हो जाते हैं जिससे उनकी निश्चित, कठोर संरचना में विकृति आ जाती है और वे द्रव में बदल जाते हैं। जब धातु को उसके क्वथनांक तक गर्म किया जाता है तो ये बंध पूरी तरह से टूट जाते हैं।

धात्विक बंध के अभिलाक्षणिक गुण

- उच्च विद्युत और तापीय चालकता
- अत्यधिक लचीलापन और कोमलपन
- धात्विक चमक
- उच्च गलनांक एवं क्वथनांक बिंदु

धात्विक बंध की शक्ति के लिए जिम्मेदार कारक

- विस्थानित इलेक्ट्रान की संख्या जितनी बढ़ेगी, बंध उतना ही मजबूत होगा।
- धातु धनायन पर आवेश जितना बढ़ता है, इलेक्ट्रॉन समुद्र एवं धातु धनायन के बीच उतना अधिक आकर्षण बल लगता है।
- धनायन की आयनिक त्रिज्या जितनी छोटी होती है, इलेक्ट्रॉन समुद्र पर प्रभावी नाभिकीय आवेश उतना अधिक होगा।

तालिका 1.12: धातु बंध और आयनिक बंध के बीच अंतर

धातु बंध	आयनिक बंध
धातु बंध तब बनते हैं जब धातु धनायनो का एक कठोर, निश्चित जालक विस्थानित संयोजी इलेक्ट्रॉनों के समुद्र को साझा करता है।	इसमें दो रासायनिक प्रजातियों के बीच इलेक्ट्रॉनों का स्थानांतरण शामिल है। ये बंधित परमाणुओं की विद्युत ऋणात्मकताओं में अंतर से उत्पन्न होते हैं।

SAQ-10	यदि दो परमाणु इलेक्ट्रॉन के एकल जोड़े को साझा करते हैं, तो बंध का प्रकार है		
	1. आयनिक	2. एकल सहसंयोजक	3. द्विसहसंयोजक	4. त्रिसहसंयोजक

उत्तरः (2)

SAQ-11	रासायनिक बंध निम्न द्वारा बनाए जाते हैं			
	1. अस्थिर परमाणु	2. स्थिर परमाणु	3. तटस्थ परमाणु	4. केवल अक्रिय परमाणुओं द्वारा

उत्तर: (1)

SAQ-12	सहसंयोजक बंध निम्नलिखित प्रक्रियाओं में से एक द्वारा बनते हैं-	
	1. एक या अधिक इलेक्ट्रॉनों का एक परमाणु से दूसरे में पूर्ण स्थानांतरण	3. साझा इलेक्ट्रॉनों का योगदान एक परमाणु द्वारा होता है न कि प्रत्येक परमाणु द्वारा
	2. संयोजित होने वाले दोनों परमाणुओं के बीच इलेक्ट्रॉनों का साझाकरण	4. संयोजन परमाणुओं के बीच

उत्तर: (2)

SAQ-13	आयनिक बंध निम्नलिखित अणुओं में से एक में बनता है			
	1. NaCl	2. HCl	3. Cl_2	4. H_2O_2

उत्तर: (1)

SAQ-14	धातुएं अपने जालक से इलेक्ट्रॉनों को खोकर बनाती हैं			
	1. धनात्मक आयन	2. ऋणात्मक आयन	3. क्षार	4. अधातु

उत्तर: (1)

SAQ-15	निम्न में न तो आयन और न ही इलेक्ट्रॉन घूमने के लिए स्वतंत्र होते हैं			
	1. तरल	2. धातुओं	3. आयनिक ठोस	4. गैसों

उत्तर: (3)

SAQ-16	धात्विक बंध में विद्युत का चालन निम्न की उपस्थिति के कारण होता है			
	1. प्रोटॉन	2. जालक	3. विस्थानित इलेक्ट्रॉन	4. नाभिक

उत्तर: (3)

1.3 विलयन

1.3.1 एक परिचय

विभिन्न यौगिकों और इंजीनियरिंग सामग्री के रासायनिक विश्लेषण के लिए और विभिन्न प्रकार के उद्योगों में आवश्यक कई रासायनिक यौगिकों की तैयारी के लिए, हमें विभिन्न सांद्रता के विलयन की तैयारी को गहराई से समझने की आवश्यकता है। इस इकाई में हम विभिन्न शक्ति के विलयन जैसे नार्मल विलयन, मोलर विलयन, पीपीएम विलयन आदि बनाने के बारे में सीखेंगे।

रोचकतथ्य: यदि आप एक जल से भरे हुए गिलास में एक मुट्ठी नमक डाल देते हैं तो जल का स्तर बढ़ने के स्थान पर कम हो जाता है जो कि आयन के बीच अंतरा आणविक हाइड्रोजन बंध के कारण होता है।

1.3.2 विलेय, विलायक और विलयन का विचार

विलेय, विलायक और विलयन की अवधारणा को समझने के लिए, आइए सोडियम क्लोराइड के उदाहरण पर विचार करें। NaCl विलयन बनाने के लिए जल में NaCl नमक मिलाया जाता है। इस स्थिति में, हम NaCl को विलेय कह सकते हैं, जल को विलायक कह सकते हैं और नमक और जल के मिश्रण को विलयन कह सकते हैं [चित्र 1.28]।

आइए अब हम तीनों पदों की परिभाषा को समझते हैं।

- **विलेय (solute):** विलायक में अल्प मात्रा में मिलाए जाने वाले पदार्थ को विलेय कहते हैं।
- **विलायक (solvent):** वह पदार्थ जो विलेय को घोलने के लिए अधिक मात्रा में उपस्थित होता है, विलायक कहलाता है।
- **विलयन (solution):** विलेय और विलायक के समांगी मिश्रण को विलयन कहते हैं।

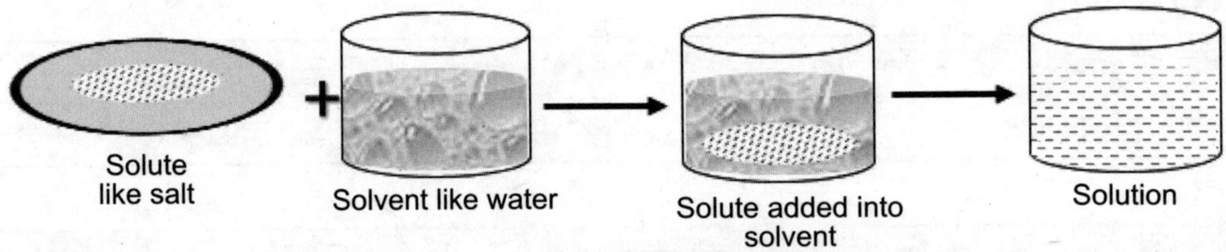

चित्र 1.28: विलेय, विलायक और विलयन

1.3.3 विलयन की सांद्रता को व्यक्त करने के तरीके

विलयन, इसमें जोड़े गए विलेय की मात्रा की आधार पर, अलग-अलग सांद्रण (concentration) के हो सकते हैं।

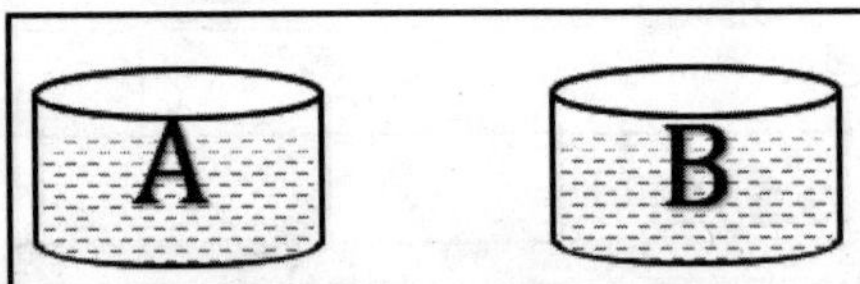

चित्र 1.29: विलयन का सांद्रण

आइए NaCl लवण युक्त दो विलयनों को लेते हैं। बीकर 'A' में 5.85 ग्राम NaCl है जबकि बीकर 'B' में 58.5 ग्राम NaCl है। यदि हम इन दो बीकरों का परीक्षण करें तो हम महसूस कर सकते हैं कि बीकर 'B' बीकर 'A' की तुलना में अधिक नमकीन है। सांद्रता के संदर्भ में, हम कह सकते हैं कि बीकर 'B' के घोल में बीकर 'A' के घोल की तुलना में नमक की मात्रा अधिक होती है।

विलयन की सान्द्रता को व्यक्त करने की विभिन्न विधियाँ हैं, उनमें से कुछ इस प्रकार हैं–

1.3.3 (A) मोलरता

एक लीटर विलयन में घुले विलेय के मोलों की संख्या मोलरता (Molarity) कहलाती है।

एक विलयन जिसमें यौगिक विलेय का 1 मोल (आणविक भार के बराबर) विलायक में घोला जाता है और 1000 mL तक तनु किया जाता है, इस प्रकार हमें 1 मोलर विलयन मिलता है।

उपरोक्त उदाहरण में बीकर 'B' में 1 मोलर NaCl विलयन ($_{11}Na^{23}$ और $_{17}Cl^{35.5}$) है। हम निम्न प्रकार से दी गई मोलरता के पदार्थ के मोल की संख्या की गणना भी कर सकते हैं क्योंकि

$$\text{मोलरता} = \frac{\text{विलेय के मोलों की संख्या}}{\text{विलायक का लीटर में आयतन}}$$

इसलिए, विलेय के मोलों की संख्या = विलेय की मोलरता × विलायक का लीटर में आयतन

1.3.3 (B) पार्ट्स प्रति मिलियन (ppm)

एक मिलियन भाग विलयन में विलेय के ग्राम द्रव्यमान भाग की संख्या को पार्ट्स प्रति मिलियन (ppm) के रूप में परिभाषित किया गया है।

पीपीएम एक इकाई रहित मात्रा है क्योंकि यह एक ही इकाई की दो मात्राओं का अनुपात है।

$$\text{ppm} = \frac{\text{विलेय के ग्राम}}{\text{विलयन के } 10^6 \text{ ग्राम}}$$

इसे $CaCO_3$ कठोरता के रूप में भी व्यक्त किया जाता है।

$$= \frac{(\text{mg/L में लवण का सामर्थ्य}) \times CaCO_3 \text{ का रासायनिक तुल्यांक}}{\text{विलेय लवण का रासायनिक तुल्यांक}}$$

1.3.3 (C) द्रव्यमान प्रतिशत

यह विलयन के सम्पूर्ण द्रव्यमान में मौजूद नमूने के द्रव्यमान का प्रतिशत है।

$$\text{द्रव्यमान प्रतिशत विलेय} = \frac{\text{विलेय का द्रव्यमान}}{\text{नमूने का द्रव्यमान}} \times 100\%$$

$$\text{द्रव्यमान प्रतिशत विलायक} = \frac{\text{विलायक का द्रव्यमान}}{\text{नमूने का द्रव्यमान}} \times 100\%$$

1.3.3 (D) आयतन प्रतिशत

यह विलयन के कुल आयतन में मौजूद विलेय के आयतन का प्रतिशत है।

$$\text{आयतन प्रतिशत} = \frac{\text{विलेय का आयतन}}{\text{विलयन का कुल आयतन}} \times 100\%$$

1.3.3 (E) मोल प्रभाज

विलेय या विलायक के मोल भागित विलयन के मोलों (अर्थात विलेय और विलायक के मोल) की संख्या मोल प्रभाज (Mole fraction) कहलाती है।

$$\text{मोल प्रभाज विलेय (या विलायक)} = \frac{\text{विलेय या विलायक के मोल}}{\text{विलयन के मोल}}$$

हल किये गए प्रश्न

1.1 प्रोटॉन संख्या 12 वाले परमाणु का कक्षीय इलेक्ट्रॉनिक विन्यास लिखिए।

हलः जिस परमाणु में 12 प्रोटॉन होते हैं, वह समान संख्या में इलेक्ट्रॉनों को दर्शाता है इसलिए Mg परमाणु का परमाणु क्रमांक 12 होता है। Mg का इलेक्ट्रॉनिक विन्यास इस प्रकार है;

$_{12}Mg$ – $1s^2\ 2s^2\ 2p^6\ 3s^2$

1.2 एक आयन का कक्षीय इलेक्ट्रॉनिक विन्यास लिखिए जिसमें 12 प्रोटॉन और 10 इलेक्ट्रॉन हों।

हलः 12 प्रोटॉन वाला परमाणु Mg का होता है। Mg परमाणु का इलेक्ट्रॉनिक विन्यास जिसमें 10 इलेक्ट्रॉन होते हैं।

$_{12}Mg$ – $1s^2\ 2s^2\ 2p^6\ 3s^0$

इस मामले में, बंध बनाने के लिए Mg अपने अंतिम कोश या संयोजकता कोश इलेक्ट्रॉनों को खो देता है। इसलिए अब यह 12 प्रोटॉन और 10 इलेक्ट्रॉनों वाले Mg^{2+} बन जाता है।

1.3 सिग्मा और पाई बंध में से कौन अधिक मजबूत है?

उत्तर: सिग्मा बंध अधिक मजबूत होता है क्योंकि यह परमाणु कक्षकों के शीर्ष पर अतिव्यापन से बनता है। इस मामले में अतिव्यापन अधिक होता है। जबकि पाई बंध पार्श्ववती अतिव्यापन (sidewise overlapping) से बनता है। इस मामले में अतिव्यापन कम होता है।

1.4 दो कक्षक हैं, एक *p* और दूसरा *sp* संकर कक्षक। इनमें से किसका दिशात्मक गुण अधिक है, कारण बताएं।

उत्तर: *sp* कक्षक में *p* कक्षक की तुलना में अधिक दिशात्मक गुण होता है क्योंकि *p* कक्षक में दोनों पाली में समान इलेक्ट्रॉन घनत्व के साथ समान आकार की पाली होती हैं। जबकि *sp* हाइब्रिड कक्षक में एक तरफ अधिक इलेक्ट्रॉन घनत्व होता है।

1.5 H_2S गैस है और H_2O द्रव है, कारण बताएं।

उत्तर: H_2O में हाइड्रोजन बंध के कारण, जल के अणु एक दूसरे के पास पास आ जाते हैं, लेकिन H_2S में कोई हाइड्रोजन बंध नहीं पाया जाता है।

1.6 HF का क्वथनांक HCl से अधिक होता है, समझाइए।

उत्तर: HF में हाइड्रोजन आबंध की उपस्थिति के कारण अणु आपस में जुड़े रहते हैं। जबकि HCl में हाइड्रोजन बंध नहीं होता है।

1.7 हालांकि हाइड्रोक्लोरिक अम्ल एक सहसंयोजक यौगिक है, यह जल में घुलने पर आयन कैसे बनाता है?

उत्तर: हाइड्रोक्लोरिक अम्ल सहसंयोजक यौगिक है, जो हाइड्रोजन और क्लोरीन के बीच एक इलेक्ट्रॉन युग्म के आपसी सांझे से बनता है। चूँकि क्लोरीन की संयोजकता कोश में 7 इलेक्ट्रॉन होते हैं, इसलिए इसमें साझा इलेक्ट्रॉनों की जोड़ी को अपनी ओर आकर्षित करने की अधिक प्रवृत्ति होती है, जिसे विद्युत ऋणात्मकता कहा जाता है, इसलिए परमाणु पर आंशिक धनात्मक और ऋणात्मक आवेशों का निर्माण होता है। जब यह जल में घुल जाता है, तो परमाणुओं पर स्थायी आवेश विकसित हो जाते हैं इसलिए क्लोरीन की अधिक विद्युत ऋणात्मकता के कारण HCl जल में घुलने पर आयनित हो जाता है।

1.8 CH_4 में सहसंयोजक गुण की व्याख्या करें।

उत्तर: कृपया पाठ में सहसंयोजक बंध के अनुभाग को देखें।

1.9 NaOH के 3.2 g को 500 mL जल में घोलकर NaOH का एक घोल तैयार किया गया। NaOH विलयन की मोलरता परिकलित कीजिए [संकेत: **संदर्भ बिंदु 1.3.3**]

हल: NaOH का द्रव्यमान = 3.2 g; NaOH का आणविक द्रव्यमान = (23 + 16 + 01) = 40 g/mol जल का आयतन 500 mL = 500/1000 L

$$\text{मोलरता} = ?$$

$$\text{मोलर द्रव्यमान} = \frac{\text{दिया गया द्रव्यमान}}{\text{आणविक द्रव्यमान}} = 0.08 \text{ mol}$$

$$\text{मोलरता} = \frac{\text{विलेय के मोलों की संख्या}}{\text{विलयन का लीटर में आयतन}}$$

$$= \frac{0.08 \times 1000}{500} = 0.16 \text{ mol L}^{-1} \text{ or } 0.16 \text{ M}$$

1.10 एक जल के नमूने में प्रति लीटर 400 मिलीग्राम कैल्शियम सल्फेट है। $CaCO_3$ के बराबर कठोरता की mg/L, ppm में गणना करें। [संकेत: **संदर्भ बिंदु 1.3.3**]

हल: $CaCO_3$ के बराबर कठोरता = (कैल्शियम सल्फेट की मात्रा mg/L में) × (कैल्शियम कार्बोनेट का तुल्यांकी भार/कैल्शियम सल्फेट का तुल्यांकी भार)

= 400 × (100/136)gm [$CaCO_3$ बराबर वजन

= 100, $CaSO_4$ = 136] = 400 × 0.735

= 294.11 mg/L

1 mg/L = 1 ppm इसलिए 294.11 mg/L = 294.11 ppm

1.11 12 ग्राम यूरिया 500 ग्राम जल में घोला गया। यूरिया विलयन के द्रव्यमान प्रतिशतता की गणना करें। [संकेत: **देखें बिंदु 1.3.3**]

हल: दिए गए विलेय पदार्थ की मात्रा = 12g; विलायक का द्रव्यमान = 500g;

विलयन का द्रव्यमान = विलेय पदार्थ का द्रव्यमान + विलायक का द्रव्यमान = 12 + 500 = 512g

यूरिया का द्रव्यमान प्रतिशत = यूरिया का द्रव्यमान/विलयन का कुल द्रव्यमान (यूरिया + विलेय) × 100

= (12/512) × 100 = 0.023 × 100 = 2.3%

1.12 NaOH के 15 cm^3 को 200 cm^3 जल में घोला जाता है। NaOH के आयतन प्रतिशत की गणना करें। [संकेत: **देखें बिंदु 1.3.3**]

हल: विलेय का आयतन (NaOH) = 15 cm^3; विलायक जल का आयतन = 200 cm^3; विलयन का कुल आयतन = 215 cm^3

विलेय का % आयतन = (विलेय का आयतन/विलयन का कुल आयतन) × 100

= (15/215) × 100 = 0.069 × 100 = 6.9%

1.13 जल के 100 ग्राम/मोल और एथिल अल्कोहल के 100 ग्राम/मोल के नमूने में विलेय के मोल प्रभाज और विलायक के मोल प्रभाज की गणना करें [संकेत: **संदर्भ बिंदु 1.3.3**]

हल: सबसे पहले हम विलेय और विलायक के ग्राम को मोल में बदलेंगे–

जल के मोल = 100/18 = 5.55 mol

अल्कोहल के मोल = 100/46 = 2.17 mol

अत: विलयन का मोल = 5.55 + 2.17 = 7.72

विलेय का मोल प्रभाज = 2.17/7.72 = 0.29

विलायक का मोल प्रभाज = 5.55/7.72 = 0.71

यूनिट सारांश

- स्थिर वृत्ताकार पथ जिसमें इलेक्ट्रॉन नाभिक के चारों ओर चक्कर लगाते हैं, कक्षा या कोश या ऊर्जा स्तर के रूप में जाने जाते हैं और इन्हें K, L, M, N के रूप में दर्शाया जाता है।
- इलेक्ट्रॉनों को समायोजित करने के लिए कक्षाओं की अधिकतम क्षमता $2n^2$ द्वारा दी जाती है।
- इस प्रकार एक परमाणु कक्षक नाभिक के चारों ओर त्रिविम में वह स्थान है जहां इलेक्ट्रॉन की पाए जाने की संभावना सर्वाधिक होती है।
- विभिन्न कक्षक में इलेक्ट्रॉनों को समायोजित करने के लिए कक्षक की अधिकतम क्षमता $s = 2, p = 6, d = 10, f = 14$ द्वारा दी गई है।

- इलेक्ट्रॉन, फोटॉन या क्वांटा (ऊर्जा का पैकेट) के रूप में ऊर्जा को अवशोषित या उत्सर्जित करता है। उत्सर्जित फोटोन में ऊर्जा की अलग-अलग मात्रा होती है इसलिए विभिन्न तरंग दैर्ध्य की स्पेक्ट्रल रेखाएँ उत्पन्न होती हैं।
- हाइजेनबर्ग का अनिश्चितता सिद्धांत: एक छोटे से गतिमान कण की एक साथ सटीक स्थिति और संवेग को ठीक से निर्धारित करना संभव नहीं है।
- मुख्य क्वांटम नंबर (n) मुख्य ऊर्जा स्तर ($n = 1, 2, 3, 4...$) के बारे में जानकारी देता है।
- द्विगंशी क्वांटम संख्या (l) उप ऊर्जा स्तर के बारे में जानकारी प्रदान करती है ($l = 0$ से $n - 1$)
  0-s orbital, 1-p orbital, 2-d orbital, 3-f orbital का प्रतिनिधित्व करती है।
- चुंबकीय क्वांटम संख्या (m) उप-ऊर्जा स्तर के अभिविन्यास की जानकारी देती है ($m = -l$ -0- $+l$), विभिन्न ऊर्जा स्तरों के लिए m के मान निम्न हैं।
  $s = 0, p = -1, 0, +1, d = -2, -1, 0, +1, +2\ f = -3, -2, -1, 0, +1, +2, +3$
- चक्रण क्वांटम संख्या (m_s) चक्रण की दिशा बताती है ($m_s = +1/2$ और $-1/2$)
- **आफबाऊ नियम:** इलेक्ट्रॉन ऊर्जा की बढ़ती मात्रा के साथ सभी उपलब्ध कक्षकों में प्रवेश करता है।
- **हुंड का अधिकतम बहुलता का नियम:** जब समान ऊर्जा वाले कई कक्षक उपलब्ध होते हैं तो इलेक्ट्रॉन किसी एक कक्षक में युग्मित होने से पहले समानांतर चक्रण के साथ सभी कक्षकों में प्रवेश करते हैं।
- एक रासायनिक बंध एक आकर्षण बल के रूप में परिभाषित किया जाता है जो एक अणु में घटक परमाणुओं को एक साथ बांधे रखता है।
- अस्थिर या अपूर्ण बाहरी कोश वाले सभी परमाणु आवर्त सारणी में निकटतम अक्रिय गैस का इलेक्ट्रॉनिक विन्यास प्राप्त करने के लिए इलेक्ट्रॉनों को प्राप्त करते हैं या खो देते हैं। परमाणुओं की अपनी सबसे बाहरी कक्षा को स्थिर करने की यह प्रवृत्ति परमाणुओं के बीच रासायनिक संयोजन के लिए जिम्मेदार है।
- **आयनिक या विद्युत संयोजक बंध:** विद्युत धनात्मक परमाणुओं से विद्युत ऋणात्मक परमाणुओं में एक या एक से अधिक इलेक्ट्रॉनों के स्थानांतरण के परिणामस्वरूप दो या दो से अधिक परमाणुओं के बीच बनने वाले रासायनिक बंध को विद्युत संयोजक बंध कहा जाता है। इस बंध को आयनिक बंध या ध्रुवीय बंध या विद्युत संयोजक बंध भी कहा जाता है
- **सहसंयोजक बंध:** दो परमाणुओं के बीच उनके ऑक्टेट या डुप्लेट् (केवल एक कोश वाले तत्वों के मामले में) को पूरा करने के लिए इलेक्ट्रॉनों के आपसी साझाकरण से बनने वाले बंध को सहसंयोजक बंध कहा जाता है। सहसंयोजक बंध में प्रत्येक परमाणु द्वारा योगदान किए गए इलेक्ट्रॉनों की संख्या को सहसंयोजकता के रूप में जाना जाता है। साझा इलेक्ट्रॉन के प्रत्येक जोड़े को एक रेखा (–) द्वारा दर्शाया जाता है।
- **उपसहसंयोजक बंध:** उपसहसंयोजक बंध एक विशेष प्रकार का सहसंयोजक बंध होता है जिसमें दोनों साझा इलेक्ट्रॉनों का योगदान केवल एक परमाणु द्वारा किया जाता है। इस बंध को मूल बंध या द्विध्रुवीय बंध भी कहा जाता है। इसे तीर ($\rightarrow$) द्वारा दर्शाया जाता है।
- **हाइड्रोजन बंध:** हाइड्रोजन बंध में, एक H-परमाणु दो अत्यधिक विद्युत ऋणात्मक परमाणुओं के साथ एक साथ जुड़ता है, एक सहसंयोजक बंध द्वारा और दूसरा हाइड्रोजन बंध द्वारा। इस प्रकार यह एक हाइड्रोजन ब्रिज बनाता है।
- एक सहसंयोजक बंध अयुग्मित इलेक्ट्रॉनों वाले दो अलग-अलग परमाणुओं के संयोजकता कोश के अर्ध पूर्ण परमाणु कक्षक (आधे भरे हुए) के अतिव्यापन से बनता है। अतिव्यापी होने के कारण आबंधन परमाणुओं के बीच अधिकतम इलेक्ट्रॉन घनत्व होता है। परमाणु कक्षक का अतिव्यापन जितना अधिक होता है, रासायनिक बंध की शक्ति उतनी ही अधिक होती है, जिससे परिणामी अणु की स्थिरता बढ़ जाती है।
- **धात्विक आबंध:** अनेक धनावेशित धातु आयनों के बीच संयोजकता इलेक्ट्रॉनों के समुद्र के सामूहिक साझेदारी को धात्विक आबंध कहते हैं। दूसरे शब्दों में, धात्विक बंध कई धनात्मक आयनों के बीच कई अलग-अलग इलेक्ट्रॉनों का साझाकरण है, जहां इलेक्ट्रॉन एक 'गोंद' के रूप में कार्य करते हैं जिससे पदार्थ को एक निश्चित संरचना मिलती है।

- **विलेय :** विलायक में कम मात्रा में जोड़ा गया पदार्थ, विलेय के रूप में जाना जाता है।
- **विलायक :** वह पदार्थ जो विलेय को घोलने के लिए अधिक मात्रा में उपस्थित होता है, विलायक कहलाता है।
- **विलयन :** विलेय और विलायक के समांगी मिश्रण को विलयन कहते हैं।
- **मोलरता :** एक लीटर विलयन में घुले विलेय के मोलों की संख्या है।
- **पाटर्स प्रति मिलियन (पीपीएम) :** एक मिलियन भाग विलयन में विलेय के ग्राम द्रव्यमान भाग की संख्या को पाटर्स प्रति मिलियन के रूप में परिभाषित किया गया हैस
- **द्रव्यमान प्रतिशत :** पूरे विलयन द्रव्यमान में मौजूद नमूने के द्रव्यमान अंश का प्रतिशत।
- **आयतन प्रतिशत :** विलयन के कुल आयतन में विलेय के आयतन अंश का प्रतिशत।
- **मोल प्रभाज :** विलेय या विलायक के मोल भागित विलयन के मोल (अर्थात् विलेय के मोल और विलायक के मोल)

अभ्यास प्रश्न

1.1 हाइजेनबर्ग का अनिश्चितता सिद्धांत बताएं।

1.2 हाइड्रोजन स्पेक्ट्रम में विभिन्न क्षेत्रों में प्राप्त होने वाली विभिन्न श्रंखलाओं का वर्णन करें।

1.3 कक्षक अवधारणा को *s, p, d, f* कक्षकों के आकार के साथ समझाइए।

1.4 चारों क्वांटम संख्याओं को सारणीबद्ध रूप में समझाइए।

1.5 आफबाऊ नियम के अनुसार ऊर्जा की बढ़ती मात्रा में कक्षकों का क्रम लिखिए।

1.6 ${}_{17}Cl$, ${}_{9}F$, ${}_{13}Al$, ${}_{15}P$ का कक्षीय इलेक्ट्रॉनिक विन्यास लिखिए।

1.7 NaCl में विद्युत संयोजी बंध के निर्माण की व्याख्या कीजिए।

1.8 एकल, द्वि और त्रि सहसंयोजक बंध के निर्माण को उदाहरण सहित समझाएं।

1.9 आयनिक यौगिक तथा सहसंयोजी यौगिक में इलेक्ट्रॉनों के स्थानान्तरण/ साझाकरण, गलनांक तथा क्वथनांक तथा विद्युत के चालन के आधार पर अन्तर कीजिए।

1.10 स्वच्छ चित्र की सहायता से सिग्मा और पाई आबंध के निर्माण की व्याख्या *ss, pp* और *sp* अतिव्यापन के साथ कीजिए।

1.11 मीथेन अणु के निर्माण में संकरण की व्याख्या कीजिए।

1.12 उपसहसंयोजी यौगिकों के गुण बताइए।

1.13 जल के अणु के विषम व्यवहार की व्याख्या करें।

1.14 धात्विक बंध में निरूपित इलेक्ट्रॉनों की व्याख्या करने के लिए आरेख खींचिए। धात्विक बंध के अभिलक्षणिक गुणों का उल्लेख कीजिए।

1.15 उदाहरण की सहायता से विलेय, विलायक और विलयन में अंतर कीजिए।

1.16 (i) मोलरता (ii) पीपीएम और (iii) मोल प्रभाज की अवधारणा का उपयोग करके विलयन की सांद्रता का वर्णन करें।

प्रयोग

1. मानक विलयन तैयार करना

प्रायोगिक कथन

ऑक्जेलिक अम्ल या पोटेशियम परमैंगनेट का मानक विलयन तैयार करना।

प्रायोगिक महत्व

आयतनात्मक अनुमापन और मात्रात्मक रासायनिक विश्लेषण, जिनमे एक नमूने में अज्ञात सांद्रण का निर्धारण किया जाता है, के लिए मानक विलयन महत्वपूर्ण हैं। फार्मासिस्ट द्वारा चिकित्सा जगत में और प्रयोगशाला में उचित मिश्रण प्राप्त करने के लिए मानक विलयनों का उपयोग किया जाता है।

प्रासंगिक सिद्धांत

नार्मल विलयन

1 g तुल्यांक पदार्थ को घोल कर 1000 mL विलयन बनाने पर 1 नार्मल विलयन बनता है।

ऑक्जेलिक अम्ल के नार्मल विलयन की तैयारी

ऑक्जेलिक अम्ल का आणविक भार = 126

तुल्यांकी भार $\dfrac{\text{आण्विक भार}}{\text{क्षारकता}} = \dfrac{126}{2} = 63$ (ऑक्जेलिक अम्ल की संयोजकता = 2)

1 g तुल्यांक ऑक्जेलिक अम्ल को 1000 ml आसुत जल में घोलने पर एक नॉर्मल विलयन बनता है

63 g ऑक्जेलिक अम्ल को 1000 ml आसुत जल में घोलने पर एक नॉर्मल विलयन बनता है

0.63 g ऑक्जेलिक अम्ल को 1000 ml आसुत जल में घोलने पर 0.01 नॉर्मल विलयन बनता है

0.01 N $KMnO_4$ विलयन की तैयारी

तुल्यांकी भार = $\dfrac{\text{आण्विक भार}}{\text{संयोजकता}} = \dfrac{158}{5} = 31.6$ g ($KMnO_4$ की संयोजकता = 5)

31.6 g $KMnO_4$ को 1000 mL आसुत जल में घोलने पर 1 N $KMnO_4$ विलयन बनता है

0.316 g $KMnO_4$ को 1000 mL आसुत जल में घोलने पर 0.01 N $KMnO_4$ विलयन बनता है

मोलर विलयन

1000 mL जल में घुले विलेय के मोल की संख्या, मोलर विलयन बनाती है [मोलर विलयन के लिए देखें-यूनिट 1, खंड 1.3]

0.02 M ऑक्जेलिक अम्ल विलयन तैयार करना

ऑक्जेलिक अम्ल का आणविक सूत्र - ($C_2H_6O_6$)

$$\begin{matrix} COOH \\ | \\ COOH \end{matrix} \; 2H_2O$$

आणविक भार = $[(2 \times 12) + (6 \times 1) + (6 \times 16)] = [24 + 6 + 96] = 126$ g/mol

ऑक्जेलिक अम्ल का भार = मोलरता × ऑक्जेलिक अम्ल का आणविक द्रव्यमान × आयतन = $\frac{1}{50} \times 126 \times \frac{100}{1000}$

ऑक्जेलिक अम्ल का भार = 0.252 g

0.02 M ऑक्जेलिक अम्ल विलयन की तैयारी के लिए 100 mL जल में 0.252 g ऑक्जेलिक अम्ल घोला जाता है।

पोटेशियम परमैंगनेट ($KMnO_4$) के मोलर विलयन की तैयारी

0.02 M $KMnO_4$ की तैयारी विलयन

$KMnO_4$ की आणविक भार = [39 + 55 × (16)4] = 158

$KMnO_4$ का भार = मोलरता × $KMnO_4$ का आणविक भार × आयतन = $\frac{1}{50} \times 158 \times \frac{100}{1000} = 0.316$ g

0.02 M $KMnO_4$ विलयन तैयार करने के लिए, 0.316 g $KMnO_4$ को 100 mL जल में घोला जाता है।

प्रैक्टिकल आउटकम्स (PrOs)

PrO1 दिए गए नमूने को इलेक्ट्रॉनिक तुला में सही तौलना।

PrO2 परिभाषित मोलरता और नर्मालता के दिए गए नमूने का मानक विलयन तैयार करना।

आवश्यक संसाधन, रसायन और कांच के बने उपकरण

- **संसाधन:** इलेक्ट्रॉनिक डिजिटल / विश्लेषणात्मक तुला (0.0001 mg संवेदनशीलता)
- **रसायन (AR ग्रेड):** ऑक्जेलिक अम्ल, पोटेशियम परमैंगनेट
- **काँच के उपकरण (बोरोसिल):** वॉच ग्लास, मानक आयतनात्मक फ्लास्क (100 mL), फनल, बीकर

सुरक्षा सावधानियां

1. लैब में काम करते समय मास्क, दस्ताने और एप्रन का प्रयोग करें।
2. कांच के सामान और रसायनों को सावधानी से इस्तेमाल करें।
3. कभी भी तुला के अंदर रसायनों को न फैलाएं।
4. तनुकरण के लिए हमेशा जल में अम्ल मिलाएं।
5. रसायनों को तौलने के लिए वाच ग्लास का प्रयोग करें। रसायन धारण करने के लिए स्पैचुला का प्रयोग करें। रसायनों का उपयोग करने के लिए खाली हाथों का प्रयोग न करें।
6. $KMnO_4$ को मापने के लिए कागज का उपयोग नहीं करें। क्योंकि यह रबर, कागज और कॉर्क का ऑक्सीकरण करता है।
7. तैयार $KMnO_4$ विलयन की सूरज की रोशनी से रक्षा करें। इसे एल्युमिनियम की पन्नी से ढक दें या किसी गहरे रंग की बोतल में रखें। प्रकाश $KMnO_4$ के विघटन को तेज करता है।

प्रयोग विधि

भाग-A M/50 ऑक्जेलिक अम्ल विलयन की तैयारी

1. वॉच ग्लास को साफ करें और 0.252 g ऑक्जेलिक अम्ल का भार करें और इसे एक मानक आयतनात्मक फ्लास्क में स्थानांतरित करें और आसुत जल को 100 mL चिन्ह तक जोड़ें।
2. विलयन को 3-4 बार अच्छे से मिलाएं, ताकि हमें ऑक्जेलिक अम्ल का एक समरूप मिश्रण मिल सके।

भाग-B M/50 ($KMnO_4$) विलयन की तैयारी

1. वॉच ग्लास को साफ करें और 0.316 g $KMnO_4$ का भार करें और इसे एक मानक आयतनात्मक फ्लास्क में स्थानांतरित करें और आसुत जल को 100 mL तक जोड़ें।
2. विलयन 3-4 बार अच्छे से मिलाएं ताकि हम $KMnO_4$ का एक समरूप मिश्रण मिल सके।

शिक्षकों के लिए नोट: शिक्षक ऑक्सैलिक अम्ल का मानक विलयन तथा $KMnO_4$ विलयन तैयार करने के लिए मोलर विलयन विधि या नार्मल विलयन विधि में से किसी एक विधि का उपयोग कर सकता है।

प्रेक्षण

भाग-A ऑक्जेलिक अम्ल विलयन की तैयारी

I) .... M ऑक्जेलिक अम्ल विलयन की तैयारी

.... M ऑक्जेलिक अम्ल की तैयारी के लिए ऑक्जेलिक अम्ल का लिया गया भार = ... ।

प्रयुक्त मानक आयतनात्मक फ्लास्क का आयतन = ...

.... N ऑक्जेलिक अम्ल विलयन की तैयारी

.... N ऑक्जेलिक अम्ल की तैयारी के लिए, ऑक्जेलिक अम्ल का लिया गया भार = ... ।

भाग-B $KMnO_4$ विलयन की तैयारी

I) .... M $KMnO_4$ विलयन की तैयारी

.... M $KMnO_4$ की तैयारी के लिए $KMnO_4$ का लिया गया भार = ... ।

प्रयुक्त मानक आयतनात्मक फ्लास्क का आयतन = ...

.... N $KMnO_4$ विलयन की तैयारी

.... N $KMnO_4$ की तैयारी के लिए, $KMnO_4$ का लिया गया भार = ... ।

परिणाम

1. .... M का विलयन तैयार करने के लिए .... g ऑक्जेलिक अम्ल का उपयोग किया जाता है।

निष्कर्ष एवं/अथवा सत्यापन

....

प्रयोग संबंधित प्रश्न

संदर्भ के लिए, मौखिक परीक्षा में पूछे जाने वाले नमूना प्रश्न यहां दिए गए हैं–

1. 0.02 M ऑक्जेलिक अम्ल के विलयन को बनाने लिए आवश्यक चरणों को समझाइए और लिखिए।
2. 0.02 N $KMnO_4$ विलयन को बनाने लिए आवश्यक चरणों को समझाइए और लिखिए।
3. 0.02 M ऑक्जेलिक अम्ल के विलयन को बनाने लिए आवश्यक ऑक्जेलिक अम्ल की मात्रा की गणना कीजिए।
4. 0.002 N $KMnO_4$ की तैयारी के लिए आवश्यक $KMnO_4$ की मात्रा की गणना कीजिए।

अपशिष्ट का निपटान

प्रकार	विवरण
बायोडिग्रेडेबल अपशिष्ट (हरा बिन)	प्रयोग के दौरान उपयोग में लाये गए सामान्य फिल्टर पेपर।
अपशिष्ट	प्रयुक्त रसायनों को उनके विशिष्ट रासायनिक गुणों के आधार पर उचित रूप से निपटान किया जाना चाहिए।

पर्यावरण के अनुकूल दृष्टिकोण: पुनः उपयोग (रियूज), कम उपयोग (रिड्यूज) एवं पुनः चक्रण (रिसायकल)

1. विलयन तैयार करते समय कांच के बर्तनों को अच्छी तरह से साफ करें। आगे के प्रयोग के लिए तैयार मानक विलयन को संग्रहित करें।
2. इस प्रयोग को करते समय कचरे को कम करने के लिए वांछित मात्रा में पदार्थ का उपयोग करें।
3. आसुत जल बर्बाद न करें।

अध्ययन हेतु सुझाए गए संसाधन

1. https://vlab.amrita.edu/?sub=2&brch=193&sim=1548&cnt=1

$KMnO_4$ विलयन की सांद्रता

सुझाई गई मूल्यांकन योजना

विद्यार्थी का नाम : .... **रोल नंबर :** ....

प्रक्रिया मूल्यांकन			उत्पाद/परिणाम मूल्यांकन			शिक्षक के हस्ताक्षर
प्रक्रिया सूचक (70%)	% भारिता (वेटेज)	प्राप्त अंक	उत्पाद/परिणाम सूचक (30%)	% भारिता (वेटेज)	प्राप्त अंक	
नमूने को तौलने में सटीकता	10		मौखिक प्रश्न (Viva-voce)	10		
विलयन तैयार करना	30		रिपोर्ट तैयार करना	10		
साफ सफाई एवं देखभाल	10		गणना, परिणाम और व्याख्या	10		
कांच के सामानों का इस्तेमाल	10					
सुरक्षा सावधानियों का पालन / अनुपालन	10					

2. अम्ल-क्षार अनुमापन

प्रायोगिक कथन

अनुमापन विधि द्वारा फीनॉलफ्थेलिन सूचक का उपयोग करते हुए ऑक्जेलिक अम्ल के मानक विलयन की सहायता से दिए गए सोडियम हाइड्रॉक्साइड विलयन की शक्ति ज्ञात करना।

प्रायोगिक महत्व

अम्ल-क्षार अनुमापन का उपयोग किसी अम्ल या क्षार की अज्ञात सांद्रता को निर्धारित करने के लिए किया जाता है, जिसमे इसे किसी ज्ञात सांद्रता वाले क्षार या अम्ल से उदासीन किया जाता है। फार्मास्युटिकल विश्लेषण में अम्ल-क्षार अनुमापन का उपयोग ग्लूकोज और सोडियम क्लोराइड इंजेक्शन में सोडियम क्लोराइड के निर्धारण में किया जाता है।

प्रासंगिक सिद्धांत

अम्ल-क्षार अनुमापन

अम्ल क्षार अनुमापन अम्लमिति और क्षारमिति के सिद्धांतों पर आधारित होते हैं। अम्ल-क्षार अनुमापन में प्रयुक्त रासायनिक अभिक्रिया को उदासीनीकरण अभिक्रिया के रूप में जाना जाता है। इसमें H_3O^+ का OH^- आयन आपस में क्रिया कर जल बनाते हैं। अम्ल क्षार अनुमापन में मानक क्षार विलयनों को मानक अम्ल विलयनों के विरुद्ध अनुमापित किया जाता है। एक मानक अम्ल विलयन का उपयोग करके क्षार विलयन के आकलन को अम्लमिति कहते हैं। इसी प्रकार, एक मानक क्षार विलयन का उपयोग करके अम्ल विलयन के आकलन को क्षारमिति कहा जाता है।

अनुमापन

मानक विलयन को आमतौर पर एक अंकित किए गए बर्तन से मिलाया जाता है, जिसे ब्यूरेट कहा जाता है। जब तक अभिक्रिया पूरी नहीं हो जाती तब तक मानक विलयन मिलाने की प्रक्रिया अनुमापन कहलाती है और निर्धारित किए जाने वाले पदार्थ को अनुमाप्य कहा जाता है।

सूचक

यह एक रासायनिक अभिकर्मक है जिसका उपयोग अनुमापन में अंतिम बिंदु को पहचानने के लिए किया जाता है। पदार्थ और मानक विलयन के बीच अभिक्रिया पूरी होने के बाद, सूचक को स्पष्ट रंग परिवर्तन देना चाहिए।

अंतिम बिंदु और समतुल्य बिंदु

एक अभिक्रिया के लिए, वह चरण जो एक विशेष अभिक्रिया के पूरा होने को दर्शाता है उसे अंतिम बिंदु (endpoint) के रूप में जाना जाता है। समतुल्य बिंदु (equivalence point) एक ऐसा चरण है जिसमें जोड़े गये अभिकर्मक की मात्रा बिल्कुल और स्टोइकियोमेट्रिक (stoichiometric) रूप से अनुमापित विलयन में अभिक्रिया करने वाले पदार्थ की मात्रा के बराबर होती है। अंतिम बिंदु का पता कुछ भौतिक परिवर्तन द्वारा जो स्वयं विलयन द्वारा उत्पन्न होते है या सामान्यतः एक सहायक अभिकर्मक को जोड़कर लगाया जाता है जिसे "सूचक" कहा जाता है। अंतिम बिंदु और समतुल्य बिंदु समान नहीं हो सकते हैं। अंतिम बिंदु का पता आमतौर पर अनुमापक की थोड़ी अधिक मात्रा जोड़ने के बाद ही लगाया जाता है। कई मामलों में, इन दोनों के बीच का अंतर प्रायोगिक त्रुटि के अंतर्गत आएगा। इस प्रयोग में होने वाली अभिक्रिया है

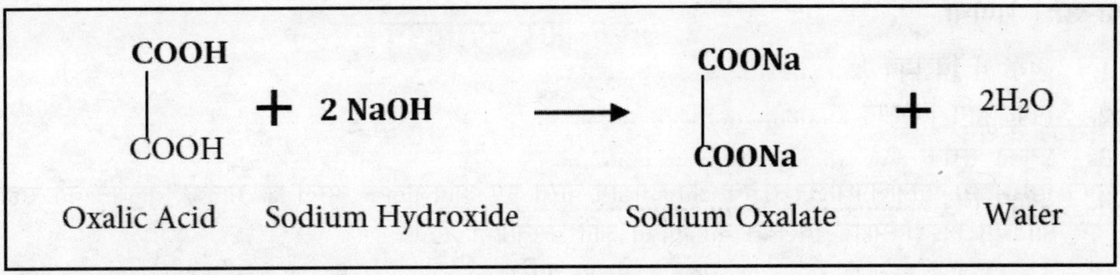

प्रैक्टिकल आउटकम्स (PrOs)

PrO1 अम्ल-क्षार अनुमापन में "अंतिम बिंदु" और "समतुल्य बिंदु" के बीच अंतर को पहचानना।

PrO2 दिए गए नमूने को इलेक्ट्रॉनिक तुला में सटीक रूप से तौलना।

PrO3 नमूना विलयन तैयार करना।

PrO4 मोलरता समीकरण का उपयोग करके दिए गए अम्ल या क्षार की शक्ति की गणना करना।

आवश्यक रसायन और कांच के बने उपकरण

- **रसायन (AR ग्रेड)** ऑक्जेलिक अम्ल, सोडियम हाइड्रॉक्साइड, फिनोलफथेलिन
- **कांच के उपकरण (बोरोसिल)** बीकर (250 mL और 100 mL), कोनिकल फ्लास्क (100 mL), ब्यूरेट (50 mL), ब्यूरेट स्टैंड, पिपेट (10 mL)

सुरक्षा सावधानियां

1. ब्यूरेट को धोयें और उसमें NaOH विलयन भरें।
2. ब्यूरेट के नोजल में मौजूद वायु अंतराल को हटा दें।
3. NaOH विलयन को ब्यूरेट में इस प्रकार भरें कि निचली मेनिस्कस शून्य पर हो।
4. प्रयोगशाला में काम करते समय मास्क, दस्ताने और एप्रन का प्रयोग करें।

प्रयोग विधि

1. 0.1 N NaOH विलयन तैयार करें।
   (40 g NaOH को 1000 mL आसुत जल में घोल कर 1 M NaOH विलयन बनाएं।)
   4.0 g NaOH को 1000 mL आसुत जल में घोल कर 0.1 M NaOH विलयन बनाएं।
   [ऑक्जेलिक अम्ल तैयार करने के लिए - प्रयोग 1 देखें]
2. दिए गए सोडियम हाइड्रॉक्साइड को साफ ब्यूरेट में शून्य निशान तक धोकर भरें।
3. ऑक्जेलिक अम्ल के 20 mL को पिपेट से लें और इसे कोनिकल फ्लास्क में स्थानांतरित करें।
4. फिनोलफथेलिन सूचक की 2-3 बूंदों को कोनिकल फ्लास्क में डालें।
5. कोनिकल फ्लास्क में ब्यूरेट से बूंद-बूंद करके NaOH डालें और मिश्रण को हिलाएं।
6. चरण (5) को तब तक दोहराएं जब तक कि रंग, रंगहीन से स्थायी हल्के गुलाबी रंग में न बदल जाए अर्थात अनुमापन के अंतिम बिंदु पर।
7. स्थायी हल्का गुलाबी रंग बनने के बाद NaOH डालना बंद कर दें और ब्यूरेट रीडिंग रिकॉर्ड करें।
8. लगातार तीन सुसंगत मान आने तक प्रक्रिया दोहराएं।

प्रेक्षण और गणना

1. ब्यूरेट में विलयन ....
2. पिपेट द्वारा विलयन ....
3. प्रयुक्त सूचक ....
4. अंतिम बिंदु ....

प्रेक्षण तालिका

ब्यूरेट रीडिंग	पायलट रीडिंग	1	2	3	क्षार का आयतन (V_B) = माध्य अंतर = (1 + 2 + 3) / 3
प्रारंभिक ब्यूरेट रीडिंग (IBR)					
अंतिम ब्यूरेट रीडिंग (FBR)					
अंतर (FBR-IBR)					

गणना

NaOH की मोलरता

NaOH बनाम ऑक्जेलिक अम्ल

क्षार की मोलरता (M_B) × क्षार का आयतन (V_B) = अम्ल की मोलरता (M_A) × अम्ल का आयतन (V_A)

$$\text{NaOH की मोलरता} = M_B = \frac{M_A \times V_A}{V_B} = \frac{0.1 \times 20}{\text{प्रेक्षण तालिका } (V_B) \text{ से}} = \text{..........}$$

NaOH की शक्ति = NaOH की मोलरता × NaOH का तुल्यांकी भार = ... × 40 g/L

परिणाम एवं/अथवा विवेचना

1. NaOH की मोलरता = ... M
2. NaOH की शक्ति = ... g/L

निष्कर्ष एवं/अथवा सत्यापन

.... M विलयन की तैयारी के लिए घुले हुए NaOH की मात्रा ....

प्रयोग संबंधित प्रश्न

संदर्भ के लिए मौखिक परीक्षा में पूछे जाने वाले नमूना प्रश्न यहां दिए गए हैं-

1. फिनोलफथेलिन सूचक की भूमिका स्पष्ट कीजिए।
2. अम्ल-क्षार उदासीनीकरण अभिक्रियाओं को समझाएं और लिखिए।

अपशिष्ट का निपटान

प्रकार	विवरण
बायोडिग्रेडेबल अपशिष्ट (हरा बिन) 	प्रयोग के दौरान उपयोग में लाये गए सामान्य फिल्टर पेपर।
अपशिष्ट	प्रयुक्त रसायनों को उनके विशिष्ट रासायनिक गुणों के आधार पर उचित रूप से निपटान किया जाना चाहिए।

पर्यावरण के अनुकूल दृष्टिकोण : पुनः उपयोग (रियूज), कम उपयोग (रिड्यूज) एवं पुनः चक्रण (रिसायकल)

1. विलयन तैयार करते समय कांच के बर्तनों को अच्छी तरह से साफ करें। आगे के प्रयोग के लिए तैयार मानक विलयन को संग्रहित करें।
2. इस प्रयोग को करते समय कचरे को कम करने के लिए वांछित मात्रा में पदार्थ का उपयोग करें।
3. आसुत जल बर्बाद न करें।
4. ब्यूरेट और बीकर में बचे अप्रयुक्त विलयन को आगे उपयोग के लिए अलग से कोनिकल फ्लास्क में संग्रहित किया जाना चाहिए।

सुझाई गई मूल्यांकन योजना

विद्यार्थी का नाम : .... रोल नंबर : ....

प्रक्रिया मूल्यांकन			उत्पाद/परिणाम मूल्यांकन			शिक्षक के हस्ताक्षर
प्रक्रिया सूचक (70%)	% भारिता (वेटेज)	प्राप्त अंक	उत्पाद/परिणाम सूचक (30%)	% भारिता (वेटेज)	प्राप्त अंक	
विलयन की तैयारी में सटीकता	15		मौखिक प्रश्न (Viva-voce)	10		
अनुमापन प्रक्रिया और अंतिम बिंदु की पहचान	20		गणना, परिणाम और व्याख्या	10		
साफ सफाई एवं देखभाल	10		रिपोर्ट तैयार करना	10		
कांच के बने पदार्थ की सम्भाल	15					
सुरक्षा नियमों का पालन / अनुपालन	10					

अधिक जानें

- **परमाणु क्रमांक :** परमाणु क्रमांक नाभिक के अंदर उपस्थित प्रोटॉनों की संख्या है। इसे (Z) रूप में दर्शाया जाता है।
- **परमाणु द्रव्यमान संख्या :** नाभिक के अंदर मौजूद प्रोटॉन और न्यूट्रॉन की संख्या का योग। इसे 'A' के रूप में दर्शाया गया है। $A = P + N$
- **परमाणुकता :** किसी तत्व के अणु में उपस्थित परमाणुओं की संख्या। हाइड्रोजन अणु की परमाणुकता 2 नाइट्रोजन की परमाणुकता 2, ऑक्सीजन (ऑक्सीजन गैस में) की परमाणुकता 2 है।
- **समस्थानिक :** एक ही तत्व के विभिन्न परमाणु जिनकी परमाणु संख्या समान किंतु परमाणु द्रव्यमान भिन्न होता है, समस्थानिक कहा जाता है जैसे $_1H^1$, $_1H^2$, $_1H^3$
- **समभारिक :** एक ही तत्व के विभिन्न परमाणु जिनकी परमाणु संख्या भिन्न किंतु परमाणु द्रव्यमान समान होता है, समस्थानिक कहा जाता है जैसे $_{18}Ar^{40}$, $_{19}K^{40}$, $_{20}Ca^{40}$
- **एकाकी इलेक्ट्रॉन युग्म :** इलेक्ट्रॉनों का एक युग्म जो बंध निर्माण में भाग नहीं लेता है, एकाकी इलेक्ट्रॉन युग्म के रूप में जाना जाता है।
- **बंधित युग्म :** इलेक्ट्रॉनों का एक युग्म जो दो परमाणुओं के बीच बंध निर्माण में भाग लेता है, बंधित युग्म के रूप में जाना जाता है
- क्रोमियम असाधारण इलेक्ट्रॉनिक विन्यास दिखाता है।
- क्रोमियम का संयोजकता कोश $4s^2\ 3d^4$ इलेक्ट्रॉनिक विन्यास दिखाने के बजाय, यह $4s^1\ 3d^5$ इलेक्ट्रॉनिक विन्यास दिखाता है क्योंकि आधे भरे होने के कारण d कक्षक अपेक्षाकृत अधिक स्थिर हैं।

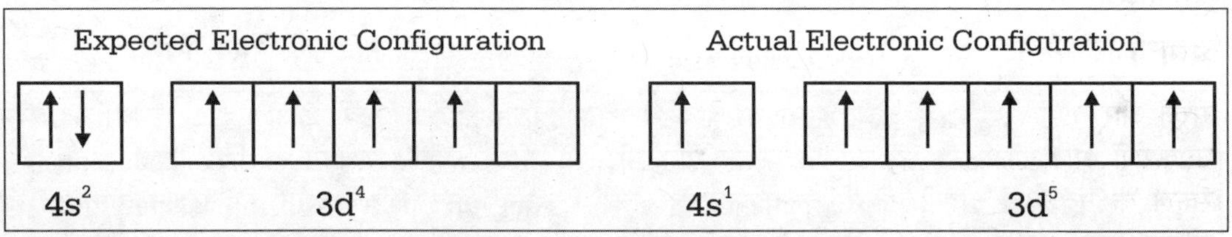

- कॉपर असाधारण इलेक्ट्रॉनिक विन्यास दिखाता है। इसका संयोजकता कोश $4s^2\ 3d^9$ इलेक्ट्रॉनिक विन्यास दिखाने की बजाय यह $4s^1\ 3d^{10}$ इलेक्ट्रॉनिक विन्यास दिखाता है क्योंकि पूर्ण होने के कारण d कक्षक अपेक्षाकृत अधिक स्थिर हैं।

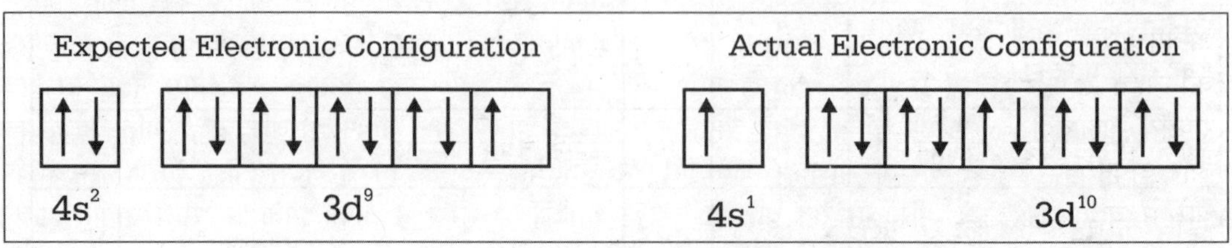

सूक्ष्म परियोजनाएँ / गतिविधियाँ

- एक पावरपॉइंट एनीमेशन तैयार करें जो एक परमाणु की संरचना की व्याख्या कर सके।
- आधुनिक आवर्त सारणी का एक चार्ट बनाइए जो विभिन्न तत्वों के परमाणु क्रमांक और द्रव्यमान संख्या के बारे में जानकारी देता है।

- NaCl के विलयन से साधारण नमक के क्रिस्टल बनायें।
- यौगिकों और विलयनों को दर्शाने वाला एक चार्ट तैयार करें जो मानव जीवन को सकारात्मक और नकारात्मक रूप से प्रभावित करता है।
- एक गेंद और छड़ी या किसी अन्य वस्तु की सहायता से परमाणु का एक मॉडल तैयार करें।
- कक्षा में छात्रों के तीन समूह बनाएं। विभिन्न वस्तुओं/सामानों के आदान-प्रदान/साझा/देने की एक काल्पनिक स्थिति पर विचार करें और एक क्रत्रिम स्थिति में छात्रों के बीच आयनिक, सहसंयोजक और समन्वय बंध के प्रकार का प्रदर्शन करें। अपने निष्कर्ष प्रस्तुत करें।
- इस अवधि के दौरान, क्रिकेट, फुटबॉल, हॉकी आदि जैसे आउटडोर खेल खेलने के समय आपको अपने सहयोगियों के साथ अलग-अलग अनुभव हुए होंगे। विभिन्न प्रकार के बंधों के अनुरूप कहानी/मामले के रूप में अनुभवों का वर्णन लिखें या साझा करें।

अनुप्रयोग (वास्तविक जीवन / औद्योगिक)

- हम सभी द्वारा घरेलू और औद्योगिक उद्देश्यों के लिए उपयोग किए जा रहे सभी पदार्थ / यौगिक रासायनिक बंध का परिणाम हैं। रासायनिक बंध ने, वैज्ञानिकों को नई इंजीनियरिंग सामग्री और रासायनिक यौगिकों के निर्माण और डिजाइन करने का कारण दिया था जो वांछनीय गुणों के साथ विशिष्ट उपयोगों जैसे विभिन्न प्रकार के उद्योगों कॉस्मेटिक्स, पॉलिमर, स्टील, भोजन, बुनियादी ढांचा आदि के स्पेक्ट्रम में विभिन्न प्रकार के अनुप्रयोगों में उपयोग के उद्देश्य के लिए थे।
- pH सूत्र का उपयोग करके, मोलरता की मदद से हम एक विलयन के pH की गणना कर सकते हैं $pH = -\log_{10}[H^+]$

आयनिक बंध, सहसंयोजक बंध और उपसहसंयोजक बंध की केस स्टडी

भाग 1

सूरज और गोपाल दो बहुत अच्छे दोस्त थे। दोनों सरस्वती विद्या मंदिर में 12वीं कक्षा में पढ़ रहे थे। यह स्कूल आईसीटी उपकरणों और प्रणालियों का उपयोग करके गतिविधि-आधारित शिक्षण-अधिगम के लिए जाना जाता है। वर्षों से, इस स्कूल के पूर्व छात्र अपनी नौकरी के दौरान कई क्षेत्रों में अपने अनुकरणीय प्रदर्शन का प्रदर्शन करते रहे हैं। सूरज और गोपाल अपनी पढ़ाई में काफी अच्छे थे। सूरज एक संपन्न परिवार से था और गोपाल एक गरीब परिवार से था। गोपाल के पिता मजदूरी का काम करते थे। वह केवल न्यूनतम सुविधाओं के साथ गोपाल की पढ़ाई का समर्थन कर सकता थे। वे अपनी लंबाई के आधार पर कक्षा में अलग-अलग बेंचों पर बैठते थे, क्योंकि गोपाल बहुत लंबा था।

सूरज को ऑनलाइन संसाधनों जैसे ई-बुक्स, ओपन वेब रिसोर्सेज, क्लास नोट्स, डिस्कशन फोरम और अन्य अनौपचारिक माध्यमों से अध्ययन करने की आदत थी। गोपाल के पिता ने उसे महामारी कोरोना के कारण अपने परिवार की बहुत खराब वित्तीय स्थिति के कारण पढ़ाई बंद करने के लिए कहा, क्योंकि वह काम नहीं कर सकता था और राष्ट्रीय तालाबंदी के कारण दैनिक वेतन प्राप्त कर सकता था। गोपाल अपने परिवार की स्थिति को समझ सकता था और अपने करियर के बारे में सोचकर बहुत परेशान था। यह सब उन्होंने सूरज से साझा किया। सूरज को गोपाल के बारे में बहुत बुरा लगा और वह रात को सो नहीं सका। सुबह सूरज ने अपने पिता के साथ अपनी भावना साझा की और उससे अपने दोस्त गोपाल के लिए किताबें और स्टेशनरी का एक सेट खरीदने का अनुरोध किया। उसके पिता ने इसके लिए तुरंत सहमति व्यक्त की। सूरज ने गोपाल को परीक्षा शुल्क सहित पढ़ाई के लिए आवश्यक सभी आवश्यक चीजें, जैसे किताबें, स्टेशनरी, नोटबुक आदि प्रदान कीं।

यह जानकर गोपाल बहुत खुश और भावुक हो गया, क्योंकि अपने दोस्त सूरज के पूर्ण समर्थन के कारण, वह अपनी पढ़ाई जारी रख सका। वह इसके लिए सूरज के प्रति अभिभूत और आभारी थे।

भाग 2

सूरज और गोपाल दोनों खुशी–खुशी पढ़ाई करते रहे और कक्षा में अच्छा प्रदर्शन किया। वे अक्सर अपने निजी नोट्स और क्लास नोट्स साझा करते थे। कठिन अवधारणाओं के लिए भी वे साथ –साथ अध्ययन करते थे। संस्थान की नीति के अनुसार, विज्ञान शिक्षक गतिविधियों और सूक्ष्म परियोजनाओं के माध्यम से छात्रों को समूहों में बेहतर सीखने के लिए कुछ असाइनमेंट / प्रोजेक्ट देते थे। सूरज और गोपाल शहर के कबाड़ा बाजार से आसपास के कचरे का उपयोग करके और आवश्यक चीजों और अच्छी सामग्री की खोज करके संयुक्त रूप से बहुत अच्छी मूल परियोजनाएँ बनाते थे। राज्य स्तर पर विज्ञान प्रदर्शनी प्रतियोगिता के दौरान भी उनकी परियोजना को राज्य स्तर पर पुरस्कृत किया गया और मूल परियोजना को विकसित करने में उनके संयुक्त प्रयासों की सराहना हुई।

भाग 3

बाद के चरण में, अर्ध–वार्षिक परीक्षा के बाद, गोपाल के कान में फंगल संक्रमण के कारण सुनने की अक्षमता विकसित हो गई। वह बहुत परेशान था क्योंकि वह शिक्षकों द्वारा प्रैक्टिकल और थ्योरी कक्षाओं के दौरान दिए जा रहे किसी भी निर्देश को सुन और समझ नहीं सकता था। गोपाल के लिए कक्षा में प्रदर्शन करना बहुत कठिन होता जा रहा था।

सूरज ने शिक्षक से अनुरोध किया कि वह सूरज के साथ उसकी पढ़ाई में मदद करने के लिए उसी बेंच पर बैठना चाहता है, क्योंकि वह आपके द्वारा दिए गए महत्वपूर्ण मूल्यवान निर्देशों को नहीं सुन सकता है। शिक्षक तुरंत इसके लिए सहमत हो गया। अब सूरज और गोपाल एक ही बेंच पर बैठने लगे और सूरज गोपाल को एक–एक निर्देश लिखित और अशाब्दिक संचार के माध्यम से सुनाया करते थे। इसके द्वारा, वह थ्योरी और प्रैक्टिकल कक्षाओं के दौरान सभी सीखने और निर्देशों को गोपाल को स्थानांतरित कर सकता था। परीक्षा के बाद, दोनों ने बहुत अच्छा प्रदर्शन किया और अपनी पसंद के बहुत अच्छे कॉलेजों में चयनित हो गए।

चर्चा के लिए बिंदु

- रासायनिक बंध की अवधारणा के साथ मामले (case) के वर्णन को संबंधित करें और समझाएं।
- मामले के तीन हिस्सों को आयनिक, सहसंयोजक और समन्वय बंध के साथ पहचानें और संबंधित करें।
- उपरोक्त बिंदुओं के निष्कर्ष प्रस्तुत करें और अवधारणाओं को और स्पष्ट करने के लिए शिक्षक के साथ चर्चा करें।

शिक्षकों के लिए नोट

कक्षा के सभी छात्रों को 10 के कई समूहों में विभाजित किया जा सकता है। प्रत्येक समूह में एक नेता और संपर्ककर्ता होगा। प्रत्येक समूह को निर्धारित समय में समूह के भीतर मामले को पढ़ने, समझने और चर्चा करने और नीचे दिए गए बिंदुओं के आधार पर निष्कर्ष प्रस्तुत करने के लिए कहा जा सकता है। शिक्षक अंत में बातचीत कर सकता है और प्रतिक्रिया प्रदान कर सकता है और संक्षेप में बता सकता है।

रचनात्मक अन्वेषणशीलता और जिज्ञासा

- नोबेल गैसें अन्य तत्वों के साथ क्यों क्रिया नहीं करती हैं?
- हालांकि हाइड्रोक्लोरिक अम्ल एक सहसंयोजक यौगिक है, यह जल में घुलने पर आयन कैसे बनाता है?
- रासायनिक बंध कई वर्षों से सीखा जा रहा है। हमने सीखा है कि दवाओं का संश्लेषण रासायनिक बंध का परिणाम है। आज की महामारी की स्थिति के साथ–साथ कई घातक बीमारियों के लिए वैज्ञानिकों, केमिस्ट और फार्मासिस्ट द्वारा प्रासंगिक दवाओं को संश्लेषित करने की तत्काल आवश्यकता है। हमारे देश में इतना वैज्ञानिक विकास होने के बावजूद हम अपने देश में सभी आयु वर्ग के प्रत्येक व्यक्ति के लिए दवाओं और टीकों की पर्याप्त खुराक तैयार क्यों नहीं कर पाए?

- क्या परमाणु क्रमांक 1 से 30 तक तत्वों को याद रखने के लिए एक लयबद्ध गीत या परिवर्णी शब्द विकसित किया जा सकता है?
- हम कैसे जानते और मानते हैं कि ब्रह्मांड में सभी चीजें परमाणुओं से बनी हैं? यह ईश्वर के अस्तित्व में विश्वास के अनुरूप है। हम परमाणु के अस्तित्व को कैसे देख और महसूस कर सकते हैं? सब कुछ सैद्धांतिक लगता है।
- जब जल और एथिल अल्कोहल की समान मात्रा मिश्रित जाती है तो मिश्रण की कुल मात्रा पहले के दोनों तरल पदार्थों से कम होती है।

सन्दर्भ एवं अध्ययन हेतु सुझाव

- Shikha Agarwal, Engineering Chemistry, Cambridge University Press; New Delhi, 2015. ISBN, 978-1-107-47641-7
- C.N.R. Rao, Understanding Chemistry, Universities Press (India) Pvt. Ltd., 2011, ISBN 8173712506
- Dara, S. S. & Dr. S.S. Umare, Engineering Chemistry, Universities Press (India) Pvt. Ltd., 2011, ISBN, 8121903599
- Jain & Jain, Engineering Chemistry, Dhanpat Rai and Sons; New Delhi, 2015, ISBN 8187433175
- Text Book of Chemistry for Class XI & XII (Part-I, Part-II), N.C.E.R.T., Delhi,2017-18.
- Chemsketch and ISISdraw which can be used to understand 3D view of an orbital.

2 जल

यूनिट विशिष्ट

इस यूनिट में निम्नलिखित प्रमुख विषय शामिल हैं:

- पृथ्वी पर जल का वितरण और वर्गीकरण
- कठोर जल के कारण
- जल मृदुकरण तकनीक
- नगरपालिका जल उपचार
- पेयजल के भारतीय मानक विनिर्देश
- किसी भी जल स्रोत से मानव उपभोग के लिए जैसे पीने और खाना पकाने के प्रयोजनों के लिए जल

यहाँ विभिन्न अवधारणाओं को उदाहरणों के द्वारा समझाया गया है ताकि विद्यार्थियों में आगे जिज्ञासा और रचनात्मक अन्वेषणशीलता उत्पन्न हो, साथ ही उद्योगों एवं दैनिक जीवन में उनके विभिन्न व्यवहारिक अनुप्रयोगों का उल्लेख किया गया है ताकि विद्यार्थियों में रचनात्मक समस्या समाधान की क्षमता विकसित हो।

यूनिट के भीतर विभिन्न अंतरालों पर अध्ययन के मूल्यांकन हेतु रचनात्मक मूल्यांकन (formative assessment) प्रश्नों को संज्ञानात्मक क्षेत्र (cognitive domain) के विभिन्न स्तरों पर डिजाइन किया गया है।

सही अर्थों में आउटकम आधारित पाठ्यक्रम के प्रभावी कार्यान्वयन के लिए, सूक्ष्म परियोजनाओं, कार्यों, औद्योगिक भ्रमण आदि जैसी गतिविधियों के व्यापक स्पेक्ट्रम को विद्यार्थियों के लाभ और उन्हें बढ़ावा देने के लिए यूनिट में डिजाइन और एकीकृत किया गया है। अतिरिक्त अध्ययन और सीखे हुए को मजबूत करने के लिए विभिन्न विषयों / उप विषयों पर नमूना क्यूआर कोड प्रदान किए गए हैं।

भूमिका

जल एक बहुमूल्य प्राकृतिक संसाधन है। सभी जीवित चीजों को अपने अस्तित्व के लिए जल की आवश्यकता होती है। हम जल के बिना जीवन की कल्पना नहीं कर सकते। चाहे वह जानवर हों या पौधे, उन्हें अपनी दैनिक चयापचय (metabolic) गतिविधियों को पूरा करने के लिए जल की आवश्यकता होती है। प्रकाश संश्लेषण की प्रक्रिया द्वारा पौधों को अपने भोजन को संश्लेषित करने के लिए जल की आवश्यकता होती है। पृथ्वी पर जल वाष्पीकरण, वाष्पोत्सर्जन, संघनन, अवक्षेपण और अन्य माध्यमों से निरंतर चक्रित होता है।

सतत विकास ध्येय (Sustainable Development Goal) का लक्ष्य 6.1 सुरक्षित और किफायती पेयजल के लिए सार्वभौमिक और समान पहुंच की मांग करता है।

उद्योगों (टेनरी, लॉन्ड्री, अचार आदि) से निकलने वाला औद्योगिक अपशिष्ट जल विभिन्न सांद्रता वाले रासायनिक यौगिकों से भरा होता है। उद्योगों का यह अपशिष्ट जल झील, नदी या समुद्र में छोड़ा जाता है और जल की गुणवत्ता और शुद्धता को प्रभावित करता है और पारिस्थितिकी तंत्र को भी प्रभावित करता है। यह यूट्रोफिकेशन (eutrophication)

नामक घटना का कारण बन सकता है। इससे मछलियां और अन्य जलीय जीव मर सकते हैं। जल में घुले जहरीले तत्व मछली या अन्य समुद्री जीवों के जरिए इंसानों में अपना रास्ता बना सकते हैं।

डिप्लोमा इंजीनियर होने के नाते, यह हमारी जिम्मेदारी है कि हम दीर्घकालिक स्थिरता के लिए, उपलब्ध जल का उपयोग विवेकपूर्ण ढंग से करें और सुरक्षित और स्वच्छ पेयजल के उपयोग के बारे में जागरूकता फैलाएँ। हमें 22 मार्च, को विश्व जल दिवस का जश्न इस संकल्प के साथ मनाना चाहिए कि हम उपलब्ध जल का संरक्षण, संधारण और विवेकपूर्ण तरीके से उपयोग करेंगे।

रोचकतथ्य: सभी प्राकृतिक आपदाओं का 90% जल से संबंधित है। (UNISDR)

पूर्व-अपेक्षित ज्ञान

रसायन विज्ञान : पदार्थ की संरचना

गणित : मूल बीजगणित और ज्यामिति

यूनिट आउटकम्स (UOs)

इस यूनिट के आउटकम्स की सूची निम्नलिखित है:

U2-O1 गुणों के आधार पर कठोर और मृदु जल का वर्गीकरण करना।

U2-O2 EDTA विधि द्वारा जल की कठोरता का निर्धारण करना।

U2-O3 जल के मृदुकरण की विभिन्न तकनीकों का उपयोग करके कठोर जल को मृदु करना।

U2-O4 जल के शुद्धिकरण के लिए विभिन्न जल उपचार विधियों को लागू करना।

U2-O5 पीने के जल के भारतीय मानक विनिर्देश का उपयोग करना।

यूनिट-2 आउटकम्स	कोर्स आउटकम्स (COs) के साथ यूनिट आउटकम्स (UOs) के अपेक्षित संबंध *(1. कमजोर सहसंबंध; 2. मध्यम सहसंबंध; 3. मजबूत सहसंबंध)*				
	CO-1	**CO-2**	**CO-3**	**CO-4**	**CO-5**
U2-O1	-	3	-	-	1
U2-O2	1	3	-	-	-
U2-O3	-	3	-	-	-
U2-O4	-	3	-	-	-
U2-O4	-	3	-	-	-

2.1 एक परिचय

पृथ्वी पर जल हर जगह है, अर्थात पृथ्वी के ऊपर हवा में, बादलों में, पृथ्वी की सतह पर नदियों, महासागरों, बर्फ, पौधों और जीवों के रूप में।

मानव शरीर के समुचित कार्य के लिए जल अत्यंत महत्वपूर्ण है। वास्तव में, मानव शरीर का लगभग 60 प्रतिशत हिस्सा जल से बना होता है जबकि रक्त में 90 प्रतिशत जल होता है। यह जोड़ों को चिकनाई देता है, लार और बलगम का एक अभिन्न अंग बनता है और सबसे महत्वपूर्ण रूप से रक्त के माध्यम से शरीर के विभिन्न हिस्सों में ऑक्सीजन

पहुंचाता है। यह मस्तिष्क, रीढ़ की हड्डी और अन्य संवेदनशील ऊतकों के लिए एक कुशन (cushion) भी प्रदान करता है; त्वचा को स्वस्थ रखता है, शरीर के तापमान को नियंत्रित करता है, पाचन में मदद करता है, अपशिष्ट को बाहर निकालता है, किडनी की कार्यप्रणाली को बनाए रखता है, रक्तचाप को बनाए रखने में मदद करता है और महत्वपूर्ण खनिजों पोषक तत्व को घोलता है।

इस इकाई में हम जल के विभिन्न पहलुओं के बारे में जानेंगे।

रोचक तथ्य: समुद्री जल, जल का एक अशुद्ध रूप है। इसमें लगभग 3.5% कुल घुलित लवण होते हैं। समुद्री जल में घुले हुए लवणों में लगभग 2.5% NaCl होता है।

2.1.1 पृथ्वी पर जल वितरण का ग्राफीय प्रदर्शन

पृथ्वी पर उपलब्ध जल के अस्तित्व और वितरण को समझने के लिए विभिन्न पाई चार्ट सहायक होते हैं। चित्र 2.1 पृथ्वी के जल के पाई चार्ट को दर्शाता है। कुल मौजूदा जल में से केवल 3% जल ही मृदु जल है, जबकि शेष 97% जल खारा या समुद्री जल है। चित्र 2.2, मीठे जल के प्रतिशत वितरण को दर्शाता है। इसका लगभग 99% हिस्सा बर्फ और जमीन में बंद है; सतही जल का मात्र 1% ही सतही जल है। चित्र 2.3 सतही मीठे जल के वितरण को दर्शाता है। इस जल का 69% हिस्सा बर्फ में बंद है, और दूसरा 21% झीलों में पाया जाता है। मिट्टी की नमी में 3.8% जल होता है, वातावरण में 3% जल होता है, और कीचड़ और दलदल में 2.6% जल होता है। नदियों में मृदु जल का एक छोटा प्रतिशत यानी 0.49% है, जिसका बड़ा हिस्सा जीवित जीवों के लिए उपलब्ध है।

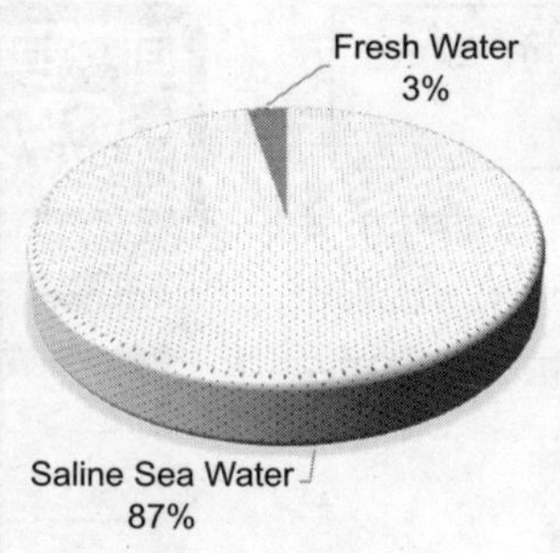

चित्र 2.1: पृथ्वी जल

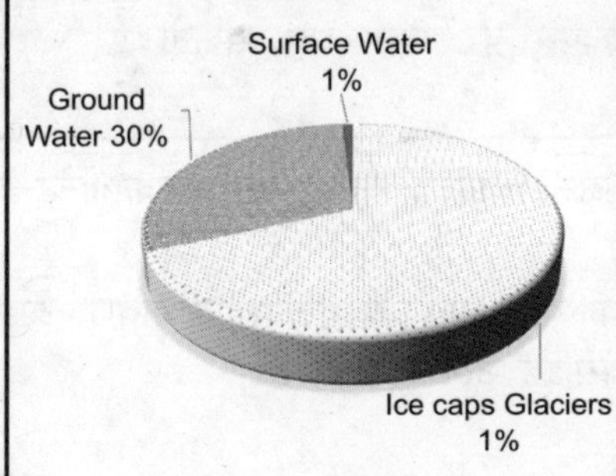

चित्र 2.2: ताजा जल

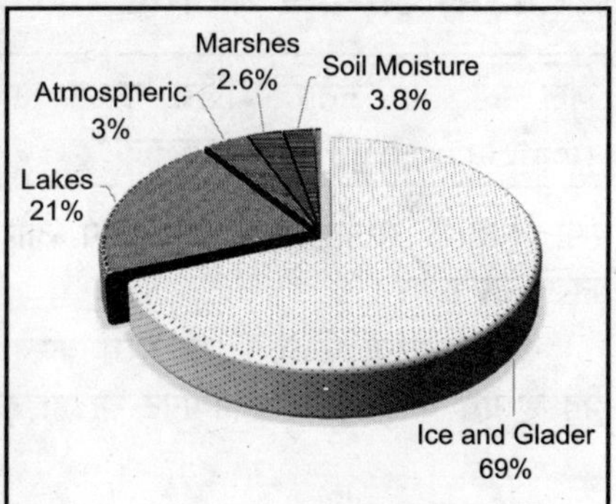

चित्र 2.3: सतही जल

2.1.2 मृदु और कठोर जल का वर्गीकरण

(a) मृदु जल

ऐसा जल जो साबुन के घोल के साथ आसानी से झाग पैदा करता है, मृदु जल (soft water) कहलाता है।

साबुन उच्च वसीय अम्लों का सोडियम या पोटेशियम लवण है। जब साबुन को मृदु जल (soft water) में मिलाया जाता है, तो स्टीयरिक अम्ल और सोडियम स्टीयरेट के कारण झाग उत्पन्न होता है।

$$\underset{\text{सोडियम स्टीयरेट (साबुन)}}{C_{17}H_{35}COONa} + H_2O \longrightarrow \underset{\text{स्टीयरिक एसिड}}{C_{17}H_{35}COOH} + NaOH$$

$$\underset{\text{साबुन}}{C_{17}H_{35}COONa} + \underset{\text{स्टीयरिक एसिड}}{C_{17}H_{35}COOH} \longrightarrow \text{झाग}$$

(b) कठोर जल

जो जल साबुन के घोल के साथ आसानी से झाग पैदा नहीं करता है बल्कि दही जैसा एक सफेद पदार्थ यानी सफेद मैल (scum) बनाता है, कठोर जल (hard water) कहलाता है।

साबुन उच्च वसीय अम्लों का सोडियम या पोटेशियम लवण का मिश्रण है। साबुन जल में घुलनशील होता है और लवण युक्त सिरे और वसायुक्त सिरे बनाता है, जो सफाई की क्रिया में मदद करते हैं। जब जल साबुन के साथ मिलता है, यह झाग बनाता है जिसके कारण इसमें सफाई करने का गुण होता है। जब जल में घुले हुए लवण जैसे मैग्नीशियम और कैल्शियम साबुन के साथ मिलते है, तो मैग्नीशियम और कैल्शियम के अघुलनशील लवण प्राप्त होते हैं।

2.1.3 जल में कठोरता उत्पन्न करने वाले लवण

प्राकृतिक जल आमतौर पर विभिन्न प्रकार की अशुद्धियों अर्थात घुलित, निलंबित और जैविक से दूषित होता है, जो इसकी उपयोगिता को सीमित कर सकती हैं।

जल की कठोरता मुख्य रूप से घुलित अवस्था में विभिन्न लवणों की उपस्थिति के कारण होती है। कठोरता मूल रूप से दो प्रकार की होती है

(A) अस्थायी कठोरता (B) स्थायी कठोरता

2.1.3 (A) अस्थायी कठोरता

जल की वह कठोरता जिसे केवल उबालकर दूर किया जा सकता है, अस्थायी कठोरता (temporary hardness) कहलाती है।

अस्थायी कठोरता

ऐसी कठोरता मैग्नीशियम, कैल्शियम और अन्य धातुओं के घुलित बाइकार्बोनेट की उपस्थिति के कारण होती है।

इस कठोरता में जल को गरम करने के बाद धातु के घुलनशील लवण, बाइकार्बोनेट विघटित होते हैं एवं अघुलनशील कार्बोनेट या हाइड्रॉक्साइड उत्पन्न करते हैं।

$$\underset{\text{Calcium Bicarbonates}}{Ca(HCO_3)_2} \xrightarrow{\Delta} \underset{\text{Calcium Carbonates}}{CaCO_3\downarrow} + H_2O + \underset{\text{Carbon dioxide}}{CO_2\uparrow}$$

$$\underset{\text{Magnesium Bicarbonates}}{Mg(HCO_3)_2} \xrightarrow{\Delta} \underset{\text{Magnesium Hydroxide}}{Mg(OH)_2\downarrow} + \underset{\text{Carbon Dioxide}}{2\,CO_2\uparrow}$$

2.1.3 (B) स्थायी कठोरता

वह कठोरता जिसे केवल उबालकर नहीं हटाया जा सकता है, स्थायी कठोरता (permanent hardness) कहलाती है।

स्थायी कठोरता

ऐसी कठोरता मैग्नीशियम, कैल्शियम और अन्य भारी धातुओं के क्लोराइड एवं सल्फेट कारण होती है। इस प्रकार की कठोरता में घुले हुए क्लोराइड, सल्फेट आदि उबालने के बाद भी विघटित नहीं होते हैं।

तालिका 2.1: मृदु जल और कठोर जल के बीच अंतर

मृदु जल	कठोर जल
इसमें कम खनिज सामग्री होती है।	इसमें ज्यादा खनिज सामग्री होती है।
इसमें सोडियम आयन होता है।	इसमें कैल्शियम और मैग्नीशियम आयन होते हैं।
इसमें साबुन बर्बाद नही होती है।	इसमें साबुन की एक बड़ी मात्रा बर्बाद होती है।
यह साबुन के साथ क्रिया कर झाग बनाता है।	यह साबुन से अभिक्रिया करके अवक्षेपण मैल या दही बनाता है।
इसका घरेलू और औद्योगिक उपयोग पर बुरा प्रभाव नहीं पड़ता है।	यह घरेलू के साथ-साथ औद्योगिक जीवन को भी प्रभावित करता है।
इससे कागज उद्योग में, वांछित चिकनाई और चमक वाले उच्च गुणवत्ता वाले कागज का उत्पादन होता है।	इससे कागज उद्योग में, कम गुणवत्ता वाले कागज का उत्पादन होता है जिसका प्रभाव रंग चमक और चिकनाई पर होता है।
इससे रंगाई उद्योग में, सटीक रंग प्राप्त किया जाता है। अवांछित रंगों का उत्पादन नहीं होता।	इससे रंगाई उद्योग में, सटीक रंग प्राप्त नहीं होता है। यह अवांछित रंगों का उत्पादन करता है।
कपड़ा उद्योग में, यह वस्त्रों एवं धागों को धोने में मदद करता है, और उचित सफाई क्रिया दिखाता है।	इसके द्वारा बड़ी मात्रा में साबुन की बर्बादी होती है, अवक्षेप विकसित होता है जो कपड़े पर जमा हो जाता है, जो गंदा दिखता है।
इससे चीनी उद्योग में उत्कृष्ट गुणवत्ता वाले चीनी क्रिस्टल का उत्पादन होता है।	यह चीनी क्रिस्टल के आकार को प्रभावित करता है। छोटे आकार या चीनी के पाउडर का निर्माण होता है।
घरेलू जिंदगी में यह बर्तनों की आयु को प्रभावित नहीं करता है और भोजन तैयार करने के लिए आवश्यक मात्रा में ईंधन की खपत करता है।	घरेलू जिंदगी में बर्तनों की आयु और भोजन तैयार करने के लिए आवश्यक ईंधन की एक बड़ी मात्रा को प्रभावित करता है।
यह त्वचा और बालों पर बुरा असर नहीं डालता है।	यह त्वचा और बालों को बुरी तरह प्रभावित करता है।
यह पीने के लिए उपयुक्त है इसलिए पाचन में मदद करता है, और शरीर के अंगों में कोई पथरी नहीं पैदा करता है।	यह पीने के लिए उपयुक्त नहीं है, पाचन पर बुरा प्रभाव डालता है, किडनी और मूत्राशय में कैल्शियम ऑक्सालेट क्रिस्टल की पथरी बनने का कारण बनता है।

SAQ-1	जल की कठोरता निम्न लवण की उपस्थिति के कारण होती है			
	बोरॉन	बेरीलियम	पोटैशियम	मैग्नीशियम

उत्तर: 4

2.1.4 कठोरता की इकाई

कैल्शियम और मैग्नीशियम लवण के कारण जल कठोर हो जाता है। कठोर जल की इकाई को कैल्शियम कार्बोनेट के भार अनुसार भागों के रूप में व्यक्त किया जाता है। जल की कठोरता का वर्णन करने के लिए विभिन्न प्रणालियाँ हैं।

(*a*) पार्ट्स प्रति मिलियन (ppm) (*b*) डिग्री फ्रेंच (°Fr) (*c*) डिग्री क्लार्क (°Cl)

(*d*) मिलीग्राम प्रति लीटर (*e*) मिली तुल्यांक प्रति लीटर

2.1.4 (a) पार्ट्स प्रति मिलियन (ppm)

भार अनुसार जल के 10 लाख (10^6) भाग में उपस्थित कैल्शियम कार्बोनेट के भार अनुसार भागों की संख्या पार्ट्स प्रति मिलियन कहलाती है।

$$1 \text{ ppm} = \frac{1 \text{ भाग } CaCO_3}{\text{भार अनुसार जल के } 10^6 \text{ भाग}}$$

2.1.4 (b) डिग्री फ्रेंच (°Fr)

भार अनुसार जल के 1 लाख (10^5) भाग में उपस्थित कैल्शियम कार्बोनेट के भार अनुसार भागों की संख्या डिग्री फ्रेंच कहलाती है।

$$1^\circ \text{ फ्रेंच} = \frac{1 \text{ भाग } CaCO_3}{\text{भार अनुसार जल के } 10^5 \text{ भाग}}$$

2.1.4 (c) डिग्री क्लार्क (°Cl)

भार अनुसार जल के 70000 भाग में उपस्थित कैल्शियम कार्बोनेट के भार अनुसार भागों की संख्या डिग्री क्लार्क कहलाती है।

$$1^\circ \text{ क्लार्क} = \frac{1 \text{ भाग } CaCO_3}{\text{भार अनुसार जल के 70000 भाग}}$$

(या) एक गैलन जल में उपस्थित कैल्शियम कार्बोनेट के तुल्यांक कणों की संख्या डिग्री क्लार्क कहलाती है।

$$1^\circ Cl = \frac{\text{कैल्शियम कार्बोनेट के तुल्यांक कणों की संख्या}}{\text{1 गैलन जल}}$$

2.1.4 (d) मिलीग्राम प्रति लीटर (mg/L)

1 लीटर जल में उपस्थित कैल्शियम कार्बोनेट के तुल्य कणों की मिलीग्राम में संख्या को मिली ग्राम प्रति लीटर के रूप में व्यक्त किया जाता है।

1 mg/L = जल के 1 लीटर में उपस्थित 1 मिलीग्राम कैल्शियम कार्बोनेट के समतुल्य कठोरता

किंतु, 1 लीटर जल का भार = 1 Kg

= 1000g

= 1000×1000 mg

= 10^6 mg

1 mg/L = जल के 1 लीटर में उपस्थित 1 मिलीग्राम कैल्शियम कार्बोनेट के समतुल्य कठोरता = 1 ppm

2.1.4 (e) मिली तुल्यांक प्रति लीटर (meq/L)

जल के 1 लीटर में उपस्थित 1 मिली तुल्यांक कैल्शियम कार्बोनेट के समतुल्य कठोरता को मिली तुल्यांक प्रति लीटर के रूप में व्यक्त किया जाता है।

1 meq/L = 1 लीटर जल में उपस्थित 1 meq कैल्शियम कार्बोनेट

$CaCO_3$ अणु के लिए meq/L की गणना

$CaCO_3$ का आणविक भार = 100 g

$CaCO_3$ का समतुल्य भार = 50 g = 50×10^{-3} mg/L = 50 mg/L = 50 ppm

तालिका 2.2: कठोरता की विभिन्न इकाइयों के बीच संबंध

मूल इकाई	रूपांतरण कारक				
	ppm	°Fr	°Cl	meq/L	mg/L
1 ppm	—	0.1	0.07	0.02	1
1 °Fr	10	—	0.7	0.2	10
1 °Cl	14.3	1.433	—	0.286	14.3
meq/L	50	5	0.35	—	50
mg/L	1	0.1	0.07	0.02	—

SAQ-2	जल की कठोरता पारंपरिक रूप से निम्न के एक समतुल्य राशि के रूप में व्यक्त की जाती है			
	1. $CaCO_3$	2. $MgCO_3$	3. Na_2SO_4	4. $NaHCO_3$

उत्तर: 1

2.2 कठोर जल के कारण

2.2.1 कठोर जल में साबुन के कम झाग बनने का कारण

जल एक सार्वभौमिक विलायक है। इसलिए इसका उपयोग घरेलू और औद्योगिक क्षेत्र में सफाई के उद्देश्य से किया जाता है। जब जल साबुन के साथ मिलता है तो यह झाग बनाता है। साबुन उच्च वसीय अम्ल के सोडियम या पोटेशियम लवण का मिश्रण है। आमतौर पर इस्तेमाल किए जाने वाले कुछ अम्ल पामिटिक अम्ल, ओलिक अम्ल और स्टीयरिक अम्ल होते हैं। साबुन जल में घुल कर दो ध्रुव बनाता है एक लवण वाला सिरा होता है और एक वसायुक्त सिरा होता है। ये सिरे गंदगी के साथ क्रिया करते हैं और सफाई का गुण दिखाते हैं।

जब मैग्नीशियम और कैल्शियम के घुलनशील लवण वाले जल को साबुन के साथ मिलाया जाता है, तब मैग्नीशियम और कैल्शियम लवण के अघुलनशील लवण प्राप्त होते हैं।

अभिक्रियाएँ

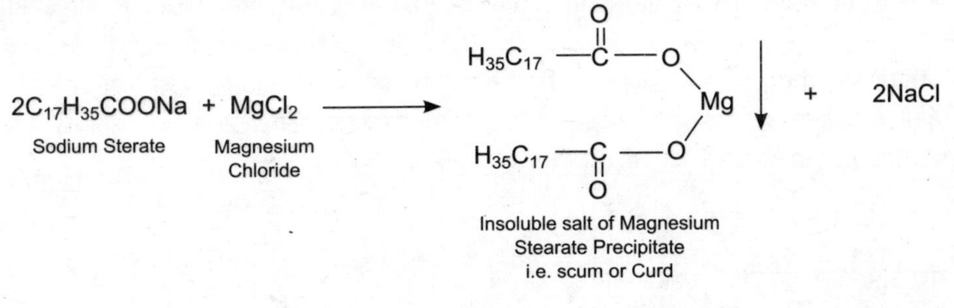

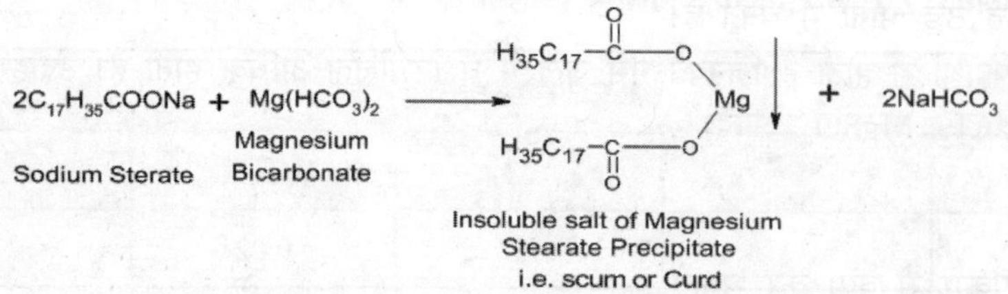

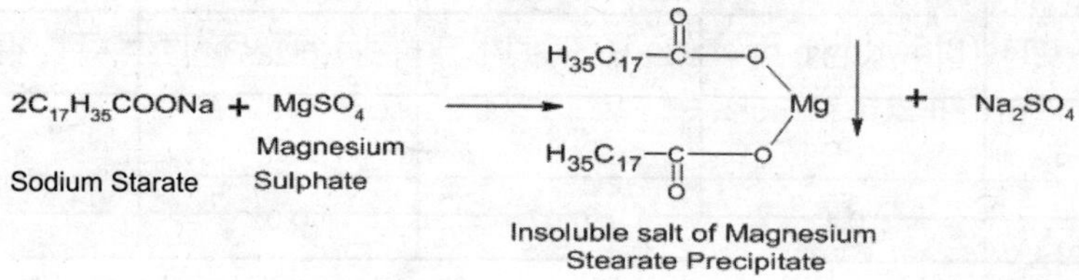

जब जल में कैल्शियम क्लोराइड, कैल्शियम बाइकार्बोनेट और कैल्शियम सल्फेट होता है, तो यह ऊपर की तरह समान प्रकार की अभिक्रियाएं दिखाता है।

परंतु बना हुआ कैल्शियम और मैग्नीशियम लवण झाग के बजाय एक सफेद अवक्षेप बनाता है जिसे मैल (scum) या दही कहा जाता है। इसलिए जल में घुले हुए ये लवण साबुन के कम झाग के लिए जिम्मेदार होते हैं।

2.2.2 बॉयलर में कठोर जल के उपयोग से होने वाली समस्या

कई उद्योगों में जल काफी हद तक मददगार है। हालांकि, जब विभिन्न प्रक्रियाओं के लिए कठोर जल का उपयोग किया जाता है, तो यह अन्य दुष्प्रभाव देता है। कैल्शियम और मैग्नीशियम के सल्फेट, कार्बोनेट, क्लोराइड और लौहे के घुलनशील लवण युक्त जल, भाप बॉयलरों पर चिपकने वाला प्रभाव डालता है। विनिर्माण उद्योगों को एक अलग उद्देश्य के लिए जल की आवश्यकता होती है, जिसमें से भाप उत्पादन का सर्वाधिक महत्व है। इसलिए, बॉयलर में भाप बनाने के लिए प्रयुक्त जल मृदु होना चाहिए और बॉयलर में स्लज (sludge), स्केल (scale), प्राइमिंग (priming) और फोमिंग (foaming) की समस्याओं से बचने के लिए इसमें घुलित पदार्थ नहीं होना चाहिए।

2.2.2 (A) स्लज

जल के लगातार उबलने के कारण बॉयलर के अंदर घुले लवण की सांद्रता बढ़ जाती है। जब लवण की सांद्रता संतृप्ति बिंदु तक पहुँच जाती है, तो लवण जल से बाहर निकल आता है एवं बायलर की भीतरी दीवार पर अवक्षेपित हो जाता है [चित्र 2.4]।

बॉयलर की भीतर की दीवार पर जमे ढीले और चिकने अवक्षेप को स्लज (Sludge) के रूप में जाना जाता है। अत्यधिक स्लज बनने से बॉयलर का कार्य बाधित होता है। यह पाइप कनेक्शन, प्लग खोलने जैसे जल के कम संचालन वाले क्षेत्रों में जम जाता है, जिससे पाइप बंद भी हो जाते हैं।

स्लज के गुण

- स्लज मृदु और कम पारगम्य अवक्षेप हैं।
- स्लज ऊष्मा का कुचालक होता है।

- ये बॉयलर के अपेक्षाकृत ठंडे भागों में बनते हैं।
- स्लज का निर्माण ऐसे पदार्थों से होता है जिनकी गर्म जल में घुलनशीलता अधिक होती है। उदाहरण के लिए $MgCO_3$, $MgCl_2$, $CaCl_2$, $MgSO_4$ आदि।

स्लज निर्माण की रोकथाम

हम स्लज के निर्माण को निम्न प्रकार से कम कर सकते हैं-

- उत्तम मृदु जल का उपयोग करके।
- लगातार ब्लोडाउन ऑपरेशन (Blowdown operation) के द्वारा सांद्र जल के एक हिस्से को अलग करके।
- यांत्रिक तरीकों जैसे एक तार के ब्रश के साथ स्लज को हटाकर।
- उष्मीय आघात देकर।

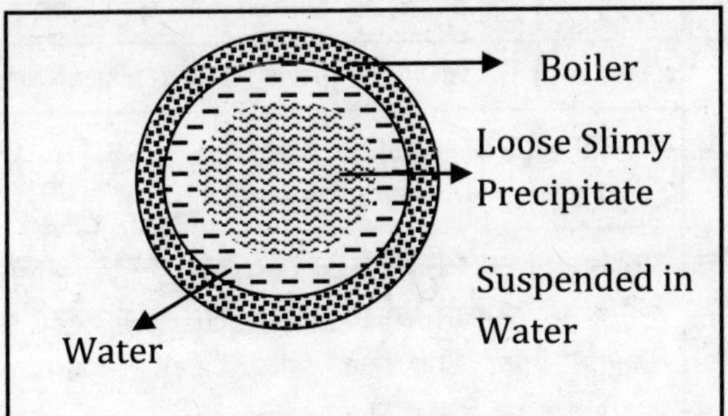

चित्र 2.4: स्लज निर्माण

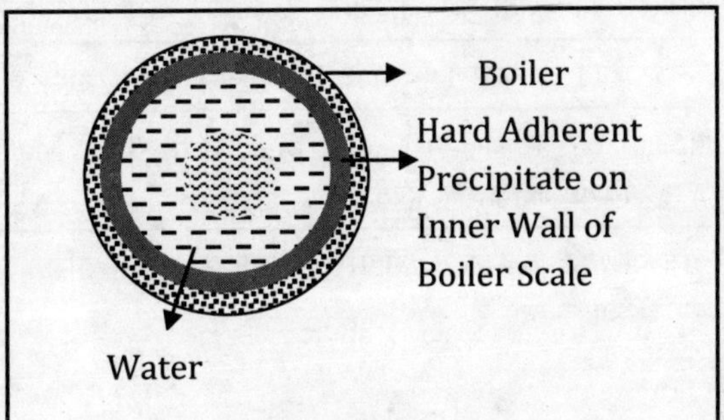

चित्र 2.5: स्केल निर्माण

2.2.2 (B) स्केल

बॉयलर के अंदर जल को लगातार उबालते समय, जब लवण की सांद्रता संतृप्ति बिंदु तक पहुंच जाती है, तब लवण जल से बाहर निकल आता है और बॉयलर की भीतरी दीवार पर अवक्षेप के रूप में जमा हो जाता है। यह कैल्शियम और मैग्नीशियम के सल्फेट और सिलिकेट की उपस्थिति के कारण बनते हैं [चित्र 2.5]।

बॉयलर की भीतरी दीवार पर जमा कठोर चिपकने वाली परत को स्केल (scale) के रूप में जाना जाता है।

स्केल के गुण

- स्केल बहुत कठोर होता है एवं बॉयलर की दीवार पर दृढ़ता से चिपकता है।
- इसे हटाना अत्यधिक मुश्किल होता है, यहां तक कि हथौड़ा या छेनी से भी।
- यह ऊष्मा का कुचालक होता है।

रोकथाम

- जमे हुए अवक्षेप को हथौड़ा उपचार के साथ उष्मीय आघात देकर हटाया जा सकता है।
- फॉस्फेट, कार्बोनेट, कैलगन, टेनिन, अगर जेल, सोडियम एल्यूमिनेट, EDTA के रूप में विभिन्न रसायनों के साथ आंतरिक कंडीशनिंग के द्वारा इसे बनाने से रोका जा सकता है।

तालिका 2.3: स्लज और स्केल के बीच अंतर

स्लज	स्केल
मृदु, ढीला और चिपचिपा अवक्षेप	कठोर अवक्षेप
चिपकने वाला अवक्षेप और आसानी से हटाया जा सकता है	बॉयलर की भीतरी दीवारों पर अत्यधिक मजबूती से चिपकता है एवं इसे हटाना बहुत मुश्किल होता है
मृदु और कम पारगम्य	कठिन और अधिक पारगम्य
ऊष्मा का खराब चालक	ऊष्मा का कुचालक
आमतौर पर बॉयलर के ठंडे भागों में बनता है	आम तौर पर बॉयलर की गर्म भागों में बनता है
बॉयलर की दक्षता कम हो जाती है लेकिन कम खतरनाक है	बॉयलर की दक्षता कम हो जाती है और बहुत खतरनाक है
स्लज बनने के कारण विस्फोट की संभावना कम होती है	स्केल बनने के कारण विस्फोट की संभावना अत्यधिक होती है
वे आम तौर पर जल में $CaCl_2$, $MgCl_2$, $MgSO_4$, $MgCO_3$ जैसे लवणों के कारण बनते हैं	वे आम तौर पर $CaSO_4$, $Mg(OH)_2$, $CaCO_3$, $CaSiO_3$, $Ca_3(PO_4)_2$, CaO के कारण बनते हैं
अवक्षेप को ब्लोडाउन ऑपरेशन, स्क्रेपर्स और ब्रशिंग द्वारा हटाया जा सकता है	अवक्षेप को अलग-अलग तरीकों जैसे उष्मीय आघात, छेनी हथौड़ी का उपचार, कुछ रसायन HCl, फॉस्फेट, कार्बोनेट, कैलगॉन, टैनिन, अगर जेल, सोडियम एलुमिनेट, EDTA आदि द्वारा हटाया जा सकता है

2.2.2 (C) प्राइमिंग

जब बॉयलर में भाप का उत्पादन तेजी से होता है, तो कुछ द्रव जल के कण भाप के साथ मिश्रित हो जाते हैं।

प्राइमिंग (Priming) भाप में जल की बूंदों की विभिन्न मात्रा का संवाहक है।

2.2.2 (D) फोमिंग

बॉयलर में लगातार झाग और बुलबुले का उत्पादन फोमिंग (Foaming) कहलाता है।

ये बने हुए बुलबुले आसानी से टूटते नहीं है। झाग आमतौर पर तेल जैसे पदार्थ की उपस्थिति के कारण होता है।

प्राइमिंग और फोमिंग के कारण

प्राइमिंग और फोमिंग के कारण इस प्रकार हैं:

- घुलनशील लवणों के एक बड़े भाग की उपस्थिति।
- उच्च भाप वेग।
- अचानक उबालना।
- अनुचित बायलर डिजाइन।
- भाप उत्पादन दर में अचानक वृद्धि।

प्राइमिंग और फोमिंग से बचाव

- यांत्रिक भाप शोधक लगाकर।
- भाप उत्पादन की दर में अचानक परिवर्तन को रोककर।
- बॉयलर में जल स्तर को कम बनाए रखकर।
- बायलर फीड जल को पर्याप्त मृदु करके एवं छानकर।
- एंटीफोमिंग रसायन जैसे अरंडी का तेल को डालकर।
- सोडियम एलुमिनेट जैसे यौगिकों को डालकर जल से तेल को हटाकर।

प्राइमिंग और फोमिंग के कारण समस्याएं

प्राइमिंग और फोमिंग के कारण बॉयलर में निम्नलिखित समस्याएं उत्पन्न होती हैं:

- कास्टिक प्रभाव (caustic embrittlement) का होना।
- आउटलेट का बंद होना।
- फोम की उपस्थिति के कारण भाप का जल्दी से प्रवाहित न हो पाना।

प्राइमिंग और फोमिंग का प्रभाव

बॉयलर में जल की प्राइमिंग और फोमिंग आम तौर पर एक साथ होती है जिससे

- जल स्तंभ की वास्तविक ऊंचाई सही रूप से ज्ञात नहीं की जा सकती जिससे बॉयलर के वांछित दबाव को बनाए रखना मुश्किल हो जाता है।
- जल में घुलित लवण गीली भाप के द्वारा विभिन्न मशीनरी भागों में ले जाए जाते हैं जहां जल के वाष्पन पर यह लवण वहां जमा हो जाते हैं।
- मशीन की आयु कम हो जाती है।

2.2.2 (E) संक्षारण

रासायनिक एवं विद्युत रासायनिक पर्यावरण द्वारा बॉयलर के पदार्थ का नष्ट होना या विनाश होना बॉयलर संक्षारण (Corrosion) कहलाता है। बॉयलर का संक्षारण निम्न कारणों से होता है-

- घुलित ऑक्सीजन
- घुलित कार्बन डाइऑक्साइड
- घुलित लवण

बायलर संक्षारण के कारण

(i) घुलित ऑक्सीजन

जल में मौजूद घुली हुई ऑक्सीजन (Dissolved Oxygen) भाप के तापमान पर बायलर सामग्री के साथ परस्पर क्रिया करके फेरस हाइड्रॉक्साइड बनाती है। निर्मित फेरस हाइड्रॉक्साइड आगे फेरिक ऑक्साइड बनाने के लिए ऑक्सीजन के साथ क्रिया करता है।

$$2Fe + 2H_2O + O_2 \longrightarrow 2Fe(OH)_2\downarrow$$

$$4Fe(OH)_2 + O_2 \longrightarrow 2[Fe_2O_3.2H_2O]\downarrow$$

(a) रसायन का उपयोग करके ऑक्सीजन को हटाना

विभिन्न रसायनों जैसे हाइड्राजीन, सोडियम सल्फेट, टैनिन का उपयोग घुलित ऑक्सीजन को हटाने के लिए किया जाता है। हाइड्राजीन के मामले में, यह घुली हुई ऑक्सीजन के साथ क्रिया कर नाइट्रोजन और जल बनाता है।

मान लीजिए कि हम एक घुलित ऑक्सीजन सेंसर का उपयोग करते हैं और पाते हैं कि बॉयलर के जल में घुलित ऑक्सीजन की मात्रा बढ़ जाती है; उस स्थिति में, ये रसायन घुलित ऑक्सीजन के साथ अभिक्रिया करते हैं और बॉयलर के जल से घुलित ऑक्सीजन को आसानी से हटा देते हैं।

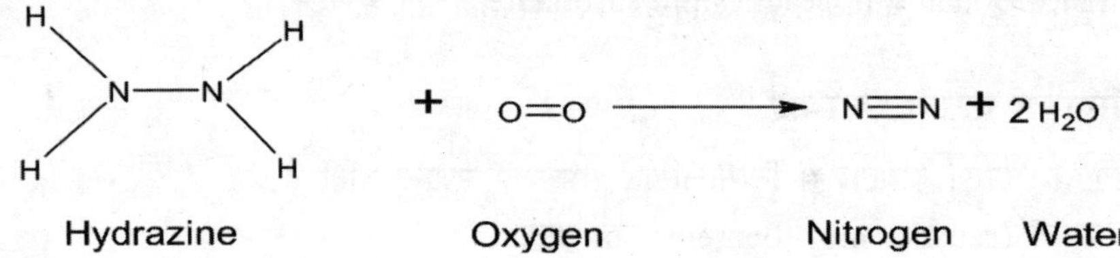

घुली हुई नाइट्रोजन हानिरहित होती है, और नाइट्रोजन मिलाने के बाद घुले हुए ठोस पदार्थों के प्रतिशत में कोई बदलाव नहीं होता है।

(b) गर्म करके घुलित ऑक्सीजन को हटाना

जल को ऐसे टॉवर के माध्यम से गुजारा जाता है, जिसमें छिद्रित प्लेट, किनारों पर उष्मीय व्यवस्था एवं निर्वात पंप की व्यवस्था होती है।

उच्च तापमान, निम्न दाब एवं बड़ी खुली सतह के द्वारा जल में घुली हुई ऑक्सीजन को कम किया जा सकता है [चित्र 2.6]।

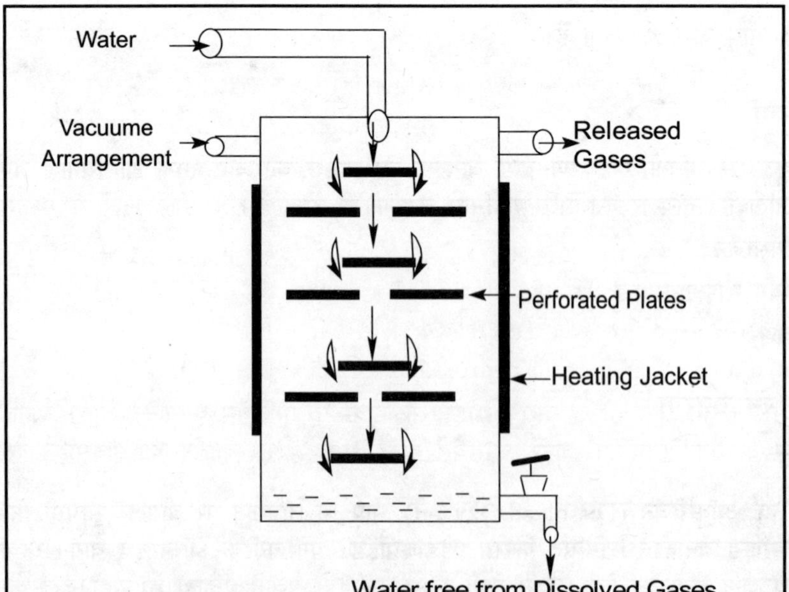

चित्र 2.6: ऊष्मा द्वारा घुलित ऑक्सीजन को हटाना

(ii) घुलित CO_2

घुलित CO_2 युक्त जल कार्बोनिक अम्ल बनाता है, जिसका बॉयलर सामग्री पर धीमा संक्षारक प्रभाव होता है। बाइकार्बोनेट युक्त जल भी कार्बन डाइऑक्साइड का स्रोत है।

$$CO_2 + H_2O \longrightarrow \underset{\text{Carbonic acid}}{H_2CO_3}$$

$$\underset{\text{Magnesium bicarbonates}}{Mg(HCO_3)_2} \longrightarrow \underset{\text{Magnesium carbonate}}{MgCO_3} + H_2O + CO_2\uparrow$$

अमोनिया का उपयोग करके CO_2 का निष्कासन

अमोनिया की परिकल्प मात्रा का उपयोग करके कार्बन डाइऑक्साइड को हटाया जा सकता है।

$$H_2O + \underset{\text{Ammonia}}{NH_3} \longrightarrow \underset{\text{Ammonium hydroxide}}{NH_4OH}$$

$$NH_4OH + CO_2 \longrightarrow \underset{\text{Ammonium carbonate}}{(NH_4)_2CO_3} + H_2O$$

गर्म करके कार्बन डाइऑक्साइड को हटाना

विभिन्न प्रकार की गैसों से युक्त जल को गर्म करके हटाया जा सकता है। उच्च ताप एवं कम दाब कार्बन डाइऑक्साइड को कम करता है [चित्र 2.6]। यदि इसे नहीं हटाया जाता है तो वे बॉयलर सामग्री के संक्षारण के लिए जिम्मेदार होते हैं।

(iii) घुले हुए लवण

जब मैग्नीशियम क्लोराइड जल के साथ जुड़ता है, तो यह मैग्नीशियम हाइड्रॉक्साइड के साथ हाइड्रोक्लोरिक अम्ल को उपोत्पाद के रूप में बनाता है।

$$MgCl_2 + 2H_2O \longrightarrow Mg(OH)_2\downarrow + \underset{\text{byproduct}}{2HCl}$$

मुक्त अम्ल बायलर की लौह धातु के साथ श्रृंखला-जैसी अभिक्रियाओं में क्रिया करता है, जिससे HCl बार-बार उत्पन्न होता है। इसलिए $MgCl_2$ की थोड़ी मात्रा की उपस्थिति से काफी हद तक लोहे में संक्षारण हो सकता है।

$$Fe + 2HCl \longrightarrow \underset{\text{Ferrous Chloride}}{FeCl_2\downarrow} + H_2$$

$$\underset{\text{Ferrous chloride}}{FeCl_2} + 2H_2O \longrightarrow \underset{\text{Ferrous hydroxide}}{Fe(OH)_2\downarrow} + 2HCl$$

जल को मृदु करने की प्रक्रिया के दौरान थोड़ी सी मात्रा में सोडियम कार्बोनेट डाला जाता है। उच्च दाब वाले बॉयलरों में सोडियम कार्बोनेट विघटित होकर सोडियम हाइड्रॉक्साइड और कार्बन डाइऑक्साइड देता है।

$$Na_2CO_3 + H_2O \longrightarrow 2NaOH + CO_2\uparrow$$

सोडियम हाइड्रॉक्साइड बनने से जल क्षारीय हो जाता है। बायलर की भीतरी दीवार पर कई सूक्ष्म दरारे देखी जाती है। यह क्षारीय जल केशिका क्रिया द्वारा ऐसी सूक्ष्म दरारों में प्रवाहित होता है। यहाँ जल का वाष्पन हो जाता है और कास्टिक सोडा पीछे बच जाता है। उत्तरोत्तर वाष्पीकरण के कारण कास्टिक सोडा की मात्रा बढ़ती जाती है। कास्टिक सोडा की क्षारीय क्रिया दरारों के आसपास के क्षेत्रों पर हमला करती है, जिससे बॉयलर की लौह सामग्री घुल जाती है।

लवण की वजह से होने वाले संक्षारण से सावधानियां

- $MgCl_2$ जैसे लवण से मुक्त जल को प्रवाहित करके।
- जल के मृदुकरण के लिए सोडियम कार्बोनेट की बजाय सोडियम फॉस्फेट का उपयोग करके।
- टैनिन या लिग्निन को योजक के रूप में बॉयलर जल में जोड़कर, क्योंकि यह दरारों को बंद करता है।
- जल की क्षारीयता को एक इष्टतम स्तर (7-8 pH) पर समायोजित करके।

2.2.3 EDTA विधि द्वारा जल की कठोरता का परिमाणात्मक मापन, कुल घुलित ठोस (TDS) और क्षारीयता अनुमान

उपरोक्त शीर्षक के तहत प्रयोगात्मक प्रदर्शन/प्रयोगों का उल्लेख इस यूनिट के अंत में किया गया है।

2.2.3 (a) EDTA विधि द्वारा जल की कठोरता का परिमाणात्मक मापन

इस विधि में जल की कठोरता को निर्धारित करने के लिए EBT (एरियोक्रोम ब्लैक टी) सूचक और EDTA (एथिलीन डायमाइन टेट्रा एसिटिक अम्ल) का उपयोग किया जाता है। एरियोक्रोम ब्लैक-टी (EBT) सूचक नीले रंग का अल्कोहलीय विलयन है, जो लगभग pH 10 के साथ अनुमापन के लिए उपयोग किया जाता है। जब एरियोक्रोम ब्लैक टी सूचक को लगभग 10 pH तक बफर किए गए कठोर जल में डाला जाता है, तो एक शराबी लाल रंग का अस्थाई संकुल बनता है।

$$\underset{\text{नीला रंग}}{M^{2+} + EBT} \longrightarrow \underset{\text{शराबी लाल रंग का अस्थाई संकुल}}{[M - EBT]}$$

अनुमापन के दौरान EDTA, [Ca- EBT] या [Mg- EBT] अस्थाई संकुल के साथ क्रिया करता है और [Ca-EDTA] या [Mg- EDTA] का एक स्थाई संकुल बनाता है और विलयन में EBT मुक्त करता है। हालांकि, जब लगभग सभी M^{2+} (Ca^{2+} या Mg^{2+}) आयन [M-EDTA] संकुल का निर्माण कर लेते हैं, फिर EDTA की अगली बूंद EBT सूचक को [M-EBT] संकुल से विस्थापित करती है और शराबी लाल रंग नीले रंग में बदल जाता है (EBT के कारण)। इसलिए अनुमापन का अंतिम बिंदु पर रंग शराबी लाल रंग से नीले रंग में परिवर्तित हो जाता है।

$$\underset{\text{शराबी लाल रंग}}{[M\text{-}EBT] + EDTA} \longrightarrow [M\text{-}EDTA] + \underset{\text{नीला रंग}}{EBT}$$

EDTA की संरचना में सोडियम लवण मौजूद है [चित्र 2.7] यह EDTA आयन उत्पन्न करता है, जो Ca^{2+} और Mg^{2+} के साथ जटिल आयन बनाता है [चित्र 2.8]।

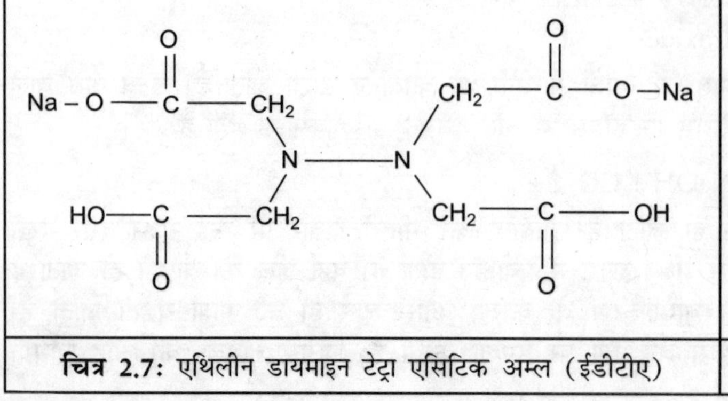

चित्र 2.7: एथिलीन डायमाइन टेट्रा एसिटिक अम्ल (ईडीटीए)

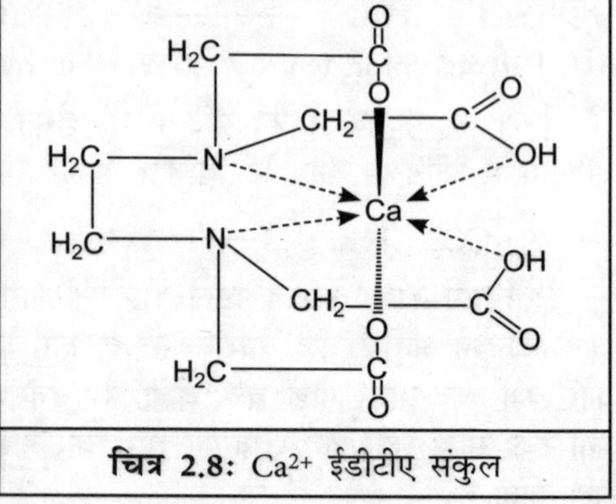

चित्र 2.8: Ca^{2+} ईडीटीए संकुल

प्रयोगशाला में प्रायोगिक प्रदर्शन के दौरान हम मानक EDTA विधि का उपयोग करके दिए गए जल के नमूने की कुल कठोरता को निर्धारित करना और 0.01 M सल्फ्यूरिक अम्ल का उपयोग करके दिए गए जल के नमूने की क्षारीयता को निर्धारित करना सीखेंगे।

EDTA विधि के लाभ

यह विधि अन्य विधियों की तुलना में बेहतर है क्योंकि

(*i*) अधिक सटीक है (*ii*) सुविधाजनक है (*iii*) तीव्र प्रक्रिया है

2.2.3 (b) जल की कठोरता और कुल घुलित ठोस (TDS) का मात्रात्मक मापन

वाष्पीकरण पर अवशेषों या कुल घुलित ठोस के निर्धारण के लिए, मुख्य विश्लेषण के लिए आवश्यक फिल्टर किए गए नमूने की मात्रा को मापें और पोर्सलिन की प्याली में सूखने के लिए वाष्पित करें। प्याली में रखी सामग्री को 180°C पर डेढ़ घंटे सुखाएं और तौलें। प्राप्त वजन को 'कुल घुलित ठोस' के रूप में रिपोर्ट किया जाता है।

2.2.3 (c) क्षारीयता अनुमान द्वारा जल की कठोरता का मात्रात्मक मापन

जल की अम्ल को उदासीन करने की क्षमता की माप को क्षारीयता के रूप में परिभाषित किया जाता है। जल की क्षारीयता निम्न की उपस्थिति के कारण होती है:

- कास्टिक क्षारीयता (OH^- और CO_3^{2-} आयन के कारण)
- अस्थायी कठोरता (HCO_3^- आयन के कारण)

सूचक के रूप में फीनॉलफ्थेलिन और मिथाइल ऑरेंज का उपयोग करके मानक सल्फ्यूरिक अम्ल के साथ अनुमापन द्वारा इनका अलग से अनुमान लगाया जा सकता है। यह निर्धारण निम्नलिखित अभिक्रियाओं पर आधारित है:

(*i*) $[OH^-] + [H^+] \longrightarrow H_2O$

(*ii*) $[CO_3^{2-}] + [H^+] \longrightarrow [HCO_3^-](M)$

(reactions (*i*) and (*ii*): Phenolphthalein (P)pH = 8.3 P-alkalinity)

(*iii*) $[HCO_3^-] + [H^+] \longrightarrow H_2O + CO_2$

(reactions (*i*), (*ii*) and (*iii*): Methyl Orange pH=4.5 Total alkalinity or M-alkalinity)

फीनॉलफ्थेलिन अंतिम बिंदु तक, जल के नमूने का मानक अम्ल के साथ अनुमापन केवल अभिक्रिया (*i*) और (*ii*) के पूरा होने का प्रतीक है। इस प्रकार प्रयुक्त अम्ल की यह मात्रा हाइड्रॉक्साइड के साथ-साथ मौजूद सामान्य कार्बोनेट के आधे के संगत होती है। मिथाइल ऑरेंज अंतिम बिंदु तक, जल के नमूने का मानक अम्ल के साथ अनुमापन अभिक्रिया (*i*), (*ii*) और (*iii*) के पूरा होने का प्रतीक है। इसलिए फिनोलफथेलिन अंतिम बिंदु के बाद उपयोग किए जाने वाले अम्ल की मात्रा सामान्य कार्बोनेट के आधे और समस्त बाइकार्बोनेट के संगत होती है, जबकि अम्ल की कुल मात्रा कुल क्षारीयता का प्रतिनिधित्व करती है (हाइड्रॉक्साइड, बाइकार्बोनेट और कार्बोनेट आयनों के कारण)।

$$P = OH^- + \frac{1}{2} CO_3^{2-}$$

$$M = OH^- + CO_3^{2-} + HCO_3^-$$

जल में क्षारीयता पैदा करने वाले आयनों के संभावित संयोजन हैं: (*i*) OH^- केवल या (*ii*) CO_3^{2-} केवल या (*iii*) HCO_3^- केवल या (*iv*) OH^- और CO_3^{2-} एक साथ या CO_3^{2-} और HCO_3^- साथ में। OH^- और HCO_3^- आयनों को एक साथ रखने की संभावना को बाहर रखा जाता है, क्योंकि वे तुरंत CO_3^{2-} बनाने के लिए गठबंधन करते हैं-

$$OH + HCO_3^- \longrightarrow CO_3^{2-} + H_2O$$

e.g. $NaOH + NaHCO_3 \longrightarrow Na_2CO_3 + H_2O$

इस प्रकार OH^- और HCO_3^- आयन जल में एक साथ नहीं रह सकते। इसी तर्क के आधार पर तीनों (OH^-, CO_3^{2-} और HCO_3^-) एक साथ मौजूद नहीं हो सकता।

तालिका 2.4: जल की क्षारीयता की गणना

क्षारीयता की स्थिति	उपस्थिति के कारण क्षारीयता		
	OH^- (ppm)	CO_3^{2-} (ppm)	HCO_3^-(ppm)
P= 0	0	0	M
P = M	P = M	0	0
$P = \frac{1}{2}M$	0	2P	0
$P < \frac{1}{2}M$	0	2P	(M-2P)
$P > \frac{1}{2}M$	(2P-M)	2(M-P)	0

तालिका 2.4 की व्याख्या इस प्रकार है–

1. जब P = 0, दोनों OH^- और CO_3^{2-} अनुपस्थित होते हैं और क्षारीयता उस स्थिति में केवल HCO_3^- कारण होती है।
2. जब P = M, केवल OH^- आयन मौजूद होते हैं क्योंकि न तो CO_3^{2-} न ही HCO_3^- आयन मौजूद होते हैं, OH^- के कारण क्षारीयता = P = M
3. जब $P = \frac{1}{2}M$, केवल कार्बोनेट आयन मौजूद होते हैं, क्योंकि कार्बोनेट उदासीनीकरण अभिक्रिया $CO_3^{2-} + H \longrightarrow HCO_3^-$ का आधा हिस्सा फीनॉलफ्थेलिन के साथ होता है जबकि पूर्ण कार्बोनेट उदासीनीकरण अभिक्रिया

   $CO_3^{2-} + H^+ \longrightarrow HCO_3^-$;

   $HCO_3^- + H^+ \longrightarrow H_2O + CO_2$

   तब होती है जब मिथाइल ऑरेंज सूचक का उपयोग किया जाता है। इस प्रकार CO_3^{2-} कारण क्षारीयता = 2P
4. जब $P < \frac{1}{2}M$ इस स्थिति में, CO_3^{2-}, के अतिरिक्त HCO_3^- आयन भी मौजूद होते हैं। CO_3^{2-} क्षारीयता = 2P इसलिए, HCO_3^- कारण क्षारीयता = (M–2P)
5. जब $P > \frac{1}{2}M$ इस स्थिति में, CO_3^{2-} के अतिरिक्त OH^- आयन भी मौजूद हैं। CO_3^{2-} का आधा (M–P) के बराबर होता है।

   $HCO_3^- + H^+ \longrightarrow CO_2 + H_2O$

   तो पूर्ण CO_3^{2-} के कारण क्षारीयता = 2(M–P)

   इसलिए, OH^- के कारण क्षारीयता = M–2(M–P) = 2P–M

2.3 जल मृदुकरण तकनीक

2.3.1 एक परिचय

विभिन्न औद्योगिक उद्देश्यों जैसे भाप उत्पादन के लिए उपयोग किया जाने वाला जल शुद्ध होना चाहिए और उपयोग से पहले कठोरता पैदा करने वाले लवणों से मुक्त होना चाहिए। जल से कठोरता पैदा करने वाले लवणों को दूर करने की प्रक्रिया को जल का मृदुकरण कहा जाता है। इन लवणों को जल से दो प्रकार की उपचार प्रक्रियाओं द्वारा हटाया जा सकता है, जैसे कि नीचे बताया गया है–

कठोर जल का उपचार

बाहरी उपचार	**आंतरिक उपचार**
(*i*) सोडा लाइम प्रक्रिया	(*i*) कोलाइडल
(*ii*) जिओलाइट प्रक्रिया	(*ii*) फॉस्फेट
(*iii*) आयन एक्सचेंज प्रक्रिया	(*iii*) कैलगन

बाहरी उपचार विधियों का उपयोग आमतौर पर उद्योगों में जल को मृदु करने के लिए किया जाता है।

2.3.2 सोडा लाइम प्रक्रिया

मृदुकरण की इस प्रक्रिया में चूना (CaO) या हाइड्रेटेड चूना $[Ca(OH)_2]$ और सोडा ऐश $[Na_2CO_3]$ का उपयोग अवक्षेपण हेतु किया जाता है। अस्थायी या कार्बोनेट कठोरता पैदा करने वाले यौगिकों के अवक्षेपण के लिए चूने की आवश्यकता होती है। सोडा ऐश का उपयोग स्थायी कठोरता पैदा करने वाले यौगिक के अवक्षेपण के लिए किया जाता है।

कार्बोनेट या अस्थायी कठोरता

$$CO_2 + Ca(OH)_2 \longrightarrow CaCO_3 \downarrow + H_2O$$

$$Ca(HCO_3)_2 + Ca(OH)_2 \longrightarrow 2CaCO_3 \downarrow + 2H_2O$$

$$Mg(HCO_3)_2 + Ca(OH)_2 \longrightarrow MgCO_3 \downarrow + CaCO_3 \downarrow + 2H_2O$$

बना हुआ $MgCO_3$ आगे निम्नलिखित तरीके से अभिक्रिया करता है

$$MgCO_3 + Ca(OH)_2 \longrightarrow Mg(OH)_2 \downarrow + CaCO_3 \downarrow$$

गैर कार्बोनेट या स्थायी कठोरता के लिए

$$CaSO_4 + Na_2CO_3 \longrightarrow CaCO_3 \downarrow + Na_2SO_4 \downarrow$$

$$MgSO_4 + Ca(OH)_2 + Na_2CO_3 \longrightarrow Mg(OH)_2 \downarrow + CaCO_3 \downarrow + Na_2SO_4$$

$$MgCl_2 + Ca(OH)_2 \longrightarrow Mg(OH)_2 \downarrow + CaCl_2$$

$$CaCl_2 + Na_2CO_3 \longrightarrow CaCO_3 \downarrow + 2NaCl$$

उक्त से यह स्पष्ट है कि अस्थायी कठोरता के मामले में, कैल्शियम बाइकार्बोनेट की प्रत्येक इकाई को एक मोल चूने की आवश्यकता होती है, जबकि मैग्नीशियम बाइकार्बोनेट की प्रत्येक इकाई को 2 मोल चूने की आवश्यकता होती

है। स्थायी कठोरता के मामले में, मैग्नीशियम लवण को चूने और सोडा ऐश प्रत्येक के 1 मोल की आवश्यकता होती है, जबकि कैल्शियम लवण के लिए केवल एक मोल सोडा ऐश की आवश्यकता होती है।

यदि मृदु जल में चूना अधिक होगा, तो घुलनशील कैल्शियम हाइड्रॉक्साइड के कारण जल कठोर हो जाएगा। इसलिए कैल्शियम हाइड्रॉक्साइड और सोडा ऐश की आवश्यक मात्रा को मृदु करने के लिए कठोर जल में मिलाया जाता है। लाइम सोडा विधि को ठंडी लाइम सोडा विधि एवं गर्म लाइम सोडा विधि में वर्गीकृत किया जा सकता है।

2.3.2 (A) ठंडी सोडा लाइम विधि

इसमें एक रासायनिक टैंक में कठोर जल लेकर उसमें चूना और सोडा ऐश मिलाया जाता है और अच्छी तरह मिश्रित किया जाता है। अभिक्रिया के दौरान बनने वाला कैल्शियम कार्बोनेट अवक्षेपित नहीं होता है, लेकिन अति संतृप्त घोल बनाता है। अति संतृप्तता को रोकने के लिए, पहले से बने कुछ स्लज को उपचारित जल में मिलाया जाता है। मोटे अवक्षेप के निर्माण में मदद करने के लिए स्कंदक या अवक्षेपक जैसे एल्युमिनियम सल्फेट, सोडियम एलुमिनेट को मिलाया जाता है। सोडियम एलुमिनेट यदि जल में मौजूद है तो वह सिलिका को हटाने में मदद करता है।

$$NaAlO_2 + 2H_2O \longrightarrow NaOH + Al(OH)_3 \downarrow$$

Sod. Aluminate

$$Al_2(SO_4)_3 + 3Ca(HCO_3)_2 \longrightarrow 2Al(OH)_3 \downarrow + 3CaSO_4 + 6CO_2 \uparrow$$

Coagulant Hardness in water

मृदुकारक के प्रकार- ठंडी सोडा लाइम विधि में दो प्रकार के मृदु कारक (Softener) का उपयोग किया जाता है।

असतत प्रकार का मृदु कारक (Intermittent Types Softener)

इस विधि में, चूने और सोडा ऐश को कच्चे जल में लगातार हिलाते हुए मिलाया जाता है [चित्र 2.9]। अति संतृप्तता को रोकने के लिए पिछले निस्पंदन से थोड़ी मात्रा में अवक्षेप मिलाया जाता है।

जब अभिक्रिया पूरी हो जाती है, तो अवक्षेप को नीचे जमने दिया जाता है और स्लज को बाहर निकाल दिया जाता है। साफ मृदु जल एक पाइप के माध्यम से एक अन्य टैंक में बाहर निकाला जाता है।

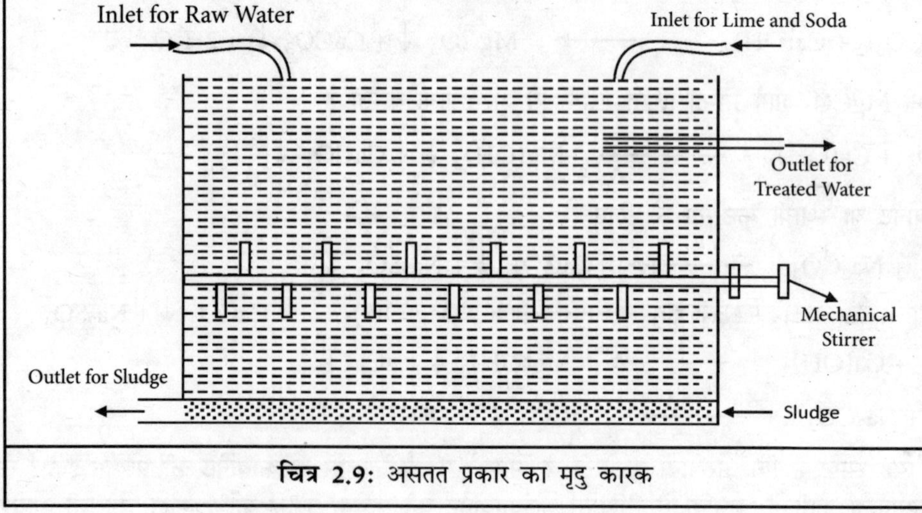

चित्र 2.9: असतत प्रकार का मृदु कारक

सतत प्रकार का मृदु कारक (Continuous Type Softener)

इसमें आंतरिक और बाहरी कक्ष के साथ एक बड़ा स्टील का टैंक होता है। कच्चे माल और आवश्यक रसायनों को कमरे के तापमान पर लगातार हिलाते हुए आंतरिक कक्ष में डाला जाता है जैसा कि चित्र 2.10 में दिखाया गया है। जल का मृदुकरण भीतरी कक्ष में होता है। मृदु जल बाहरी कक्ष में ऊपर की ओर बढ़ता है जहां पूर्ण निस्पंदन के बाद सभी स्लज को हटा दिया जाता है। छना हुआ जल, आउटलेट के माध्यम से बाहर आता है और स्लज को नीचे से हटा दिया जाता है।

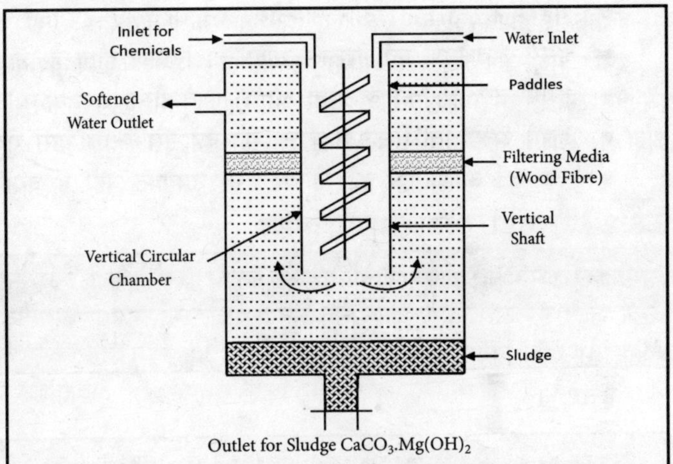

चित्र 2.10: सतत मृदुकारक

बायलर फीड जल को मृदु करने के लिए, ठंडी सोडा लाइम विधि का उपयोग नहीं किया जाता है क्योंकि–

- प्राप्त मृदु जल की कठोरता 0 नहीं होती है।
- अवशिष्ट कठोरता बॉयलर में जल के पाइप के लिए हानिकारक होती है।

2.3.2 (B) गर्म सोडा लाइम प्रक्रिया

यह विधि ठंडी सोडा लाइम विधि के ही समान है सिर्फ इस बात को छोड़कर कि यहां मृदु कारक रसायनों और सूक्ष्म मात्रा में प्रयुक्त स्लज को 80 डिग्री सेंटीग्रेड से 150 डिग्री सेंटीग्रेड के ताप पर गर्म किया जाता है [चित्र 2.11]। गर्म करने से अभिक्रिया बहुत तेजी से होती है और अवक्षेपण कम समय में होता है। साथ ही बनने वाला स्लज भी जल्दी से जमा हो जाता है। इस विधि में किसी स्कंदक की आवश्यकता नहीं होती है। मृदु जल में 22–25 ppm की कठोरता होती है।

ठंडी सोडा लाइम प्रक्रिया पर गर्म सोडा लाइम प्रक्रिया के लाभ

- यह अभिक्रिया तेजी से होती है और समय कम लगता है।
- 50 डिग्री सेंटीग्रेड पर मैग्नीशियम ऑक्साइड और लाइम को मिलाने पर, सिलिका का अवक्षेपण होता है।
- इसमें प्रयुक्त रसायनों की मात्रा कम है।
- इसमें बनने वाला अवक्षेप दानेदार अधिक घना एवं आसानी से हटाए जा सकने वाला होता है।
- इसमें अस्थाई कठोरता, मुक्त कार्बन डाइऑक्साइड, घुली ऑक्सीजन और दूसरी घुली हुई गैसों को पहले से गर्म करके हटा दिया जाता है।

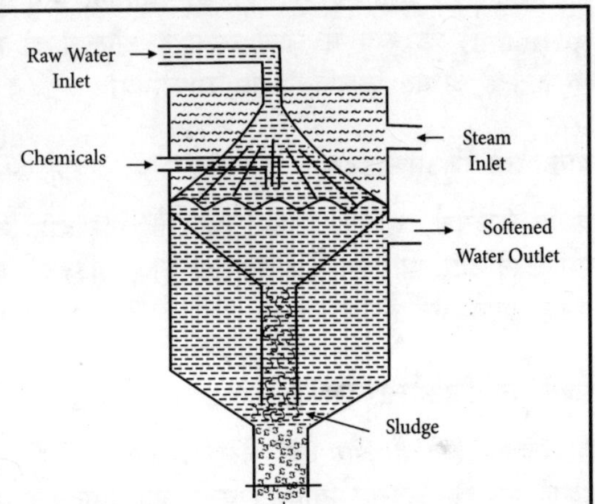

चित्र 2.11: गर्म सोडा लाइम विधि

सोडा लाइम प्रक्रिया का नुकसान

- यह मैले (turbid) और अम्लीय जल के लिए उपयुक्त नहीं है।
- इसमें अवक्षेपण की विशाल राशि का निर्माण होता है जो निपटान की समस्या पैदा करता है।
- इसमें जलधारा की कठोरता को शून्य कठोरता तक कम नहीं किया जा सकता है।
- इसमें अत्यधिक कठोरता वाले जल को इस विधि द्वारा मृदु नहीं किया जा सकता।
- यह कई औद्योगिक उद्देश्यों के लिए उपयुक्त नहीं है क्योंकि प्राप्त जल $CaCO_3$ के साथ अति संतृप्त होता है।

SAQ-3	बुझा चूना है–			
	1. $Ca(OH)_2$	2. CaO	3. $CaCO_3$	4. $Ca(HCO_3)_2$

उत्तर: 1

SAQ-4	जल में स्थायी कठोरता निम्न द्वारा दूर होती है–			
	1. CaO	2. $Ca(HCO_3)_2$	3. Na_2CO_3	4. $Ca(OH)_2$

उत्तर: 3

2.3.3 जिओलाइट प्रक्रिया या परम्यूटिट प्रक्रिया

इस प्रक्रिया में प्राकृतिक या कृत्रिम जिओलाइट (zeolite) द्वारा जल को मृदु किया जाता है। जिओलाइट हाइड्रेटेड सोडियम एल्युमिनो सिलिकेट होते है। जिओलाइट्स ऐसे पदार्थ हैं जो जल में अघुलनशील होते हैं और धनायनों युक्त जल के संपर्क में आने पर आधार एक्सचेंजर के रूप में कार्य कर सकते हैं। जिओलाइट्स को व्यावसायिक रूप से परम्यूटिट (permutit) के रूप में जाना जाता है और ये दो मुख्य प्रकार के होते हैं अर्थात प्राकृतिक और संश्लेषित।

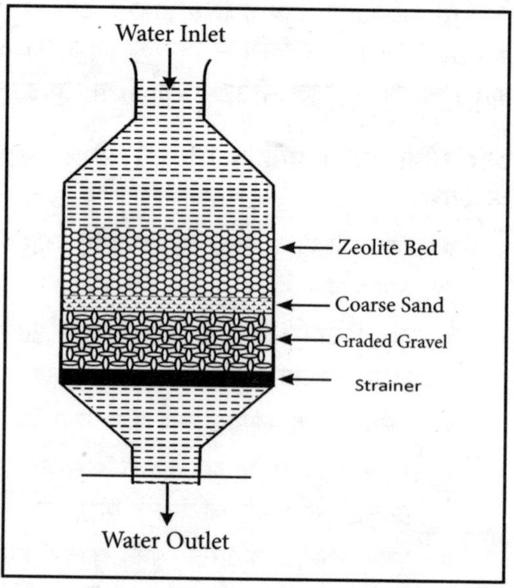

चित्र 2.12: जिओलाइट मृदुकारक

प्राकृतिक जिओलाइट्स

ये गैर-छिद्रपूर्ण, अधिक टिकाऊ होते हैं और हरी रेत को धोने, गर्म करने और सोडियम-हाइड्रॉक्साइड (NaOH) के साथ उपचार करके प्राप्त होते हैं।

संश्लेषित जिओलाइट्स

ये छिद्रपूर्ण होते हैं और एक जेल संरचना रखते हैं। इनकी प्रति इकाई भार के अनुसार विनिमय करने की क्षमता अत्यधिक होती है। यह सोडियम सिलिकेट घोल और एल्युमिनियम हाइड्रॉक्साइड से तैयार किए जाते हैं। इन्हें एक साथ गर्म करके भी तैयार किया जा सकता है।

उदाहरण

प्राकृतिक जिओलाइट

थॉमसोनाइट $(Na_2O,CaO).Al_2O_3.2SiO_2.2.\frac{1}{2}H_2O$,

नेट्रोलाइट $Na_2O,Al_2O_3.3SiO_2.2H_2O$

लौमोंटाइट $CaO.Al_2O_3.4SiO_2.4H_2O$,

हारमोटोम $(BaO.K_2O).Al_2O_3.5SiO_2.5H_2O$

स्टिलबाइट $(Na_2O.CaO).Al_2O_3.6SiO_2,6H_2O$,

ब्रयूस्टेराइट $(BaO.SrO.CaO).Al_2O_3.6SiO_2.5H_2O$

पिटलोलाइट $(CaO.K_2O.Na_2O).Al_2O_3.10SiO_2.5H_2O$,

संश्लेषित जिओलाइट

चाइना क्ले, फेल्डस्पर, सोडा एश, सोडियम सिलिकेट और एल्युमिनियम सिलिकेट का विलयन, सोडियम सिलिकेट और सोडियम एलुमिनेट का विलयन।

2.3.3 (A) प्रक्रिया

जिओलाइट मृदु कारक में एक स्टील टैंक विभिन्न परतों के साथ होता है जैसा कि चित्र 2.12 में दिखाया गया है। जब ऊपर से विभिन्न परतों में जल डाला जाता है, तो निम्नलिखित अभिक्रियाएं होती हैं।

$$Na_2Z + Ca(HCO_3)_2 \longrightarrow CaZ + 2NaHCO_3$$

$$Na_2Z + Mg(HCO_3)_2 \longrightarrow MgZ + 2NaHCO_3$$

सोडियम जिओलाइट का उपयोग जल को मृदु करने में किया जाता है और इसे Na_2Z के रूप में दर्शाया जाता है, जहाँ Z अघुलनशील जिओलाइट रेडिकल फ्रेमवर्क के लिए होता है। ये मूल मूलकों का आदान-प्रदान कर सकते हैं इसलिए उन्हें आधार एक्सचेंजर भी कहा जाता है। यहाँ $Z = Al_2Si_2O_8.xH_2O$

$$Na_2Z + CaCl_2 \longrightarrow CaZ + 2NaCl$$

$$Na_2Z + MgCl_2 \longrightarrow MgZ + 2NaCl$$

$$Na_2Z + CaSO_4 \longrightarrow CaZ + Na_2SO_4$$

$$Na_2Z + MgSO_4 \longrightarrow MgZ + Na_2SO_4$$

$$CaZ + 2NaCl \longrightarrow Na_2Z + CaCl_2$$

संतृप्त ज़ियोलाइट   पुनर्जीवित ज़ियोलाइट

$$MgZ + 2NaCl \longrightarrow Na_2Z + MgCl_2$$

पुनरुत्पादन

जब हम जिओलाइट टैंक के माध्यम से कई लीटर जल गुजारते हैं, तो कठोरता उत्पन्न करने वाले Ca^{2+} और Mg^{2+} आयन जिओलाइट के ऊपर जमा हो जाते हैं जबकि शिथिल बंधित सोडियम आयन जल के साथ चले जाते हैं। जल की एक निश्चित मात्रा गुजरने के बाद सभी Na^+ आयन Ca^{2+} और Mg^{2+} आयनों द्वारा प्रतिस्थापित हो जाते हैं। ऐसी

स्थिति में जिओलाइट काम करना बंद कर देता है अर्थात जिओलाइट से जल गुजरने के बाद यह जल से कठोरता पैदा करने वाले आयनों को दूर करने में असमर्थ होता है। दूसरे शब्दों में हम कह सकते हैं कि जिओलाइट बेड समाप्त हो गया है यानि Ca^{2+} आयन और Mg^{2+} आयन से संतृप्त हो गया है। इसे NaCl विलयन (Brine solution) का उपयोग करके पुनः उत्पन्न/रिचार्ज किया जा सकता है। इस हेतु सोडियम नाइट्रेट और सोडियम सल्फेट का भी उपयोग किया जा सकता है। इसलिए हम कठोरता को पुनः दूर करने के लिए पुनर्जीवित जिओलाइट का उपयोग कर सकते हैं। पुनरुत्पादन चरणों में बर्बाद होने से पुनः वापस लाना, लवण युक्त बनाना या ब्रायन युक्त बनाना और धोना शामिल है।

2.3.3 (B) लाभ

- यह उपकरण एक छोटे से स्थान पर रखा जा सकता है और संचालित करने में आसान है।
- इसके द्वारा 0 कठोरता वाले जल का उत्पादन किया जा सकता है।
- इस प्रक्रिया के दौरान कोई स्लज नहीं बनता है।
- यह विधि सस्ती है क्योंकि इसमें परम्यूटिट को पुनर्जीवित किया जा सकता है।
- यह विभिन्न कठोरता के जल के लिए स्वतः ही समायोजन करता है।
- इस संयंत्र को, डबल पंपिंग को हटाकर, जल की आपूर्ति लाइन में ही स्थापित किया जा सकता है।

2.3.3 (C) सीमाएं

- प्राप्त जल निलंबित कणों से मुक्त होना चाहिए; अन्यथा, परम्यूटिट अवरुद्ध हो जाएगा।
- जल में अम्ल या क्षार की अतिरिक्त मात्रा को उदासीन किया जाना चाहिए ताकि जिओलाइट के जलने को रोका जा सके। इस प्रकार जल का pH 7 के आसपास होना चाहिए।
- जब यह Fe^{2+} और Mn^{2+} लवण से जुड़ा होता है तब परम्यूटिट का पुनर्जनन बहुत मुश्किल होता है।
- जिओलाइट विधि से उपचारित जल में सोडा लाइम विधि द्वारा उपचारित जल की अपेक्षा 25% से अधिक घुलित ठोस होते हैं।
- उपचारित जल में सोडियम लवण अधिक होते हैं।
- सभी अम्लीय आयन जैसे HCO_3^- और CO_3^{2-} मृदु जल में चले जाते हैं।
- अधिक गंदलापन (turbidity) वाला जल इस विधि द्वारा उपचारित नहीं किया जा सकता।

SAQ 5	**संतृप्त जिओलाइट को निम्न द्वारा पुनरुत्पादित किया जाता है**			
	1. NaCl	2. $Ca(HCO_3)_2$	3. $CaSO_4$	4. $NaHCO_3$

उत्तर: 1

2.3.3 (D) जिओलाइट विधि एवं सोडा लाइम विधि में तुलना

जिओलाइट विधि एवं सोडा लाइम विधि में तुलना तालिका 2.5 में नीचे दी गई है

तालिका 2.5: जिओलाइट प्रक्रिया और सोडा-लाइम प्रक्रिया के बीच तुलना

क्रमांक	अंतर के बिंदु	जिओलाइट प्रक्रिया	सोडा- लाइम विधि
1.	संयंत्र का आकार	कॉम्पैक्ट और छोटे	भारी और बड़े
2.	पर्यवेक्षण की आवश्यकता	स्वचालित है और संचालन में आसान है और किसी कुशल पर्यवेक्षण की आवश्यकता नहीं होती है।	कुशल पर्यवेक्षण की आवश्यकता होती है।
3.	स्लज की समस्या	कोई स्लज नहीं बनता है और इसलिए इसके निपटान की कोई समस्या नहीं है।	बड़ी मात्रा में स्लज का निर्माण होता है जिसे किसी उपयुक्त विधि द्वारा निपटान की आवश्यकता होती है।
4.	अम्लीय जल का उपचार	इसका उपयोग अम्लीय जल के उपचार के लिए नहीं किया जा सकता है।	कोई सीमा नहीं है।
5.	निपटाने, जमावट, शोधन, कीचड़ हटाने संबंधी समस्या	इसमें निपटाने, जमावट, शोधन और कीचड़ और अवक्षेप को हटाने की कोई समस्या नहीं है।	इसमें निपटाने, जमावट, शोधन और अवक्षेप को हटाने की कठनाईयां शामिल है।
6.	पोस्ट उपचार	पोस्ट उपचार की कोई आवश्यकता नहीं है।	पुनः कार्बोनेशन की आवश्यकता है।
7.	प्राप्त परिणाम	शून्य कठोरता का जल प्राप्त किया जा सकता है इसलिए औद्योगिक आपूर्ति के लिए भी उपयोगी है।	इसके द्वारा कम से कम 50 मिलीग्राम/लीटर कठोरता का जल उत्पादित किया जाता है इसलिए यह केवल सार्वजनिक जल आपूर्ति के लिए उपयोगी है।
8.	लोहा और मैंगनीज को हटाना	लोहा और मैंगनीज युक्त जल उपयुक्त नहीं है, क्योंकि लौह जिओलाइट और मैंगनीज जिओलाइट बन सकते हैं जिन्हें सोडियम जिओलाइट में पुनः परिवर्तित नहीं किया जा सकता है।	जल से कुछ हद तक लोहा और मैंगनीज हटाया जा सकता है।
9.	जीवाणुनाशक प्रभाव	इस प्रक्रिया में जीवाणुनाशक प्रभाव नहीं होता है।	इस प्रक्रिया में जीवाणुओं के मारे जाने की संभावना रहती है।
10.	उपचारित जल का pH मान	इस प्रक्रिया द्वारा pH मान प्रभावित नहीं होता है।	इस प्रक्रिया द्वारा उपचारित जल का pH मान बढ़ जाता है जिसके परिणामस्वरूप वितरण प्रणाली के संक्षारण में कमी आती है।
11.	सामग्री को संभालने में आवश्यक देखभाल	नमक के घोल की आवश्यकता होती है जिसमें अधिक देखभाल की आवश्यकता नहीं होती है।	सावधानीपूर्वक देखभाल की आवश्यकता है क्योंकि सामग्री, यानी चूना और सोडा संक्षारक हैं।
12.	आर्थिक रूप से	प्रक्रिया अपेक्षाकृत महंगी है।	प्रक्रिया किफायती है।

क्रमांक	अंतर के बिंदु	जिओलाइट प्रक्रिया	सोडा- लाइम विधि
13.	कठोरता की सीमा जिसका उपचार किया जा सकता है	800 mg/L से अधिक कठोरता वाले कच्चे जल को आसानी से और आर्थिक रूप से उपचारित नहीं किया जा सकता है।	अत्यधिक कठोर जल, विशेष रूप से जो मैग्नीशियम कठोरता में उच्च होते हैं उनका इलाज किया जा सकता है।
14.	कच्चे जल में स्वीकार्य गंदलापन	जिओलाइट कणों के आसपास निलंबित अशुद्धियों के जमाव और रुकावट के कारण अत्यधिक गंदे जल का इलाज करना मुश्किल है।	अत्यधिक गंदले (turbidity) और अम्लीय जल का उपचार किया जा सकता है।
15.	उपचारित जल में सोडियम नमक	उपचारित जल में मौलिक जल की तुलना में सोडियम लवणों की बड़ी मात्रा में होता।	उपचारित जल सोडियम लवणों के कम मात्रा में होता है।
16.	घुलित ठोस	उपचारित जल में घुले हुए ठोस अधिक होते हैं।	उपचारित जल में घुले ठोस पदार्थों की मात्रा कम होती है।

2.3.4 जल मृदुकरण के लिए आयन एक्सचेंज विधि

आयन एक्सचेंज प्रक्रिया (Ion Exchange Method) में, स्थिर आयन-एक्सचेंज प्रवस्था और गतिशील बाह्य तरल प्रवस्था के बीच आयनों का उत्क्रमणीय एक्सचेंज होता है। कुछ सिंथेटिक कार्बनिक यौगिकों में आयनों के आदान-प्रदान करने का गुण होता है (जैसे जिओलाइट)। ऐसे यौगिकों को रेजिन (resin) कहा जाता है (चित्र 2.13)। आयन एक्सचेंज रेजिन अघुलनशील, तिर्यक् बंध, एवं लंबी श्रृंखला वाले कार्बनिक बहुलक होते हैं। सूक्ष्म छिद्र संरचना और उनसे जुड़े क्रियात्मक समूह आयन एक्सचेंज गुणों के लिए जिम्मेदार होते हैं। विशुद्ध रूप से सिंथेटिक कार्बनिक एक्सचेंजर संघनन और बहुलीकरण द्वारा बनाए जाते हैं।

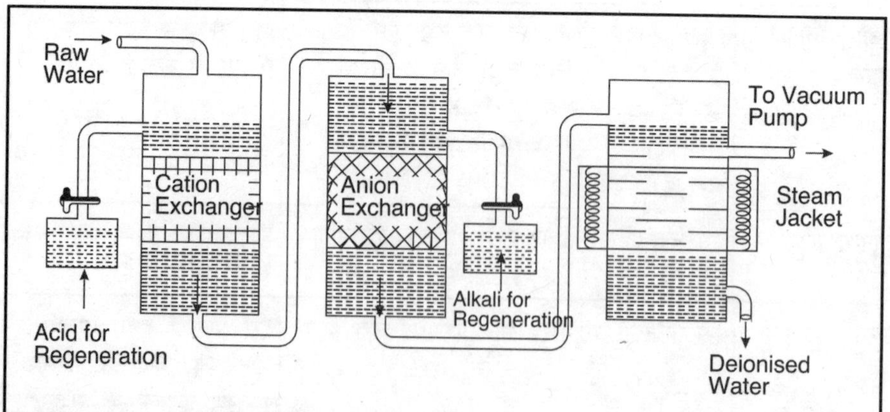

चित्र 2.13: जल का विखनिजीकरण

फिर क्रियात्मक समूहों को तिर्यक् बन्ध रेजिन नेटवर्क में जोड़ा जाता है, जो या तो रेजिन के उपचार द्वारा या क्रियात्मक समूहों को प्रारंभिक सामग्री में ही जोड़कर किया जाता है। ये क्रियात्मक समूह ही हैं जो एक्सचेंजर की प्रकृति (यानि, धनात्मक या ऋणात्मक) को तय करते हैं। क्रियात्मक समूह की अम्लता या क्षारीयता के आधार पर, एक्सचेंजर को आगे निम्नानुसार वर्गीकृत किया जाता है:

आयन-एक्सचेंजर का प्रकार	क्रियात्मक समूह
प्रबल अम्लीय धनायन एक्सचेंजर	SO_3H
मध्यम रूप से मजबूत धनायन एक्सचेंजर	$-PO(OH)_2$
दुर्बल अम्लीय धनायन एक्सचेंजर	–COOH or –OH
प्रबल क्षारीय ऋण आयन एक्सचेंजर	NR^{3+}; =P+ $-CH_3$; etc.
दुर्बल क्षारीय ऋण आयन एक्सचेंजर	NH_2; (C_2H_4) x (NH)y-

2.3.4 (A) आयन एक्सचेंज रेजिन के प्रकार

धनात्मक एक्सचेंज रेजिन (Cation Exchange Resin): ये रेजिन H^+ आयन के विनिमय द्वारा धनात्मक आयन का आदान-प्रदान करते हैं। धनात्मक एक्सचेंजर रेजिन को RH_2 के रूप में दर्शाया जा सकता है।

ऋणात्मक एक्सचेंज रेजिन (Anion Exchange Resin): ये रेजिन OH^- आयन के विनिमय द्वारा ऋणात्मक आयन का आदान-प्रदान करते हैं। ऋणात्मक एक्सचेंजर रेजिन को $R'(OH)_2$ के रूप में दर्शाया जा सकता है।

2.3.4 (B) आयन एक्सचेंजर के गुण

प्रभावी जल उपचार के लिए, आयन एक्सचेंजर में निम्नलिखित गुण होने चाहिए ;

1. आयन एक्सचेंज रेजिन विषाक्त नहीं होना चाहिए।
2. उन्हें उपचारित किए जा रहे जल का रंग नहीं बदलना चाहिए।
3. उनके पास उच्च आयन-एक्सचेंज क्षमता होनी चाहिए। (यह एक्सचेंजर के प्रति इकाई भार में उपस्थित आयन सक्रिय समूहों की कुल संख्या पर निर्भर करता है और इसे एक्सचेंजर के मिली तुल्यांक प्रति ग्राम के रूप में व्यक्त किया जाता है)।
4. वे भौतिक रूप से टिकाऊ, सस्ते और सामान्य रूप से उपलब्ध होने चाहिए।
5. उन्हें रासायनिक आक्रमण के लिए प्रतिरोधी होना चाहिए।
6. वे आसानी से और आर्थिक रूप से पुनः उत्पन्न और वापस धोने में सक्षम होना चाहिए।
7. इनका पृष्ठीय क्षेत्रफल बड़ा होना चाहिए क्योंकि आयन- एक्स-चेंज एक पृष्ठीय परिघटना है।
8. प्रवाह के लिए उनका प्रतिरोध हाइड्रोलिक आवश्यकताओं के अनुकूल होना चाहिए।

2.3.4 (C) प्रक्रिया

इसमें दो बेलनाकार टावर होते हैं, जिसमें एक धनायन एक्सचेंजर और दूसरा ऋणआयन एक्सचेंजर होता है। धनायन एक्सचेंजर सभी धनायनों Ca^{2+}, Mg^{2+}, Na^+, Fe^{2+} आयनो को हटा देता है और H^+ आयन को छोड़ते हैं अतः Cl^-, SO_4^{2-} बाइकार्बोनेट आयन संबंधित अम्ल HCl, H_2SO_4 और H_2CO_3 में परिवर्तित हो जाते हैं इस प्रकार धनायन एक्सचेंजर से आने वाला जल सभी धनायनों से मुक्त होता है, लेकिन यह अम्लीय होता है।

कठोर जल को एक धनायन एक्सचेंज कॉलम के माध्यम से पारित किया जाता है, जो सभी धनायनों जैसे Ca^{2+}, Mg^{2+} आदि को हटाता है और समतुल्य मात्रा में H^+ आयन को जल में छोड़ता है।

जैसा नीचे दिखाया गया है-

$$RH_2 + CaCl_2 \longrightarrow RCa + 2HCl$$

$$RH_2 + MgSO_4 \longrightarrow RMg + 2HSO_4$$

$$RH_2 + Na_2CO_3 \longrightarrow RNa_2 + H_2CO_3$$

यह अम्लीय जल फिर एक अन्य टॉवर से होकर गुजरता है जिसमें एक ऋणायन एक्सचेंजर होता है, जहां ये अम्ल जल में परिवर्तित हो जाते हैं।

आयन एक्सचेंजर में, निम्नलिखित अभिक्रियाएं होती हैं

$$R'(OH)_2 + 2HCl \longrightarrow R'Cl_2 + 2H_2O$$

$$R'(OH)_2 + H_2SO_4 \longrightarrow R'SO_4 + 2H_2O$$

$$R'(OH)_2 + H_2CO_3 \longrightarrow R'CO_3 + 2H_2O$$

पुनुरुत्पादन

जब धनायन एक्सचेंजर संतृप्त हो जाता है, तो इसे तनु अम्ल (अर्थात HCl या H_2SO_4) घोल से पुनरुत्पादित किया जाता है।

$$RCa + 2HCl \longrightarrow RH_2 + CaCl_2$$

$$RMg + 2HCl \longrightarrow RH_2 + MgCl_2$$

इसी तरह से संतृप्त हो चुके ऋण आयन एक्सचेंजर को दूसरे टॉवर के माध्यम से क्षार (अर्थात NaOH या KOH) के एक तनु घोल को डालकर कर इसे पुनर्जीवित किया जाता है।

$$R'Cl_2 + 2NaOH \longrightarrow R'(OH)_2 + 2NaCl$$

$$R'SO_4 + 2NaOH \longrightarrow R'(OH)_2 + Na_2SO_4$$

2.3.4 (D) लाभ

(*i*) अत्यधिक अम्लीय या क्षारीय जल को इस विधि से मृदु किया जा सकता है।

(*ii*) चूंकि यह विधि बहुत कम कठोरता का जल पैदा करती है, इसका उपयोग उच्च दाब वाले बॉयलरों में उपयोग किए जाने वाले जल के लिए किया जाता है।

2.3.4 (E) नुकसान

(*i*) उपकरण महंगा है और अधिक महंगे रसायनों की भी आवश्यकता होती है।

(*ii*) यदि जल में मैलापन है, तो प्रक्रिया का उत्पादन कम हो जाता है। यदि मैलापन अधिक है, तो इसे पहले स्कंदन और छानने के द्वारा हटाना होता है।

2.4 नगरपालिका जल उपचार

2.4.1 नगरपालिका जल उपचार-एक परिचय

सभी घरेलू उपयोगों के लिए सुरक्षित जल आवश्यक है जिसमें पीने, भोजन तैयार करने और व्यक्तिगत स्वच्छता शामिल है। विश्व स्वास्थ्य संगठन (2017) सुरक्षित पेयजल को ऐसे जल के रूप में परिभाषित करता है, जो एक समय तक

सेवन करने पर स्वास्थ्य के लिए कोई जोखिम पैदा नहीं करता है, जिसमें विभिन्न जीवन के चरणों के बीच होने वाली संवेदनशीलताएं शामिल हैं।

नदी और कुएँ जल के सामान्य स्रोत हैं, जिनका उपयोग नगर पालिकाओं द्वारा किया जाता है। इस जल में कई अवांछित घटक होते हैं जो मानव स्वास्थ्य के लिए हानिकारक होते हैं। CPCB के जल की गुणवत्ता के आंकड़ों से पता चलता है कि जल निकायों में कार्बनिक और जीवाणु संदूषण (contamination) तेजी से बढ़ते जा रहे हैं जिससे जल की गुणवत्ता में क्रमिक गिरावट आ रही है। भारत की अधिकांश नदियों के लिए जैविक ऑक्सीजन की मांग (BOD) बढ़ रही है, और मानकों से अधिक है (भारद्वाज 2005)। जल में उच्च स्तर के जैविक संदूषण के कारण हैजा, तीव्र दस्त, टाइफाइड, हेपेटाइटिस आदि जल जनित बीमारियां भारत में व्याप्त हैं।

जल में अकार्बनिक प्रदूषक अत्यंत हानिकारक हो सकते हैं और विषाक्तता से लेकर अंग क्षति और कैंसर जैसी गंभीर और घातक स्वास्थ्य समस्याओं की एक श्रृंखला को जन्म दे सकते हैं। उदाहरण के लिए जल में आर्सेनिक, लेड, एस्बेस्टस, साइनाइड, कॉपर आदि का उच्च स्तर स्वास्थ्य के लिए बेहद हानिकारक हो सकता है। फ्लोराइड के अत्यधिक स्तर से दांत और कंकाल फ्लोरोसिस, आर्सेनिक के उच्च स्तर के कारण आर्सेनिकोसिस और अत्यधिक मात्रा में पारा की उपस्थिति के कारण अंतःस्रावी व्यवधान और तंत्रिका संबंधी क्षति जैसी समस्याएं हो सकती हैं।

अन्य कार्बनिक और रेडियोलॉजिकल संदूषक भी कैंसर, लीवर और किडनी की क्षति, प्रजनन और अंतःस्रावी विकार, जन्म दोष आदि का कारण बन सकते हैं।

केंद्रीय जल आयोग (2015) के अध्ययन से यह भी पता चलता है कि भारत में नदियाँ (सतही पेयजल स्रोत) विषाक्त पदार्थों से भरी हुई हैं। सीसा, आर्सेनिक, तांबा, कैडमियम, पारा और निकल जैसी भारी धातुएँ अत्यधिक विषैली और कैंसर उत्पन्न करने वाली होती हैं। इन घटकों का स्तर भारतीय आयुर्विज्ञान अनुसंधान परिषद (ICMR) और भारतीय मानक ब्यूरो (BIS) द्वारा निर्धारित मानकों से कहीं अधिक है।

रोचक तथ्य : 1.8 अरब लोग पीने के जल के ऐसे स्रोत का उपयोग करते हैं जो मल से दूषित होता है, जिससे उन्हें हैजा, पेचिश, टाइफाइड और पोलियो होने का खतरा होता है। (WHO/UNICEF 2015)

उपरोक्त तथ्यों को देखते हुए दूषित जल का उपचार करना बहुत महत्वपूर्ण हो जाता है। मानव स्वास्थ्य के लिए हानिकारक घटकों को हटाने के लिए नगरपालिका जल आपूर्ति सबसे चुनौतीपूर्ण और बहुत आवश्यक है। अशुद्धियों के प्रकारों को देखते हुए पीने के जल के शोधन के लिए उपयोग में लाई जाने वाली विभिन्न विधियां निम्न हैं।

- **स्क्रीनिंग (Screening):** इसमें तैरने वाले पदार्थों जैसे पत्तियों को हटाया जाता है।
- **अवसादन (Sedimentation):** इसमें निलंबित अशुद्धियों जैसे मिट्टी आदि को हटाया जाता है।
- **स्कंदन (Coagulation):** इसमें सूक्ष्म रूप से विभाजित निलंबित कणों को हटाया जाता है।
- **छानना (Filtration):** इसमें कोलाइडी अशुद्धियों और बड़े जीवों को हटाया जाता है।
- **कीटाणुशोधन (Disinfection):** इसमें बैक्टीरिया को मारा जाता है।

2.4.2 स्क्रीनिंग

इसमें कच्चे जल को उपयुक्त आकार के स्क्रीन से गुजरने दिया जाता है। लत्ता, कागज, पत्ते आदि जैसी तैरती हुई अशुद्धियों को छलनी से छान लिया जाता है और जल को छिद्रों से गुजारा जाता है।

2.4.3 अवसादन

अवसादन निलम्बित अशुद्धियों को दूर करने की एक प्रक्रिया है। गुरुत्वाकर्षण बल के कारण निलंबित कण नीचे बैठ जाते हैं। इस प्रक्रिया में दो से आठ घंटे लगते हैं और 70%-75% निलंबित अशुद्धियों को हटा दिया जाता है। यह बड़े निपटान टैंक या पात्र में किया जाता है।

2.4.4 स्कंदन

स्कंदन वह प्रक्रिया है जिसके द्वारा उपयुक्त रसायनों को स्कंदक के रूप में डालकर जल से महीन, निलंबित और कोलाइडल अशुद्धियों को हटा दिया जाता है। कार्बनिक पदार्थों में सूक्ष्म रूप से विभाजित निलंबित अशुद्धियां इतनी आसानी से नीचे नहीं बैठती, इसलिए इन छोटे कणों को बड़े कणों में परिवर्तित किया जाता है जो तेजी से नीचे जम जाते है।

आमतौर पर इस्तेमाल किए जाने वाले स्कंदक Al_2SO_4, फिटकरी $[K_2SO_4(Al_2SO_4)_3 24H_2O]$, फेरस सल्फेट $(FeSO_4.7H_2O)$, सोडियम एलुमिनेट $(NaAlO_2)$ हैं। ये स्कंदक जल के साथ अभिक्रिया करके हाइड्रॉक्साइड के रूप में जिलेटिनस अवक्षेप बनाते हैं जिन्हें फ्लोक (floc) के रूप में जाना जाता है जो सूक्ष्म रूप से निलंबित और कोलाइडल कणों को अवशोषित करते हैं, और तेजी से जमा हो जाते हैं। यह अशुद्धियों को दूर करने का सबसे प्रभावी और किफायती साधन है:

$$Al_2(SO_4)_3 + 6H_2O \longrightarrow 2Al(OH)_3 + 3H_2SO_4$$

$$NaAlO_3 + 2H_2O \longrightarrow NaOH + 2\,Al(OH)_3$$

स्कंदन प्रक्रिया की दक्षता बढ़ाने के लिए, स्कंदक पदार्थ जैसे चूना, फुलर अर्थ, बेंटोनाइट क्ले और पॉलीइलेक्ट्रोलाइट को जोड़ा जाता है। स्कंदक को आमतौर पर स्थिर या घूमने वाले बैफल्स के साथ प्रदान किए गए यांत्रिक फ्लोक्यूलेटर की मदद से जल में घोल के रूप में मिलाया जाता है। स्कंदक और कच्चे जल को पूरी तरह से मिश्रित करना आवश्यक है ताकि न्यूनतम स्कंदक मात्रा की आवश्यकता हो।

2.4.5 छानना

इस विधि में निलम्बित अशुद्धियाँ, सभी प्रकार की अघुलनशील कोलाइडी अशुद्धियां तथा जीवाणु अशुद्धियाँ आदि को उचित आकार की सामग्री के एक बिस्तर से पारित करके हटा दिया जाता है। फिल्टर करने के लिए आमतौर पर दो प्रकार के फिल्टर का उपयोग किया जाता है।

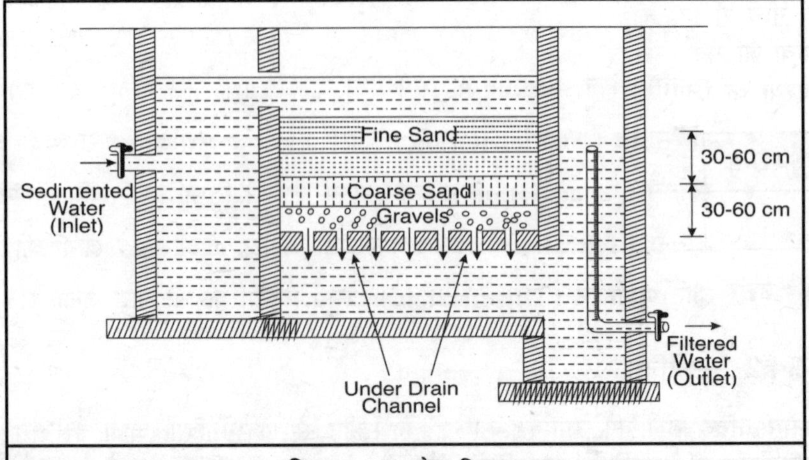

चित्र 2.14: रेत फिल्टर

2.4.5 (A) गुरुत्वीय रेत फिल्टर

इसमें कंक्रीट से बना एक बड़ा, आयताकार टैंक और एक प्रक्रिया माध्यम होता है, जिसे फिल्टर माध्यम के रूप में जाना जाता है, जो ठोस कण को बनाए रखता है लेकिन जल के कणों को गुजरने देता है।

जैसा कि चित्र 2.14 में दिखाया गया है। इसमें तीन परतें होती हैं। ऊपरी परत बारीक रेत कणों की बनी होती है और यह एक मोटी परत (लगभग 50 सेमी मोटाई की) है। मध्यम परत बड़े रेत कणों की बनी होती है (लगभग 20 सेमी मोटाई की), निचली परत बजरी की (लगभग 30 सेमी मोटाई की) होती है। इसमें तलछट वाले जल के लिए एक इनलेट और छने जल के बाहर निकलने के लिए एक अंडर ड्रेन चैनल तल पर होता है। तलछटी जल इनमें प्रवेश करता है और ऊपर से छनता है और समान रूप से बारीक रेत परत पर वितरित हो जाता है।

2.4.5 (B) दाब फिल्टर

इसमें एक बेलनाकार टैंक होता है जैसा कि चित्र 2.15 में दिखाया गया है। ऊर्ध्वाकार स्टील टैंक में छानने की तीन परतें होती है, जो एक के ऊपर एक होती हैं। कंकड़ की परत (10–35 मिमी दाने के आकार) को सिलेंडर के नीचे रखा जाता है, मोटी रेत की परत (5–7 मिमी दाने के आकार की) बीच में और महीन रेत की परत (1–2 मिमी दाने के आकार की) सिलेंडर टैंक के ऊपर रखा जाता है। अशुद्ध, अवसादित जल को फिटकरी के घोल की थोड़ी मात्रा के साथ मिलाया जाता है, और फिर जल को दबाव के साथ फिल्टर बेड के माध्यम से गुजारा जाता है।

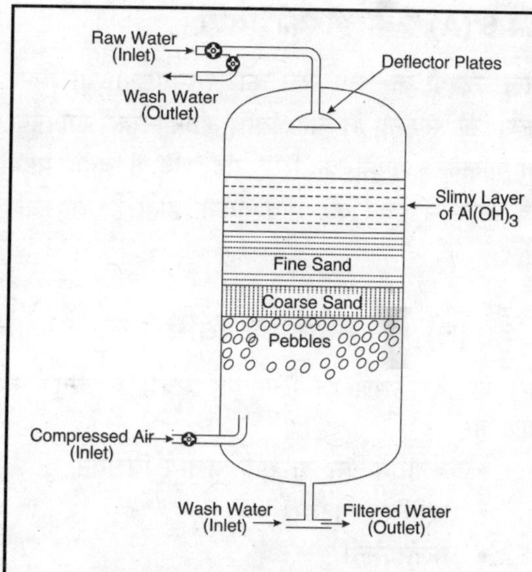

चित्र 2.15: ऊर्ध्वाधर दाब फिल्टर

फिटकरी फिल्टर बेड पर पतली परत बनाती है, और यह कोलाइडी और बैक्टीरिया जनित अशुद्धियों को हटाने में मदद करती है। डिफ्लेक्टर प्लेट का कार्य, जो शीर्ष पर प्रदान किया जाता है, फिल्टर बेड के शीर्ष पर फिटकरी की पतली परत को समान रूप से वितरित करना है। छना हुआ जल, जो कि फिल्टर के नीचे से निकलता है, दबाव में होता है और इसे सीधे पंप किया जा सकता है। इन फिल्टरों का व्यापक रूप से औद्योगिक उद्देश्यों के लिए उपयोग किया जाता है।

SAQ-6	जल में सूक्ष्म रूप से विभाजित निलंबित कणों को निम्न द्वारा हटा दिया जाता है			
	1. स्क्रीनिंग	2. अवसादन	3. स्कंदन	4. छानना

उत्तर: 3

2.4.6 कीटाणुशोधन/विसंक्रमण

जल के विसंक्रमण (sterilization) का अर्थ है जल में उपस्थित सभी जीवित सूक्ष्मजीवों जैसे बैक्टीरिया, वायरस, आदि का पूर्ण विनाश। हम जानते हैं कि जल को विभिन्न प्रक्रियाओं जैसे अवसादन, स्कंदन और छानने की प्रक्रियाओं

से गुजारने के बाद भी उसमें रोग जनित बैक्टीरिया का एक छोटा प्रतिशत होता है। इसलिए जल से इन बैक्टीरिया और सूक्ष्मजीवों को हटाना जरूरी है। विसंक्रमण के लिए उपयोग किए जाने वाले रसायनों को विसंक्रमक या कीटाणुनाशक के रूप में जाना जाता है।

जल के विसंक्रमण के लिए कई तरीके अपनाए गए हैं। उनमें से कुछ नीचे दिए गए हैं:

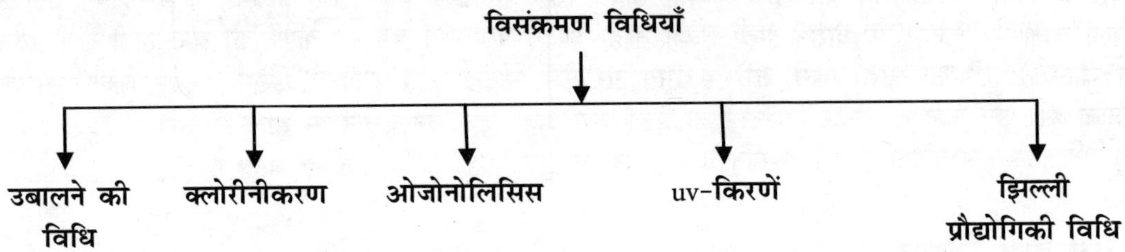

2.4.6 (A) उबालने की विधि

घरेलू उद्देश्यों के लिए जल को लगभग 20-30 मिनट के लिए उबालकर, साधारण उबलने की विधि द्वारा विसंक्रमित किया जा सकता है। यह विधि हानिकारक रोग पैदा करने वाले बैक्टीरिया और कीटाणुओं को मारती है। जल की नगरपालिका आपूर्ति के लिए यह प्रक्रिया बहुत महंगी है, और इसके अलावा बड़े पैमाने पर जल उबालने के लिए बड़ी मात्रा में ईंधन की आवश्यकता होती है। यह जल को आगे दूषण से बचाने के लिए कोई सुरक्षा प्रदान नहीं करता है।

2.4.6 (B) क्लोरीनीकरण विधि

जल के विसंक्रमण के लिए यह सबसे महत्वपूर्ण तरीका है। क्लोरीनीकरण निम्न विधियों का उपयोग करके किया जाता है-

- क्लोरीन गैस या सांद्र जलीय विलयन
- ब्लीचिंग पाउडर।
- क्लोरामिन।

(i) क्लोरीन गैस या सांद्रित जलीय घोल

क्लोरीन का उपयोग सीधे गैस के रूप में या क्लोरीन जल के रूप में किया जाता है। यह एक शक्तिशाली कीटाणुनाशक है और सबसे अधिक इस्तेमाल किया जाने वाला विसंक्रमक है। यह जल से क्रिया कर हाइपोक्लोरस एसिड और नवजात ऑक्सीजन बनाता है, यह दोनों शक्तिशाली रोगाणुनाशक है।

$$Cl_2 + H_2O \longrightarrow \underset{\text{Hypoclorous acid}}{HOCl} + HCl$$

$$HOCl \longrightarrow \underset{\substack{\text{Nascent}\\ \text{Oxygen}}}{[O]} + HCl$$

उपकरण

क्लोरीन द्वारा विसंक्रमण के लिए प्रयुक्त उपकरण को क्लोरीनेटर के रूप में जाना जाता है (चित्र 2.16)। यह एक बड़ा टावर है जिसमें कई बफल प्लेट्स होती है। टावर के ऊपर से क्लोरीन की उचित मात्रा और जल डाला जाता है। गुजरने के दौरान इन्हें अच्छी तरह मिलाया जाता है और उपचारित जल नीचे से निकाल लिया जाता है।

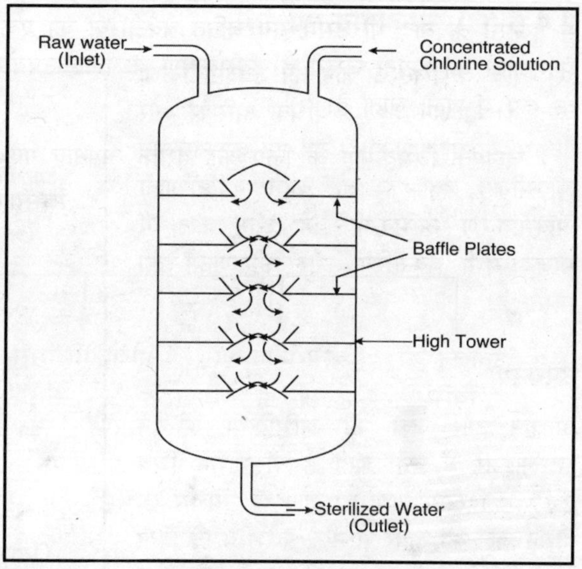

चित्र 2.16: क्लोरीनेटर

लाभ

- यह सस्ता, आसानी से उपलब्ध विसंक्रमक है जो कम सांद्रता पर भी प्रभावी है।
- यह उच्च और निम्न तापमान पर इस्तेमाल किया जा सकता।
- यह स्थिर है और रखने पर खराब नहीं होता।

नुकसान

- क्लोरीन की अधिकता एक अप्रिय स्वाद और गंध जल में पैदा करता है।

(ii) ब्लीचिंग पाउडर ($CaOCl_2$)

ब्लीचिंग पाउडर एक तीव्र ऑक्सीकारक है और इसमें 30 प्रतिशत क्लोरीन उपलब्ध होती है। जब जल को ब्लीचिंग पाउडर से उपचारित किया जाता है, तो हाइपोक्लोरस एसिड बनता है। यह नवजात ऑक्सीजन छोड़ता है, जो सूक्ष्म जीवों के एंजाइमों को निष्क्रिय कर देता है और इस प्रकार चयापचय गतिविधियां बंद हो जाएंगी और सूक्ष्मजीव मारे जाएंगे।

$$CaOCl_2 + H_2O \longrightarrow Ca(OH)_2 + Cl_2$$

लगभग 1000 किलो लीटर जल के लिए करीब 1 किलो ब्लीचिंग पाउडर पर्याप्त होता है।

नुकसान

- ब्लीचिंग पाउडर की अधिकता से जल का स्वाद और गंध खराब हो जाता है।
- $Ca(OH)_2$ के बनने के कारण यह जल में कैल्शियम की कठोरता को पैदा करता है।
- यह अस्थिर है, इसलिए इसका भंडारण मुश्किल है।

(iii) क्लोरामिन (NH_2Cl)

क्लोरीन और अमोनिया के 2:1 मिश्रण द्वारा क्लोरामिन बनता है। जब भी जल को क्लोरामिन से उपचारित किया जाता है, तो हाइपोक्लोरस एसिड बनता है जो इसे पुनः दूषित होने से बचाता है।

लाभ

NH_2Cl की अधिक मात्रा से जल में दुर्गंध और खराब स्वाद नहीं आता है।

2.4.6 (C) ओजोनीकरण विधि

इस विधि के लिए ओजोन का उपयोग किया जाता है। ओजोन एक अत्यधिक अस्थिर और उत्कृष्ट कीटाणुनाशक है। यह टूट कर नवजात ऑक्सीजन देता हैं जो बहुत शक्तिशाली ऑक्सीकरण अभिकर्मक है और जल में मौजूद सभी बैक्टीरिया और कीटाणुओं को मारता है।

उपकरण

ओजोन और जल की अभिक्रिया ओजोन स्टरलाइजर में की जाती है जैसा कि चित्र 2.17 में दिखाया गया है। जल के उपचार के दौरान जल को ऊपर से नीचे प्रवेश करने दिया जाता है और ओजोन को नीचे से ऊपर प्रवेश करने दिया और जाता है, जब वे एक दूसरे के संपर्क में आते हैं तो वे कीटाणुओं को मार देते है। टैंक के तल पर जीवाणु रहित जल एकत्र कर लिया जाता है। ओजोन और जल के लिए संपर्क समय लगभग 10–15 मिनट है।

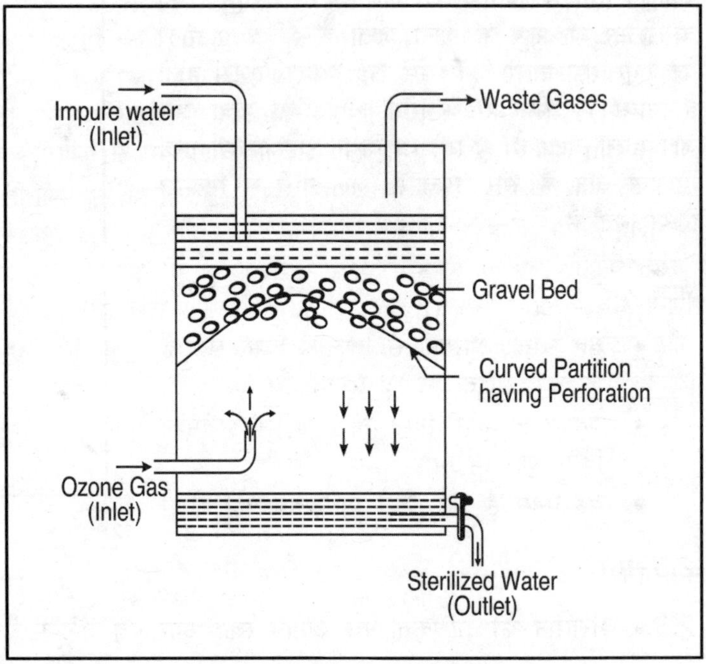

चित्र 2.17: ओजोनीकरण विधि

लाभ

- यह जल से रंग और गंध को दूर करता है।
- यह जल के स्वाद में सुधार करता है।
- ओजोन की अधिक मात्रा हानिकारक नहीं है, क्योंकि यह विघटित होने पर ऑक्सीजन छोड़ती है।

2.4.6 (D) पराबैंगनी किरण विधि

जब जल इलेक्ट्रिक मरकरी लैंप से आने वाली पराबैंगनी किरणों के संपर्क में आता है, तो अधिकांश रोगजनक बैक्टीरिया नष्ट हो जाते हैं। स्विमिंग पूल के जल को कीटाणु रहित करने के लिए इस विधि का व्यापक रूप से उपयोग किया जाता है।

लाभ

- इसमें किसी रसायन की आवश्यकता नहीं होती है।
- यह जल में कोई गंध पैदा नहीं करता है।

नुकसान

- यह बहुत महंगी विधि है, इसलिए इसका व्यापक पैमाने पर उपयोग नहीं किया जाता है।

2.4.6 (E) झिल्ली तकनीक विधि

झिल्ली विधि (Membrane Technology Method) जल के नमूनों के परीक्षण के लिए एक तकनीक है। इस प्रक्रिया में, 0.45 माइक्रोन से बड़े सूक्ष्मजीवों को फंसाने के लिए डिजाइन की गई एक विशेष छिद्रित झिल्ली के माध्यम से जल गुजारा जाता है। जल को सिंथेटिक सामग्री जैसे सेल्यूलोज एसीटेट, सेल्युलोज नाइट्रेट (कोलोडियन), पॉलीअमाइड (नायलॉन), पॉली कार्बोनेट, पॉलीप्रोपाइलीन और पॉलीटेट्राफ्लुओरोएथिलीन [उच्च दबाव के अनुप्रयोग द्वारा टेफ्लॉन (10 से 50 atm दाब सीमा में)] से बनी झिल्ली के माध्यम से गुजारा जाता है।

झिल्ली विधि का उपयोग व्यापक रूप से बैक्टीरिया, सूक्ष्मजीवों, कणों और प्राकृतिक कार्बनिक पदार्थों को हटाने के लिए किया जाता है, जो जल को रंग, स्वाद, और गंध प्रदान कर सकते हैं और कीटाणु नाशक के साथ अभिक्रिया करके कीटाणु नाशक सह उत्पाद बनाते हैं। छिद्रों के आकार के आधार पर, चार प्रकार के झिल्ली निस्पंदन होते है जिन्हें रिवर्स ऑस्मोसिस (reverse osmosis), नैनो फिल्ट्रेशन (nanofiltration), अल्ट्राफिल्ट्रेशन (ultrafiltration) और माइक्रो फिल्ट्रेशन (microfiltration) के रूप में जाना जाता है।

रोचक तथ्य : जलवायु परिवर्तन, जल की बढ़ती कमी, जनसंख्या वृद्धि, जनसांख्यिकीय परिवर्तन और शहरीकरण पहले से ही जल आपूर्ति प्रणालियों के लिए चुनौतियां पेश करते हैं। 2025 तक, आधी दुनिया की आबादी जल की कमी वाले क्षेत्रों में रह रही होगी।

2.5 पीने के जल की भारतीय मानक विशिष्टता

2.5.1 परिचय

अधिकांश मनुष्य जल के बिना 3-4 दिन से अधिक जीवित नहीं रह सकते हैं। जल प्राथमिक आवश्यकता है। फिर भी, यह एक भयावह तथ्य है कि दुनिया भर में ऐसे लोग अरबों हैं जिनके पास पीने का साफ जल नहीं है। सार्वजनिक स्वास्थ्य के लिए सुरक्षित और स्वच्छ पेयजल महत्वपूर्ण है। 2010 में, संयुक्त राष्ट्र महासभा ने जल और स्वच्छता के मानव अधिकार को स्पष्ट रूप से मान्यता दी। प्रत्येक व्यक्ति को व्यक्तिगत और घरेलू उपयोग के लिए पर्याप्त, निरंतर, सुरक्षित, स्वीकार्य, भौतिक रूप से सुलभ और किफायती जल का अधिकार है।

जब पेयजल अनुभागीय समिति द्वारा अंतिम रूप दिए गए मसौदे को खाद्य और कृषि प्रभाग परिषद द्वारा अनुमोदित किया गया था तब भारतीय मानक (द्वितीय संशोधन) को भारतीय मानक ब्यूरो (BIS) द्वारा अपनाया गया था। हालांकि मापदंडों के स्पेक्ट्रम IS विनिर्देशों द्वारा दिए गए हैं, लेकिन यहां सबसे महत्वपूर्ण और व्यापक रूप से परीक्षण किए गए मानदंडों का उल्लेख किया गया है। पीने के जल के लिए संगठनात्मक और भौतिक पैरामीटर, पेयजल की बैक्टीरियोलॉजिकल गुणवत्ता से संबंधित पैरामीटर और पेयजल के लिए सामान्य पैरामीटर क्रमशः तालिका 2.6 तालिका 2.7 और तालिका 2.8 में दिए गए हैं।

पीने के जल के बारे में कुछ रोचक तथ्य निम्न है–

तालिका 2.6: पीने के जल के लिए आर्गेनोलेप्टिक और भौतिक पैरामीटर

क्र.सं.	लक्षण	आवश्यकता (स्वीकार्य सीमा)	अनुमेय सीमा (वैकल्पिक स्रोत के अभाव में)
1.	रंग, हजेन इकाइयों, अधिकतम	5	15
2.	गंध	स्वीकार योग्य	स्वीकार योग्य
3.	pH मान	6.5-8.5	कोई छूट नहीं

क्र.सं.	लक्षण	आवश्यकता (स्वीकार्य सीमा)	अनुमेय सीमा (वैकल्पिक स्रोत के अभाव में)
4.	स्वाद	स्वीकार योग्य	स्वीकार योग्य
5.	गंदलापन, NTU, अधिकतम	1	5
6.	कुल घुलित ठोस, mg/L, अधिकतम	500	2000

नोट: स्वीकार्य सीमा के तहत वर्णित विशेषताओं से अधिक मान जल को अनुपयुक्त बनाते हैं, लेकिन फिर भी वैकल्पिक स्रोत की अनुपस्थिति में केवल नीचे दी गई सीमा तक ही सहन किया जा सकता है। 'अनुमेय सीमा' जिसके ऊपर स्रोतों को अस्वीकार करना होगा।

तालिका 2.7: पेयजल की जीवाणु संबंधी गुणवत्ता

क्र.सं.	बैक्टीरिया	आवश्यकताएं
1.	पीने योग्य सभी जल के लिए:	किसी भी 100 mL नमूने में पता लगाने योग्य नहीं होना चाहिए
2.	ई. कोलाई या थर्मस टॉलरेंट कोलाई फॉर्म बैक्टीरिया	किसी भी 100 mL नमूने में पता लगाने योग्य नहीं होना चाहिए
3.	उपचारित जल के लिए या तो वितरण प्रणाली में या प्रवेश करने के लिए वितरण प्रणाली: (*a*) ई. कोलाई या थर्मस टॉलरेंट कोलाई फॉर्म बैक्टीरिया (*b*) कुल कोलाई फार्म बैक्टीरिया	किसी भी 100 mL नमूने में पता लगाने योग्य नहीं होना चाहिए

यदि ई. कोलाई या कुल कोलीफॉर्म बैक्टीरिया का पता चलता है तो तत्काल जांच की जाएगी। कुल कोलीफॉर्म बैक्टीरिया के मामले में न्यूनतम क्रिया नमूना दोहराना है; यदि इन जीवाणुओं को दोहराए गए नमूने में पाया जाता है, तो तत्काल आगे की जांच द्वारा इसका कारण निर्धारित किया जाएगा।

कुल कोलीफॉर्म बैक्टीरिया ग्रामीण जल आपूर्ति की स्वच्छता गुणवत्ता के स्वीकार्य संकेतक नहीं हैं, विशेष रूप से उष्णकटिबंधीय क्षेत्रों में जहां लगभग सभी क्षेत्रों में बिना स्वच्छता महत्व के अनुपचारित आपूर्ति में कई बैक्टीरिया पाए जाते हैं।

तालिका 2.8: पेयजल के लिए सामान्य पैरामीटर

क्र.सं.	अभिलक्षण	आवश्यकता (स्वीकार्य सीमा)	अनुमेय सीमा (वैकल्पिक स्रोत की अनुपस्थिति में)
1	एल्युमिनियम (Al के रूप में), mg/L, अधिकतम	0.03	0.2
2.	अमोनिया (कुल अमोनिया-N के रूप में), mg/L, अधिकतम	0.5	कोई छूट नहीं
3.	एक आयनिक डिटर्जेंट (MBAS के रूप में) mg/L, अधिकतम	0.2	1.0
4.	कैल्शियम (Ca के रूप में), mg/L, अधिकतम	75	200
5.	क्लोरैमाइन ($ClNH_2$ के रूप में), mg/L, अधिकतम	4.0	कोई छूट नहीं
6.	क्लोराइड (Cl के रूप में), mg/L, अधिकतम	250	1000

क्र.सं.	अभिलक्षण	आवश्यकता (स्वीकार्य सीमा)	अनुमेय सीमा (वैकल्पिक स्रोत की अनुपस्थिति में)
7.	कॉपर (Cu के रूप में), mg/L, अधिकतम	0.05	1.5
8.	फ्लोराइड (F के रूप में) mg/L, अधिकतम	1.0	1.5
9.	मुक्त अवशिष्ट क्लोरीन, mg/L, न्यूनतम	0.2	1
10.	आयरन (Fe के रूप में), mg/L, अधिकतम	0.3	कोई छूट नहीं
11.	मैग्नीशियम (Mg के रूप में), mg/L, अधिकतम	30	100
12.	मैंगनीज (Mn के रूप में), mg/L, अधिकतम	0.1	0.3
13.	खनिज तेल, mg/L, अधिकतम	0.5	कोई छूट नहीं
14.	नाइट्रेट (NO_3– के रूप में), mg/L, अधिकतम	45	कोई छूट नहीं
15.	फीनोलिक यौगिक (C_6H_5OH के रूप में), mg/L, अधिकतम	0.001	0.002
16.	सल्फेट (SO_4^{2+} के रूप में) mg/L, अधिकतम	200	400
17.	सल्फाइड (H_2S के रूप में), mg/L, अधिकतम	0.05	कोई छूट
18.	कुल क्षारीयता कैल्शियम कार्बोनेट के रूप में, mg/L, अधिकतम	200	600
19.	कुल कठोरता ($CaCO_3$ के रूप में) mg/L, अधिकतम	200	600
20.	जिंक (Zn के रूप में), mg/L, अधिकतम	5	15

नोट: 'स्वीकार्य सीमा' के तहत उल्लिखित से अधिक मान जल को अनुपयुक्त बनाते हैं, लेकिन फिर भी वैकल्पिक स्रोत के अभाव में सहन किया जा सकता है, लेकिन 'अनुमेय' के तहत इंगित सीमा तक, जिसके ऊपर स्रोतों को अस्वीकार करना होगा।

SAQ-7	पीने के जल के आईएस विनिर्देश के अनुसार, जल में फ्लोराइड की स्वीकार्य सीमा निम्न मिलीग्राम/लीटर है।			
	1. 1.0	2. 1.5	3. 0.3	4. 2.0

उत्तर: 1.0

2.6 किसी भी जल स्रोत से मानव उपभोग के पीने और खाना पकाने के लिए आवश्यक जल

रोचक तथ्य: भारत में लगभग 53% परिवार पीने योग्य जल की आवश्यकता के लिए भूजल संसाधनों पर निर्भर हैं जबकि लगभग 2% सतही जल पर निर्भर हैं। लगभग 43.5% घरों में नल के जल (उपचारित + अनुपचारित) का उपयोग पीने योग्य उद्देश्यों के लिए किया जाता है।

जल पृथ्वी की सतह के दो तिहाई हिस्से को ढकता है, इसका अधिकांश भाग खारा है और पीने के उद्देश्य के लिए उपयुक्त नहीं है। पृथ्वी पर उपलब्ध जल का केवल 3% ही मीठा जल है और उपलब्ध मीठे जल का केवल 1 प्रतिशत

ही नदियों, झीलों और भूजल से उपयोग के लिए उपयोग किया जा सकता है। पृथ्वी की सतह का लगभग 97 प्रतिशत जल समुद्र का जल है। जल के वितरण का विवरण पिछले भाग में पहले ही समझाया जा चुका है। जल के तीन मुख्य स्रोत हैं:

- भूजल - इसमें बोरवेल, ट्यूबवेल, डगवेल, हैंडपंप और स्प्रिंग जैसे जल निकाय शामिल हैं।
- सतही जल - इसमें समुद्र, महासागरों, जलाशयों, नदियों, नालों, तालाबों, झीलों और तालाबों जैसे विभिन्न जल निकाय शामिल हैं।
- बारिश का जल।

भारत का कुल वार्षिक उपयोग योग्य जल संसाधन 1123 बिलियन क्यूबिक मीटर (690 bcm सतही जल + 433 bcm भूजल) है। भारत में पीने का जल ज्यादातर भूजल से प्राप्त होता है। नदियाँ और कुएँ भी जल के प्रमुख स्रोत हैं जिनका उपयोग नगर पालिकाओं द्वारा किया जाता है। आंकड़ों से पता चलता है कि देश में लगभग 43 प्रतिशत ग्रामीण आबादी के लिए भूजल पीने के जल का सबसे विश्वसनीय स्रोत है (राष्ट्रीय नमूना सर्वेक्षण कार्यालय (NSSO डेटा)।

घरेलू उपयोग के लिए भूजल एक महत्वपूर्ण स्रोत है। यह शहरी और ग्रामीण भारत में पीने के जल का एक प्रमुख स्रोत भी है। घरेलू जल का 80% भूजल भंडार से आता है। भूजल का मुख्य स्रोत मानसूनी वर्षा से पुनर्भरण है। लगभग 58% देशों में वार्षिक पुनर्भरण भूजल का योगदान मानसूनी वर्षा से होता है। रिचार्ज के अन्य स्रोत जैसे नहरों, टैंकों, तालाबों और अन्य जल संरचनाओं और सिंचाई से रिसना लगभग 32% है। हालांकि भारत को मानसून के दौरान वर्षा के रूप में भरपूर जल मिलता है लेकिन भंडारण की कमी के कारण, उस जल का केवल एक छोटा प्रतिशत ही वास्तव में रिजर्व में जोड़ा जाता है। जनसंख्या के साथ उपलब्ध जल के स्थानिक वितरण का बेमेल है, स्थिति चिंताजनक हो जाती है; विडंबना यह है कि जहां अधिक लोग रहते हैं वहां जल कम मिलता है।

सतही जल स्रोत जैसे नदियाँ और कुएँ जल के प्रमुख स्रोत हैं, जिनका उपयोग नगरपालिकाओं द्वारा सार्वजनिक उपयोग के लिए किया जाता है। केंद्रीय जल आयोग (2015) के अध्ययन से यह भी पता चलता है कि भारत में सतही पेयजल स्रोत नदियाँ, जहरीली भारी धातुओं जैसे सीसा, आर्सेनिक, तांबा, कैडमियम, पारा और निकल से भरी हुई हैं जो अत्यधिक विषाक्त और कार्सिनोजेनिक हैं और मानक भारतीय चिकित्सा अनुसंधान परिषद (ICMR) और भारतीय मानक ब्यूरो (BIS) द्वारा निर्धारित सीमा से परे हैं।

भारतीय संविधान के तहत सुरक्षित जल आपूर्ति और स्वच्छता सुनिश्चित करना राज्य की जिम्मेदारी है।

हल किये गए प्रश्न

2.1 कठोर जल के एक नमूने की कठोरता 450 ppm है। कठोरता को °फ्रेंच और °क्लार्क में व्यक्त करें।

हल: संकेत: तालिका देखें 1.2.4

$$1 \text{ ppm} = 0.07\ °Cl$$
$$450 \text{ ppm} = 450 \times 0.070\ °Cl$$
$$450 \text{ ppm} = 31.5\ °Cl$$

2.2 10 लीटर जल में 2.4 mg $CaCO_3$ के बराबर लवण था। जल की कठोरता का पता लगाएं–
(*i*) mg/L (*ii*) ppm (*iii*) °Fr (*iv*) °Cl

हल: सुझाव: देखें तालिका 1.2.4

(*i*) mg/L = ($CaCO_3$ का 1 भाग/ लीटर जल)

$$= (2.4 \times 1000)/10$$
$$= (2.4 \times 1000)/10 = 240 \text{ mg/L}$$

जल की कठोरता 240 मिलीग्राम/लीटर है

(*ii*) ppm

$$1\ mg/L = 1\ ppm$$

$240mg/L = 240\ ppm$ जल की कठोरता 240 ppm है

(iii) $1\ mg/L = 0.1\ ^{o}Fr$

$240\ mg/L = 24\ ^{o}Fr$ जल की कठोरता 24 °Fr है

(v) $1\ mg/L = 0.07\ ^{o}Cl$

$240\ mg/L = 240 \times 0.07$ जल की कठोरता 16.8 °Cl है

2.3 जल का एक नमूना निम्नलिखित आंकड़े देता है

$$\mathbf{MgCl_2 = 1.43\ ^{o}Fr\ SiO_2 = 1.43\ ^{o}Fr\ MgSO_4 = 5.72\ ^{o}Fr}$$
$$\mathbf{CaSO_4 = 2.86\ ^{o}Fr\ Ca(HCO_3)_2 = 23.16\ ^{o}Fr}$$

°Cl और ppm स्केल में कठोरता की गणना करें।

हल: संकेत : तालिका 1.2.4 देखें

सबसे पहले हमें वर्तमान लवणों को °Cl और °Fr में बदलना है

नाम	1°Fr	1°Fr= 0.7 °Cl	1°Fr=10 ppm
$MgCl_2$	1.43	$0.7 \times 1.43 = 1.001\ ^{0}Cl$	$1.43 \times 10 = 14.3$ ppm
$MgSO_4$	5.72	$0.7 \times 5.72 = 4.004\ ^{0}Cl$	$5.72 \times 10 = 57.2$ ppm
$CaSO_4$	2.86	$0.7 \times 2.86 = 2.002\ ^{0}Cl$	$2.86 \times 10 = 28.6$ ppm
$Ca(HCO_3)_2$	23.16	$0.7 \times 23.16 = 16.212\ ^{0}Cl$	$23.16 \times 10 = 231.6$ ppm

$CaCO_3$ समतुल्य को यौगिक के समतुल्य भार अर्थात 50/E को ध्यान में रखते हुए व्यक्त किया जा सकता है।

जहाँ 50 - $CaCO_3$ का तुल्यांकी भार

E - लवण का तुल्यांकी भार

लवण का नाम	तुल्यांकी भार	°Cl	ppm
$MgCl_2$	47.5	$(1.001\times 50)/47.5$	$(14.3 \times 50)/47.5$
$MgSO_4$	60	$(4.004 \times 50)/60$	$(57.2 \times 50)/60$
$CaSO_4$	68	$(2.002 \times 50)/68$	$(28.6 \times 50)/68$
$Ca(HCO_3)_2$	81	$(16.212 \times 50)/81$	$(231.6 \times 50)/81$

कुल कठोरता सभी यौगिकों की कठोरता का योग है

कुल कठोरता = $[MgCl_2 + MgSO_4 + CaSO_4 + Ca(HCO_3)_2]$ की कठोरता

°Cl में कुल कठोरता की गणना इस प्रकार की जा सकती है

कुल कठोरता = $(1.001\times50)/47.5 + (4.004\times50)/60 + (2.002\times50)/68 + (16.212\times50)/81$

$= 50[1.001/47.5 + 4.004/60 + 2.002/68 + 16.212/81]$

कुल कठोरता = $50[0.0210 + 0.0667 + 0.0294 + 0.2001] = 50[0.3172] = 15.86\ ^{o}Cl$

ppm में कुल कठोरता की गणना इस प्रकार की जा सकती है

$$\text{कुल कठोरता} = (14.3\times50)/47.5 + (57.2\times50)/60 + (28.6\times50)/68 + (231.6\times50)/81$$
$$= 50[14.3/47.5 + (57.2)/60 + (28.6)/68 + (231.6)/81]$$
$$= 50\ [0.3010 + 0.9533 + 0.4205 + 2.8592]$$
$$= 50[4.5327]$$
$$= 226.635 \text{ ppm}$$

2.4 100 mL जल के नमूने में कठोरता इस प्रकार थी-
अस्थायी कठोरता = 160 mg/L
कुल कठोरता = 245 mg/L
जल के नमूने में स्थायी कठोरता का पता लगाएं।

हल: कुल कठोरता = अस्थायी कठोरता + स्थायी कठोरता

245 mg/L = 160 mg/L + स्थायी कठोरता

स्थायी कठोरता = 245 - 160 = 85 mg/L

1000 mL जल के नमूने की कठोरता = 85 mg/L

100 mL जल के नमूने की कठोरता = ?

= (85 × 100) /1000 = 8.5 mg/L

इसलिए, 100 mL नमूना = 8.5 mg में स्थायी कठोरता

2.5 ब्लीचिंग पाउडर का उपयोग कर जल की कीटाणुशोधन में शामिल अभिक्रियाओं को लिखिए।

हल: $CaOCl_2 + H_2O \longrightarrow Ca(OH)_2 + Cl_2$

$Cl_2 + H_2O \longrightarrow HOCl + HCl$

हाइपोक्लोरोस एसिड

$HOCl \longrightarrow [O] + HCl$

नवजात ऑक्सीजन

यूनिट सारांश

- **मृदु जल :** साबुन के घोल के साथ आसानी से झाग पैदा करने वाला जल मृदु जल कहलाता है।
- **कठोर जल :** वह जल जो साबुन के घोल से आसानी से झाग नहीं बनाता लेकिन सफेद दही यानि सफेद मैल बनाता है, कठोर जल कहलाता है।
- **अस्थायी कठोरता :** जल की वह कठोरता जिसे केवल उबालने से दूर किया जा सकता है, अस्थायी कठोरता कहलाती है।
- **स्थायी कठोरता :** ऐसी कठोरता जिसे केवल उबाल कर नहीं हटाया जा सकता, स्थायी कठोरता कहलाती है।
- **पार्ट्स पर मिलियन (ppm) :** भार अनुसार जल के 1000000 (10^6) भाग में उपस्थित कैल्शियम कार्बोनेट के भार के अनुसार भागों की संख्या।
- **फ्रेंच कठोरता की डिग्री (°Fr) :** भार अनुसार जल के 100000 (10^5) भाग में उपस्थित कैल्शियम कार्बोनेट के भार के अनुसार भागों की संख्या।

- **डिग्री क्लार्क (°Cl) :** भार अनुसार जल के 70000 भाग में उपस्थित कैल्शियम कार्बोनेट के भार के अनुसार भागों की संख्या।
- **मिलीग्राम प्रति लीटर (mg/L) :** 1 लीटर जल में उपस्थित कैल्शियम कार्बोनेट के तुल्य कणों की मिलीग्राम में संख्या।
- **मिली तुल्यांक प्रति लीटर (meq/L) :** जल के 1 लीटर में उपस्थित कैल्शियम कार्बोनेट के मिली तुल्यांक के समतुल्य कठोरता।
- **स्लज :** बॉयलर के अंदर ढीले, चिकने अवक्षेप जमा हो जाते हैं और स्थायी रूप से चिपकते नहीं हैं, उन्हें स्लज के रूप में जाना जाता है।
- **स्केल :** बॉयलर की भीतरी सतह पर कठोर चिपकने वाली पपड़ी को स्केल के रूप में जाना जाता है।
- **प्राइमिंग :** जब बॉयलर को तेजी से गर्म किया जाता है, तो कुछ द्रव जल के कण भाप के साथ मिल जाते हैं। गीली भाप बनने की इस प्रक्रिया को प्राइमिंग कहते हैं।
- **फोमिंग :** फोमिंग बॉयलर में लगातार फोम या बुलबुले का उत्पादन है जो आसानी से नहीं टूटता है। झाग तेल जैसे पदार्थ की उपस्थिति के कारण होता है।
- कठोर जल के उपचार के लिए उपयोग की जाने वाली जल मृदुकरण विधियाँ हैं- सोडा लाइम प्रक्रिया, जिओलाइट प्रक्रिया और आयन एक्सचेंज प्रक्रिया।
- सोडा लाइम प्रक्रिया में, चूना (CaO) या हाइड्रेटेड चूना $Ca(OH)_2$ और सोडा ऐश Na_2CO_3 का उपयोग जल के मृदुकरण में अवक्षेपण की प्रक्रिया में होता है।
- जिओलाइट प्रक्रिया या परम्युटिट प्रक्रिया में, जल का मृदु करण प्राकृतिक या कृत्रिम जिओलाइट द्वारा किया जाता है। जिओलाइट हाइड्रेटेड सोडियम एल्यूमिना सिलिकेट है। जियोलाइट्स ऐसे पदार्थ हैं जो जल में अघुलनशील होते हैं और जलयुक्त धनायनों के संपर्क में आने पर बेस एक्सचेंजर के रूप में कार्य कर सकते हैं।
- आयन एक्सचेंज प्रक्रिया में, स्थिर आयन-एक्सचेंज प्रवस्था और गतिशील बाहरी तरल प्रवस्था के बीच आयनों का एक उत्क्रमणीय आदान-प्रदान होता है। आयन एक्सचेंज रेजिन अघुलनशील, क्रॉस लिंक्ड, एक सूक्ष्म संरचना के साथ लंबी श्रृंखला वाले कार्बनिक बहुलक हैं और उनसे जुड़े क्रियात्मक समूह आयन एक्सचेंज गुणों के लिए जिम्मेदार हैं।
- नगरपालिका आपूर्ति के लिए जल के उपचार के लिए नियोजित विभिन्न तरीके हैं–

  स्क्रीनिंग : इसमें तैरने वाले पदार्थों जैसे पत्तियों को हटाया जाता है।

  अवसादन : इसमें निलंबित अशुद्धियों जैसे मिट्टी आदि को हटाया जाता है।

  स्कंदन : इसमें सूक्ष्म रूप से विभाजित निलंबित कणों को हटाया जाता है।

  छानना : इसमें कोलाइडी अशुद्धियों और बड़े जीवों को हटाया जाता है।

  कीटाणुशोधन : इसमें बैक्टीरिया को मारा जाता है।

अभ्यास प्रश्न

2.1 तीन सबसे महत्वपूर्ण बिंदुओं पर मृदु और कठोर जल के बीच अंतर कीजिए।

2.2 कठोरता की विभिन्न इकाइयों की सूची बनाइए।

2.3 कठोर जल में साबुन के कम झाग बनने के कारण बताइए।

2.4 चित्र की सहायता से स्केल और स्लज निर्माण में अंतर स्पष्ट कीजिए।

2.5 बॉयलर में संक्षारण के मुख्य कारणों का उल्लेख कीजिए।

2.6 EDTA विधि द्वारा जल के परिमाणात्मक निर्धारण की व्याख्या कीजिए।

2.7 क्षारीयता विधि द्वारा जल के परिमाणात्मक निर्धारण की व्याख्या कीजिए।

2.8 कठोर जल के उपचार की बाहरी और आंतरिक विधियों का वर्गीकरण कीजिए।

2.9 जिओलाइट प्रक्रिया द्वारा जल के मृदुकरण का वर्णन कीजिए। इसके लाभ और सीमाएँ लिखिए।

2.10 जिओलाइट प्रक्रिया और जल को नरम करने की सोडा-लाइम प्रक्रिया के बीच तुलना कीजिए।

2.11 क्रियात्मक समूह के आधार पर आयन एक्सचेंजर के प्रकारों को वर्गीकृत कीजिए।

2.12 उपस्थित अशुद्धियों के प्रकारों के आधार पर पीने योग्य जल के शुद्धिकरण के लिए प्रयुक्त विभिन्न विधियों की संक्षेप में व्याख्या कीजिए।

2.13 आयन एक्सचेंजर के पुनर्जनन की अभिक्रियाएँ लिखिए।

2.14 निम्नलिखित मापदंडों पर पीने के जल के IS विनिर्देश लिखिए
(i) Ca (ii) फ्लोराइड (iii) कॉपर (iv) Fe (v) Mg (vi) सल्फेट (vii) कुल क्षारीयता (viii) कुल कठोरता (ix) Zn

प्रयोग

1. जल की कठोरता

प्रायोगिक कथन

एथिलीन डायमाइन टेट्रा एसिटिक अम्ल (ईडीटीए) के मानक विलयन का उपयोग करके दिए गए जल के नमूने की कुल कठोरता का आकलन करें।

प्रायोगिक महत्व

बॉयलर विभिन्न औद्योगिक प्रक्रियाओं के लिए महत्वपूर्ण उपकरण हैं ताकि जल का उपयोग कर भाप का उत्पादन किया जा सके। बॉयलर की दक्षता और बॉयलर के कारण होने वाली विभिन्न समस्याओं के संदर्भ में जल में मौजूद अशुद्धियों की मात्रा महत्वपूर्ण भूमिका निभाती है। विभिन्न उद्योगों में विभिन्न औद्योगिक कार्यों के लिए जल का उपयोग किया जाता है।

डिप्लोमा इंजीनियर को अपने काम के दौरान जल के विभिन्न उपयोगों से निपटना होता है और कठोर जल से होने वाली समस्याओं जैसे जंग, स्केल और कीचड़ बनने से भी निपटना होता है।

प्रासंगिक सिद्धांत

देखें यूनिट 2, खंड 2.2.3

प्रैक्टिकल आउटकम्स (PrOs)

PrO1 दिए गए नमूने को इलेक्ट्रॉनिक तुला में सही तौलना।

PrO2 परिभाषित मोलरता और नर्मालता के दिए गए नमूने का मानक विलयन तैयार करना।

PrO3 जल की अस्थायी, स्थायी और कुल कठोरता की गणना करना।

आवश्यक रसायन / कांच के बने उपकरण

- **रसायन (AR ग्रेड):** जल का नमूना, ईडीटीए (0.1 M), बफर विलयन (pH = 10), एरियोक्रोम ब्लैक टी (ईबीटी) सूचक,
- **कांच के बने उपकरण (बोरोसिल):** कोनिकल फ्लास्क (100 mL), ब्यूरेट (50 mL), पिपेट (10 mL), बीकर (100 mL, 250 mL)

सुरक्षा सावधानियां

1. लैब में काम करते समय मास्क, दस्ताने और एप्रन का प्रयोग करें।
2. कांच के सामान और रसायनों को सावधानी से इस्तेमाल करें।
3. उपयोग करने से पहले सभी कांच के बर्तनों को आसुत जल से धोया जाना चाहिए।
4. नोजल के निचले हिस्से से हवा के अंतराल को हटा दें और निचले मेनिस्कस को शून्य के निशान पर समायोजित करें।
5. रंग परिवर्तन को देखने के लिए अनुमापन के दौरान सफेद टाइल का प्रयोग करें।

प्रयोग विधि

भाग A: जल की कुल कठोरता

1. ब्यूरेट को धोएं और 0.01M EDTA विलयन के साथ भरें।
2. कोनिकल फ्लास्क में 10 mL जल के नमूने को पिपेट से लें।
3. कोनिकल फ्लास्क में 5 mL बफर विलयन (पीएच = 10) और EBT सूचक की 2-3 बूंदें मिलाएं।
4. कोनिकल फ्लास्क में EBT मिश्रण मिलाने के कारण रंग शराबी लाल हो जाता है।
5. EDTA के साथ कोनिकल फ्लास्क में विलयन को तब तक अनुमापित करें जब तक कि रंग शराबी लाल से हल्के नीले रंग में न बदल जाए।
6. तीन सुसंगत ब्यूरेट रीडिंग के लिए प्रक्रिया को दोहराएं।

भाग B: जल की स्थायी कठोरता

1. दिए गए नमूने को 8-10 मिनट तक उबालें और छान लें।
2. कोनिकल फ्लास्क में 10 mL छनित जल पिपेट से लें।
3. भाग A के अनुसार प्रक्रिया का पालन करें।

प्रेक्षण और गणना

1. ब्यूरेट में विलयनः ....।
2. कोनिकल फ्लास्क में विलयन : ....
3. सूचक : ....।
4. अंतिम बिंदुः ....

भाग A: जल की कुल कठोरता

रीडिंग	पायलट रीडिंग	1	2	3	TH = माध्य अंतर = (1 + 2 + 3) / 3
प्रारंभिक ब्यूरेट रीडिंग (IBR)					
अंतिम ब्यूरेट रीडिंग (FBR)					
अंतर (FBR-IBR)					

भाग B: जल की स्थायी कठोरता

रीडिंग	पायलट रीडिंग	1	2	3	PH = माध्य अंतर = (1 + 2 + 3) / 3
प्रारंभिक ब्यूरेट रीडिंग (IBR)					
अंतिम ब्यूरेट रीडिंग (FBR)					
अंतर (FBR-IBR)					

भाग एक: जल की कुल कठोरता

चरण 1:

$$1000 \text{ ml of 1M EDTA} \equiv 100 \text{ g } CaCO_3$$

$$(\textbf{TH}) \text{ ml of 0.01M EDTA} \equiv \frac{100 \times 0.01 \times TH}{1000} \text{ g } CaCO_3 = 0.001 \times TH \text{ g } CaCO_3$$

$$\equiv 0.001 \times TH = 0.001 \times \text{..............} = \text{..............} (y) \text{g } CaCO_3$$

चरण 2:

10 ml जल के नमूने में $CaCO_3 (y)$ g होता है

1000 ml जल के नमूने में शामिल हैं = $100 \times (y)$g $CaCO_3$ = ... g $CaCO_3$

g का mg में रूपांतरण

1000 ml जल के नमूने में होता है = $100 \times (y)$ g $CaCO_3$ = $100 \times (y) \times 1000$ mg $CaCO_3$

1000 ml जल के नमूने में = ... mg$CaCO_3$ (I)

भाग B: स्थायी कठोरता जल (PH)

चरण 1

$$1000 \text{ ml of 1M EDTA} \equiv 100 \text{ g } CaCO_3$$

$$(\textbf{PH}) \text{ ml 0.01M EDTA} \equiv \frac{100 \times 0.01 \times TH}{1000} \text{ g } CaCO_3 = 0.001 \times PH \text{ g } CaCO_3$$

$$\equiv 0.001 \times \textbf{PH} = 0.001 \times \text{..............} = \text{..............} (z) \text{g } CaCO_3$$

$$\equiv 0.001 \times \textbf{PH} = 0.001 \times A\text{..............} = \text{..............} (z) \text{g } CaCO_3$$

चरण 2

10 ml जलके नमूने में शामिल है (z)g $CaCO_3$

1000 ml जलके नमूने में शामिल हैं $=100 \times (z)$g $CaCO_3$ = ... g $CaCO_3$

g का mg में रूपांतरण

1000 mL जल के नमूने में शामिल है $= 100 \times (z) \times 1000$ mg $CaCO_3$

1000 mL जल के नमूने में शामिल है = ... mg $CaCO_3$(**II**)

अस्थायी कठोरता = कुल कठोरता - जल की स्थायी कठोरता mg $CaCO_3$ में

= I – II = ...

= .... mg $CaCO_3$

परिणाम एवं/अथया विवेचना

1. जल के दिए गए नमूने के लिए कुल कठोरता = ... ppm $CaCO_3$ समतुल्यांक
2. जल के दिए गए नमूने के लिए स्थायी कठोरता = ... ppm $CaCO_3$ समतुल्यांक
3. जल के दिए गए नमूने के लिएअस्थायी कठोरता = ... ppm $CaCO_3$ समतुल्यांक

निष्कर्ष एवं/अथवा सत्यापन

....

प्रयोग संबंधित प्रश्न

संदर्भ के लिए, मौखिक रूप से पूछे जाने वाले नमूना प्रश्न यहां दिए गए हैं–

1. Ca^{2+} आयन और Mg^{2+} आयन तथा EDTA के बीच कठोर जल के साथ अभिक्रिया लिखिए।
2. दिए गए अनुमापन में बफर विलयन की भूमिका लिखिए।

अपशिष्ट का निपटान

प्रकार	विवरण
बायोडिग्रेडेबल अपशिष्ट (हरा बिन)	प्रयोग के दौरान उपयोग में लाये गए सामान्य फिल्टर पेपर।
अपशिष्ट	प्रयुक्त रसायनों को उनके विशिष्ट रासायनिक गुणों के आधार पर उचित रूप से निपटान किया जाना चाहिए।

पर्यावरण के अनुकूल दृष्टिकोणः पुनः उपयोग (रियूज), कम उपयोग (रिड्यूज) एवं पुनः चक्रण (रिसायकल)

1. विलयन तैयार करते समय कांच के बर्तनों को अच्छी तरह से साफ करें। आगे के प्रयोग के लिए तैयार मानक विलयन को संग्रहित करें।
2. इस प्रयोग को करते समय कचरे को कम करने के लिए वांछित मात्रा में पदार्थ का उपयोग करें।
3. आसुत जल बर्बाद न करें।

सुझाई गई मूल्यांकन योजना

विद्यार्थी का नाम : .... **रोल नंबर :** ....

प्रक्रिया मूल्यांकन			उत्पाद/परिणाम मूल्यांकन			शिक्षक के हस्ताक्षर
प्रक्रिया सूचक (70%)	% भारिता (वेटेज)	प्राप्त अंक	उत्पाद/परिणाम सूचक (30%)	% भारिता (वेटेज)	प्राप्त अंक	
सैंपल के भार में सटीकता	10		मौखिक प्रश्न (Viva-voce)	10		
विलयन और अनुमापन की तैयारी	30		रिपोर्ट तैयार करना	10		
साफ-सफाई एवं देखभाल	10		गणना, परिणाम और व्याख्या	10		
कांच के बर्तनों की संभाल	10					
सुरक्षा सावधानियों का पालन/अनुपालन	10					

2. जल की क्षारीयता

प्रायोगिक कथन

0.01 M सल्फ्यूरिक अम्ल का उपयोग करके दिए गए जल के नमूने की क्षारीयता निर्धारित करें।

प्रयोगिक महत्व

जल विभिन्न प्रकार की औद्योगिक प्रक्रियाओं में महत्वपूर्ण भूमिका निभाता है। यह प्रयोग डिप्लोमा इंजीनियरों को संक्षारण को नियंत्रित करने के लिए, क्षारीयता के प्रकार और स्केल को निर्धारित करने में मदद करता है। जलीय जीवन के लिए क्षारीयता महत्वपूर्ण है क्योंकि यह pH में होने वाले बड़े परिवर्तनों के खिलाफ सुरक्षा या प्रतिरोध उत्पन्न करता है। अपशिष्ट जल और पीने के जल के उपचार की दृष्टि से भी क्षारीयता महत्वपूर्ण है क्योंकि यह सफाई प्रक्रियाओं जैसे अवायुवीय आक्सीकरण को प्रभावित करती है। क्षारीयता एक माप है जो बताती है कि pH में बड़े बदलाव के बिना द्रव में कितना अम्ल जोड़ा जा सकता है।

प्रासंगिक सिद्धांत

क्षार (base) और अल्कली (alkali) $pH > 7$ दिखाते है जो अम्ल को उदासीन करते हैं। क्षार जल में नहीं घुलता लेकिन अल्कली जल में घुल जाते हैं (यूनिट 2, खंड 2.2.4 देखें)।

प्रैक्टिकल आउटकम्स (PrOs)

PrO1 दिए गए नमूने को इलेक्ट्रॉनिक तुला में सही तौलना।

PrO2 परिभाषित मोलरता और नर्मालता के दिए गए नमूने का मानक विलयन तैयार करना

PrO3 OH^-, CO_3^{2-}, HCO_3^- की वजह से क्षारीयता का पता लगाना।

आवश्यक रसायन / कांच के बने उपकरण

- **रसायन (AR ग्रेड):** मानक सल्फ्यूरिकअम्ल, फिनोलफथेलिन सूचक, मिथाइल ऑरेंज, एथिल अल्कोहल, आसुत जल।
- **कांच के बने उपकरण (बोरोसिल):** ब्यूरेट, पिपेट, कोनिकल फ्लास्क (250 mL), मानक फ्लास्क, मापनेवाला सिलेंडर।

सुरक्षा सावधानियां

1. सूचक को खुला न रखें क्योंकि इसमें अल्कोहल होता है, जो वाष्पित हो जाता है।
2. रसायनों और सूचक को उपयोग करते समय, इस बात का ध्यान रखा जाना चाहिए कि यह आपकी त्वचा पर न गिरे।

सुझाई गई प्रक्रिया

0.01 N सल्फ्यूरिक अम्ल विलयन की तैयारी

i. 1000 mL मानक फ्लास्क में लगभग 500 mL आसुत जल लें।
ii. 0.1N सल्फ्यूरिक अम्ल के 200 mL को मापें और मानक फ्लास्क के किनारे से धीरे-धीरे जोड़ें।
iii. फिर आसुत जल का उपयोग करके 1000 mL तक तनु करें इस प्रकार हमें 0.02 N सल्फ्यूरिक अम्ल मिलता है।

फिनोलफथेलिन सूचक की तैयारी

1. 1 ग्राम फिनोलफथेलिन पाउडर को तौलें और 100 mL एथिल अल्कोहल या जल मिलाएं, या
2. बने बनाये फिनोलफथेलिन सूचक का उपयोग करें।

अनुमापन प्रक्रिया

1. ब्यूरेट को धोएं और इसमें 0.01 N सल्फ्यूरिक अम्ल भरें।
2. ठीक 100 mL नमूने को मापें और इसे 250 mL कोनिकल फ्लास्क में स्थानांतरित करें।
3. कोनिकल फ्लास्क में फिनोलफथेलिन सूचक की कुछ बूंदें डालें जिससे गुलाबी रंग दिखता है जो हाइड्रॉक्सिल आयनों के कारण क्षारीयता की उपस्थिति को इंगित करता है।
4. इसे 0.01 N सल्फ्यूरिक अम्ल के विरुद्ध तब तक अनुमापित करें जब तक कि गुलाबी रंग गायब न हो जाए, जो हाइड्रॉक्सिल आयनों के उदासीनीकरण को दर्शाता है। इस ब्यूरेट रीडिंग को रिकॉर्ड करें जो फिनोलफथेलिन क्षारीयता के लिए जिम्मेदार है।
5. कोनिकल फ्लास्क के उसी रंगहीन विलयन में मिथाइल ऑरेंज सूचक की कुछ बूंदें मिलाएं। विलयन का रंग बदलकर पीला हो जाता है जो जल के नमूने में CO_3^{2-} और HCO_3^- आयनों की उपस्थिति के कारण होता है।
6. उस बिंदु से अनुमापन जारी रखें जहां फिनोलफथेलिन क्षारीयता के लिए रोका था।
7. जब तक विलयन लाल नारंगी रंग का न हो जाए तब तक अनुमापन करें।
8. सल्फ्यूरिक अम्ल की संपूर्ण मात्रा V_2 को नोट करें और यह मिथाइल ऑरेंज क्षारीयता की गणना के लिए जिम्मेदार है।
9. लगातार तीन सुसंगत रीडिंग के लिए प्रक्रिया को दोहराएं।

प्रेक्षण और गणना

प्रेक्षण

1. ब्यूरेट में विलयन ....
2. सूचक ....
3. अंतिम बिंदु ....।

प्रेक्षण तालिका 1: फिनोलफथेलिन क्षारीयता

रीडिंग	पायलट रीडिंग	1	2	3	P = माध्य अंतर = (1 + 2 + 3) / 3
प्रारंभिक ब्यूरेट रीडिंग (IBR)					
अंतिम ब्यूरेट रीडिंग (FBR)					
अंतर (FBR-IBR)					

प्रेक्षण तालिका 2: कुल क्षारीयता

रीडिंग	पायलट रीडिंग	1	2	3	M = माध्य अंतर = (1 + 2 + 3) / 3
प्रारंभिक ब्यूरेट रीडिंग (IBR)					
अंतिम ब्यूरेट रीडिंग (FBR)					
अंतर (FBR-IBR)					

गणना

क्षारीयता के लिए यूनिट 2 खंड 2.2.3 देखें।

(I) OH^- के कारण क्षारीयता (यदि P=M)

चरण 1:

$$1000 \text{ mL } 1\text{N } H_2SO_4 = 17 \text{ g } OH^-$$

$$\text{M ml } 0.01\text{N}H_2SO_4 = \frac{17 \times 0.01 \times \text{M}}{1000} \text{ g } OH^- = \frac{17 \times 0.01 \times \text{............}}{1000} \text{ g } OH^- = \text{................}(x)\text{g}$$

चरण 2:

100 mL जल के नमूने में = (x)g = ... OH^-

1000 mL जल का नमूना में शामिल है = $(x) \times 10$ = ... g OH^-

1000 mL जल के नमूने में शामिल है = $(x) \times 10 \times 1000$ = ... mg OH^-

1000 ml जल के नमूने में शामिल हैं = ... mg OH^-

(II) CO_3^{2-} के कारण से क्षारीयता-(यदि $p < 1/2M$)

चरण 1:

$$1000 \text{ mL } 1N\ H_2SO_4 = 30g\ CO_3^{2-}$$

$$[2P-M] \text{ mL } 0.01NH_2SO_4 = \frac{30 \times 0.01 \times [2P - M]}{1000} g\ CO_3^{2-}$$

$$= \frac{30 \times 0.01 \times ......}{1000} = ... (y)g\ CO_3^{2-}$$

चरण 2:

100 mL जल के नमूने में शामिल है $= (y)g =$ .... g CO_3^{2-}

1000 mL जल का नमूना में शामिल है $= (y) \times 10 =$ .... g CO_3^{2-}

1000 mL जल के नमूने में शामिल है $= (y) \times 10 \times 1000 =$ .... mg CO_3^{2-}

1000 ml जल के नमूने में शामिल हैं = ... mg CO_3^{2-}

(III) HCO_3^- के कारण से क्षारीयता-(यदि $p < 1/2M$)

चरण 1:

$$1000 \text{ mL } 1N\ H_2SO_4 = 61g\ HCO_3^-$$

$$[2P-M] \text{ mL } 0.01NH_2SO_4 = \frac{61 \times 0.01 \times [2P - M]}{1000} g\ HCO_3^-$$

$$= \frac{61 \times 0.01 \times ....}{1000} = ... (z)g\ HCO_3^-$$

चरण 2:

100 mL जल के नमूने में शामिल है $= (z)g =$ .... g HCO_3^-

1000 mL जल का नमूना में शामिल है $= (z) \times 10 =$ .... g HCO_3^-

1000 mL जल के नमूने में शामिल है $= (z) \times 10 \times 1000 =$ .... mg HCO_3^-

1000 ml जल के नमूने में शामिल हैं = ... mg HCO_3^-

परिणाम एवं/अथवा व्याख्या

1. OH^- के कारण क्षारीयता = ... mg/L
2. CO_3^{2-} कारण क्षारीयता = ... mg/L
3. HCO_3^- कारण क्षारीयता = ...mg/L

निष्कर्ष एवं/अथवा सत्यापन

....

प्रयोग संबंधित प्रश्न

संदर्भ के लिए, मौखिक रूप से पूछे जाने वाले नमूना प्रश्न यहां दिए गए हैं-

- बायलरों पर क्षारीय जल के दुष्परिणामों की व्याख्या कीजिए।
- शुद्ध प्राकृतिक जल का pH बताइए।

अपशिष्ट का निपटान

प्रकार	विवरण
बायोडिग्रेडेबल अपशिष्ट (हरा बिन)	प्रयोग के दौरान उपयोग में लाये गए सामान्य फिल्टर पेपर।
अपशिष्ट	प्रयुक्त रसायनों को उनके विशिष्ट रासायनिक गुणों के आधार पर उचित रूप से निपटान किया जाना चाहिए।

पर्यावरण के अनुकूल दृष्टिकोणः पुनः उपयोग (रियूज), कम उपयोग (रिड्यूज) एवं पुनः चक्रण (रिसायकल)

1. विलयन तैयार करते समय कांच के बर्तनों को अच्छी तरह से साफ करें। आगे के प्रयोग के लिए तैयार मानक विलयन को संग्रहित करें।
2. इस प्रयोग को करते समय कचरे को कम करने के लिए वांछित मात्रा में पदार्थ का उपयोग करें।
3. आसुत जल बर्बाद न करें।

अध्ययन हेतु सुझाये गए संसाधन

https://vlab.amrita.edu/?sub=2&brch=193&sim=1548&cnt=1

जल के रासायनिक पैरामीटर

सुझाई गई मूल्यांकन योजना

विद्यार्थी का नाम : .... **रोल नंबर :** ....

प्रक्रिया मूल्यांकन			उत्पाद/परिणाम मूल्यांकन			शिक्षक के हस्ताक्षर
प्रक्रिया सूचक (70%)	% भारिता (वेटेज)	प्राप्त अंक	उत्पाद/परिणाम सूचक (30%)	% भारिता (वेटेज)	प्राप्त अंक	
सैंपल के भारमें सटीकता	10		मौखिक प्रश्न (Viva-voce)	10		
विलयन और अनुमापन की तैयारी	30		रिपोर्ट तैयार करना	10		
साफ-सफाई एवं देखभाल	10		गणना, परिणाम और व्याख्या	10		
कांच के बर्तनों की संभाल	10					
सुरक्षा सावधानियों का पालन/अनुपालन	10					

अधिक जानें

- **रासायनिक ऑक्सीजन मांग (Chemical oxygen demand) :** रासायनिक ऑक्सीजन मांग (COD) कार्बनिक पदार्थों के अपघटन के दौरान ऑक्सीजन का उपभोग और अमोनिया और नाइट्राइट जैसे अकार्बनिक रसायनों के ऑक्सीकरण करने के लिए जल की क्षमता है।
- **जैविक ऑक्सीजन मांग (Biological Oxygen demand) :** जैव रासायनिक ऑक्सीजन मांग (BOD) एरोबिक जैविक जीवों द्वारा एक निश्चित अवधि में एक निश्चित तापमान पर दिए गए जल के नमूने में मौजूद कार्बनिक पदार्थों को विघटित करने के लिए आवश्यक (यानी मांग) घुलित ऑक्सीजन (DO) की मात्रा है।
- **कैलगन (Calgon) :** कैलगन सोडियम हेक्सामेटाफॉस्फेट है जिसे चूने के स्केल के निर्माण को रोकने के लिए बॉयलर या वॉशिंग मशीन के जल में मिलाया जाता है।
- **ऊर्णन (Flocculation) :** ऊर्णन रसायन विज्ञान के क्षेत्र में एक प्रक्रिया है जिसके द्वारा कोलाइडल कण फ्लोक या फ्लैक के रूप में इकट्ठा होने के लिए निलंबन से बाहर आते हैं, या तो स्वचालित रूप से या एक अतिरिक्त स्पष्टीकरण एजेंट के होने के कारण।
- **स्कंदन और ऊर्णन के बीच अंतर :** ऊर्णन समूह और स्कंदन सहसंयोजन का पर्याय है। मूल रूप से, स्कंदन एक स्थिर आवेशित कण को अस्थिर करने के लिए स्कंदक को जोड़ने की एक प्रक्रिया है। इस बीच, ऊर्णन एक मिश्रण तकनीक है जो समूह को बढ़ावा देती है और जमा होने में सहायता करती है।

सूक्ष्म परियोजनाएँ/गतिविधियाँ

- विभिन्न जल स्रोतों से जल के नमूने एकत्र करें और जल की कठोरता को मापें।
- भूजल और सतही जल के विभिन्न स्रोतों (कम से कम पांच) से जल का नमूना एकत्र करें। नई और सरल मृदुकरण और जल उपचार विधियों का अन्वेषण करें और घर पर विभिन्न संयोजनों और जोड़तोड़ तकनीकों का निर्माण करके उसे अपने घर पर करें। जल का मैलापन और pH निर्धारित करें (pH पेपर का उपयोग करके)।
- मान लीजिए कि आपका चयन मेट्रो सिटी के शीर्ष डिप्लोमा इंजीनियरिंग कॉलेज में हो गया है। आप वहां तीन महीने से अधिक समय से रह रहे हैं। विभिन्न प्रकार की गतिविधियों/प्रदर्शनों पर अपने महत्वपूर्ण अवलोकन और अनुभव के आधार पर, आपके द्वारा उपयोग किए जा रहे जल के प्रकार की पहचान करें। उस पर अपने निष्कर्ष निकाले।

रचनात्मक अन्वेषणशीलता और जिज्ञासा

हम सौभाग्य से प्रचुर मात्रा में वर्षा के साथ धन्य हैं। प्राकृतिक जल का सबसे शुद्ध रूप वर्षा है, फिर क्यों हम इस जल का संरक्षण नहीं कर पा रहे हैं। हमें वर्षा जल संचयन के लिए विभिन्न रणनीतियों को आजमाने एवं इस सम्बन्ध में और अधिक पता लगाने की जरूरत है।

सन्दर्भ एवं अध्ययन हेतु सुझाव

- C.N.R.Rao, UnderstandingChemistry, Universities Press (India) Pvt. Ltd.,2011, ISBN 8173712506.
- Dara, S. S. & Dr. S. S. Umare, Engineering Chemistry, Universities Press (India) Pvt.Ltd., 2011, ISBN, 8121903599.
- Jain & Jain, Engineering Chemistry, Dhanpat RaiandSons; New Delhi, 2015, ISBN 8187433175
- Shikha Agarwal, Engineering Chemistry, Cambridge University Press; New Delhi,2015. ISBN, 978-1-107-47641-7.
- Text Book of Chemistry for Class XI & XII (Part-I, Part-II), N.C.E. R.T., Delhi, 2017-18.
- Indian Standard "Drinking Water Specifiction (Second Revision), IS10500:2012.

3 इंजीनियरिंग सामग्री

यूनिट विशिष्ट

इस यूनिट में निम्नलिखित प्रमुख विषय शामिल हैं:

- धातुओं की प्राकृतिक प्राप्ति
- सामान्य रासायनिक संरचना एवं संरचना आधारित अनुप्रयोग
- बहुलक

यहाँ विभिन्न अवधारणाओं को उदाहरणों के द्वारा समझाया गया है ताकि विद्यार्थियों में आगे जिज्ञासा और रचनात्मक अन्वेषणशीलता उत्पन्न हो, साथ ही उद्योगों एवं दैनिक जीवन में उनके विभिन्न व्यवहारिक अनुप्रयोगों का उल्लेख किया गया है ताकि विद्यार्थियों में रचनात्मक समस्या समाधान की क्षमता विकसित हो।

यूनिट के भीतर विभिन्न अंतरालों पर अध्ययन के मूल्यांकन हेतु रचनात्मक मूल्यांकन (formative assessment) प्रश्नों को संज्ञानात्मक क्षेत्र (cognitive domain) के विभिन्न स्तरों पर डिजाइन किया गया है।

सही अर्थों में आउटकम आधारित पाठ्यक्रम के प्रभावी कार्यान्वयन के लिए, सूक्ष्म परियोजनाओं, कार्यों, औद्योगिक भ्रमण आदि जैसी गतिविधियों के व्यापक स्पेक्ट्रम को विद्यार्थियों के लाभ और उन्हें बढ़ावा देने के लिए यूनिट में डिजाइन और एकीकृत किया गया है। अतिरिक्त अध्ययन और सीखे हुए को मजबूत करने के लिए विभिन्न विषयों / उप विषयों पर नमूना क्यूआर कोड प्रदान किए गए हैं।

भूमिका

ब्रह्मांड में सभी प्रकार के पदार्थों की मूल इकाइयाँ तत्व हैं। यह समझना जरूरी है कि ये तत्व पृथ्वी की सतह, वायुमंडल और समुद्र में कैसे होते हैं। इन तत्वों को धातु, अधातु और उपधातु में वर्गीकृत किया जा सकता है। भूपर्पटी का 80% हिस्सा धातुओं का एक बड़ा स्रोत है। समुद्र के पानी में भी कुछ घुलनशील धातु लवण पाए जाते हैं। 80% तत्व धातु हैं। सीमेंट, ग्लास, रिफ्रैक्टरी, प्लास्टिक और रबर जैसी इंजीनियरिंग सामग्री के प्रत्येक वर्ग की अपनी विशिष्ट विशेषताएं हैं और विभिन्न क्षेत्रों में इनके अनुप्रयोगों की विस्तृत श्रृंखला दिखती है।

इस इकाई में हम धातुओं के निष्कर्षण/विलगन और शुद्धिकरण के साथ-साथ विभिन्न उद्योगों में प्रयुक्त होने वाली इंजीनियरिंग सामग्री की संरचना और अनुप्रयोग के बारे में सीखेंगे।

पूर्व-अपेक्षित ज्ञान

रसायन विज्ञान : पदार्थ की संरचना

गणित : मूल बीजगणित और ज्यामिति

यूनिट आउटकम्स (UOs)

इस यूनिट के आउटकम्स की सूची निम्नलिखित है:

U3-O1 दिए गए अयस्क के सांद्रण, निष्कर्षण और शुद्धिकरण के लिए उपयुक्त धातुकर्म प्रक्रियाओं का चयन करना।

U3-O2 लौह और अलौह मिश्र धातुओं की संरचना, गुण और उपयोग लिखना।

U3-O3 विभिन्न इंजीनियरिंग सामग्रियों के बीच उनकी रासायनिक संरचना और संरचना आधारित अनुप्रयोगों के आधार पर अंतर करना।

यूनिट-3 आउटकम्स	कोर्स आउटकम्स (COs) के साथ यूनिट आउटकम्स (UOs) के अपेक्षित संबंध *(1. कमजोर सहसंबंध; 2. मध्यम सहसंबंध; 3. मजबूत सहसंबंध)*				
	CO-1	CO-2	CO-3	CO-4	CO-5
U3–O1	-	-	3	1	1
U3–O2	-	-	3	-	-
U3–O3	1	-	3	-	-

3.1 धातुओं की प्राकृतिक उपलब्धता का परिचय

पृथ्वी की भूपर्पटी धातुओं का एक बड़ा स्रोत है। ये धातुएं प्रकृति में दो अवस्थाओं में पाई जाती हैं, या तो मुक्त अवस्था (मूल अवस्था) में या संयुक्त अवस्था में अपने यौगिकों के रूप में (अन्य तत्वों के साथ)।

(i) मूल अवस्था या मुक्त अवस्था

एक धातु को मुक्त अवस्था में कहा जाता है जब यह प्रारंभिक मूल या असंबद्ध रूप में पृथ्वी की भूपर्पटी में पाई जाती है। ये धातुएं अक्रियाशील होती हैं और इनमें ऑक्सीजन के साथ अभिक्रिया करने की कोई प्रवृत्ति नहीं होती है और इन पर नमी, कार्बन डाइऑक्साइड या अन्य अधातुओं द्वारा हमला नहीं किया जा सकता है। केवल कुछ कम क्रियाशील धातुएं जैसे तांबा, चांदी, सोना और प्लैटिनम अपनी कम रासायनिक अभिक्रिया के कारण मुक्त अवस्था में धातु के रूप में पाए जाते हैं। यह ध्यान रखना महत्वपूर्ण है कि तांबा और चांदी धातु मुक्त अवस्था के साथ-साथ संयुक्त अवस्था में भी पाये जाते हैं।

(ii) संयुक्त अवस्था

अधिकांश धातुएँ अपने यौगिकों के रूप में संयुक्त अवस्था में पाई जाती हैं। ऐसा धातुओं की उच्च ताप और दाब पर पृथ्वी की सतह में मौजूद नमी, हवा और अन्य पदार्थों के साथ क्रिया के कारण होता है। इन यौगिकों को खनिज और अयस्क कहा जाता है।

3.1.1 खनिज और अयस्क

खनिज

प्राकृतिक रूप से पाए जाने वाले रासायनिक पदार्थ जिनमें धातु या उनके यौगिक या तो मूल अवस्था में या संयुक्त अवस्था में पाए जाते हैं, खनिज (minerals) कहलाते हैं।

वह स्थान जहाँ ये खनिज पाए जाते हैं, खदान कहलाती है। कुछ खनिजों में धातु का बड़ा प्रतिशत हो सकता है जबकि अन्य में धातु का कम प्रतिशत हो सकता है। कुछ खनिजों में कोई आपत्तिजनक अशुद्धियाँ नहीं हो सकती हैं जबकि अन्य में आपत्तिजनक अशुद्धियाँ हो सकती हैं, जो निष्कर्षण में बाधा उत्पन्न करती हैं। इस प्रकार सभी खनिजों का उपयोग धातुओं को निकालने के लिए नहीं किया जा सकता है।

उदाहरण: एल्युमिनियम पृथ्वी की भूपर्पटी में दो खनिजों, बॉक्साइट ($Al_2O_3.2H_2O$) और क्ले ($Al_2O_3.2SiO_2.2H_2O$) के रूप में होता है। हम इन दोनों रूपों में से, बॉक्साइट से एल्यूमीनियम आसानी से और आर्थिक रूप से निकाला जा सकता है अत: बॉक्साइट एल्यूमीनियम का अयस्क है।

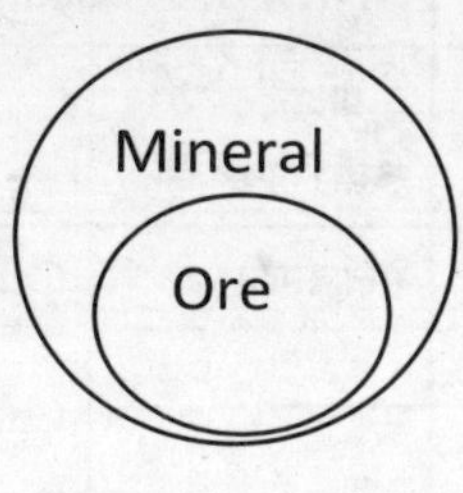

चित्र 3.1: अयस्क और खनिज

चित्र 3.2: अयस्क

अयस्क और खनिज

अयस्क (Ores)

ऐसे खनिज जिनमें से धातु को आसानी से और सस्ते रूप में निष्कर्षित किया जा सकता है, अयस्क (ores) कहलाते हैं।

एक अयस्क में धातु का एक अच्छा प्रतिशत होता है और इसमें कोई आपत्तिजनक अशुद्धियां भी नहीं होती है। इस प्रकार, सभी अयस्क खनिज हैं, लेकिन सभी खनिज अयस्क नहीं हैं। [चित्र 3.1]। अयस्कों में आमतौर पर रेत, पत्थर, मिट्टी के कण, चूना पत्थर, अभ्रक जैसी अवांछित अशुद्धियाँ होती हैं। इन्हें गैंग या मैट्रिक्स कहते हैं। आप चित्र 3.1 में अयस्क को देख सकते हैं। खनिजों और अयस्कों के बीच अंतर तालिका 3.1 में दिया गया है।

तालिका 3.1: खनिजों और अयस्कों के बीच अंतर

खनिज	अयस्क
प्राकृतिक रूप से पाए जाने वाले सभी पदार्थ जो पृथ्वी की भूपर्पटी में मौजूद हैं, खनिज कहलाते हैं।	अयस्कों का उपयोग आमतौर पर धातुओं को आर्थिक रूप से निकालने के लिए किया जाता है। इसमें बड़ी संख्या में धातुएं मौजूद होती हैं।
सभी खनिज अयस्क नहीं हैं।	सभी अयस्क खनिज हैं।
खनिज मूल रूप हैं जिनमें धातुएं मौजूद हैं।	अयस्क खनिज निक्षेप हैं।

अयस्कों के प्रकार

धातुओं के सबसे सामान्य अयस्क ऑक्साइड, सल्फाइड, कार्बोनेट, हैलाइड आदि हैं।

a. जो धातुएं थोड़ी कम क्रियाशील होती है, वह सल्फाइड (CuS, PbS) आदि के रूप मे पाई जाती हैं।
b. क्रियाशील धातुएं ऑक्साइड (MnO_2, Al_2O_3) आदि के रूप में पाई जाती हैं।
c. अधिकांश क्रियाशील धातुएं (Ca, Mg, K आदि) कार्बोनेट, सल्फेट, हैलाइड आदि के लवण के रूप में पाई जाती हैं।

3.1.1 लोहा, एल्युमिनियम और कॉपर के अयस्क

लोहा, एल्युमिनियम और कॉपर के अयस्क नीचे तालिका 3.2 में दिए गए हैं।

तालिका 3.2: लोहा, एल्युमिनियम और कॉपर के अयस्क

क्र.सं.	लौह के अयस्क		एल्युमिनियम के अयस्क		कॉपर के अयस्क	
1.	हेमेटाइट	Fe_2O_3	बॉक्साइट	$Al_2O_3.2H_2O$	कॉपर ग्लांस	Cu_2S
2.	मैग्नेटाइट	Fe_3O_4	क्रायोलाइट	Na_3AlF_6	कॉपर पाइराइट	$CuFeS_2$
3.	लिमोनाइट	$Fe_2O_3.3H_2O$	डायस्पोर	$Al_2O_3H_2O$	कूप्राआइट या रूबी तांबा	Cu_2O
4.	आयरन पाइराइट्स	FeS_2	कोरन्डम	Al_2O_3	मैलाकाइट ग्रीन	$Cu(OH)_2CuCO_3$
5.	सिडेराइट	$FeCO_3$	अलुनाईट	$K_2SO_4Al_2(SO_4)_3$ $4Al(OH)_3$	एजुराइट	$Cu(OH)_2.2CuCO_3$
			माइका	$K_2O.Al_2O_3.6SiO_2$	डोलोमाइट	$CuCO_3.MgCO_3$
			फेल्डस्पार	$K_2O.Al_2O_3.6SiO_2$		

3.1.2 धातुकर्म के सामान्य सिद्धांत

अयस्क को जमीन से खनन करने के बाद, इसे शुद्ध धातु में बदलने की आवश्यकता होती है। किसी धातु को उसके अयस्क से प्राप्त करना धातु का निष्कर्षण (metallurgy) कहलाता है। धातुओं को उनके अयस्कों से निकालने और फिर उन्हें उपयोग में लाने के लिए परिष्कृत करने की प्रक्रिया धातुकर्म कहलाती है। धातुकर्म की प्रक्रिया धातु की प्रकृति और मौजूद अशुद्धियों के प्रकार पर निर्भर करती है। सभी धातुओं के निष्कर्षण की कोई एक विधि नहीं है। हालांकि, अधिकांश धातुओं को एक सामान्य सिद्धांत और प्रक्रिया द्वारा निष्कर्षित किया जा सकता है जिसमें निम्नलिखित चरण शामिल होते हैं।

धातुकर्म प्रक्रियाओं में शामिल विभिन्न चरण हैं–

- अयस्क को तोड़ना और पीसना
- अयस्क का सांद्रण या संवर्धन
- सांद्रित अयस्क से धातु का निष्कर्षण
- अशुद्ध धातु का शोधन या शुद्धिकरण

3.1.2 (A) अयस्क को तोड़ना और पीसना

अयस्क प्रकृति में बड़ी चट्टान के रूप में पाया जाता है। इसमें खदानों से अयस्क निकालने के बाद जॉ क्रशर की सहायता से छोटे-छोटे टुकड़ों में तोड़ दिया जाता है [चित्र 3.3]।

फिर इन टुकड़ों को बॉल मिल या स्टैंप मिल की मदद से बारीक पाउडर में बदल दिया जाता है।

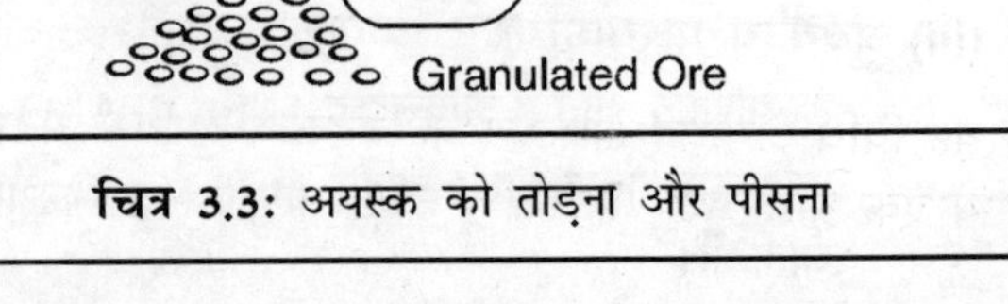

चित्र 3.3: अयस्क को तोड़ना और पीसना

3.1.2 (B) अयस्क का सांद्रण

अयस्क से अवांछित अशुद्धियों (या गैंग) को हटाने की प्रक्रिया को अयस्क का सांद्रण (cocentration) कहा जाता है। अयस्क से गैंग को हटाने के लिए इस्तेमाल की जाने वाली विधियाँ, अयस्क और गैंग के कुछ भौतिक गुणों या रासायनिक गुणों में अंतर पर निर्भर करती हैं। गैंग को हटाने के बाद हमें एक सांद्रित अयस्क मिलता है, जिसमें धातु का प्रतिशत बहुत अधिक होता है। अयस्कों का सांद्रण भौतिक सांद्रण और रासायनिक सांद्रण विधि द्वारा किया जाता है।

भौतिक सांद्रण विधियां: (a) गुरुत्वीय पृथक्करण (b) चुंबकीय पृथक्करण (c) झाग उत्प्लावन विधि

रासायनिक सांद्रण विधियां: (a) निस्तापन (b) भर्जन

अयस्क की सांद्रता के कुछ सामान्य तरीके निम्नलिखित हैं।

(i) गुरुत्वीय पृथक्करण या हाइड्रोलिक धुलाई

यह विधि अयस्क कणों और अशुद्धियों (गैंग) के घनत्व में अंतर पर आधारित है। इसमें पिसे हुए अयस्क को पानी की बहती धारा से धोया जाता है या पानी से हिलाया जाता है। भारी अयस्क के कण तेजी से नीचे बैठ जाते हैं और हल्के गैंग के कण जल के साथ बह जाते हैं। हेमेटाइट (Fe_2O_3) और टिनस्टोन (SnO_2) अयस्कों का सांद्रण इस विधि से किया जाता है। [चित्र 3.4]

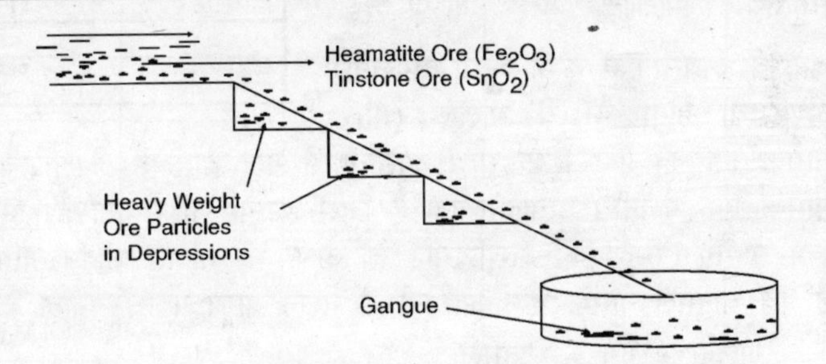

चित्र 3.4: गुरुत्वीय पृथक्करण

(ii) झाग उत्प्लावन विधि

झाग उत्प्लावन विधि (Froth Flotation Process) अयस्क और गैंग के कणों की तेल और पानी से भीगने की प्रकृति में अंतर के सिद्धांत पर आधारित है। इस विधि का उपयोग सल्फाइड अयस्कों की सांद्रता के लिए किया जाता है। इसमें पिसे हुए अयस्क को पानी से भरे लोहे के बड़े टैंक में लिया जाता है। टैंक में कुछ चीड़ (Pine) का तेल भी मिलाया जाता है। अयस्क कण अपनी सतह पर एक तैलीय परत प्राप्त कर लेते हैं जबकि गैंग के कण पानी से भीग जाते हैं और गुरुत्वाकर्षण के तहत नीचे बैठ जाते हैं। अब हवा का एक प्रवाह टैंक में डाला जाता है।

तैलीय अयस्क के कण झाग के साथ सतह पर आ जाते हैं और गैंग के कण टैंक में नीचे बैठ जाते हैं। झाग समय-समय पर हटा दिया जाता है और शुद्ध अयस्क प्राप्त किया जाता है [चित्र 3.5]। जिंक ब्लेंड (ZnS), गैलेना (PbS), सिनाबार (HgS), निकल सल्फाइड (NiS), कॉपर पाइराइट ($CuFeS_2$) जैसे अयस्कों को इस विधि से सांद्रित किया जा सकता है।

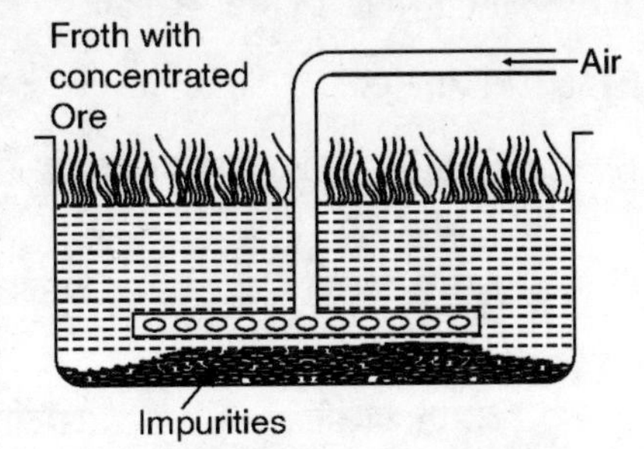

चित्र 3.5: झाग उत्प्लावन विधि

(iii) चुंबकीय पृथक्करण

यह विधि अयस्कों और गैंग के चुंबकीय गुणों में अंतर पर निर्भर करती है। पिसा हुआ अयस्क एक मजबूत चुंबकीय क्षेत्र में एक घूमते हुए बेल्ट पर फैलाया जाता है। जब अयस्क नीचे गिरता है, तो चुंबकीय पदार्थ चुंबक द्वारा आकर्षित होते हैं

और एक तरफ एकत्र होते हैं। अचुंबकीय पदार्थ दूसरी तरफ इकट्ठा हो जाते हैं। इस विधि का उपयोग लोहे के एक अयस्क हेमेटाइट के सांद्रण के लिए किया जाता है [चित्र 3.6]। टिनस्टोन (SnO_2) जैसे अचुंबकीय अयस्क को चुंबकीय अशुद्धियों जैसे लोहा और मैंगनीज के टंगस्टेट से संद्रित करने के लिए भी इस विधि का उपयोग किया जा सकता है।

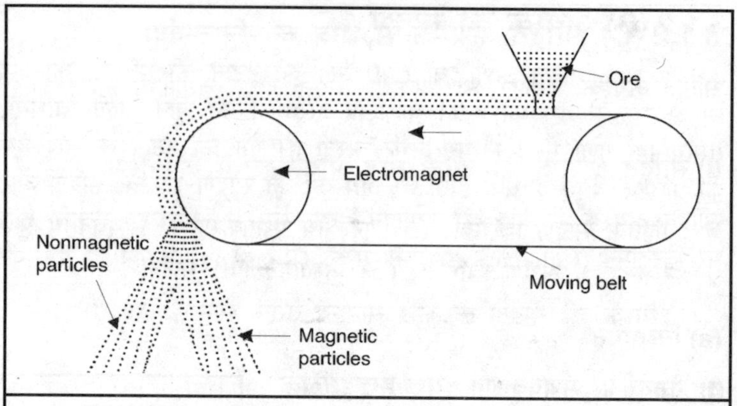

चित्र 3.6: चुंबकीय पृथक्करण विधि

गालक

धातु के अयस्कों में कभी-कभी अगलनीय अशुद्धियों होती हैं। वे गालक (flux) नामक उपयुक्त पदार्थों के साथ आसानी से गल जाती हैं। अशुद्धियाँ गालक के साथ क्रिया करती हैं जिससे धातुमल नामक एक गलनीय उत्पाद बनता है जिसे हटाया जा सकता है। इस प्रकार गालक एक ऐसा पदार्थ है जो रासायनिक रूप से गैंग (मिट्टी की अशुद्धियों) जो अभी भी भर्जित या निस्तापित अयस्क में मौजूद हो सकता है, के साथ जुड़ता है एवं धातुमल नामक एक आसानी से गलने योग्य पदार्थ बनाता है।

गालक + गैंग = धातुमल

(मिट्टी की अशुद्धियाँ)

गालक दो प्रकार के होते हैं-

(a) अम्लीय गालक

यदि अगलनीय अशुद्धियाँ क्षारीय हैं, तो अम्लीय गालक का उपयोग किया जाता है।

उदाहरण: कॉपर के निष्कर्षण में लोहे की अशुद्धियों को SiO_2 डालकर दूर किया जाता है।

SiO_2 + FeO ⟶ $FeSiO_3$

अम्लीय गालक   क्षारीय अशुद्धता   धातुमल

(b) क्षारीय गालक

CaO, MgO, FeO क्षारीय गालक है जिनका उपयोग अम्लीय अशुद्धियों को दूर करने के लिए किया जाता है।

$MgCO_3$ + SiO_2 ⟶ $MgSiO_3 + CO_2\uparrow$

क्षारीय गालक   अम्लीय अशुद्धियाँ   धातुमल

CaO + SiO_2 ⟶ $CaSiO_3$

क्षारीय गालक   अम्लीय अशुद्धता   स्लैग

धातुमल ज्यादातर सिलिकेट के रूप में होता है। यह धातु के गलनांक से नीचे पिघलता है और हल्का होने के कारण भट्टी में धातु की सतह पर तैरता है। इसे भट्टी से आसानी से हटाया जा सकता है।

SAQ 1	सल्फाइड अयस्कों के शुद्धिकरण के लिए, निम्नलिखित में से किस विधि का उपयोग किया जाता है–			
	1. गुरुत्वाकर्षण पृथक्करण	2. झाग उत्प्लावन विधि	3. चुंबकीय पृथक्करण	4. निस्तापन

उत्तर: 2

3.1.2 (C) सांद्रित अयस्क से धातु का निष्कर्षण

सांद्रित अयस्क से धातु का निष्कर्षण निम्नलिखित चरणों में किया जाता है:

(i) सांद्रित अयस्क का उसके धातु ऑक्साइड में रूपांतरण

सांद्रित अयस्क से धातु का उत्पादन मुख्य रूप से अपचयन प्रक्रिया द्वारा होता है। यह अयस्क की प्रकृति के आधार पर निस्तापन (Calcination) और भर्जन (Roasting) नामक दो प्रक्रियाओं के द्वारा किया जा सकता है।

(a) निस्तापन

यह वायु की अनुपस्थिति में सांद्रित अयस्क को गर्म करने की प्रक्रिया है। इसका उपयोग हाइड्रेटेड और कार्बोनेट अयस्कों के लिए किया जाता है।

निस्तापन प्रक्रिया निम्न उद्देश्यों के लिए की जाती है–

- कार्बोनेट अयस्कों को धातु ऑक्साइड में परिवर्तित करने के लिए।
- हाइड्रेटेड अयस्कों से पानी हटाने के लिए।
- अयस्क से वाष्पशील अशुद्धियों को हटाने के लिए।

उदाहरण के लिए

For example

$$\underset{\text{Calamine}}{ZnCO_3(s)} \xrightarrow{\text{Calcination}} \underset{\text{Zinc oxide}}{ZnO(s)} + \underset{\text{Carbon dioxide}}{CO_2(g)}$$

$$\underset{\text{Siderite}}{FeCO_3(s)} \xrightarrow{\text{Calcination}} \underset{\text{Iron(II) oxide}}{FeO(s)} + \underset{\text{Carbon dioxide}}{CO_2(g)}$$

$$\underset{\text{Haematite}}{Fe_2O_3.3H_2O} \xrightarrow{-H_2O} Fe_2O_3 + \underset{\text{Moisture}}{3H_2O}$$

$$\underset{\text{Malachite (Hydroxide)}}{CuCO_3.Cu(OH)_2} \longrightarrow \underset{\text{(Oxide)}}{CuO} + CO_2 + H_2O$$

(b) भर्जन

यह सांद्रित अयस्क को उसके गलनांक से नीचे अतिरिक्त वायु की उपस्थिति में दृढ़ता से गर्म करने की प्रक्रिया है। इस विधि का उपयोग सल्फाइड अयस्कों के निष्कर्षण के लिए किया जाता है। इस प्रक्रिया का उपयोग सल्फाइड अयस्कों को धातु ऑक्साइड में परिवर्तित करने के लिए किया जाता है। इस प्रक्रिया में निम्नलिखित परिवर्तन होते हैं:

- सल्फाइड अयस्कों का ऑक्सीकरण उनके ऑक्साइडों में होता है।
- सल्फाइड अयस्क अपने सल्फेट में ऑक्सीकृत हो जाते हैं।
- नमी हटा दी जाती है।
- वाष्पशील अशुद्धियाँ दूर हो जाती हैं।

उदाहरण के लिए

$$\underset{\substack{\text{Zinc sulphide}\\ \text{(Zinc blende)}}}{2ZnS(s)} + \underset{\text{Oxygen}}{3O_2(g)} \xrightarrow[\text{(from air)}]{\text{Roasting}} \underset{\text{Zinc oxide}}{2ZnO(s)} + \underset{\text{Sulphur dioxide}}{2SO_2(g)}$$

$$\underset{\text{Zinc sulphide}}{ZnS} + 2O_2 \longrightarrow \underset{\text{Zinc sulpahte}}{ZnSO_4}$$

$$\underset{\text{Iron pyrites}}{4FeS_2(s)} + \underset{\text{Oxygen}}{11O_2(g)} \xrightarrow{\text{Roasting}} \underset{\text{Ferric oxide}}{2Fe2O_3(s)} + \underset{\text{Sulphur dioxide}}{8SO_2(g)}$$

SAQ 2	सही या गलत लिखें
	1. निस्तापन हवा की अनुपस्थिति में सांद्रित अयस्क को गर्म करने की प्रक्रिया है।
	2. भर्जन सांद्रित अयस्क को अतिरिक्त हवा की उपस्थिति में गर्म करने की प्रक्रिया है।

उत्तर: (1) सही

उत्तर: (2) सही

(ii) धातु ऑक्साइड का धातु में रूपांतरण

निस्तापन या भर्जन के बाद बनने वाला धातु ऑक्साइड अपचयन द्वारा धातु में परिवर्तित हो जाता है। धातु ऑक्साइड के अपचयन के लिए प्रयुक्त विधि धातु की प्रकृति और रासायनिक अभिक्रियाशीलता पर निर्भर करती है। धातुओं को उनकी प्रतिक्रियाशीलता के आधार पर निम्नलिखित तीन श्रेणियों में बांटा जा सकता है:

- कम क्रियाशीलता वाली धातुएँ।
- मध्यम क्रियाशीलता की धातुएँ।
- उच्च क्रियाशीलता की धातुएँ।

धातुओं की इन विभिन्न श्रेणियों को विभिन्न तकनीकों द्वारा निकाला जाता है। पृथक्करण में शामिल विभिन्न चरण इस प्रकार हैं-

(a) ऊष्मन द्वारा अपचयन

अपचयन अभिक्रियाशीलता श्रेणी में नीचे रखी गई धातुएँ बहुत कम अभिक्रियाशील होती हैं। उन्हें केवल हवा में गर्म करके उनके ऑक्साइड से प्राप्त किये जा सकता है।

$$\underset{\text{Mercuric sulphide}}{2HgS(s)} + \underset{\text{Oxygen}}{3O_2(g)} \xrightarrow{\text{Roasting}} \underset{\text{Mercuric oxide}}{2HgO(s)} + \underset{\text{Sulphur dioxide}}{2SO_2(g)}$$

$$\underset{\text{Mercuric oxide}}{2HgO(s)} \xrightarrow{\text{Heat}} \underset{\text{Mercury metal}}{2Hg(l)} + \underset{\text{Oxygen}}{O_2(g)}$$

(b) रासायनिक अपचयन

क्रियाशीलता श्रृंखला के मध्य में आने वाली धातुऐ जैसे लोहा, जस्ता, सीसा, तांबा आदि मध्यम क्रियाशील होती हैं। ये आमतौर पर सल्फाइड या कार्बोनेट के रूप में मौजूद होती हैं। इसलिए अपचयन से पहले धातु सल्फाइड और कार्बोनेट को ऑक्साइड में परिवर्तित किया जाता है । यह भर्जन और निस्तापन द्वारा किया जाता है। इन धातुओं के ऑक्साइडों

को केवल गर्म करके अपचयित नहीं किया जा सकता है। इसलिए कार्बन, एल्यूमीनियम, सोडियम या कैल्शियम जैसे अपचायक पदार्थों का उपयोग करके इन धातु ऑक्साइड को मुक्त धातु में अपचयित किया जाता है।

कार्बन के साथ अपचयन

मध्यम क्रियाशील धातुओं (प्रतिक्रियाशील श्रृंखला के बीच में होने वाले) जैसे जस्ता, तांबा, निकल, टिन, सीसा आदि के ऑक्साइड का अपचयन कार्बन को अपचायक पदार्थ के रूप में उपयोग करके किया जा सकता है। कोक का उपयोग आमतौर पर अपचायक के रूप में किया जाता है क्योंकि यह सस्ता होता है।

$$\underset{\text{Zinc oxide (Reducing agent)}}{ZnO(s)} + \underset{\text{Carbon metal}}{C(s)} \xrightarrow{\text{Heat}} \underset{\text{Zinc}}{Zn(s)} + \underset{\text{Carbon monoxide}}{CO(g)}$$

$$\underset{\text{Ferric oxide}}{Fe_2O_3(s)} + \underset{\text{Carbon}}{3C(s)} \longrightarrow \underset{\text{Iron metal}}{2Fe(s)} + 3CO(g)$$

$$\underset{\text{Lead oxide}}{PbO(s)} + \underset{\text{Carbon}}{C(s)} \longrightarrow \underset{\text{Lead metal}}{Pb(s)} + CO(g)$$

कार्बन को अपचायक अभिकर्मक के रूप में उपयोग करने का नुकसान यह है कि कार्बन के छोटे अंश अशुद्धता के रूप में धातु में जुड़ जाते हैं, जो धातुओं को दूषित करते है।

कार्बन मोनोऑक्साइड के साथ अपचयन

भट्टी में कार्बन मोनोऑक्साइड के साथ अपचयन से धातुओं को उनके ऑक्साइड से प्राप्त किया जा सकता है।

$$\underset{\text{Ferric oxide}}{Fe_2O_3(s)} + \underset{\text{Carbon monoxide}}{3CO(g)} \xrightarrow[\text{Iron}]{\text{Heat}} 2Fe(s) + \underset{\text{Carbon dioxide}}{3CO_2(g)}$$

एल्युमिनियम के साथ अपचयन

एल्युमिनोथर्मिक प्रक्रिया (Aluminothermic Process): इस विधि का उपयोग ऐसे धातु ऑक्साइड (जैसे Cr_2O_3, MnO_2) को अपचयित करने के लिए किया जाता है जिसे कार्बन द्वारा अपचयित नहीं किया जा सकता है। यहां धातु ऑक्साइड को एल्युमिनियम पाउडर के साथ मिलाया जाता है और मिश्रण को क्रूसिबल में लिया जाता है। इस मिश्रण को मैग्नीशियम रिबन, जो क्रूसिबल के अंदर एल्यूमीनियम और बेरियम परोक्साइड मिश्रण में डाला जाता है, के माध्यम से प्रज्वलित किया जाता है।

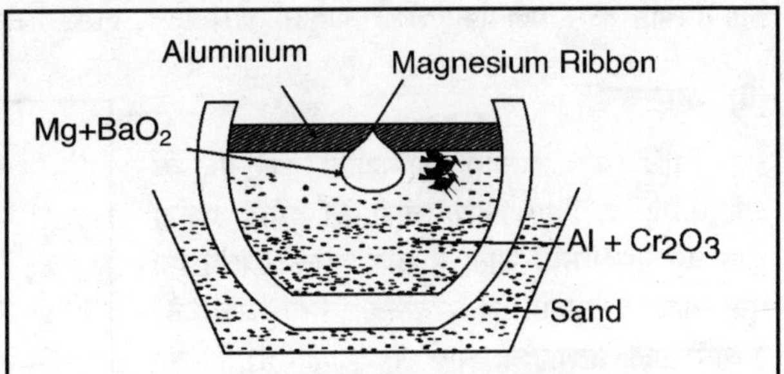

चित्र 3.7: एल्युमिनो थर्मिक प्रक्रिया

यह अभिक्रिया ऊष्माक्षेपी है और लगभग 3000°C का बहुत उच्च तापमान उत्पन्न करती है। क्रोमियम ऑक्साइड धातु में अपचयित हो जाती है और एल्युमिनियम Al_2O_3 बनाता है। [चित्र 3.7]

$$Cr_2O_3 + 2Al \longrightarrow Al_2O_3 + 2Cr + \text{ऊष्मा}$$

$$3MnO_2 + 4Al \longrightarrow 2Al_2O_3 + 3Mn + \text{ऊष्मा}$$

धातु को उपयुक्त गालक के साथ गर्म करके धातुमल के रूप में बाहर निकाल दिया जाता है।

(c) विद्युत अपघटन द्वारा अपचयन या विद्युत अपघटनी अपचयन

सक्रिय धातुओं के ऑक्साइड (जो क्रियाशील श्रृंखला में उच्च स्थित होते हैं) बहुत स्थायी होते हैं और कार्बन या एल्यूमीनियम द्वारा अपचयित नहीं किए जा सकते हैं। इन धातुओं को आमतौर पर उपयुक्त इलेक्ट्रोड का उपयोग करके उनके गलित लवणों के विद्युत अपघटन द्वारा अपचयित किया जाता है। इसे विद्युत अपघटनी अपचयन यानि विद्युत अपघटन द्वारा अपचयन भी कहा जाता है। विद्युत अपघटनी प्रक्रिया द्वारा धातुओं के निष्कर्षण की प्रक्रिया को इलेक्ट्रोमेटेलर्जी (electrometallurgy) कहा जाता है।

उदाहरण: एल्युमिनियम ऑक्साइड बहुत स्थायी होता है और इसका कार्बन के साथ अपचयन कर एल्युमिनियम प्राप्त नहीं किया जा सकता है। यह गलित एल्यूमिना (Al_2O_3) के विद्युत अपघटन द्वारा तैयार किया जाता है।

$$\underset{\substack{\text{एल्युमिनियम आयन} \\ \text{(पिघले हुए एल्यूमिना से)}}}{Al^{3+}} + \underset{\substack{\text{इलेक्ट्रॉन} \\ \text{(कैथोड से)}}}{3e^-} \xrightarrow{\text{ऊष्मा}} \underset{\substack{\text{एल्युमिनियम} \\ \text{(कैथोड पर)}}}{Al}$$

पिघले हुए लवणों के विद्युत अपघटनी अपचयन के दौरान, धातु हमेशा कैथोड (ऋणात्मक इलेक्ट्रोड) पर प्राप्त होती है।

3.1.2 (D) धातु का शुद्धिकरण

उपरोक्त विधियों में से किसी एक द्वारा प्राप्त धातु आमतौर पर अशुद्ध होती है और इसे कच्चे धातु के रूप में जाना जाता है। कच्चे धातु को शुद्ध करने की प्रक्रिया को शोधन कहा जाता है।

(i) द्रवीकरण

यह इस सिद्धांत पर आधारित है कि जिस धातु को परिष्कृत किया जाना है वह आसानी से गलने योग्य होती है लेकिन अशुद्धियाँ आसानी से गलित नहीं होती हैं। अशुद्ध धातु को भट्टी के ढलान वाले चूल्हे पर रखा जाता है और धीरे से गर्म किया जाता है। धातु पिघलती है और चूल्हे पर अशुद्धियों को पीछे छोड़ते हुए नीचे की ओर बहती है। इस विधि का उपयोग कम गलनांक वाली धातुओं जैसे टिन, लेड, बिस्मथ आदि के शुद्धिकरण के लिए किया जाता है।

(ii) आसवन

इस विधि का उपयोग वाष्पशील धातुओं के शुद्धिकरण के लिए किया जाता है। इसमें अशुद्ध धातु को गर्म किया जाता है और इसकी वाष्प को एक पात्र में अलग से संघनित किया जाता है। अवाष्पशील अशुद्धियाँ पीछे रह जाती हैं। इसका उपयोग पारा, कैडमियम और जिंक के लिए किया जाता है।

(iii) विद्युत अपघटनी शोधन

अशुद्ध धातुओं के शोधन के लिए यह सबसे व्यापक रूप से इस्तेमाल की जाने वाली विधि है। इस विधि में अशुद्ध धातु का एनोड बनाया जाता है जबकि शुद्ध धातु को कैथोड बनाया जाता है।

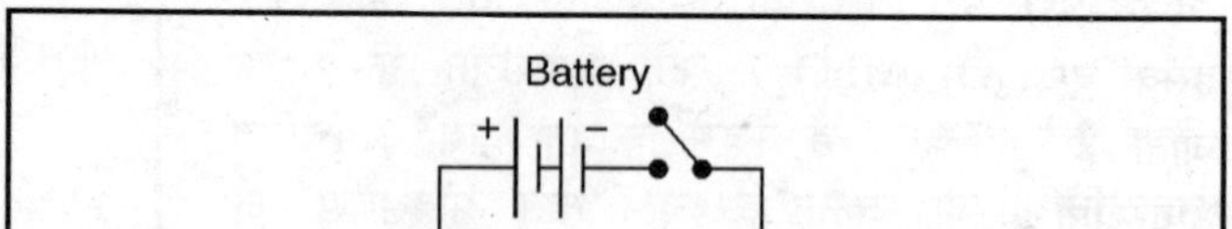

चित्र 3.8: कॉपर का विद्युत अपघटनी शोधन

तांबा, जस्ता, टिन, निकल, चांदी, सोना आदि जैसी कई धातुओं को विद्युत अपघटनी रूप से परिष्कृत किया जाता है। यह विद्युत अपघटन की घटना पर आधारित है। इस विधि में कच्ची धातु को मोटी छड़ों में ढाला जाता है और एनोड के रूप में बनाया जाता है। उसी धातु के लवण के जलीय विलयन का उपयोग विद्युत अपघटय के रूप में किया जाता है। विद्युत अपघटय के माध्यम से विद्युत धारा प्रवाहित होने पर, एनोड की धातु विद्युत अपघटय में घुल जाती है। विद्युत अपघटय से शुद्ध धातु की बराबर मात्रा कैथोड पर जमा हो जाती है। घुलनशील अशुद्धियाँ विलयन में चली जाती हैं। जबकि अघुलनशील अशुद्धियाँ एनोड की तली पर जमा हो जाती हैं जो एनोड कीचड़ (anode mud) के रूप में जानी जाती हैं। इस तरह एनोड से शुद्ध धातु विद्युत अपघटय में जाती है और विद्युत अपघटय से कैथोड पर जम जाती है।

एनोड पर: $\underset{\text{कॉपर (अशुद्ध एनोड से)}}{Cu} \xrightarrow{\text{ऑक्सीकरण}} \underset{\text{क्यूप्रिक आयन}}{Cu^{2+}} + 2e^-$

कैथोड पर: $\underset{\text{क्यूप्रिक आयन}}{Cu^{2+} + 2e^-} \xrightarrow{\text{अपचयन}} \underset{\text{(कैथोड पर जमा)}}{Cu}$

3.1.2 हेमेटाइट से लोहे का निष्कर्षण

लोहे का निष्कर्षण तीन रूपों में किया जाता है; कच्चा लोहा, पिटवा लोहा और इस्पात।

लोहा आमतौर पर ऑक्साइड अयस्क, अर्थात हेमेटाइट से निकाला जाता है। इसमें निम्नलिखित चरण शामिल हैं:

3.1.3 (A) सांद्रण

अयस्क को जॉ क्रशर में कुचला जाता है और तोड़े हुए अयस्क को गुरुत्ववीय पृथक्करण प्रक्रिया द्वारा सांद्रित किया जाता है जिसमें पीसे गए अयस्क को पानी की तेज धारा में धोया जाता है, जिससे हल्के रेत और मिट्टी के कणों जल के साथ बह जाते है जबकि भारी अयस्क कण नीचे बैठ जाते हैं। सल्फाइड अयस्क के मामले में, जैसे आयरन पाइराइट्स का सांद्रण झाग उत्प्लावन प्रक्रिया द्वारा किया जाता है।

3.1.3 (B) निस्तापन

इसके बाद सांद्रित अयस्क को निस्तापित किया जाता है, अर्थात हवा की सीमित मात्रा की उपस्थिति में एक परावर्तन भट्टी [चित्र 3.9] में तीव्रता से गरम किया जाता है। निस्तापन के दौरान निम्नलिखित परिवर्तन होते हैं:

(i) नमी निकाल दी जाती है।

(ii) सल्फर, फास्फोरस और आर्सेनिक की अशुद्धियाँ उनके वाष्पशील ऑक्साइड के रूप में निकल जाती हैं।

$$S_8 + 8\,O_2 \longrightarrow 8\,SO_2$$

$$P_4 + 5\,O_2 \longrightarrow P_4O_{10}$$

$$4As + 5\,O_2 \longrightarrow 2As_2O_5$$

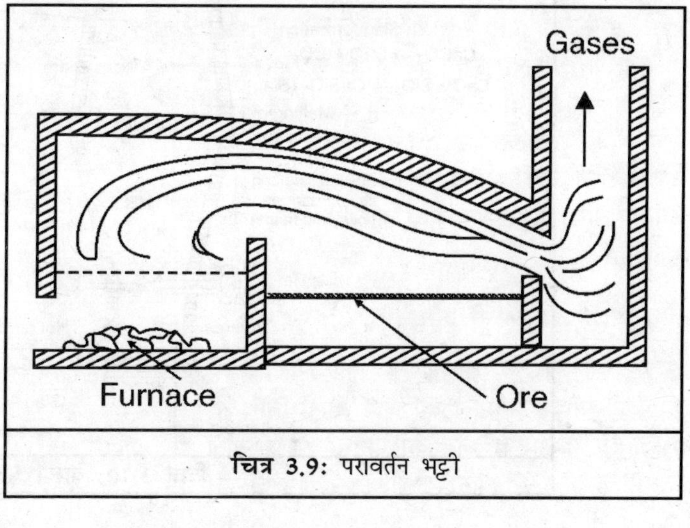

चित्र 3.9: परावर्तन भट्टी

(iii) फेरस ऑक्साइड को फेरिक ऑक्साइड में ऑक्सीकृत किया जाता है जिससे प्रगलन के दौरान लोहे को धातुमल के रूप में होने वाले नुकसान को रोका जा सकता है।

$$4\,FeO + O_2 \longrightarrow 2Fe_2O_3$$

(iv) अयस्क छिद्रित हो जाता है और इसलिए धात्विक अवस्था में अपचयन के लिए अधिक उपयुक्त हो जाता है। कार्बोनेट अयस्क जैसे साइडराइट के मामले में, निस्तापन के द्वारा इसे फेरिक ऑक्साइड में बदल दिया जाता है।

$$FeCO_3 \longrightarrow FeO + CO_2 \;, \quad 4FeO + O_2 \longrightarrow 2Fe_2O_3$$

हालांकि, सल्फाइड अयस्क जैसे आयरन पाइराइट के मामले में, ऑक्साइड में रूपांतरण भर्जन द्वारा किया जाता है।

$$4FeS_2 + 11\,O_2 \longrightarrow 2Fe_2O_3 + 8\,SO_2$$

3.1.3 (C) प्रगलन

इसमें निस्तापित अयस्क को कार्बन के साथ अपचयित किया जाता है, अर्थात एक वात्या भट्टी (blast furnace) में पिघलाया जाता है [चित्र 3.10]। यह स्टील से बनी एक लंबी बेलनाकार भट्टी है और इसके अंदर उच्चतापसह पदार्थ का अस्तर लगा होता है। यह ऊपर और नीचे से थोड़ी संकरी होती है। यह सामग्री के उचित प्रवाह की सुविधा प्रदान करता है। भट्टी में एक डबल कप और कोन की व्यवस्था होती है जो अंदर से किसी भी गैस को बाहर निकाले बिना ऊपर से चार्ज को भट्टी में भेजने में मदद करती है। शीर्ष के पास, अपशिष्ट गैसों के निकलने लिए एक आउटलेट प्रदान किया जाता है। आधार (base) पर, भट्टी में निम्न व्यवस्था उपलब्ध कराई जाती है–

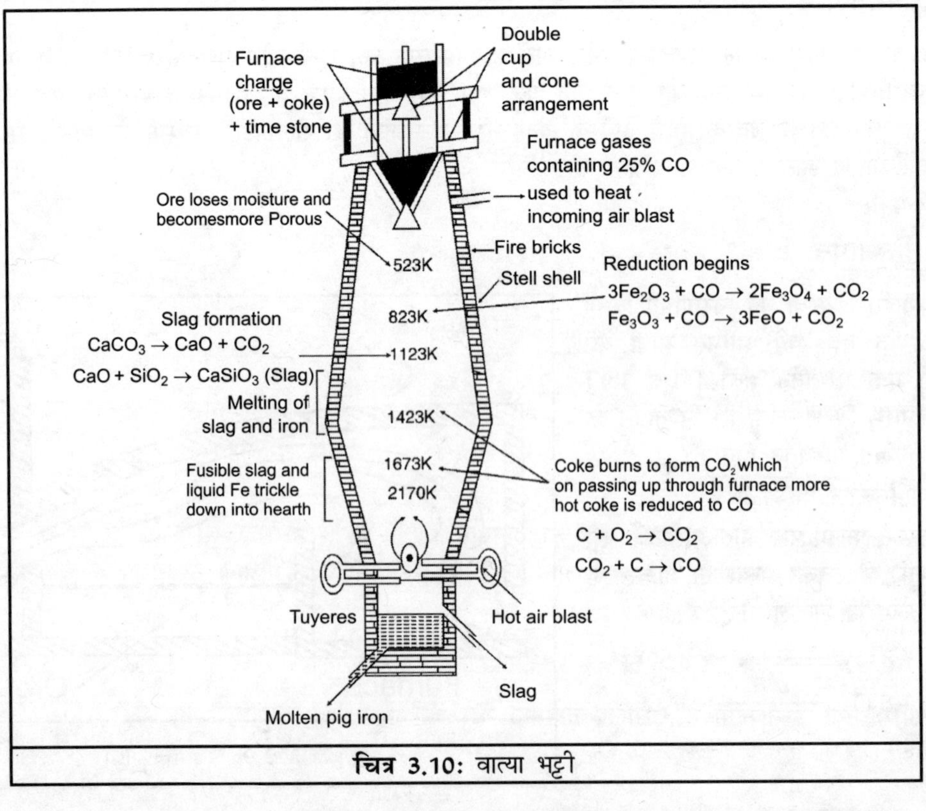

चित्र 3.10: वात्या भट्टी

(i) छोटे पाइप लगे होते हैं जिन्हें ट्यूयर (tuyer) कहते हैं, जिसके माध्यम से गर्म हवा का एक झोंका अंदर भेजा जाता है।

(ii) पिघला हुआ लोहा प्राप्त करने के लिए एक टैपिंग छेद होता है।

(iii) धातुमल को बाहर निकालने के लिए एक धातुमल छेद होता है।

निस्तापित अयस्क (8 भाग), कोक (4 भाग) और चूना पत्थर (1 भाग) से युक्त चार्ज को ऊपर से कप और शंकु व्यवस्था के माध्यम से भट्टी में भेजा जाता है। उसी समय, लगभग 1000 K तक गर्म हवा के एक विस्फोट को ट्यूयर (tuyer) के माध्यम से भट्टी में भेजा जाता है। डाला गया कोक ईंधन के साथ-साथ एक अपचायक के रूप में कार्य करता है जबकि डाला गया चूना पत्थर क्षारीय गालक के रूप में कार्य करता है।

3.1.3 (D) वात्या भट्टी में आयरन ऑक्साइड का अपचयन

वात्या भट्टी में आयरन ऑक्साइड का अपचयन अलग-अलग तापमान रेंज में होता है, जैसा कि संक्षेप में नीचे बताया गया है।

500–800 K (कम तापमान रेंज) पर

$$3\,Fe_2O_3 + CO \longrightarrow 2Fe_3O_4 + CO_2$$

$$Fe_3O_4 + 4CO \longrightarrow 3Fe + 4CO_2$$

$$Fe_2O_3 + CO \longrightarrow 2FeO + CO_2$$

900–1500 K (वात्या भट्टी में उच्च तापमान रेंज) पर

$$C + CO_2 \longrightarrow 2CO$$

$$FeO + CO \longrightarrow Fe + CO_2$$

3.1.3 (E) वात्या भट्टी में होने वाली अभीक्रियाएं

वात्या भट्टी में निम्नलिखित अभिक्रियाएं होती है–

(i) दहन का क्षेत्र

ट्यूयर् के पास, कुछ कार्बन जलकर कार्बन डाइऑक्साइड बनाता है

$$C + O_2 \longrightarrow CO_2\,;\; H = -393.3\text{ kJ}$$

चूँकि अभिक्रिया ऊष्माक्षेपी होती है, बहुत अधिक ऊष्मा उत्पन्न होती है और यहाँ का तापमान लगभग 2170 K होता है।

(ii) ऊष्मा अवशोषण का क्षेत्र

यह भट्टी का निचला भाग होता है और यहाँ का तापमान 1423–1673 K के बीच होता है। ट्यूय्र के निकट CO_2 गैस बनती है, यह ऊपर जाती है और नीचे आने वाले चार्ज से मिलती है। चार्ज में मौजूद कोक CO_2 को CO में अपचयित कर देता है।

$$CO_2 + C \longrightarrow 2\,CO\,;\; H = +\,163.2\text{ kJ}$$

चूंकि यह अभिक्रिया ऊष्माशोषी है, इसलिए तापमान धीरे-धीरे 1423 K तक गिर जाता है।

(iii) धातुमल निर्माण का क्षेत्र

यह भट्ठी का मध्य भाग है। यहां तापमान लगभग 1123 K है। इस क्षेत्र में चूना पत्थर, CaO और CO_2 के रूप में विघटित हो जाता है। इस प्रकार निर्मित CaO एक गालक के रूप में कार्य करता है और सिलिका (अशुद्धता के रूप में मौजूद) के साथ मिलकर गलित कैल्शियम सिलिकेट धातुमल बनाता है।

$$CaCO_3 (s) \longrightarrow CaO (s) + CO_2 (g)$$

$$CaO + SiO_2 \longrightarrow \underset{\text{कैल्शियम सिलिकेट (धातुमल)}}{CaSiO_3}$$

(iv) अपचयन का क्षेत्र

यह भट्ठी का ऊपरी भाग है। यहाँ का तापमान लगभग 823 K है। यहाँ, अयस्क CO द्वारा FeO में अपचयित हो जाता है।

$$Fe_2O_3 + CO \xrightarrow{823\ K} 2\ FeO + CO_2$$

$$Fe_3O_4 + CO \xrightarrow{823\ K} 3\ FeO + CO_2$$

आगे फिर से लगभग 1123 K पर FeO का अपचयन CO द्वारा Fe में हो जाता है।

$$FeO + CO \xrightarrow{1123\ K} Fe + CO_2$$

1123 K के ऊपर लौह अयस्क का सीधे ही अपचयन हो जाता है।

$$Fe_2O_3 + 3C \xrightarrow{>1123\ K} 2\ Fe + 3\ CO$$

(v) गलन क्षेत्र

यह भट्ठी का निचला भाग है। यहाँ तापमान 1423–1673 K के बीच होता है। इस क्षेत्र में, स्पंजी लोहा पिघलता है और कुछ C, S, P, Si, Mn आदि को घोलता है। $CaSiO_3$ धातुमल भी इस क्षेत्र में पिघलता है। पिघला हुआ हल्का धातुमल और पिघला हुआ लोहा दोनों ही यहाँ मिल जाते हैं और दो अलग-अलग परतें बनाते हैं। पिघला हुआ धातुमल होने के कारण ऊपरी परत बनाता है जबकि पिघला हुआ लोहा भारी होने के कारण निचली परत बनाता है। दोनो तरल पदार्थों को समय-समय पर निकाल लिया जाता है। इस प्रकार भट्ठी से प्राप्त लोहे में लगभग 4% कार्बन और कई अशुद्धियाँ कम मात्रा में होती हैं (जैसे, S, P, Si, Mn)। इसे कच्चा लोहा (pig iron) कहा जाता है और इसे विभिन्न आकृतियों में ढाला जाता है। ढलवा लोहा (cast iron) कच्चे लोहे से अलग होता है और इसे गर्म हवा के विस्फोट का उपयोग करके स्क्रैप आयरन और कोक के साथ कच्चा लोहा पिघलाकर बनाया जाता है। इसमें कार्बन की मात्रा थोड़ी कम (लगभग 3%) होती है और यह अत्यंत कठोर और भंगुर होता है।

पिटवा लोहे का निर्माण

पिटवा लोहा (Wrought Iron) वाणिज्यिक लोहे का सबसे शुद्ध रूप है। इसमें धातुमल के रूप में P और Si की सूक्ष्म मात्रा के अलावा लगभग 0.2–0.5% कार्बन होता है। पिटवा लोहे में कार्बन आंशिक रूप से ग्रेफाइट के रूप में और आंशिक रूप से सीमेंटाइट, Fe_3C के रूप में मौजूद होता है। कच्चा लोहा नमनीय, नरम और आघातवर्धनीय होता है। इसमें धातुमल की उपस्थिति इसे कठोर और जंग व संक्षारण के प्रति प्रतिरोधी बनाती है। इसलिए इसका उपयोग चेन, एंकर, बोल्ट, कील और रेलवे कैरिएज कपलिंग बनाने के लिए किया जाता है। इसे आसानी से चुम्बकित किया जा सकता है और इसलिए इसका उपयोग विद्युत क्रेन और डायनेमो में चुम्बक बनाने के लिए किया जाता है। पिटवा

लोहा, ढलवा लोहे से कार्बन सामग्री को कम करके और हेमेटाइट के साथ मिली अशुद्धियों (S, P, Si, Mn, आदि) को एक परावर्तक भट्टी में ऑक्सीकृत करके तैयार किया जाता है। हेमेटाइट C को CO, S को SO_2, Si को SiO_2, P को P_4O_{10} और Mn को MnO में ऑक्सीकृत कर देता है।

$$Fe_2O_3 + 3\,C \longrightarrow 2\,Fe + 3\,CO$$
$$2Fe_2O_3 + 3\,S \longrightarrow 4\,Fe + 3\,SO_2$$

इस प्रकार बनी CO और SO_2 गैस बाहर निकल जाती हैं जबकि मैंगनीज ऑक्साइड (MnO) और सिलिका (SiO_2) मिलकर धातुमल बनाते हैं।

$$MnO + SiO_2 \longrightarrow MnSiO_3$$

मैंगनीजसिलिकेट (स्लैग)

इसी तरह, फास्फोरस पेंटा ऑक्साइड हेमेटाइट के साथ मिलकर फेरिक फॉस्फेट धातुमल बनाता है।

$$2Fe_2O_3 + P_4O_{10} \longrightarrow 4FePO_4$$

फेरिक फॉस्फेट (स्लैग)

इस तरह, सभी अशुद्धियों को हटा दिया जाता है एवं प्राप्त लोहा छोटी गेंदों में बदल दिया जाता है। गेंदों को हथौड़े से मारकर धातुमल को हटा दिया जाता है। इस प्रकार प्राप्त लोहे को पिटवा लोहा कहा जाता है। यह उच्च गलनांक के साथ अत्यंत कठोर और दृढ़ धातु है। इसका उपयोग लोहे की चादरें, तार, जंजीर, रेल, छड़ आदि बनाने में किया जाता है

अपचयन के बाद, धातु को भट्टी से निकाल दिया जाता है और रोलर्स के माध्यम से धातुमल से मुक्त किया जाता है।

स्टील

स्टील में 0.2 से 2% कार्बन वाला लोहा होता है, जो ढलवा लोहा और पिटवा लोहे के मध्यवर्ती होता है। ये लोहा दोनों प्रकार के लोहे, ढलवा लोहे और पिटवा लोहे से तैयार किया जाता है।

SAQ 3	**निम्नलिखित में से लोहे का एक शुद्धतम रूप है**		
	1. ढलवा लोहा	2. पिटवा लोहा	3. स्टील

उत्तर: (2)

3.1.4 बॉक्साइट से एल्युमीनियम का निष्कर्षण

3.1.4 (A) परिचय

बॉक्साइट एल्युमीनियम का मुख्य अयस्क है जिससे Al धातु निकाली जाती है। एल्युमिनियम का निष्कर्षण बॉक्साइट अयस्क के अपचयन द्वारा किया जाता है। एल्युमीनियम का इलेक्ट्रोड विभव अधिक होता है और इसलिए रासायनिक अपचायक अभिकर्मको द्वारा एल्युमीनियम ऑक्साइड को अपचयित नहीं किया जा सकता है। धातु का निष्कर्षण विद्युत अपघटनी विधि द्वारा किया जाता है। यह प्रक्रिया तीन चरणों में की जाती है।

- बॉक्साइट का शुद्धिकरण।
- बॉक्साइट का विद्युत अपघटन।
- एल्युमीनियम का शुद्धिकरण।

3.1.4 (B) बॉक्साइट का शुद्धिकरण

बॉक्साइट अयस्क में Fe_2O_3, SiO_2, TiO_2 आदि की अशुद्धियों के साथ लगभग 55% Al_2O_3 होता है। यदि धातु को कच्चे एल्यूमिना से निकाला जाता है, तो यह इन अशुद्धियों से दूषित होता है। इसलिए भंगुर अयस्क को शुद्ध करना आवश्यक है। यह निम्नलिखित विधियों द्वारा किया जाता है।

(i) हॉल की प्रक्रिया

हॉल की प्रक्रिया (Hall's process) में बॉक्साइट अयस्क को पीसा जाता है और सोडियम कार्बोनेट के साथ मिलाया जाता है। एल्यूमिना Na_2CO_3 के साथ क्रिया करके सोडियम एलुमिनेट बनाता है जबकि Fe_2O_3 और SiO_2 प्रभावित नहीं होते हैं। एलुमिनेट को घोलने के लिए इस मिश्रण को पानी के साथ हिलाया जाता है। इसके बाद अघुलनशील अशुद्धियों को छानकर हटा दिया जाता है।

$$Al_2O_32H_2O + Na_2CO_3 \longrightarrow 2NaAlO_2 + CO_2 + 2H_2O$$

इस प्रकार प्राप्त घोल को 50-60°C तक गर्म किया जाता है और उसमें कार्बन डाइऑक्साइड को प्रवाहित किया जाता है। इससे एल्युमिनेट एल्युमिनियम हाइड्रॉक्साइड में जल अपघटित हो जाता है जो अवक्षेपित हो जाता है।

$$2NaAlO_2 + CO_3 + 3H_2O \longrightarrow 2Al(OH)_3\downarrow + Na_2CO_3$$

इस अवक्षेप को छान लिया जाता है और शुद्ध एल्यूमिना को प्राप्त करने के लिए इसे 1500°C तक गर्म किया जाता है।

$$2Al(OH)_3 \longrightarrow Al_2O_3 + 3H_2O$$

(ii) बायर की प्रक्रिया

जब बॉक्साइट अयस्क में Fe_2O_3 अशुद्धता का उच्च प्रतिशत होता है, तब बायर की प्रक्रिया (Bayer's process) का उपयोग किया जाता है। इसमें पिसे हुए अयस्क का भर्जन किया जाता है जिससे उसमे उपस्थित FeO को Fe_2O_3 में बदला जा सके। भर्जित अयस्क को सोडियम हाइड्रोक्साइड के सांद्र विलयन के साथ एक आटोक्लेव में 80 वायुमंडलीय दाब और 150 डिग्री सेंटीग्रेड ताप पर कई घंटों तक गर्म किया जाता है। एल्युमिनियम ऑक्साइड क्षार के साथ अभिक्रिया करके घुलनशील सोडियम एलुमिनेट जटिल लवण बनाता है। अशुद्धियाँ अवक्षेप के रूप में रहती हैं जिन्हें छान लिया जाता है।

$$Al_2O_3 + 2NaOH \longrightarrow \underset{\text{एलुमिनेट अवक्षेपित}}{2NaAlO_2 + H_2O}$$

सीडिंग

सीडिंग (Seeding) में सोडियम एलुमिनेट के विलयन में थोड़ी मात्रा में ताजा एल्युमिनियम हाइड्रॉक्साइड मिलाया जाता है और मिश्रण को कई घंटों तक हिलाया जाता है। सोडियम ऐलुमिनेट, ऐलुमिनियम हाइड्रॉक्साइड में जल-अपघटित हो जाता है। $Al(OH)_3$ के अवक्षेप को छानकर सुखाया जाता है। फिर शुद्ध Al_2O_3 प्राप्त करने के लिए इसे 750°C तक गर्म किया जाता है।

$$NaAlO_2 + 2H_2O \longrightarrow NaOH + Al(OH)_3$$

$$2Al(OH)_3 \longrightarrow Al_2O_3 + 3H_2O$$

(iii) सरपेक की प्रक्रिया

जब बॉक्साइट में सिलिका की अशुद्धि ज्यादा होती है तब शोधन के लिए सरपेक की प्रक्रिया (Serpek's process) का उपयोग किया जाता है। इसमें अयस्क को पहले पीसा जाता है फिर इसे कार्बन के साथ मिलाया जाता है और फिर

मिश्रण को नाइट्रोजन की धारा में 1800°C पर गर्म किया जाता है। इससे एल्युमिनियम, एल्युमिनियम नाइट्राइड में बदल जाता है। बॉक्साइट की सिलिका को सिलिकॉन में अपचयित किया जाता है, जो वाष्पशील होने के कारण वाष्प के रूप में निकल जाती है। प्राप्त उत्पाद की गर्म पानी के साथ क्रिया कराई जाती है तब यह एल्युमिनियम हाइड्रॉक्साइड का अवक्षेप बनाता है। अवक्षेप को छानकर, सुखाया जाता है और शुद्ध Al_2O_3 प्राप्त करने के लिए इसे 1500°C तक गर्म किया जाता है।

$$Al_2O_3 + 3C + N_2 \xrightarrow{1800^0C} \underset{\text{Aluminium nitride}}{2AlN} + 3CO$$

$$AlN + 3H_2O \longrightarrow Al(OH)_3 + NH_3$$

$$SiO_2 + 2C \longrightarrow 2CO + Si$$

$$2Al(OH)_3 \xrightarrow{1500^0C} Al_2O_3 + 3H_2O$$

SAQ 4	बायर की प्रक्रिया द्वारा बॉक्साइट के शुद्धिकरण के दौरान........ को सीडिंग उद्देश्य के लिए सोडियम एलुमिनेट में मिलाया जाता है।			
	1. सोडियम हाइड्रॉक्साइड	2. मैग्नीशियम हाइड्रॉक्साइड	3. एल्युमिनियम हाइड्रॉक्साइड	4. एल्युमिनियम क्लोराइड

उत्तर: (3)

3.1.4 (C) बॉक्साइट का विद्युत अपघटन

शुद्ध बॉक्साइट को क्रायोलाइट और फ्लोरस्पार के मिश्रित मिश्रण के साथ मिलाया जाता है और एक लोहे के टैंक में लिया जाता है। क्रायोलाइट मिलाने का उद्देश्य एल्यूमिना के गलनांक को 2050 °C से घटाकर केवल 900 °C करना है। इसके अलावा, क्रायोलाइट का उपयोग विद्युत अपघट्य के रूप में भी किया जाता है। लोहे की टंकी में कार्बन की मोटी भीतरी परत होती है जो कैथोड का काम करती है [चित्र 3.11]। एनोड ग्रेफाइट की छड़ों से बना होता है जो गलित मिश्रण में निलंबित होती हैं। एक विद्युत बल्ब विद्युत अपघटनी सेल के समानांतर जुड़ा हुआ है। कुछ चूर्ण चारकोल सतह पर फैलाया जाता है ताकि एनोड पर ऑक्सीजन की तीव्र क्रिया द्वारा चमक उत्पन्न की जांच की जा सके। सेल के माध्यम से 6–7 वोल्ट और 100 एम्पीयर की धारा प्रवाहित की जाती है। उच्च धारा निम्नलिखित परिवर्तन लाती है और साथ ही यह लगभग 900 °C का तापमान बनाए रखती है, जो द्रव्यमान को पिघले हुए रूप में रखता है। क्रायोलाइट सोडियम और एल्यूमीनियम का मिश्रित फ्लोराइड है जो सोडियम फ्लोराइड में विघटित हो जाता है।

$$Na_3AlF_6 \longrightarrow 4NaF + AlF_3$$

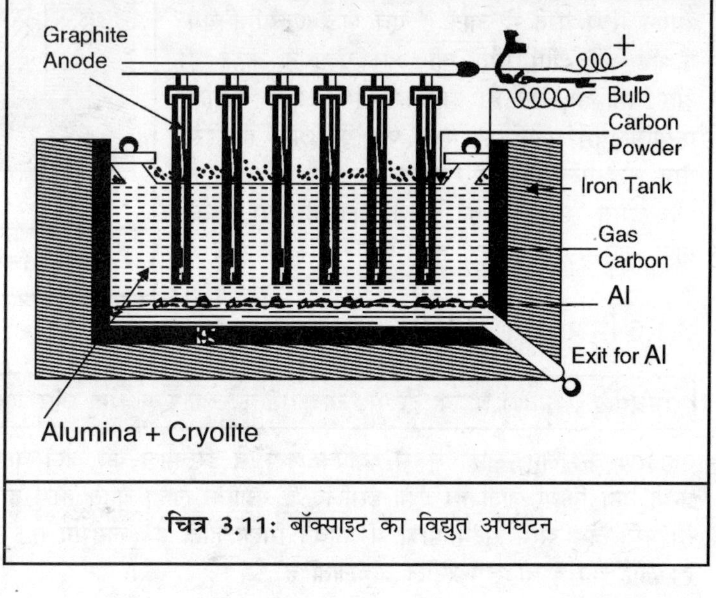

चित्र 3.11: बॉक्साइट का विद्युत अपघटन

AlF_3 निम्नानुसार विद्युत अपघटन से गुजरता है:

$Al^{3+} + 3e^- \longrightarrow Al$ कैथोड पर

$3F^- \longrightarrow 3F + 3e^-$ एनोड पर

एल्युमिनियम कैथोड पर जमा होता है और टैंक के नीचे से एकत्र किया जाता है। फ्लोरीन एनोड पर मुक्त होती है जो एल्युमिना के साथ क्रिया करके एल्युमिनियम फ्लोराइड और ऑक्सीजन का उत्पादन करती है।

$2Al_2O_3 + 12F \longrightarrow 4AlF_3 + 3O_2$

इस प्रकार एल्यूमिना विघटित होता है और Al धातु प्राप्त होती है। एनोड पर मुक्त ऑक्सीजन एनोड के कार्बन के साथ क्रिया करती है और CO एवं CO_2 बनाती है। इस प्रकार एनोड छोटा और छोटा होता जाता है। इसे सतह पर फैले चारकोल पाउडर द्वारा जांचा जाता है। जैसे-जैसे Al_2O_3 विघटित होता जाता है, सेल का प्रतिरोध बढ़ता जाता है। इसका संकेत सेल से जुड़े बिजली के बल्ब की चमक से मिलता है। प्रक्रिया को जारी रखने के लिए इसमें और एल्यूमिना मिलाया जाता है। इस प्रक्रिया से प्राप्त एल्युमिनियम लगभग 99% शुद्ध होता है।

3.1.4 (D) एल्युमिनियम का शुद्धिकरण

उपरोक्त प्रक्रिया से प्राप्त धातु में लोहे और सिलिकॉन की अशुद्धियाँ होती हैं। इसका शोधन हूप की विधि द्वारा किया जाता है।

यह शुद्धिकरण एक लोहे की टंकी में किया जाता है जिसके तल पर कार्बन की परत होती है जो एनोड के रूप में कार्य करती है। विद्युत अपघटनी सेल में विभिन्न घनत्वों की तीन तरल परतें होती हैं। सबसे निचली परत पिघले हुए अशुद्ध एल्युमिनियम की होती है जो कार्बन एनोड के संपर्क में होती है। बीच की परत सोडियम, एल्यूमीनियम और बेरियम फ्लोराइड का एक मिश्रित मिश्रण है और शीर्ष परत पिघला हुआ शुद्ध एल्यूमीनियम है जिसमें कार्बन छड़ें डूबी हुई हैं जो कैथोड के रूप में कार्य करती हैं। [चित्र 3.12]

जब धारा प्रवाहित की जाती है, तब Al^{3+} आयन मध्य परत में आते हैं एवं शुद्ध एल्युमिनियम कैथोड की शीर्ष परत की ओर पलायन करते हैं और जमा हो जाते है। अधिक Al^{3+} आयन अशुद्ध एल्युमिनियम एनोड से मध्य परत में आते हैं। इस तरह शुद्ध एल्यूमीनियम सबसे ऊपर जमा हो जाता है और समय-समय पर हटा दिया जाता है। इस प्रकार प्राप्त धातु 99.94% शुद्ध होती है।

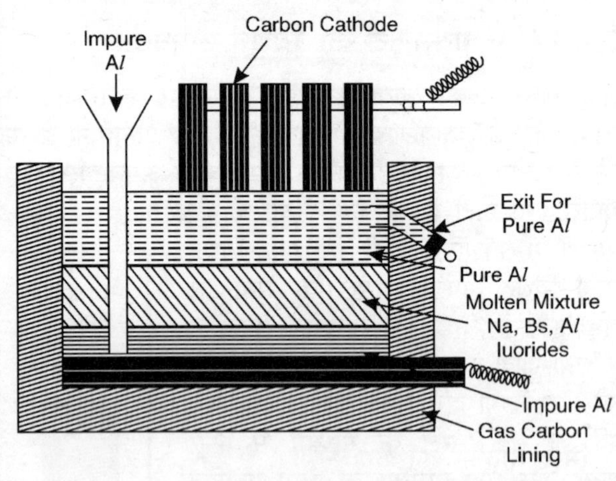

चित्र 3.12: एल्यूमिनियम का शुद्धिकरण

3.1.5 मिश्र धातु

> मिश्रधातु (Alloy) दो या दो से ज्यादा धातुओं या एक धातु और एक अधातु का समांगी मिश्रण होती है।

उदाहरण के लिए, लोहा सबसे व्यापक रूप से इस्तेमाल की जाने वाली धातु है। लेकिन इसका शुद्ध रूप में उपयोग कभी नहीं किया जाता है। ऐसा इसलिए है क्योंकि लोहा बहुत नरम होता है, और गर्म होने पर आसानी से खिंच जाता है। परंतु जब इसमें सूक्ष्म मात्रा में कार्बन मिला होता है (लगभग 0.5 से 1.5%) तब यह कठोर एवं मजबूत हो जाता है। लोहे का दूसरा रूप स्टील कहलाता है।

(i) मिश्र धातु बनाने के उद्देश्य

आम तौर पर कुछ विशिष्ट गुण जो घटक धातुओं के पास नहीं हैं उन्हें प्राप्त करने के लिए मिश्र धातु तैयार की जाती है। मिश्रधातु बनाने का मुख्य उद्देश्य है–

- **संक्षारण के प्रति प्रतिरोधता को बढ़ाना** - शुद्ध धातुएँ अधिक क्रियाशील होती हैं और आसपास के वातावरण से आसानी से संक्षारित हो जाती हैं इसलिए उनका जीवन कम हो जाता है। लेकिन अगर कोई धातु, मिश्र धातु है, तो यह संक्षारण के लिए प्रतिरोधी होती है। मिश्र धातु शुद्ध धातुओं की तुलना में संक्षारण के लिए अधिक प्रतिरोधी होती हैं। लोहे से स्टेनलेस स्टील बनाई जाती है जिसमें लोहे की तुलना में संक्षारण के लिए अधिक प्रतिरोधकता होती है।
- **रासायनिक अभिक्रियाशीलता को परिवर्तित करने के लिए** - रासायनिक अभिक्रियाशीलता को अन्य धातु के साथ मिश्रधातु बनाकर बदला जा सकता है। पारे के साथ मिश्र धातु बनाने से सोडियम की रासायनिक अभिक्रियाशीलता कम हो जाती है, जिसे सोडियम अमलगम कहा जाता है। इसी प्रकार पारा के साथ मिश्रधातु बनाने से एल्युमिनियम की अभिक्रियाशीलता बढ़ जाती है जिसे एल्युमिनियम अमलगम कहते हैं
- **कठोरता में वृद्धि** - शुद्ध धातु नरम होती है, लेकिन जब धातु को किसी अन्य तत्व के साथ मिश्रित किया जाता है, तो इसकी कठोरता बढ़ जाती है। स्टील, लोहे और कार्बन की मिश्र धातु, लोहे की तुलना में कठोर होती है।
- **तन्य शक्ति में वृद्धि** - तन्य शक्ति धातु की बिना टूटे भार को वहन करने की क्षमता के बारे में जानकारी देती है। मैगनलियम, मैग्नीशियम और एल्यूमीनियम की मिश्र धातु है। इसमें मैग्नीशियम और एल्यूमीनियम की तुलना में अधिक तन्यता शक्ति होती है। लोहे में 1% C मिलाने से लोहे की तन्य शक्ति दस गुना बढ़ जाती है। जबकि Cu में 5% सिलिकॉन मिलाने से Cu की तन्यता शक्ति दोगुनी हो जाती है।
- **अच्छी ढलाई के लिए** - धातु या मिश्र धातु से अच्छी ढलाई प्राप्त करने के लिए, धातु को जमने पर फैलना चाहिए। यह गलनीय होना चाहिए ताकि एक तेज छाप आसानी से ली जा सके। आम तौर पर, शुद्ध पिघली हुई धातुएँ जमने पर सिकुड़ती हैं। इसलिए अच्छी ढलाई प्राप्त करने के लिए, धातु को मिश्रधातु बनाना पड़ता है क्योंकि मिश्र धातु जमने पर फैलती है। टाइप धातु सीसा, टिन और एंटीमनी की एक मिश्र धातु है।
- **कम गलनांक** - जब एक मिश्र धातु तत्व को आधार धातु (अधिक % में धातु) में जोड़ा जाता है, तो यह आधार धातु में अशुद्धता के रूप में कार्य करता है, और आधार धातु का गलनांक कम हो जाता है। मिश्रधातु का गलनांक घटक तत्व के गलनांक से कम होता है। सोल्डर, सीसा और टिन (50% Pb और 50% Sn) की मिश्र धातु है। इसका गलनांक कम होता है और इसका उपयोग बिजली के तारों को एक साथ वेल्डिंग करने के लिए किया जाता है।

मिश्र धातुओं का वर्गीकरण

मिश्र धातुओं का वर्गीकरण निम्न प्रकार से वर्गीकृत किया गया है

- **लौह मिश्र धातुः** मिश्र धातु जिसमें लोहा मुख्य घटक के रूप में होता है, लौह मिश्र धातु के रूप में जानी जाती है। उदाहरण के लिए स्टेनलेस स्टील मिश्र धातु में, Cr और Ni के साथ Fe मुख्य घटक के रूप में मौजूद होता है।
- **अलौह मिश्र धातुः** मिश्र धातु जिनमें लोहा मुख्य घटक के रूप में नहीं होता है, अलौह मिश्र धातु के रूप में जानी जाती है। जैसे पीतल में Cu और Zn होते हैं, इसमें लोहा नहीं होता है इसलिए यह अलौह मिश्र धातु है।

कॉपर (तालिका 3.3), आयरन (तालिका 3.4) और एल्युमिनियम (तालिका 3.5) की कुछ मिश्र धातुओं की संरचना, गुण और उपयोग नीचे दिए गए हैं।

तालिका 3.3: कॉपर की कुछ मिश्र धातुओं की संरचना, गुण और उपयोग

क्र.सं.	मिश्र धातु	संरचना	गुण और उपयोग
1.	पीतल	Cu (60-80%) Zn (20-40%)	पीतल का उपयोग सजावट के लिए, कई वैज्ञानिक उपकरण, दूरबीन, सूक्ष्मदर्शी, बैरोमीटर आदि बनाने के लिए किया जाता है।
2.	कांस्य	Cu (75-90%) Sn (10-25%)	इसका उपयोग मूर्तियाँ, खाना पकाने के बर्तन और सिक्के बनाने के लिए किया जाता है।
3.	जर्मन सिल्वर	Cu (30-60%) Zn (25-35%) Ni(15-35%)	यह चांदी जैसा सफेद होता है। लचीला और नमनीय होता है। इसका उपयोग नकली चांदी के रूप में, आभूषण और बर्तन बनाने में और सजावट के लिए भी किया जाता है।
4.	गन मेटल	Cu (88%) Sn (10%) Zn (2%)	इसका उपयोग गियर, बेयरिंग और गन बैरल बनाने के लिए किया जाता है।
५.	बेल धातु	Cu (80%) Sn (20%)	इसका उपयोग घंटियों की ढलाई के लिए किया जाता है।
6.	एल्युमिनियम ब्रॉन्ज	Cu 90% Al 10%	सुनहरे पीले रंग का होता है, सस्ते आभूषण, सिक्के, पेंट आदि के लिए इस्तेमाल किया जाता है।
7.	मोनल मेटल	Cu 30% Ni 67% Fe+Mn 3%	अम्ल, कास्टिक क्षार उद्योग के लिए पंप और कंटेनर के निर्माण में।
8.	मैंगनीन	Cu 82% Ni 3% Mn 1%	विद्युत उपकरण के निर्माण में।
9.	मुंजमेटल	Cu 60% Zn 40%	लकड़ी के जहाजों का आवरण के निर्माण में।

तालिका 3.4: लोहे की कुछ मिश्र धातुओं की संरचना, गुण और उपयोग

क्र.सं.	मिश्र धातु	संरचना	गुण और उपयोग
1.	स्टेनलेस स्टील	Fe (74%) Cr (18%) Ni (8%)	स्टेनलेस स्टील कठोर, दृढ़ और संक्षारण प्रतिरोधी होता है। इसका उपयोग कटलरी, बर्तन, सजावटी टुकड़े, उपकरण, साइकिल और ऑटोमोबाइल पार्ट्स को बनाने के लिए किया जाता है
2.	निकल स्टील	Fe (96-98%) Ni (2-4%)	निकल स्टील कठोर, लोचदार और संक्षारण प्रतिरोधी है। इसका उपयोग बिजली के तार केबल, ऑटोमोबाइल और हवाई जहाज के पुर्जे, घड़ियां, कवच प्लेट, प्रोपेलर शाफ्ट, आदि बनाने के लिए किया जाता है।
3.	अलिन्को	Fe (60%) Al (12%) Ni (20-%) Co (8%)	यह अत्यधिक चुंबकीय होती है। स्थायी चुम्बक बनाने के लिए प्रयुक्त होती है।

क्र.सं.	मिश्र धातु	संरचना	गुण और उपयोग
4.	क्रोम वैनेडियम स्टील	Fe (98.75%) Cr (1%) V (0.15%)	स्प्रिंग्स, एक्सल, शाफ्ट और मोटर कार फ्रेम के निर्माण में।
5.	मैंगनीज स्टील	Fe (63-75) Mn (12-15%) C (0.8-1.2%)	रॉक कटिंग मशीन, बर्गलर प्रूफ तिजोरियां, रेल रोड ट्रैक आदि बनाने के लिए उपयोग किया जाता है।
6.	टंगस्टन स्टील	Fe (83-78%) W (14%) Cr (3-8%)	उच्च गति वाले उपकरणों के लिए।

तालिका 3.5: एल्युमिनियम के कुछ मिश्र धातुओं की संरचना, गुण और उपयोग

क्र.सं.	मिश्र धातु	संरचना	गुण और उपयोग
1.	ड्यूरालुमिन	Al (95%) Cu (4%) Mg (0.5%) Mn (0.5%)	इसकी शक्ति स्टील के बराबर है लेकिन यह बहुत हल्की होती है। यह कठोर, संक्षारण प्रतिरोधी और अत्यधिक तन्य है। हवाई जहाज, अंतरिक्ष यान, जहाज और प्रेशर कुकर बनाने के लिए उपयोग किया जाता है।
2.	मैगनलियम	Al (90-95%) Mg (5-10%)	प्रकाश यंत्र, बैलेंस बीम और मशीन के पुर्जे बनाने के लिए उपयोग किया जाता है।
3.	एल्युमिनियम ब्रॉन्ज	Cu (88-90%) Al (10-12%)	खाना पकाने के बर्तन, फोटो फ्रेम, सिक्के बनाने के लिए उपयोग किया जाता है।
4.	Y-मिश्र धातु	Al (92.5%) Cu (4%) Mg (1.5%) Ni (2%)	कास्टिंग और फोर्जिंग के लिए उपयोग किया जाता है।
5.	निकलॉय	Al (95%) Ni (2%) Cu (4%)	एयरशिप बनाने के लिए प्रयुक्त होता है।
6.	अलिन्को	Fe (50%) Al (20%) Ni (20%) Co (10%)	स्थायी चुंबक बनाने के लिए प्रयुक्त होता है।

3.2 सामान्य रासायनिक संरचना, इंजीनियरिंग सामग्री की संरचना आधारित अनुप्रयोग

रोचक तथ्य : बिना बुझे चूने को जल से गीला करने की प्रक्रिया चूने को बुझाना, यानि $Ca(OH)_2$ कैल्शियम हाइड्रॉक्साइड, कहलाती है। $Ca(OH)_2$ कैल्शियम हाइड्रॉक्साइड का साफ विलयन चूने का पानी कहलाता है।

भवनों के निर्माण और निर्माण क्षेत्र में उपयोग की जाने वाली सामग्री, जहां विशेष जरूरतों की आवश्यकता होती है, इंजीनियरिंग सामग्री कहलाती है। इनमें सीमेंट, ग्लास, उच्चतापसह पदार्थ और कम्पोजिट पदार्थ सामग्री शामिल हैं।

3.2.1 सीमेंट

मोटे तौर पर सीमेंट विभिन्न धातुओं और अधातु के ऑक्साइड के विभिन्न संघटन का बारीक पिसा हुआ मिश्रण है जिसमें ससंजक एवं असंजक गुण पाए जाते हैं। यह पत्थरों, ईंटों और अन्य भवन निर्माण जैसी सामग्रियों को जोड़ने में मदद करता है। सीमेंट में पानी के संपर्क में जमने और सख्त होने का अनोखा गुण होता है इसलिए इसे हाइड्रोलिक सीमेंट कहा जाता है।

निर्माण कार्यों के लिए विभिन्न प्रकार के सीमेंट का उपयोग किया जाता है। वे अपनी संरचना में भिन्न होते हैं और विभिन्न उपयोगों के लिए निर्मित होते हैं। सीमेंट के कुछ विभिन्न प्रकार हैं पोर्टलैंड सीमेंट या साधारण पोर्टलैंड सीमेंट (OPC), क्विक सेटिंग सीमेंट (QSC), लो हीट सीमेंट (LHC), सल्फेट-रेसिस्टेंट सीमेंट (SRC), ब्लास्ट फर्नेस स्लैग सीमेंट (BFSC), सफेद सीमेंट (WC)), रंगीन सीमेंट (CC), पॉजोलानिक सीमेंट (PzC), रैपिड हार्डनिंग सीमेंट (RHC), एयर एंट्रेनिंग सीमेंट (AEC), हाइड्रोफोबिक सीमेंट (HpC), विस्तारित सीमेंट (EC), प्राकृतिक सीमेंट (NC), उच्च एल्यूमिना सीमेंट (HAC)।

3.2.1 (A) पोर्टलैंड सीमेंट

पोर्टलैंड सीमेंट धातु और अधातु ऑक्साइड का जिप्सम के साथ मिश्रण है। जब सीमेंट को पर्याप्त मात्रा में पानी में मिलाया जाता है, तो यह कम समय में जमने के गुण के साथ एक पेस्ट बन जाता है और रखे रहने पर भी कठोर और टिकाऊ हो जाता है।

सीमेंट चाक और क्ले से बनाई जाती है जो पानी के संपर्क में आने पर कठोर हो जाते हैं और कठोर होने पर रंग में यह पोर्टलैंड पत्थर के समान दिखाई देती है, इसीलिए इसे पोर्टलैंड सीमेंट कहा जाता है।

पोर्टलैंड सीमेंट के विश्लेषण से सिलिका, एल्यूमिना, लोहा, मैग्नेशिया आदि के विभिन्न अनुपातों के बारे में जानकारी मिलती है, जैसा कि तालिका 3.6 में दिखाया गया है। यद्यपि सीमेंट का विश्लेषण उसमे उपस्थित संघटक के बारे में एक जानकारी देता है, पर ये घटक इसमें कैसे संयुक्त हैं यह इंगित नहीं करता है। सीमेंट के निर्माण के दौरान, कच्चे माल के अवयवों को मिलाकर यौगिक बनाया जाता है। तैयार उत्पाद में मौजूद मुख्य यौगिक तालिका 3.7 में दिए गए हैं। तालिका से यह स्पष्ट है कि चूना, सीमेंट का लगभग 2/3 भाग बनाने वाला मुख्य घटक है।

तालिका 3.6: पोर्टलैंड सीमेंट की संरचना

यौगिक	%	मिलाने का उद्देश्य
चूना (CaO)	60-67	जमने का समय बढ़ाता है
सिलिका (सिलिकॉन ऑक्साइड - SiO_2)	17-25	जमने का समय बढ़ाता है जिससे सीमेंट विस्तार और दरार के लिए उत्तरदायी हो जाता है, जेल निर्माण द्वारा शक्ति बढ़ाता है
एल्युमिना (एल्यूमिनियम ऑक्साइड - Al_2O_3)	3-8	सेटिंग समय को कम करता है लेकिन सामर्थ्य बढ़ जाती है

यौगिक	%	मिलाने का उद्देश्य
आयरन ऑक्साइड(फेरिक ऑक्साइड - Fe_2O_3)	0.5-6	शक्ति, कठोरता और रंग बढ़ाता है
मैग्नीशिया (मैगनीशियम ऑक्साइड - MgO)	0.1-4	विस्तार में मदद करता है, कंक्रीट में तन्यता तनाव को कम करता है
सल्फर ट्राइऑक्साइड (SO_3)	1-2	चूने और सल्फेट में विस्तार को बढ़ाता है। 3% से अधिक मिलाने पर सुखाने एवं संकोचन को बढ़ाता है
सोडा + पोटाश ($Na_2O + K_2O$)	0.5-1.3	प्रारंभिक जमने की दर को बढ़ाता है

तालिका 3.7: पोर्टलैंड सीमेंट की औसत यौगिक संरचना

संक्षिप्तीकरण	%	सेटिंग दिन	गुण और उपयोग
C2S	.25	25	हाइड्रेट्स और कठोर होने की दर को धीमे करता है। यह एक सप्ताह के बाद सामर्थ्य बढ़ाने के लिए काफी हद तक जिम्मेदार है।
C3S	45	45	हाइड्रेट और कठोर होने की दर को तेज करता है, प्रारंभिक जमने और प्रारंभिक शक्ति के लिए जिम्मेदार है।
C3A	10	10	हाइड्रेशन के शुरुआती चरणों के दौरान बहुत अधिक ऊष्मा मुक्त करता है, लेकिन इसका सामर्थ्य में योगदान बहुत कम होता है, कम C3A वाली सीमेंट सल्फेट प्रतिरोधी होती है।
C4AF	10	10	गालक पदार्थ जो भट्ठे में कच्चे माल के पिघलने के तापमान को कम करता है (1650°C से 1430°C)। यह तेजी से हाइड्रेट करता है, लेकिन सीमेंट पेस्ट की मजबूती में ज्यादा योगदान नहीं देता है।
$CaSO_4$ जिप्सम	4	4	यह प्रारंभिक जमने को धीमा करने के लिए C3A की जलयोजन दर को धीमा कर देता है।
CaO	2	2	जमने का समय बढ़ाता है।
MgO	4	4	विस्तार के लिए मदद करता है, कंक्रीट में तन्य तनाव को कम करता है।

नोट: C-कैल्शियम ऑक्साइड (CaO), A-एल्युमिनियम ऑक्साइड (Al_2O_3), F-Fe_2O_3, S - SiO_2, C2S - डायकैल्शियम सिलिकेट, C3S - ट्राइकैल्शियम सिलिकेट, C3A - ट्राइकैल्शियम एल्युमिनेट, C4AF - टेट्राकैल्शियम एल्युमिनो फेराइट, $CaSO_4$ - कॉपर सल्फेट (जिप्सम), MgO - मैग्नीशियम ऑक्साइड।

3.2.1 (B) पोर्टलैंड सीमेंट का कठोर होना

जब सीमेंट को पानी के साथ मिलाया जाता है तो प्लास्टिक द्रव्यमान, जिसे सीमेंट पेस्ट कहते है, थोड़े समय में कठोर हो जाता है जिसे प्रारंभिक जमना (setting) या फ्लैश अवस्था के रूप में जाना जाता है। सीमेंट का जमना और सख्त होना मुख्य रूप से जलयोजन और जल अपघटन क्रियाओं के कारण होता है। जलयोजन पानी का अवशोषण या सतह

संघनन नहीं है, बल्कि जल तत्वों को यौगिक की क्रिस्टल संरचना में ले जाना है। निर्जल यौगिक पानी के साथ क्रिया करते हैं और जलयोजन से गुजरते हैं जिसके परिणामस्वरूप अघुलनशील जैल और क्रिस्टलीय उत्पाद बनते हैं। सीमेंट के जमने और सख्त होने की प्रक्रिया को आंशिक रूप से रासायनिक परिवर्तन और कुछ हद तक भौतिक परिवर्तन माना जाता है।

सीमेंट के जल अपघटन और जलयोजन का उल्लेख नीचे किया गया है–

जल अपघटन

a) $C3S + (x+1)H_2O \longrightarrow C2S.xH_2O$ (gel) + C. H_2O (Crystals)

b) $C4AF + 7H_2O \longrightarrow C2A.6H_2O$ (crystals)+CF.H_2O(gel)

जलयोजन

c) $C3S + xH_2O \longrightarrow C2S.XH_2O$(gel) +CaO(lime)

जेल एक बंधन सामग्री है और सीमेंट को सामर्थ्य देता है।

d) $C3A + 6H_2O \longrightarrow C3A\ .6H_2O$(crystals) + heat

जल योजन अभिक्रिया सीमेंट के शुरुआती जमने के लिए जिम्मेदार है।

हाइड्रेटेड ट्राई कैल्शियम एलुमिनेट (C3A) आम तौर पर घनीय – $C3A.6H_2O$, हेक्सागोनल–$C3A.12H_2O$, ऑर्थोरोंबिक– $C3A.18H_2O$ के रूप में पाया जाता है। सीमेंट का जमना और कठोर होना क्रिस्टलो की इंटरलॉकिंग के कारण होता है जो कि कठोर जेल द्वारा प्रबलित होते है। अंत में, वे रेत और पत्थरों के टुकड़ों के समूह के बारीक कणों को बांधते हैं एवं चट्टान जैसे कठोर पदार्थ में बदल देते हैं। जमने और कठोर होने पर बने इस ठोस द्रव्यमान में उत्कृष्ट यांत्रिक शक्ति होती है और यह एक मूल्यवान निर्माण सामग्री बनाती है। जमने की प्रक्रिया में जमना और कठोर होना शामिल है। जमने को प्रारंभिक जेल निर्माण के कारण मूल प्लास्टिक द्रव्यमान के कठोर होने के रूप में परिभाषित किया गया है। क्रिस्टलीकरण के कारण सामर्थ्य का विकास होना कठोर होना है। जमने के बाद, द्रव्यमान के आंतरिक भाग में क्रिस्टलीकरण की क्रमिक प्रक्रिया के कारण, कठोर होना शुरू हो जाता है। सीमेंट पेस्ट द्वारा किसी भी समय विकसित की गई सामर्थ्य, जेल की मात्रा और क्रिस्टलीकरण की सीमा पर निर्भर करती है।

3.2.1 (C) पोर्टलैंड सीमेंट के अनुप्रयोग

पोर्टलैंड सीमेंट का उपयोग विभिन्न प्रकार के अनुप्रयोगों में निम्नानुसार किया जाता है–

- चिनाई के काम के लिए कंक्रीट और मोर्टार का उत्पादन।
- फर्श, छतें, लिंटल्स, बीम, मौसम शेड, सीढ़ियां, खंभे आदि का निर्माण।
- पुल, पुलिया, बांध, सुरंग, भंडारण जलाशय, लाइटहाउस, डॉक इत्यादि जैसे आवश्यक इंजीनियरिंग संरचनाओं का निर्माण।
- पानी के टैंक, टेनिस कोर्ट का निर्माण, सेप्टिक टैंक, लैंप पोस्ट, सड़कें, टेलीफोन केबिन आदि।
- नालियों, पाइप आदि के लिए जोड़ों का निर्माण।
- ढलाई वाले पाइप, गार्डन सीट, कलात्मक रूप से डिजाइन किए गए कलश, फूल के बर्तन, डस्टबिन, बाड़ लगाने की पोस्ट आदि का निर्माण।
- नींव की तैयारी, जलरोधी फर्श, फुटपाथ आदि।
- कंक्रीट के रूप में अग्निरोधक संरचनाएं बनाना, अम्ल–प्रतिरोधी और जलरोधी संरचनाएं बनाना।
- संरचना को मजबूत करने के लिए सुरंग या भूवैज्ञानिक दीवारों की संरचना करना।
- रंगीन सीमेंट का उपयोग संरचनाओं को सजाने या रंगने के लिए किया जा सकता है।

SAQ 5	.... पोर्टलैंड सीमेंट बनाने के लिए उपयोग नहीं किया जाता है।		
1. जिप्सम	2. रेत	3. Fe_2O_3	4. Al_2O_3

उत्तर: (2)

3.2.2 काँच

कांच एक कठोर टूटने वाला पारदर्शक, अल्प पारदर्शक या अनंत श्यानता का अतिशीतित द्रव है जिसका कोई निश्चित गलनांक नहीं होता। जब सोडियम, पोटेशियम, कैल्शियम और लेड के विभिन्न धात्विक सिलीकेटो या बोरेट के मिश्रण को गलाया जाता है, तब कांच प्राप्त होता है।

3.2.2 (A) काँच की संरचना

काँच, तालिका 3.8 में दिखाए गए सामग्रियों से बनाये जाते है

काँच के गुण

काँच को बनाना

- **कठोरता और भंगुरता** - यह एक कठोर सामग्री है क्योंकि इसमें लागू भार के खिलाफ बहुत प्रभावी प्रतिरोध होता है। हालांकि, इसके साथ ही यह एक भंगुर पदार्थ है क्योंकि भार डालने पर तुरंत टूट जाता है।
- **मौसम प्रतिरोधी** - यह मौसम प्रतिरोधी है क्योंकि यह बारिश, धूप और हवा की प्रतिक्रिया का सामना कर सकता है। यह प्रकाश को अवशोषित, प्रतिबिंबित और अपवर्तित कर सकता है।
- **अग्नि प्रतिरोधी** - काँच 200ºC से 800ºC तक ऊष्मा के प्रति प्रतिरोध दर्शाता है।
- **रोधक** - दृश्य प्रकाश संचरण के खिलाफ इसकी अच्छी रोधक प्रतिक्रिया के कारण गर्मी, बिजली और विद्युत चुम्बकीय विकिरण के खिलाफ यह एक उत्कृष्ट रोधक (Insulator) है।
- **रासायनिक प्रतिरोधी** - यह विभिन्न पर्यावरणीय परिस्थितियों या अम्लीय प्रभावों के अंतर्गत रासायनिक प्रतिक्रिया के प्रभाव का सामना कर सकता है।
- **रंग और आकार की किस्में** - इसे किसी भी रंग, आकार और विविधता मे बनाया जा सकता है और उनके उपयोग, आयामी आवश्यकताओं और सुरक्षा आवश्यकता के आधार पर बाजार में उपलब्ध होते है।
- **पारदर्शिता** - पारदर्शिता काँच का एक ऐसा गुण है जो बाहरी दुनिया के साथ एक दृश्य जुड़ाव बनाए रखता है। प्रौद्योगिकी के आगमन के साथ, पारदर्शी काँच को भी अपारदर्शी में बदला जा सकता है।
- **गुणों में संशोधन** - विभिन्न उद्देश्यों के अनुरूप इसके कुछ गुणों को संशोधित करना भी संभव है।

तालिका 3.8: काँच की संरचना

क्र.सं.	मिश्रित यौगिक	सूत्र	% अनुपात
1	सिलिका	SiO_2	71 से 78
2	एल्यूमिना	Al_2O_3	0.5 से 1.5
3	आयरन ऑक्साइड	Fe_2O_3	0.05 से 0.15
4	कैल्शियम ऑक्साइड	CaO	5 से 10
5	मैग्नीशियम ऑक्साइड	MgO	2 से 5
6	सोडियम ऑक्साइड	Na_2O	13 से 16
7	पोटेशियम ऑक्साइड	K_2O	0 से 1
18	सल्फर ट्रायऑक्साइड	SO_3	0 से 0.5

3.2.2 (B) विभिन्न प्रकार के काँच के अनुप्रयोग

विभिन्न प्रकार के काँच और उनके उपयोगों का उल्लेख तालिका 3.9 में किया गया है।

तालिका 3.9: काँच के प्रकार और उनके उपयोग

काँच के प्रकार	उपयोग
सोडा-चूना काँच या नरम काँच	खिड़की के काँच, बिजली बल्ब, प्लेट ग्लास, बोतलें, जार, टेस्ट ट्यूब, और अभिकर्मक बोतलें बनाने में।
पोटाश चूना काँच	रासायनिक उपकरण, दहन ट्यूबों, और गर्म करने के लिए उपयोग किए जाने वाले काँच के उपकरण बनाने में।
लेड काँच	उच्च गुणवत्ता वाले टेबलवेयर, ऑप्टिकल लेंस, नियॉन साइन ट्यूबिंग, कैथोड रे ट्यूब, विद्युत इन्सुलेशन खिड़कियां, और एक्स-रे, गामा किरणों, चिकित्सा और परमाणु ऊर्जा क्षेत्रों के खिलाफ सुरक्षा ढाल बनाने में।
बोरोसिलिकेट काँच	संक्षारक तरल पदार्थ , बेहतर रसायन प्रयोगशाला उपकरण, रसोई के सामान, रासायनिक संयंत्र, टेलीविजन ट्यूब विद्युत इन्सुलेशन हेतु।
एल्युमिनो सिलिकेट काँच	उच्चदाब पारा डिस्चार्ज ट्यूब, रासायनिक दहन ट्यूब और घरेलू उपकरण बनाने में।
सिलिका काँच	रासायनिक संयंत्र, प्रयोगशाला क्रूसिबल, इंडक्शन फर्नेस लाइनिंग और इलेक्ट्रिकल इंसुलेटर बनाने में।
क्षार मुक्त काँच	उष्मीय रोधक सामग्री जैसे ग्लासवूल, संक्षारक रसायनों का छानने और ध्वनि इन्सुलेशन हेतु।

3.2.3 उच्चतापसह पदार्थ

उच्चतापसह पदार्थ (Refractories) ऐसे अकार्बनिक एवं अधात्विक पदार्थ हैं जोकि उच्च ताप पर भी बिना किसी भौतिक रासायनिक परिवर्तन के रह सकते हैं, अर्थात अपनी आकृति एवं रूप नहीं बदलते तथा इन पर पिघले स्लैग, धातु एवं गैसों का भी कोई प्रभाव नहीं होता।

3.2.3 (A) उच्चतापसह पदार्थ की संरचना

उच्चतापसह पदार्थ को उनकी रासायनिक संरचना और भौतिक आकार के आधार पर अम्लीय उच्चतापसह पदार्थ, क्षारीय उच्चतापसह पदार्थ, उदासीन उच्चतापसह पदार्थ और विशेष उच्चतापसह पदार्थ के आधार पर वर्गीकृत किया जाता है।

3.2.3 (B) उच्चतापसह पदार्थ के अनुप्रयोग

उच्चतापसह पदार्थ का उपयोग घटकों के आधार पर किया जाता है। उच्चतापसह पदार्थ के उपयोग, संरचना, गुण तालिका 3.10 में दिखाया गया है।

तालिका 3.10: उच्चतापसह पदार्थ की संरचना, गुण और उपयोग

मद	अम्लीय	क्षारीय	उदासीन	विशेष
उच्चतापसह पदार्थ के प्रकार	(a) फायर क्ले (b) सिलिको (c) उच्च एल्यूमिना	मैग्नेसाइट फोरस्टेराइट मैग्नेसाइट–क्रोम क्रोम–मैग्नेसाइट डोलोमाइट	कार्बन, ग्रेफाइट, सिलिकॉनकार्बाइड, क्रोमाइट	एकल या शुद्ध ऑक्साइड : शुद्ध एल्यूमिना, मैग्नेशिया कम्पोजिट पदार्थ ऑक्साइड: मुलैट, जिर्कोन नॉन ऑक्साइड, इन्सुलेट मोनोलिथिक
संरचना	फायर क्ले, सिलिका SiO_2, और एलुमिनो सिलिकेट	CaO, MgO, डोलोमाइट और क्रोम मैग्नेसाइट	कार्बन, ग्रेफाइट, और सिलिकॉन कार्बाइड, क्रोमाइट	एल्युमिना, मैग्नीशिया, जिरकोनिया, बेरेलिया और थोरिया, सिलिकॉन नाइट्राइड, बोरॉन कार्बाइड, मोलिब्डेनम डिसिलिसाइड, जिरकोनियम बोराइड, टाइटेनियम बोराइड
गुण	अम्लीय सामग्री से प्रभावित नहीं	अम्लीय स्लैग से प्रभावित	अम्लीय और क्षारीय दोनों के लिए रासायनिक रूप से स्थिर।	बहुत गंभीर परिचालन स्थितियों का, गंभीर स्लैगिंग का सामना करना होता है
उपयोग	चिनाई वाले ब्लास्ट फर्नेस, हॉट ब्लास्ट स्टोव, काँच के भट्टों, रोटरी भट्टों आदि में।	खुली चूल्हा भट्टियां, इलेक्ट्रिक भट्टियां और कम्पोजिट पदार्थ लोहे की भट्टियों में	ब्लास्ट फर्नेस, हॉट ब्लास्ट स्टोव, भट्टी के बाहर अस्तर लगाने में और स्लाइडिंग नोजल, मफल्स में	परमाणु और अंतरिक्ष अनुसंधान कार्यक्रम

3.2.3 कम्पोजिट पदार्थ

कम्पोजिट पदार्थ (Composite Materials) दो या दो से अधिक सूक्ष्म अवयवों का मिश्रण है, जो संयुक्त होकर प्रत्येक अवयवी घटक के गुणों से उत्तम गुणों को रखते हैं।

कम्पोजिट पदार्थ उत्कृष्ट बहुआयामी सामग्री हैं, जो ऐसी जगह उपयोग में लायी जाती हैं जहां बहुत कठोर और विशिष्ट आवश्यकताओं की जरूरत होती है। बुनियादी इंजीनियरिंग सामग्री के प्रत्येक वर्ग, जैसे धातु, उच्च बहुलक और सिरेमिक की अपनी उत्कृष्ट, भिन्न और विशिष्ट आवश्यकताओं हेतु जरूरत होती है।

3.2.4 (A) कम्पोजिट पदार्थ के संघटक

प्रबलित सीमेंट कंक्रीट (RCC) संरचना के घटकों में कंक्रीट, धातु की छड़ें और विभिन्न सामग्रियों का मिश्रण होता है। कंक्रीट संपीड़न में अच्छा होता है लेकिन तनाव में खराब होता है, जबकि धातु की छड़ें तनाव में अच्छी होती हैं लेकिन संपीड़न में खराब होती हैं। कंक्रीट मैट्रिक्स के रूप में कार्य करता है और धातु की छड़ द्वारा सुदृढीकरण प्रदान किया जाता है।

3.2.4 (B) कम्पोजिट पदार्थ का वर्गीकरण

कम्पोजिट पदार्थ का वर्गीकरण मोटे तौर पर प्राकृतिक कम्पोजिट पदार्थ और संश्लेषित कम्पोजिट पदार्थ के रूप में वर्गीकृत किया जाता है।

- **प्राकृतिक कम्पोजिट पदार्थ:** लकड़ी, सेल्यूलोज फाइबर और लिग्निन का सीमेंट सामग्री की तरह एक कम्पोजिट पदार्थ है। मानव या पशु की हड्डी नरम और मजबूत प्रोटीन कोलेजन और भंगुर और कठोर सामग्री एपेटाइट का एक संयोजन है।
- **संश्लेषित कम्पोजिट पदार्थ:** मैट्रिक्स और सुदृढीकरण के प्रकारों के आधार पर, उन्हें तालिका 3.11 में दिखाए गए अनुसार आगे वर्गीकृत किया जा सकता है।

तालिका 3.11: मैट्रिक्स और सुदृढीकरण के आधार पर कम्पोजिट पदार्थ का वर्गीकरण

मैट्रिक्स के आधार पर	सुदृढीकरण के आधार पर
बहुलक मैट्रिक्स कम्पोजिट पदार्थ	आकार
धातु मैट्रिक्स कम्पोजिट पदार्थ	अभिविन्यास
सिरेमिक मैट्रिक्स कम्पोजिट पदार्थ	गुण

3.2.4 (C) कम्पोजिट पदार्थ के अनुप्रयोग

- चूंकि कम्पोजिट सामग्री उच्च शक्ति के साथ वजन में हल्की होती है, इसलिए उनका उपयोग विमान निर्माण उद्योग में विमान तैयार करने के लिए किया जाता है।
- इन सामग्रियों का उपयोग ऑटोमोबाइल पार्ट्स की तैयारी में भी किया जाता है।
- चिकित्सा सहायता उपकरणों के लिए कम्पोजिट पदार्थ सामग्री का उपयोग किया जाता है।
- इनका उपयोग लॉन टेनिस और हॉकी स्टिक बनाने के लिए किया जाता है।

3.3 बहुलक

- **बहुलक (Polymer):** पॉलिमर दो ग्रीक शब्दों का संयोजन है जो 'पॉली' और 'मर' के संयोजन से प्राप्त होता है: पॉली का अर्थ है कई और मर का अर्थ है इकाई। एक बहुलक का आणविक भार 1000–10000000 μ (mu) की सीमा में हो सकता है। बहुलीकरण की प्रक्रिया को समझने के लिए कुछ बुनियादी शब्द नीचे दिए गए हैं।
- **एकलक (Monomer):** एकलक (समान या अलग) इकाइयाँ वे हैं जो बार-बार जुड़ कर बहुलक बनती हैं। जैसे;
  1. पीवीसी में विनाइल क्लोरोड
  2. नायलॉन 6 : 6 में हेक्सामैथिलीन डाईअमीन एवं एडिपिक एसिड।
- **सम बहुलक (Homo-polymer):** समान एकलक से प्राप्त बहुलक को सम बहुलक के रूप में जाना जाता है। उदाहरण के लिए PVC
- **सह-बहुलक (Co-polymer):** दो अलग-अलग एकलक से व्युत्पन्न बहुलक को सह-बहुलक के रूप में जाना जाता है। जैसे; नायलॉन 66

- **बहुलकीकरण (Polymerisation):** यह तापमान, दबाव और उत्प्रेरक की विशिष्ट परिस्थितियों के तहत एकलक अणुओं को एक साथ जोड़ कर एक बड़ा बहुलक बनाने की प्रक्रिया है जिसे बहुलकीकरण के रूप में जाना जाता है।
- **बहुलकीकरण की डिग्री (Degree of Polymerization):** यह बहुलक के औसत आणविक भार और एकलक के भार का अनुपात है।

$$\text{बहुलकीकरण की डिग्री} = \frac{\text{बहुलक का औसत भार}}{\text{एकलक का भार}}$$

बहुलक का वर्गीकरण

बहुलक को निम्नानुसार विभाजित किया जाता है:

बहुलक

बहुलक

योगात्मक बहुलक
इस प्रक्रिया से प्राप्त उत्पादों का उपयोग थर्मो प्लास्टिक बनाने के लिए किया जाता है

संघनात्मक बहुलक
इस प्रक्रिया से प्राप्त उत्पादों का उपयोग थर्मोसेटिंग प्लास्टिक बनाने के लिए किया जाता है

3.3.1 थर्मोप्लास्टिक एवं थर्मोसेटिंग प्लास्टिक का निर्माण

थर्मोप्लास्टिक बहुलक योगात्मक बहुलीकरण (addition polymerisation) का उत्पाद है एवं थर्मोसेटिंग प्लास्टिक संघनन बहुलीकरण (condensation polymerisation) का उत्पाद है। कुछ बहुलीकरण अभिक्रियाये और उनके उपयोग तालिका 3.12 में दिए गए हैं।

तालिका 3.12: बहुलीकरण अभिक्रियाएं एवं उनके उपयोग

बहुलक	बनाने की विधि	उपयोग
योगात्मक बहुलीकरण अभिक्रियाएं कुछ थर्मोप्लास्टिक		
पाली विनाइल क्लोराइड (PVC)	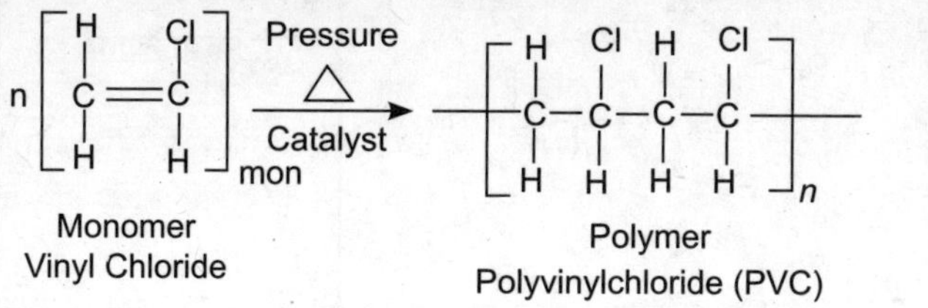	खिड़की के फ्रेम, जल निकासी पाइप, जल पाइप, चिकित्सा उपकरण, खिड़की के फ्रेम, पैकेजिंग, क्लिंग फिल्म, क्रेडिट कार्ड, विनाइल रिकॉर्ड, कृत्रिम चमड़े और अन्य लेपित कपड़े बनाने में।
पॉली स्टाइरीन (PS)	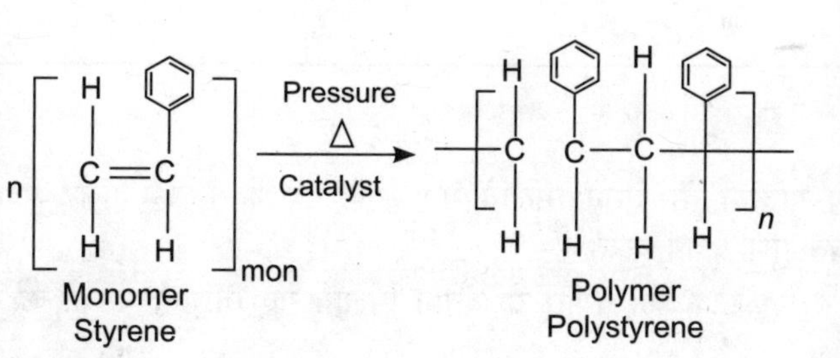	खाद्य पैकेजिंग, घरेलू उपकरण, उपभोक्ता इलेक्ट्रॉनिक्स उत्पाद, भवन और निर्माण, इन्सुलेशन फोम, पैनल, स्नान और शॉवर इकाइयां, प्रकाश व्यवस्था, और नल सम्बन्धी उपकरण। चिकित्सा वस्तुओं में, टिशू कल्चर ट्रे, टेस्ट ट्यूब, पेट्री डिश, डायग्नोस्टिक घटक, और टेस्ट किट के लिए ढांचा बनाने में।

बहुलक	बनाने की विधि	उपयोग
पॉली टेट्रा फ्लोरो एथीन (PTAFE)	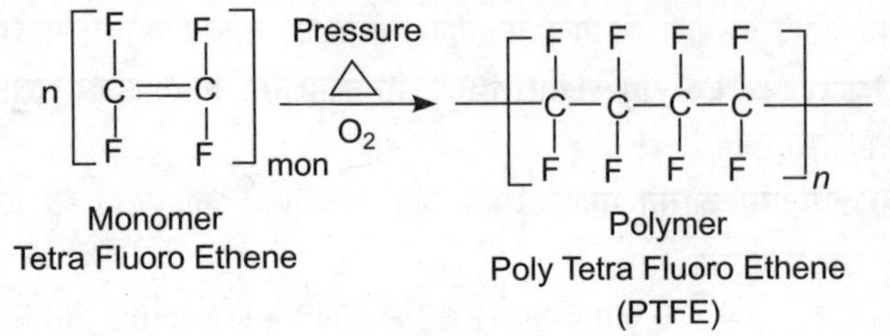	नॉन-स्टिक कुकवेयर, कंटेनर पाइप को संक्षारक और अप्रतिक्रियाशील बनाने में, मशीनरी के लिए स्नेहक, बिजली के अच्छी रोधी गुण, दंत चिकित्सा उद्योग में भराई के लिए एव उन्हें आसन्न दांत से चिपकने से रोकने के लिए।
संघनात्मक बहुलीकरण अभिक्रियाएं -कुछ थर्मोसेटिंग बहुलक		
नायलॉन 6	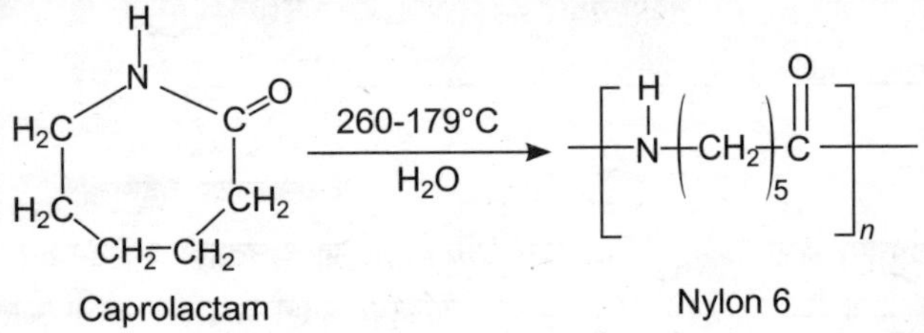	टूथब्रश के रेशे, शल्य टांके, धागे, रस्सी, रेशा, जाल होजरी और बुने हुए कपड़ों में।
नायलॉन 6:6	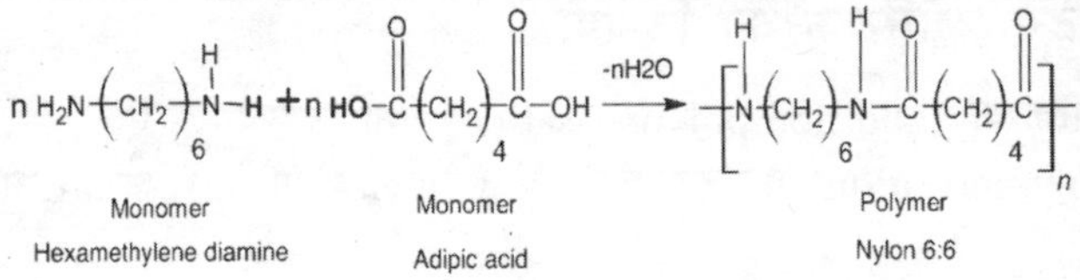	एयरबैग, टायर, रस्सी, कन्वेयर बेल्ट, पैराशूट, तैराकी के कपड़े बनाने में।
बैकेलाइट	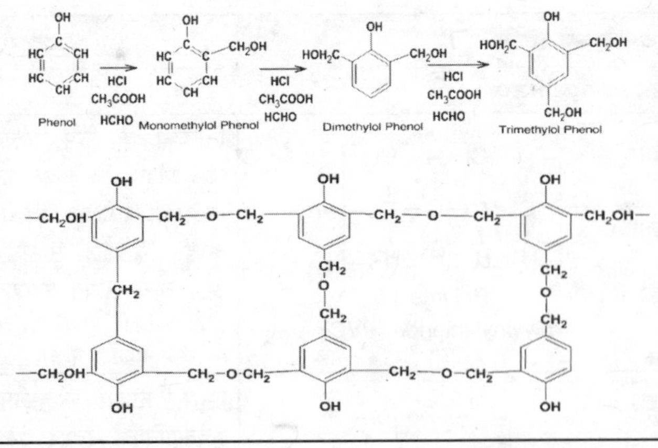	बिजली और गर्मी के लिए उच्च प्रतिरोधी होने के कारण इसका उपयोग स्विच और अन्य बिजली के उपकरण और पैन के हैंडल बनाने के लिए किया जाता है।

प्लास्टिक की कंपाउंडिंग

आम तौर पर, प्लास्टिक उनकी निर्माण प्रक्रिया के दौरान मिलाये गए अन्य पदार्थों के कम्पोजिट पदार्थ होते हैं, जो उनके तैयार उत्पाद को विशिष्ट, निश्चित गुण प्रदान करते हैं–

1. **रेजिन (Resins/ Binders):** ये प्लास्टिक की तैयारी के दौरान मिलाये गए विभिन्न घटकों को एक साथ जोड़े रखते हैं।

2. **भराव (Fillers):** पदार्थ जो बेहतर कठोरता, तन्य शक्ति, अस्पष्टता, चमक और कार्यशीलता देते हैं, भराव कहलाते है। भराव दो प्रकार के होते हैं-
   कार्बनिक भराव: लकड़ी का आटा, कपास, कागज का गूदा, ग्रेफाइट, कार्बन ब्लैक, पाउडर रबर आदि।
   अकार्बनिक भराव: अभ्रक, पाउडर अभ्रक, सिलिकेट, मिट्टी, टैल्क, ZnO, PbO, BaS, CdS, और पाउडर के रूप में Fe, Pb, Cu, और Al जैसी धातुएँ।
3. **प्लास्टिसाइजर (Plasticizer):** प्लास्टिक की प्लास्टिसिटी और लचीलेपन को बढ़ाने के लिए इन पदार्थों को मिलाया जाता है।
   कपूर- यह प्लास्टिक की सतह की कठोरता को बढ़ाता है। ट्राइऐसटिन (Triacetin) कठोरता में सुधार करता है। अग्नि रोधन के लिए ट्राइब्यूटाइल और ट्राइफेनिल फॉस्फेट का उपयोग किया जाता है।
4. **उत्प्रेरक या त्वरक (Catalyst or Accelerators):** यह मोल्डिंग फॉर्म के दौरान तिर्यकबंध बनाकर, गलनीय प्लास्टिक का अगलनीय रूप में बहुलीकरण तेज करता है। कंपाउंडिंग के लिए प्रयुक्त उत्प्रेरक H_2O_2, बेंजॉयल परॉक्साइड, Pb, Ag, Cu, ZnO जैसी धातुएं अमोनिया इत्यादि हैं।
5. **रंगीन पदार्थ (Pigments):** प्लास्टिक में उपयोग किए जाने वाले वर्णक सूर्य के प्रकाश की क्रिया के लिए प्रतिरोधी होना चाहिए। कार्बनिक रंजक और अकार्बनिक वर्णक रंग सामग्री के रूप में उपयोग किए जाते हैं।

तालिका 3.13: थर्मोप्लास्टिक और थर्मोसेटिंग प्लास्टिक के बीच अंतर

थर्मोसॉफ्टनिंग प्लास्टिक (थर्मोप्लास्टिक)	थर्मोसेटिंग प्लास्टिक
ये योगात्मक बहुलीकरण अभिक्रिया के उत्पाद हैं।	ये संघनन बहुलीकरण अभिक्रिया के उत्पाद हैं।
न्यूनतम या बिना किसी तिर्यक बंध के सरल रैखिक बंधसंरचना।	त्रि-आयामी नेटवर्क जैसी संरचना।
इसमें थर्मोसेटिंग प्लास्टिक में मौजूद बंध की तुलना में कमजोर सहसंयोजक बंध होते हैं।	इसमें थर्मोप्लास्टिक्स में मौजूद बंध की तुलना में एक मजबूत सहसंयोजक बंध होता है।
कार्बनिक विलायक में घुलनशील होते है।	कार्बनिक विलायक में अघुलनशील होते है।
ये प्लास्टिक नरम, कमजोर और भंगुर होते हैं।	ये प्लास्टिक कठोर, मजबूत और अधिक भंगुर होते हैं।
इसे कई बार गर्म किया जा सकता है और दोबारा आकार दिया जा सकता है।	इसे सिर्फ एक बार गर्म करके आकार दिया जा सकता है।
कचरे से पुनः प्राप्त किया जा सकता है	इसे कचरे से पुनः प्राप्त नहीं किया जा सकता है
थर्मोसॉफ्टनिंग प्लास्टिक में थर्मोसेटिंग प्लास्टिक की तुलना में कम आणविक भार होता है।	थर्मोसेटिंग प्लास्टिक में थर्मोसॉफ्टनिंग प्लास्टिक की तुलना में उच्च आणविक भार होता है।
उदा. पॉलीथीन, PTFE, पॉलीस्टाइरिन	उदा. नायलॉन 6:6, बैकलाइट

3.3.2 रबर

रबर एक ऐसा पदार्थ है जिसे प्राकृतिक रूप से पेड़ों से निकाला जा सकता है या प्रयोगशालाओं में संश्लेषित किया जा सकता है, जिसे बल लगाने के बाद लंबाई में बढ़ाया जा सकता है और बल को हटाने के बाद अपने मूल आकार और आयामों को पुनः प्राप्त किया जा सकता है। रबर के इस गुण को प्रत्यास्थता कहते हैं।

रबर के अणु में स्प्रिंग या कुंडल जैसी प्रकृति होती है। जब बल लगाया जाता है, तो यह सीधी प्रकृति में परिवर्तित हो जाता है, और बल को हटाने के बाद, यह अपनी मूल स्प्रिंग जैसी प्रकृति को प्राप्त कर लेता है।

3.3.3 रबर का वल्कीनीकरण

प्राकृतिक रबर गर्मियों में नरम और सर्दियों में कठोर होता है। प्राकृतिक रबर पानी को अवशोषित करता है, कार्बनिक विलयको में घुलनशील होता है और ऑक्सीकरण से गुजरता है। वल्कीनीकरण (vulcanisation) प्रक्रिया में, कच्चे रबर को 150ºC तक के उच्च तापमान पर सल्फर (S) या हाइड्रोजन सल्फाइड H_2S या बेंजॉयल क्लोराइड या जिंक ऑक्साइड या स्टेरिक एसिड के साथ मिलाया जाता है। जोड़ा गया सल्फर विभिन्न रबर स्प्रिंग्स के रबर अणुओं में द्विबंध पर रासायनिक रूप से क्रिया करता है और अंतर-आणविक गति या फिसलने को रोकता है। यह रबर को भविष्य के विरूपण से भी बचाता है, वल्कीनीकृत रबर, पारंपरिक गैर-वल्कीनीकृत रबर की तरह आसानी से खराब नहीं होती। वल्कीनीकृत होने पर रबर कठोर हो जाती है, जो बाद में इसकी तन्य शक्ति को बढ़ाता है और भौतिक क्षति के जोखिम को कम करता है।

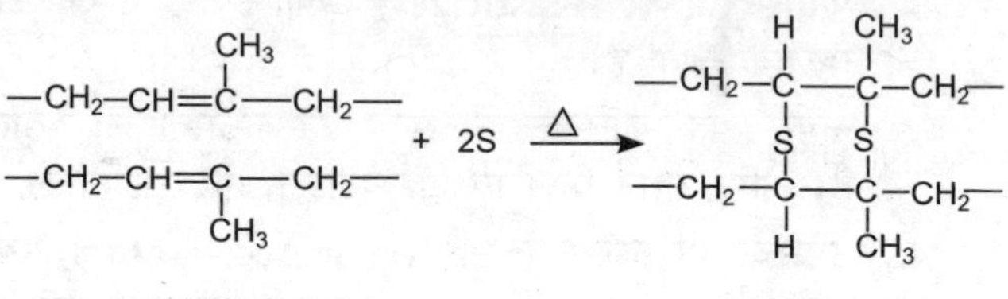

तालिका 3.14: प्राकृतिक रबर और वल्कीनीकृत रबर के बीच अंतर

प्राकृतिक रबर	वल्कीनीकृत रबर
प्राकृतिक रबर, रबर के पेड़ों का लेटेक्स है जिसमें बहुलक का मिश्रण होता है	वल्कीनीकृत रबर वह सामग्री है जो प्राकृतिक रबर के वल्कीनीकरण के बाद बनती है।
एक दूधिया कोलाइडल	एक कठोर रबर सामग्री में बहुलक श्रृंखलाओं के बीच तिर्यक बंध होते हैं
कम लोचदार	अधिक लोचदार
भार-वहन क्षमता कम होती है	उच्च भार-वहन क्षमता होती है
केवल लंबी आइसोप्रीन श्रृंखला	इसमें दो अलग-अलग परतों में C-S-C श्रृंखला के साथ एक लंबी आइसोप्रीन श्रृंखला होती है

रबर के अनुप्रयोग

- प्रत्यास्थता, मजबूती और कठोरता के कारण इसका उपयोग रबर बैंड, साइकिल, ऑटोमोबाइल के ट्यूब बनाने के लिए किया जाता है।
- घिसने के प्रति उत्कृष्ट प्रतिरोध के कारण, कन्वेयर बेल्ट, शॉक एब्जॉर्बर माउंटिंग, भारी मशीनरी बनाने के लिए उपयोग किया जाता है।
- विद्युत प्रतिरोध के कारण, इसका उपयोग तारों, केबलों, विद्युत शक्ति संचरण, प्लग, सॉकेट, बैटरी केस के इन्सुलेशन के लिए किया जाता है।
- रासायनिक प्रतिरोध के कारण, इसका उपयोग रासायनिक उद्योग में प्रयुक्त धातु के टैंक के बर्तन बनाने के लिए भी किया जाता है। पेट्रोल, खनिज तेल और कुछ विलायको के रासायनिक प्रतिरोध के कारण, उनके संचरण के लिए रबर की नली के पाइप का उपयोग किया जाता है।
- इसकी कठोरता के कारण, रबर गैसकेट का उपयोग विभिन्न प्रकार के उपकरणों जैसे कि प्रशीतन और कैबिनेट दरवाजे, प्रेशर कुकर, आटोक्लेव आदि को सील करने के लिए किया जाता है।

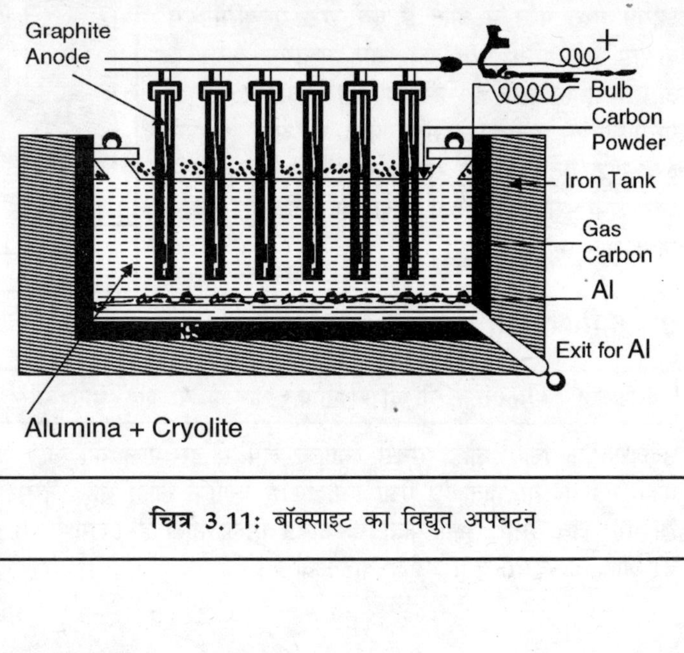

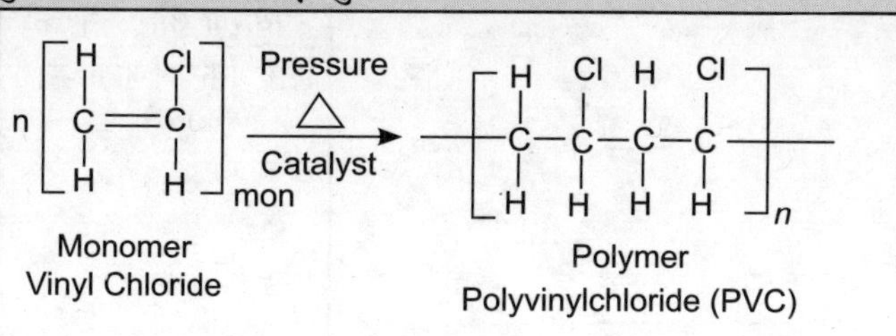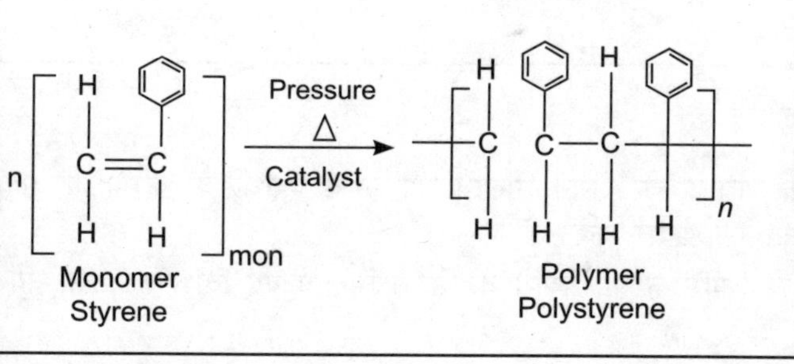

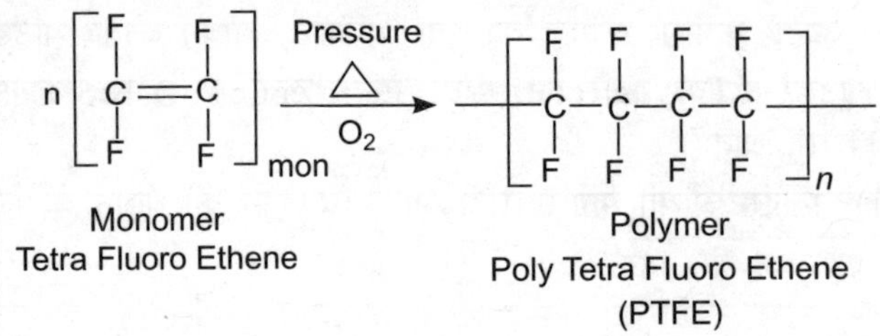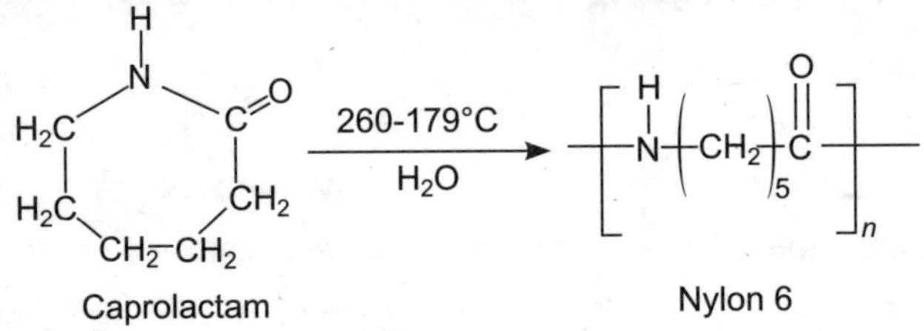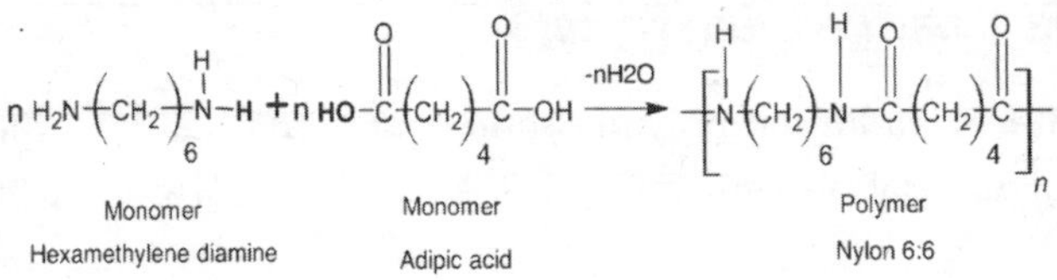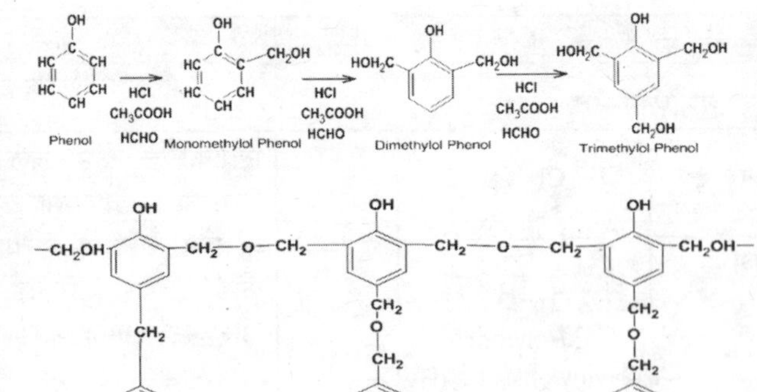

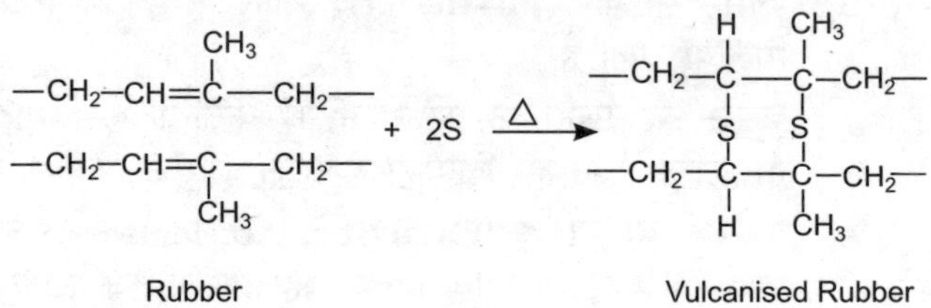

यूनिट सारांश

- सभी अयस्क खनिज हैं, लेकिन सभी खनिज अयस्क नहीं हैं।
- धातुकर्म के सामान्य सिद्धांत हैं–
  अयस्क को तोड़ना और पीसना, अयस्क की सांद्रता, सांद्रित अयस्क से धातु का निष्कर्षण, अशुद्ध धातु का शोधन या शुद्धिकरण।
- अयस्क की सांद्रता के लिए, गुरुत्वाकर्षण पृथक्करण, झाग उत्प्लावन प्रक्रिया, चुंबकीय पृथक्करण विधियों का उपयोग किया जाता है। सांद्रित अयस्क से धातु के निष्कर्षण के दो चरण होते हैं अर्थात सांद्रित अयस्क का ऑक्साइड में रूपांतरण और ऑक्साइड का अपचयन प्रक्रिया द्वारा धातु में रूपांतरण।
- ब्लास्ट फर्नेस में ऑक्साइड अयस्कों के अपचयन सहित विभिन्न चरणों के साथ हेमेटाइट अयस्क से लोहा निकाला जाता है।
- एल्यूमीनियम का निष्कर्षण बॉक्साइट अयस्क से किया जाता है।
- चाक और मिट्टी से निर्मित सीमेंट जो पानी के साथ कठोर हो जाता है और जब कठोर होता है तो पोर्टलैंड पत्थर जैसा दिखता है।
- काँच एक आकर रहित, कठोर, भंगुर पारदर्शी या अनंत श्यानता का पारदर्शक या पारभासी अतिशीतित द्रव है जिसका कोई निश्चित गलनांक नहीं होता है जो कई धात्विक सिलिकेट या सोडियम, पोटेशियम, कैल्शियम और लेड के बोरेट्स के मिश्रण से प्राप्त होता है।
- उच्चतापसह अकार्बनिक अधातु सामग्री है जो बिना भौतिक रासायनिक परिवर्तनों के अर्थात आकार में विकृति के बिना उच्च तापमान को झेलती है, जबकि पिघले हुए स्लैग, धातु और गैसों के संपर्क में रहती है।
- एक कम्पोजिट पदार्थ दो या दो से अधिक सूक्ष्म घटकों का मिश्रण होता है, जो संयुक्त होकर प्रत्येक अवयवी घटक के गुणों से उत्तम गुणों को रखते हैं।
- जब एक निश्चित ताप, दाब व उत्प्रेरक की उपस्थिति में एक लंबी श्रृंखला व उच्च आणविक भार वाले यौगिक को बनाने के लिए मोनोमर अणुओं को बार-बार जोड़ा जाता है एवं इस प्रक्रिया के दौरान पानी, अमोनिया और अल्कोहल जैसे सरल अणु नही निकलते हैं तो इस प्रक्रिया को योगात्मक बहुलीकरण कहा जाता है।
- जब एक निश्चित ताप, दाब व उत्प्रेरक की उपस्थिति में एक लंबी श्रृंखला व उच्च आणविक भार वाले यौगिक को बनाने के लिए मोनोमर अणुओं को बार-बार जोड़ा जाता है एवं इस प्रक्रिया के दौरान पानी, अमोनिया और अल्कोहल जैसे सरल अणु निकलते हैं तो इस प्रक्रिया को संघनन बहुलीकरण कहा जाता है।
- रबर एक ऐसा पदार्थ है जिसे प्राकृतिक रूप से पेड़ों से निकाला जा सकता है या प्रयोगशालाओं में संश्लेषित किया जा सकता है। बल लगाने के बाद इसे लंबाई में बढ़ाया जा सकता है और बल हटाने के बाद अपने मूल आकार और आयामों को पुनः प्राप्त किया जा सकता है।
- वल्कीनीकरण प्रक्रिया में, कच्चे रबर को सल्फर (S) या हाइड्रोजन सल्फाइड H_2S या बेंजॉयल क्लोराइड के साथ उच्च तापमान पर 150°C तक मिश्रित किया जाता है।

अभ्यास प्रश्न

3.1 निम्न अयस्कों का रासायनिक सूत्र लिखिए:

(i) डोलोमाइट (ii) अभ्रक (iii) हेमेटाइट (iv) रूबी कॉपर (v) बॉक्साइट (vi) कोरन्डम

3.2 धातुकर्म प्रक्रियाओं में शामिल विभिन्न चरणों को उनके संक्षिप्त विवरण के साथ सूचीबद्ध करें।

3.3 अयस्कों से धातुओं के निष्कर्षण के विभिन्न चरणों की व्याख्या कीजिए।

3.4 तांबे के शुद्धिकरण की विद्युत् अपघटनी शोधन विधि का वर्णन करें।

3.5 एल्युमिनोथर्मिक प्रक्रिया को समझाइए। इसका उपयोग करने का उद्देश्य लिखिए।

3.6 हेमेटाइट से लोहे के निष्कर्षण के लिए ब्लास्ट फर्नेस में की जाने वाली प्रगलन प्रक्रिया का चित्र की सहायता से वर्णन कीजिए।

3.7 आयरन ऑक्साइड के अपचयन में ब्लास्ट फर्नेस में विभिन्न तापमानों पर होने वाली अभिक्रियाएँ लिखिए।

3.8 बॉक्साइट से एल्युमिनियम के निष्कर्षण के लिए बायर की प्रक्रिया का वर्णन करें।

3.9 मिश्रधातु बनाने के उद्देश्यों की सूची बनाइए।

3.10 तांबा, लोहा और एल्युमिनियम की निम्नलिखित मिश्र धातुओं की संरचना, गुण और उपयोग लिखिए।
(i) पीतल (ii) एल्यूमीनियम कांस्य (iii) स्टेनलेस स्टील (iv) क्रोम वैनेडियम स्टील (v) ड्यूरालुमिन (vi) निकलॉय

3.11 पोर्टलैंड सीमेंट के विभिन्न अवयवों का संघटन उनके प्रतिशत सहित लिखिए।

3.12 पोर्टलैंड सीमेंट के कठोर होने की प्रक्रिया लिखिए।

3.13 विभिन्न प्रकार के काँच और उनके उपयोगों को सारणीबद्ध रूप में लिखिए।

प्रयोग

1. हेमेटाइट अयस्क में लोहे का प्रतिशत

प्रायोगिक कथन

मानक $KMnO_4$ विलयन की सहायता से हेमेटाइट अयस्क में लोहे का प्रतिशत निर्धारित करें।

प्रायोगिक महत्व

डिप्लोमा इंजीनियरों को धातुकर्म उद्योगों में काम करना होता है। उन्हें विभिन्न अनुप्रयोगों में उपयोग के लिए मौजूद धातुओं के गुणों के आधार पर इसकी धातु संरचना की पहचान करने के लिए अयस्कों का विश्लेषण करना होता है। अनुमापन का उपयोग करके दिए गए अयस्क में लौह सामग्री का निर्धारण कई इंजीनियरिंग समस्याओं को हल करने के लिए कई औद्योगिक अनुप्रयोगों के रूप में किया जा सकता है।

प्रासंगिक सिद्धांत

हेमेटाइट लोहे का एक महत्वपूर्ण अयस्क है। दिए गए अयस्क नमूने में लोहे के निर्धारण के लिए, अयस्क नमूना तनु HCl या तनु H_2SO_4 में घोला जाता है। ऐसा करने से लोहा फेरिक या फेरस लवण के विलयन में बदल जाता है और हाइड्रोजन गैस मुक्त करता है। Fe^{3+} को Fe^{2+} में परिवर्तित करने के लिए अपचायक अभिकर्मक के रूप में जिंक धातु या स्टैनस क्लोराइड का उपयोग किया जाता है। विलयन में मौजूद Fe^{2+} को निर्धारित करने के लिए मानक $KMnO_4$ विलयन के साथ अनुमापन किया जाता है।

$$MnO_4^- + 8H^+ + Fe^{2+} \longrightarrow Mn^{2+} + Fe^{3+} + 4H_2O$$

प्रैक्टिकल आउटकम्स (PrOs)

PrO1 इलेक्ट्रॉनिक तुला में दिए गए नमूने के भार को सही रूप में तौलना।

PrO2 नमूना विलयन तैयार करना।

PrO3 मोलरता समीकरणों का उपयोग करके किसी दिए गए अम्ल या क्षार की शक्ति की गणना करना।

आवश्यक रसायन और कांच के बने उपकरण

- **रसायन:** $KMnO_4$, तनु H_2SO_4, जिंक ग्रेन्यूल्स, नमूना अयस्क सामग्री, ऑक्जेलिक अम्ल, HCl
- **कांच के बने उपकरण:** ब्यूरेट (50 mL), पिपेट (10 mL), गोल तल वाला फ्लास्क (250 mL), जाली, कोनिकल फ्लास्क (100 mL), आयतनात्मक फ्लास्क (250 mL)

सुरक्षा सावधानियां

1. लैब में काम करते समय मास्क, दस्ताने और एप्रन का प्रयोग करें।
2. कांच के सामान और रसायनों को सावधानी से इस्तेमाल करें।
3. कभी भी तुला के अंदर रसायनों को न फैलाएं।
4. फ्लास्क को गर्म करते समय ढक दें।
5. फ्लास्क को लगातार हिलाते हुए ब्यूरेट से बूंद-बूंद विलयन डालें।
6. कोनिकल फ्लास्क को सफेद टाइल पर रखें ताकि अंतिम बिंदु पर रंग परिवर्तन का निरीक्षण किया जा सके।

प्रयोग विधि

भाग-A नमूना विलयन की तैयारी

1. 1 g अयस्क का भार करें और इसे 250 mL गोल तल वाले फ्लास्क में स्थानांतरित करें।
2. तनु H_2SO_4 के 100 mL को गोल तल के फ्लास्क में डालें और धीरे से तार की जाली पर तब तक गर्म करें जब तक कि नमूना पूरी तरह से घुल न हो जाए।
3. जब नमूना घुल जाए तो उसमें जिंक के कुछ दाने डालें।
4. इसे ठंडा करें और 250 mL आयतनात्मक फ्लास्क में डालें, आसुत जल का उपयोग करके विलयन को तनु करें।

भाग-B $KMnO_4$ का मानकीकरण

1. 0.1N $KMnO_4$ तैयार करें [नार्मल विलयन बनाना यूनिट 1 प्रयोग 1]
2. पिपेट से कोनिकल फ्लास्क में 0.1 N ऑक्जेलिक अम्ल का 10 mL लें।
3. 10 mL तनु H_2SO_4 मिलाएं और विलयन को 70°C तक गर्म करें।
4. उपरोक्त विलयन को मानक $KMnO_4$ विलयन के साथ हल्का गुलाबी रंग दिखाई देने तक अनुमापित करें।
5. इस प्रक्रिया को लगातार तीन सुसंगत रीडिंग के लिए दोहराएं।

भाग-C आयरन के प्रतिशत का निर्धारण

1. ब्यूरेट को धोयें और उसमें मानक $KMnO_4$ विलयन भरें।
2. कोनिकल फ्लास्क में नमूना विलयन के 10 mL पिपेट करें। 10 mL तनु H_2SO_4 विलयन डालें।
3. उपरोक्त विलयन को मानक $KMnO_4$ विलयन के खिलाफ तब तक टाइट्रेट करें जब तक कि हल्का गुलाबी रंग न दिखाई दे।
4. लगातार तीन सुसंगत रीडिंग के लिए प्रक्रिया को दोहराएं।

प्रेक्षण और गणना

$KMnO_4$ का मानकीकरण			लोहे के % का निर्धारण		
क्रमांक	**प्रेक्षण**	**रीडिंग**	**क्रमांक**	**प्रेक्षण**	**रीडिंग**
1	ब्यूरेट में विलयन		1	ब्यूरेट में विलयन	
2	पिपेट द्वारा विलयन		2	पिपेट द्वारा विलयन	
3	इस्तेमाल किया सूचक		3	इस्तेमाल किया सूचक	
4	अंतिम बिंदु		4	अंतिम बिंदु	

तालिका 1: $KMnO_4$ का मानकीकरण

रीडिंग	पायलट रीडिंग	1	2	3	V_2 = माध्य अंतर = (1 + 2 + 3) / 3
प्रारंभिक ब्यूरेट रीडिंग (IBR)					
अंतिम ब्यूरेट रीडिंग (FBR)					
अंतर (FBR-IBR)					

तालिका 2: प्रतिशत आयरन का निर्धारण

रीडिंग	पायलट रीडिंग	1	2	3	V_2 = माध्य अंतर = (1 + 2 + 3) / 3
प्रारंभिक ब्यूरेट रीडिंग (IBR)					
अंतिम ब्यूरेट रीडिंग (FBR)					
अंतर (FBR-IBR)					

गणना

$KMnO_4$ का मानकीकरण

$$N1V1 = N2V2$$

N1 = ऑक्जेलिक अम्ल की नॉर्मलता = 0.1 N   V1 = ऑक्जेलिक अम्ल का आयतन = 10 mL

N2 = $KMnO_4$ की नार्मलता   V2 = $KMnO_4$ का आयतन तालिका 1 से

$$N2 = \frac{KMnO_4 \text{ की नॉर्मलता} \times \text{ऑक्जेलिक अम्ल का आयतन}}{\text{तालिका 1 से } KMnO_4 \text{ का आयतन}}$$

$$= \frac{0.1 \times 10}{\text{तालिका 1 से ब्यूरेट रीडिंग}} = \frac{1}{V2} =$$

लोहे का प्रतिशत निर्धारण

चरण 1 $\quad 1000 \text{ mL } 1N\ KMnO_4 \equiv 56g\ Fe$

$$V3 \text{ mL } N2\ N\ KMnO_4 \equiv \frac{(56 \times V3 \times N2)}{1000} \text{ g of Fe} = \frac{(56 \times \times)}{1000} = \text{............} (y) \text{ g of Fe}$$

चरण 2 $\quad 10 \text{ mL}$ नमूना अयस्क $\equiv y$ g Fe

$$250 \text{ mL नमूना अयस्क} \equiv \frac{(y \times 250)}{10} = y \times 25 \text{ g Fe} = \text{................} \times 25 = \text{............} (z)\text{g Fe}$$

चरण 3 $\quad$ नमूना के 1 g = (z) g Fe

$$\text{नमूने का 100 g} = \frac{(z \times 100)}{1} = \text{................ g Fe}$$

परिणाम एवं/अथवा विवेचना

1. हेमाटाइट अयस्क नमूना में लोहे का प्रतिशत = ...%

निष्कर्ष एवं/अथवा सत्यापन

....

प्रयोग संबंधित प्रश्न

संदर्भ के लिए, मौखिक परीक्षा में पूछे जाने वाले नमूना प्रश्न यहां दिए गए हैं–

1. Fe अयस्क को घोलने की प्रक्रिया लिखिए।
2. लोहे के विभिन्न अयस्कों के नाम लिखिए।
3. $KMnO_4$ के मानकीकरण की विधि का उल्लेख करें।

अपशिष्ट का निपटान

प्रकार	विवरण
बायोडिग्रेडेबल अपशिष्ट (हरा बिन)	प्रयोग के दौरान उपयोग में लाये गए सामान्य फिल्टर पेपर।
अपशिष्ट	प्रयुक्त रसायनों को उनके विशिष्ट रासायनिक गुणों के आधार पर उचित रूप से निपटान किया जाना चाहिए।

पर्यावरण के अनुकूल दृष्टिकोण: पुनः उपयोग (रियूज), कम उपयोग (रिड्यूज) एवं पुनः चक्रण (रिसायकल)

1. विलयन तैयार करते समय कांच के बर्तनों को अच्छी तरह से साफ करें। आगे के प्रयोग के लिए तैयार मानक विलयन को संग्रहित करें।
2. इस प्रयोग को करते समय कचरे को कम करने के लिए वांछित मात्रा में पदार्थ का उपयोग करें।
3. आसुत जल बर्बाद न करें।

सुझाई गई मूल्यांकन योजना

विद्यार्थी का नाम : .... **रोल नंबर :** ....

प्रक्रिया मूल्यांकन			उत्पाद/परिणाम मूल्यांकन			शिक्षक के हस्ताक्षर
प्रक्रिया सूचक (70%)	% भारिता (वेटेज)	प्राप्त अंक	उत्पाद/परिणाम सूचक (30%)	% भारिता (वेटेज)	प्राप्त अंक	
नमूने के भार में शुद्धता	10		मौखिक प्रश्न (Viva-voce)	10		
विलयनों की तैयारी और $KMnO_4$ विलयन का मानकीकरण	30		रिपोर्ट तैयारी	10		
साफ-सफाई एवं देखभाल	10		गणना, परिणाम और व्याख्या	10		
परिणाम और व्याख्या	10					
कांच के सामान की संभाल	10					
सुरक्षा सावधानियों का पालन / अनुपालन	10					

2. तांबे का आयोडोमिति आकलन

प्रायोगिक कथन

कॉपर पाइराइट अयस्क में तांबे का आयोडोमिति आकलन।

प्रायोगिक महत्व

डिप्लोमा इंजीनियरों को विभिन्न धातुकर्म उद्योगों में प्रदर्शन करना होता है। गुणवत्ता सुनिश्चित करने और विभिन्न अनुप्रयोगों में उपयोग के लिए धातुओं के संघटन जानने हेतु, उन्हें अयस्कों का विश्लेषण करना पड़ता है। आयोडोमिति आकलन का उपयोग करके दिए गए अयस्क नमूना विलयन में तांबे की मात्रा के निर्धारण का उपयोग, शक्ति निर्धारित करने और व्यापक इंजीनियरिंग समस्याओं को हल करने के लिए किया जा सकता है।

प्रासंगिक सिद्धांत

तन्यता, विद्युत और तापीय चालकता के कारण, तांबे का उपयोग विद्युत चालक, स्विच, ट्रांसफार्मर और दूरसंचार के उत्पादन में किया जाता है। इसलिए इसका निष्कर्षण और प्रतिशत गणना एक महत्वपूर्ण भूमिका निभाता है। तांबे का आकलन आयोडोमिति अनुमापन के माध्यम से लगाया जा सकता है जिसमें ऑक्सीकारक अभिकर्मक आयोडीन को मुक्त करते हैं जिसे अपचायक अभिकर्मक के मानक विलयन के साथ अनुमापित किया जाता है एवं इसे अप्रत्यक्ष या पश्च अनुमापन (back titration) कहा जाता है। इस अनुमापन में आयोडीन को ऑक्सीकारक अभिकर्मक Cu^{2+} द्वारा मुक्त किया जाता है, जिसे स्टार्च सूचक का उपयोग करके सोडियम थायोसल्फेट विलयन से अनुमापित किया जाता है।

अम्लीय माध्यम में पोटैशियम आयोडाइड विलयन तथा पोटैशियम डाइक्रोमेट विलयन के बीच अभिक्रिया से आयोडीन मुक्त होती है। सोडियम थायोसल्फेट विलयन (हाइपो) विलयन मुक्त आयोडीन को आयोडाइड में बदल देता है।

$$\underset{\text{नारंगी}}{K_2Cr_2O_7} + 6KI + 14HCl \longrightarrow \underset{\text{हरा}}{2CrCl_3} + 8KCl + 3I_2 + 7H_2O$$

$$Na_2S_2O_3 + 3I_2 \longrightarrow 3Na_2S_4O_6 + 6NaI$$

$K_2Cr_2O_7 = 6Na_2S_2O_3$

ऑक्सीकरण अभिकर्मक $K_2Cr_2O_7$

अपचायक अभिकर्मक $Na_2S_2O_3.5H_2O$

$$\underset{\text{नीला}}{CuSO_4 + 4KI} \longrightarrow \underset{\text{सफेद अवक्षेप}}{Cu_2I_2} + 2K_2SO_4 + I_2$$

$$Na_2S_2O_3 + I_2 \longrightarrow Na_2S_4O_6 + 2NaI$$

$2CuSO_4 \equiv 2Na_2S_2O_3$

ऑक्सीकरण अभिकर्मक Cu^{2+}

अपचायक अभिकर्मक $Na_2S_2O_3.5H_2O$

प्रैक्टिकल आउटकम्स (PrOs)

PrO1 तांबे के आकलन के लिए आयोडोमिति अनुमापन करना।

PrO2 तांबे का नमूना विलयन तैयार करना।

PrO3 0.1 N सोडियम थायोसल्फेट विलयन तैयार करना।

आवश्यक रसायन और कांच के बने उपकरण

- **रसायन (AR ग्रेड):** पोटेशियम डाइक्रोमेट ($K_2Cr_2O_7$), सोडियम थायोसल्फेट ($Na_2S_2O_3$),
- **कांच के बने उपकरण (बोरोसिल):** मानक फ्लास्क, फनल, वॉश बॉटल, बीकर, ड्रॉपर, स्पैचुला

सुरक्षा सावधानियां

1. लैब में काम करते समय मास्क, दस्ताने और एप्रन का प्रयोग करें।
2. कांच के सामान और रसायनों को सावधानी से इस्तेमाल करें।
3. कभी भी तुला के अंदर रसायनों को न फैलाएं।
4. सूचक को खुला न रखें क्योंकि इसमें अल्कोहल होता है जो वाष्पित हो जाता है।
5. रसायनों और सूचकों का उपयोग करते समय इस बात का ध्यान रखा जाना चाहिए कि यह आपकी त्वचा पर न गिरे।

प्रयोग विधि

तांबे के नमूने के मानक विलयन की तैयारी (पीतल का विलयन / परीक्षण विलयन)

1. उपयोग से पहले कांच के बर्तनों को अच्छी तरह से साफ करें।
2. तांबे के नमूने का 1 g तौलें, इसमें HNO_3 का 1 : 1 परीक्षण विलयन मिलाएं, मिश्रण को तब तक उबालें जब तक कि पीतल पूरी तरह से घुल न जाए।
3. घुली NO_2 को बाहर निकालने के लिए 1 g यूरिया मिलाएं एवं सफेद वाष्प आने तक उबालें।
4. गहरा नीला रंग दिखने तक अमोनिया का विलयन डालें।
5. हल्का नीला रंग दिखने तक एसिटिक अम्ल डालें। इसे अम्ल को उदासीन करने के लिए जोड़ा जाता है। आयोडीन को मुक्त करने के लिए थोड़े अम्लीय वातावरण की आवश्यकता होती है।
6. अभिक्रिया मिश्रण को 250 मि.ली. मानक फ्लास्क में डालें और निशान तक तनु करें।

250 mL 0.1N (0.1/6M) पोटेशियम डाइक्रोमेट विलयन की तैयारी

पोटेशियम डाइक्रोमेट विलयन का आयतन (V) = 250 mL

पोटेशियम डाइक्रोमेट विलयन की शक्ति M = 0.1/6 M

पोटाशियम डाईक्रोमेट का मोलर द्रव्यमान ($K_2Cr_2O_7$) = 294 g mol^{-1}

250 mL, 0.1/6 M विलयन तैयार करने के लिए $K_2Cr_2O_7$ का भार

$$= \frac{\text{मोलरता} \times \text{आयतन} \times \text{मोलर द्रव्यमान}}{6 \times 1000} = 1.225 \text{ g}$$

1. इलेक्ट्रॉनिक तुला का उपयोग करके 1.225 g पोटेशियम डाइक्रोमेट का सटीक भार करें।
2. ठोस पोटैशियम डाइक्रोमेट को मानक आयतनमापी फ्लास्क में स्थानांतरित करें।
3. लगभग 100 mL आसुत जल डालें और ठोस पोटैशियम डाइक्रोमेट को घोलें।
4. विलयन को निशान तक तनु करें यानी इसे 250 mL करें।

0.1 N सोडियम थायो सल्फेट विलयन की तैयारी

1. सोडियम थायो सल्फेट की सही ढंग से 6.2 g तौले।
2. सोडियम थायो सल्फेट को 250 mL मानक फ्लास्क में स्थानांतरित करें।
3. 100 mL आसुत जल को इसमें जोड़ें और ठोस सोडियम थायो सल्फेट को घोलें।
4. विलयन को निशान तक तनु करें यानी 250 मि.ली. तक।

प्रक्रिया

चरण 1: पोटेशियम डाइक्रोमेट विलयन का मानकीकरण

1. पिपेट से 20 mL पोटेशियम डाइक्रोमेट विलयन को निकल फ्लास्क में लें।
2. पोटैशियम डाइक्रोमेट विलयन वाले कोनिकल फ्लास्क में 10 mL 20% KI विलयन डालें।
3. उसी फ्लास्क में 5 mL सान्द्र HCl जोड़ें।
4. कोनिकल फ्लास्क को वाच ग्लास से बंद करें और कोनिकल फ्लास्क को 5 मिनट के लिए अंधेरी जगह पर रख दें।

5. ब्यूरेट को सोडियम थायोसल्फेट के विलयन (हाइपो सोल्यूशन) से धोकर साफ करें।
6. कोनिकल फ्लास्क को अंधेरे में रखें और उसमें 150 mL आसुत जल मिलाएं।
7. इस विलयन को सोडियम थायोसल्फेट से तब तक अनुमापित करें जब तक कि यह हल्का पीला न हो जाए।
8. एक सूचक के रूप में स्टार्च के 2 mL जोड़ें।
9. जब तक विलयन साफ हरा न हो जाए तब तक अनुमापन जारी रखें।
10. रीडिंग को नोट करें (अनुमापन का अंतिम बिंदु)।

चरण 2: कॉपर के प्रतिशत का निर्धारण

1. पिपेट से 20 mL तांबे का विलयन लें।
2. तांबे के विलयन में अमोनिया के विलयन की कुछ बूँदें तब तक डालें जब तक कि यह मैला न हो जाए (अवक्षेप के रूप में)।
3. तांबे के विलयन में एसिटिक अम्ल की कुछ बूँदें तब तक डालें जब तक कि यह सभी अवक्षेप को घोल न दे।
4. 20% KI विलयन का 10 mL डालें।
5. कोनिकल फ्लास्क को वाच ग्लास से ढक दें और कोनिकल फ्लास्क को 5 मिनट के लिए अंधेरी जगह पर रख दें।
6. 100 mL आसुत जल मिलाएं।
7. इस विलयन को सोडियम थायोसल्फेट से तब तक अनुमापित करें जब तक कि यह हल्का पीला न हो जाए।
8. हल्के पीले विलयन में 2 mL स्टार्च मिलाएँ (हल्के पीले से गहरे नीले/बैंगनी अवक्षेप में रंग बदलता है)
9. सोडियम थायोसल्फेट के साथ अनुमापन जारी रखें जब तक कि रंग गहरे नीले से दूधिया सफेद विलयन में न बदल जाए।
10. 20 mL 2% सोडियम थायोसाइनेट विलयन डालें।
11. इसे तब तक अनुमापित करें जब तक यह सफेद अवक्षेप न बन जाये।
12. अनुमापन के अंतिम बिंदु को नोट करें।

प्रेक्षण और गणना

प्रेक्षण तालिका 1: पोटेशियम डाइक्रोमेट विलयन का मानकीकरण

रीडिंग	पायलट रीडिंग	1	2	3	Vx = माध्य अंतर = (1 + 2 + 3) / 3
प्रारंभिक ब्यूरेट रीडिंग (IBR)					
अंतिम ब्यूरेट रीडिंग (FBR)					
अंतर (FBR-IBR)					

$1\,K_2Cr_2O_7 \equiv 6Na_2S_2O_3$ M1= 0.1M, V1 = 20 mL, n1 = 1; M2 = ? V2 = Vx, n2 = 6

$$\frac{M1\ \ V1}{n1} = \frac{M2\ \ V2}{n2} =$$

$$M2 = \frac{M1 \times V1 \times n2}{n1 \times V2} = \frac{0.1 \times 20 \times 6}{6 \times Vx} = \frac{2}{Vx} =$$

हाइपो विलयन के मोलरता = (Mhypo) = ... M

प्रेक्षण तालिका 2: कॉपर के प्रतिशत का निर्धारण

रीडिंग	पायलट रीडिंग	1	2	3	Vy = मीन अंतर $= (1+2+3)/3$
प्रारंभिक ब्यूरेट रीडिंग (IBR)					
अंतिम ब्यूरेट रीडिंग (FBR)					
अंतर (FBR-IBR)					

$$2Na_2S_2O_3 = 2CuSO_4$$

M2 = Mhypo, V2 = स्थिर ब्यूरेट रीडिंग (Vy), n2 = 2; M3 = ? V3 = 20 mL, n3 = 2

$$\frac{M2 \times V2}{n2} = \frac{M3 \times V3}{n3}$$

$$M3 = \frac{M2 \times V2 \times n3}{n2 \times V3} = \frac{Mhypo \times (Vy) \times n3}{n2 \times V3} = \frac{Mhypo \times (Vy) \times 2}{2 \times 20}$$

कॉपर विलयन की मोलरता = M3 = ... M

100 mL विलयन में Cu^{2+} की मात्रा $= \frac{M3 \times \text{तांबे का परमाणु भार} \times 100}{1000} = \frac{M3 \times 63.5 \times 100}{1000}$

100 mL विलयन में Cu^{2+} की मात्रा $= z = M3 \times 6.35$

1 g नमूना = z g Cu

100 g नमूना = Z × 100 = ... × 100 = ...

परिणाम एवं/अथवा विवेचना

1. दिए गए नमूने में मौजूद तांबे का प्रतिशत = ...%

निष्कर्ष एवं/अथवा सत्यापन

....

प्रयोगिक संबंधित प्रश्न

संदर्भ के लिए, मौखिक रूप से पूछे जाने वाले नमूना प्रश्न यहां दिए गए हैं–

1. उस रसायन का नाम लिखिए जो प्रतिदर्श विलयन में अमोनिया मिलाने से उत्पन्न मैलापन को दूर करता है।
2. वह रंग बताइए जब अयस्क के नमूने में KI मिलाने पर आयोडीन मुक्त होती है।

अपशिष्ट का निपटान

प्रकार	विवरण
बायोडिग्रेडेबल अपशिष्ट (हरा बिन)	प्रयोग के दौरान उपयोग में लाये गए सामान्य फिल्टर पेपर।
अपशिष्ट	प्रयुक्त रसायनों को उनके विशिष्ट रासायनिक गुणों के आधार पर उचित रूप से निपटान किया जाना चाहिए।

पर्यावरण के अनुकूल दृष्टिकोण: पुनः उपयोग (रियूज), कम उपयोग (रिड्यूज) एवं पुनः चक्रण (रिसायकल)

1. विलयन तैयार करते समय कांच के बर्तनों को अच्छी तरह से साफ करें। आगे के प्रयोग के लिए तैयार मानक विलयन को संग्रहित करें।
2. इस प्रयोग को करते समय कचरे को कम करने के लिए वांछित मात्रा में पदार्थ का उपयोग करें।
3. आसुत जल बर्बाद न करें।

सुझाई गई मूल्यांकन योजना

विद्यार्थी का नाम : .... **रोल नंबर : ....**

प्रक्रिया मूल्यांकन			उत्पाद/परिणाम मूल्यांकन			शिक्षक के हस्ताक्षर
प्रक्रिया सूचक (70%)	% भारिता (वेटेज)	प्राप्त अंक	उत्पाद/परिणाम सूचक (30%)	% भारिता (वेटेज)	प्राप्त अंक	
विलयन की तैयारी में सटीकता	15		मौखिक प्रश्न (Viva-voce)	10		
अनुमापन प्रक्रिया और अंतिम बिंदु की पहचान	20		रिपोर्ट की तैयारी	10		
साफ-सफाई एवं देखभाल	10		गणना, परिणाम और व्याख्या	10		
कांच के बने पदार्थ की संभाल	15					
सुरक्षा नियमों का पालन / अनुपालन	10					

3. कॅलरीमापी का उपयोग करके सीमेंट में लौह तत्व का निर्धारण

प्रायोगिक कथन

कॅलरीमापी का उपयोग करके दिए गए सीमेंट के नमूने में लौह तत्व का निर्धारण करें।

प्रायोगिक महत्व

सीमेंट उत्कृष्ट बांधने के गुणों के साथ एक बहुत ही महत्वपूर्ण निर्माण सामग्री है। लगभग हर निर्माण कार्य में सीमेंट की आवश्यकता होती है इसलिए इंजीनियरों और प्रौद्योगिकीविदों को इसवे संघटन को को जानना बहुत रुचिकर होता है। सीमेंट सामग्री की कार्यक्षमता को जानना बहुत महत्वपूर्ण है। सीमेंट उत्पादन के दौरान एक घटक की मात्रा में परिवर्तन करके, कोई भी वांछित गुणवत्ता वाला सीमेंट प्राप्त किया जा सकता है।

लौह मानव शरीर के लिए एक महत्वपूर्ण तत्व है। यह ऑक्सीजन देने वाले प्रोटीन हीमोग्लोबिन में पाया जाता है। सीमेंट में लौह तत्व इसे रंग प्रदान करता है। यह एक गालक के रूप में भी कार्य करता है। बहुत अधिक तापमान पर यह ट्राई कैल्शियम एल्युमिनो-फेराइट बनाता है। कैल्शियम और एल्युमीनियम के साथ यह सीमेंट को कठोरता और मजबूती प्रदान करता है। इसलिए सीमेंट में लौह तत्व का निर्धारण अत्यंत महत्वपूर्ण है।

प्रासंगिक सिद्धांत

कॅलरीमापी वह तकनीक है जिसका उपयोग फोटो कॅलरीमापी या स्पेक्ट्रोफोटोमीटर जैसे उपकरणों का उपयोग करके रंगीन विलयन में पदार्थ की सांद्रता को खोजने के लिए किया जाता है। इस प्रयोग का सिद्धांत लैम्बर्ट बीयर के नियम पर आधारित है। विलयन द्वारा विकिरण के अवशोषण और विलयन में प्रजातियों की सांद्रता के बीच सरल संबंध स्पेक्ट्रोफोटोमेट्रिक विधियों का आधार है। जब भी एकवर्णी प्रकाश (एकल तरंगदैर्घ्य का प्रकाश) को रंगीन विलयन में प्रवाहित किया जाता है, तो विकिरण की कुछ मात्रा अवशोषित हो जाती है और शेष पारगमित हो जाती है। 'I_0' आपतित विकिरण की तीव्रता को इंगित करता है और 'It' पारगमित विकिरण की तीव्रता इंगित करता है। C विलयन की सांद्रता है और L क्यूवेट् की पथ लंबाई है। जब एकवर्णी प्रकाश को रंगीन विलयन से गुजारा जाता है तो दृश्य क्षेत्र में अवशोषण होता है। सांद्रता के साथ अवशोषण बढ़ता है, जबकि सांद्रता में वृद्धि के कारण संचरण कम हो जाता है। जब पथ की लंबाई बढ़ती है तो अवशोषण भी बढ़ता है।

प्रैक्टिकल आउटकम्स (PrOs)

PrO1: दिए गए नमूने को इलेक्ट्रॉनिक तुला में सही तौलना।
PrO2: परिभाषित मोलरता और नर्मालता के दिए गए नमूने का मानक विलयन तैयार करना।
PrO3: स्पेक्ट्रोफोटोमीटर का उपयोग करके सीमेंट और अन्य अज्ञात नमूनों में लोहे की सामग्री का निर्धारण करना।
PrO4: लोहे की सांद्रता को ग्राफिक रूप से पहचानना।

प्रायोगिक व्यवस्था (ड्राइंग/स्केच/सर्किट आरेख/कार्य स्थिति)

आपतित और पारगमित प्रकाश को मापने के लिए एक प्रकाश स्रोत (लैम्प), फिल्टर, क्युवेट और प्रकाश संवेदनशील डिटेक्टर से युक्त कॅलरीमापी होता है। एक कॅलरीमापी में एक फोटो सेल होता है जो जांच के विलयन से गुजरने वाले प्रकाश की मात्रा का पता लगाने में सक्षम होता है। फोटो सेल द्वारा उत्पादित धारा रंगीन विलयन से गुजरने के बाद प्रकाश की मात्रा पर निर्भर करती है। रंगीन विलयन में पदार्थ की सांद्रता जितनी अधिक होगी, प्रकाश का अवशोषण उतना ही अधिक होगा; विलयन से गुजरने वाले कम प्रकाश का अर्थ है फोटो सेल द्वारा कम धारा निर्मित होना।

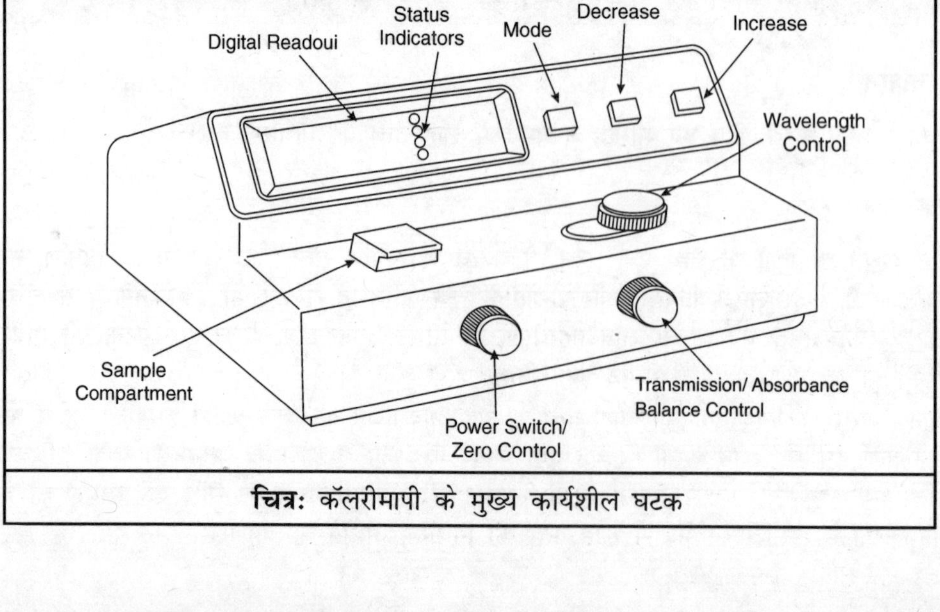

चित्र: कॅलरीमापी के मुख्य कार्यशील घटक

आवश्यक संसाधन, रसायन और कांच के बने उपकरण

- **संसाधन:** फोटो कॅलरीमापी (तरंग दैर्ध्य सटीकता ±0.9nm)
- **रसायन (AR ग्रेड):** सीमेंट का नमूना, फेरस अमोनियम सल्फेट, 40% पोटेशियम थायोसायनेट, 40% अमोनियम थायोसाइनेट, सांद्र H_2SO_4, तनु HCl, $KMnO_4$, HNO_3 नमूना और सीमेंट नमूना।
- **कांच के बने उपकरण (बोरोसिल):** मानक आयतनमापी फ्लास्क (100 mL), बीकर (100/250/500 mL), ब्यूरेट, पिपेट।

सुरक्षा सावधानियां

1. स्पेक्ट्रोफोटोमीटर को 10 मिनट के लिए चालू और गर्म किया जाता है।
2. मोनोक्रोमेटर को 480 nm पर समायोजित किया जाता है।
3. अवशोषण मान लेने के बाद क्युवेट को आसुत जल से धो लें।

प्रयोग विधि

स्टॉक विलयन की तैयारी

1. 0.083 ग्राम फेरस अमोनियम सल्फेट (FAS) तौलें।
2. FAS में 1 mL सांद्र HNO_3 जोड़ें, जो Fe^{2+} को Fe^{3+} में परिवर्तित करता है।
3. 1 L आसुत जल का उपयोग करके मिश्रण को तनु करें। यह स्टॉक विलयन है।
4. प्रेक्षण तालिका के अनुसार स्टॉक विलयन, अमोनियम थायोसाइनेट (रंग के विकास के लिए) और आसुत जल मिलाएं।

सीमेंट के विलयन को तैयार करने की प्रक्रिया

1. दिए गए सीमेंट के नमूने के लगभग 0.1 ग्राम को तौलें, एक साफ 250 mL बीकर में डालें।
2. नमूने में लगभग 5 mL जल डालें। अच्छी तरह से मिलाएं और फिर 1-2 mL सांद्र HCl डालें। फिर से अच्छी तरह मिला लें।
3. मिश्रण को सूखने के लिए वाष्पित कर दें, अतिरिक्त अम्ल को बाहर निकाल दें।
4. सामग्री को घोलने के लिए 20 mL आसुत जल जोड़ें और सभी सामग्री को मानक आयतनमापी फ्लास्क (100 mL) में स्थानांतरित करें।
5. आसुत जल के साथ विलयन को निशान तक तनु करें।
6. एक समान सांद्रण के लिए अच्छी तरह हिलाएं।
7. उपरोक्त विलयन के 10 mL पिपेट से लेकर 100 mL मानक फ्लास्क में डालें।
8. 1 mL सांद्र HNO_3 मिलाएँ और फिर एक ब्यूरेट से 40% NH_4SCN के 5 mL लीटर जोड़ें। आसुत जल से इस विलयन को निशान तक बना लें।

अवशोषण को रिकॉर्ड करने की प्रक्रिया

1. जल और अमोनियम थायोसाइनेट के साथ खाली विलयन मिलाकर सेल में रखा जाता है। अवशोषण को मापा जाता है जिसके लिए अवशोषण शून्य और पारगम्यता 100% होता है।

2. अब सभी तैयार मानक विलयन का अवशोषण इसी तरह सांद्रता के बढ़ते क्रम में मापा जाता है।
3. अंत में नमूना विलयन का अवशोषण कॅलरीमापी ट्यूब में लेते हैं और फोटो कॅलरीमापी का उपयोग करके अवशोषण को मापते हैं।
4. अवशोषण (y-अक्ष) बनाम सांद्रता (x-अक्ष) का ग्राफ खीचें।
5. अवशोषण मान से हम Fe^{2+} की सांद्रता को अंशांकन वक्र से माप सकते हैं।

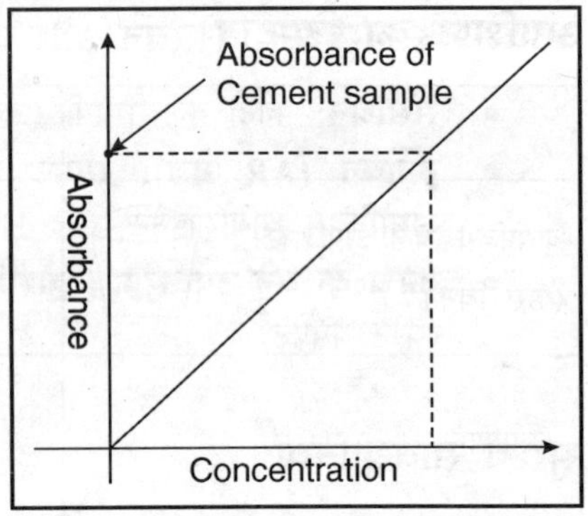

प्रेक्षण और गणना

क्रम संख्या	FAS स्टॉक विलयन	अमोनियम थायोसाइनेट की मात्रा	आसुत जल की मात्रा	Fe^{3+} की सांद्रता ppm में	अवशोषण
1	0	5	5	---	
2	1	1	8	1	
3	2	2	6	2	
4	3	3	4	3	
5	4	4	2	4	
6	5	5	0	5	
7	सीमेंट विलयन				

परिणाम एवं/अथवा विवेचना

1. ग्राफ से अज्ञात सीमेंट नमूने की सांद्रता है =

निष्कर्ष एवं/अथवा सत्यापन

....

प्रयोग संबंधित प्रश्न

संदर्भ के लिए मौखिक रूप से पूछे जाने वाले नमूना प्रश्न यहां दिए गए हैं–

1. अवशोषण और सांद्रता के बीच संबंध लिखिए।
2. मानव शरीर में आयरन सप्लीमेंट्स की भूमिका का उल्लेख करें।

अपशिष्ट का निपटान

प्रकार	विवरण
बायोडिग्रेडेबल अपशिष्ट (हरा बिन)	प्रयोग के दौरान उपयोग में लाये गए सामान्य फिल्टर पेपर।
अपशिष्ट	प्रयुक्त रसायनों को उनके विशिष्ट रासायनिक गुणों के आधार पर उचित रूप से निपटान किया जाना चाहिए।

पर्यावरण के अनुकूल दृष्टिकोणः पुनः उपयोग (रियूज), कम उपयोग (रिड्यूज) एवं पुनः चक्रण (रिसायकल)

1. विलयन तैयार करते समय कांच के बर्तनों को अच्छी तरह से साफ करें। आगे के प्रयोग के लिए तैयार मानक विलयन को संग्रहित करें।
2. इस प्रयोग को करते समय कचरे को कम करने के लिए वांछित मात्रा में पदार्थ का उपयोग करें।
3. आसुत जल बर्बाद न करें।

सुझाई गई आकलन योजना

विद्यार्थी का नाम : .... **रोल नंबर : ....**

प्रक्रिया मूल्यांकन			उत्पाद/परिणाम मूल्यांकन			शिक्षक के हस्ताक्षर
प्रक्रिया सूचक (70%)	% भारिता (वेटेज)	प्राप्त अंक	उत्पाद/परिणाम सूचक (30%)	% भारिता (वेटेज)	प्राप्त अंक	
सैंपल के भार में सटीकता	10		मौखिक प्रश्न (Viva-voce)	10		
विलयन	10		रिपोर्ट तैयार करना	10		
साफ-सफाई एवं देखभाल	10		गणना, परिणाम और ग्राफ की व्याख्या	10		
स्पेक्ट्रोफोटोमीटर का उपयोग और लौह तत्व का निर्धारण	30					
सुरक्षा सावधानियों का पालन/अनुपालन	10					

अधिक जानें

- शिक्षकों को धातु विज्ञान में उपयोग की जाने वाली विभिन्न प्रकार की भट्टियों के बारे में जानने की जरूरत है जैसे कि रिवरबेरेटरी फर्नेस, बेसेमर कन्वर्टर, इलेक्ट्रिक फर्नेस, मफल फर्नेस।
- लाभकारी: औद्योगिक प्रक्रियाएं जो एक चट्टान और / या खनिज से वांछित वस्तु को निकालती हैं।
- ऊष्माक्षेपी अभिक्रियाये और ऊष्माशोषी अभिक्रियाये।
- उच्चतापसह की स्पैलिंग: उच्च तापमान पर असमान विस्तार के कारण फैक्चर, थर्मल शॉक या अत्यधिक तापमान, यांत्रिक क्षति या अनुचित स्थापना के कारण उच्चतापसह चिनाई सामग्री समय से पहले विफल हो सकती है।
- योगात्मक और संघनन बहुलीकरण अभिक्रिया की क्रियाविधि।
- रबर के गुण जैसे, कठोरता, तन्य शक्ति, फिर से वापस आना और जुड़ना।

सूक्ष्म परियोजनायें/गतिविधियाँ

- विभिन्न प्राकृतिक स्रोतों से अयस्क के कुछ नमूनों का अन्वेषण करें और उचित आकार के नमूना अयस्क को खुदाई करके एकत्र करें। इस इकाई से आपने जो सीखा है उसके आधार पर, आप सबसे सुविधाजनक विधि का उपयोग करके अयस्क को शुद्ध करें। इस पर एक रिपोर्ट तैयार करें और उसे कक्षा में प्रस्तुत करें।
- विभिन्न बहुलकों को एकत्रित करें और उनके प्रकार, गुणों और उपयोगों के आधार पर चार्ट/पावर प्वाइंट तैयार करें।

रचनात्मक अन्वेषणशीलता और जिज्ञासा

हमारे देश में प्रचुर मात्रा में प्राकृतिक अयस्क और खनिज संसाधन हैं। इसके बावजूद, औसत लोगों के लिए घरेलू अनुप्रयोगों/उद्देश्यों हेतु उत्पादित धातु की वस्तुएं अच्छी गुणवत्ता की नहीं होती हैं और समय के साथ दरारें विकसित हो जाती हैं।

सन्दर्भ एवं अध्ययन हेतु सुझाव

- Shikha Agarwal, Engineering Chemistry, Cambridge University Press; New Delhi,2015. ISBN, 978-1-107-47641-7
- C.N.R.Rao, UnderstandingChemistry, Universities Press (India) Pvt. Ltd.,2011, ISBN 8173712506
- Dara, S. S. & Dr. S. S. Umare, Engineering Chemistry, Universities Press (India) Pvt.Ltd., 2011, ISBN, 8121903599
- Jain & Jain, Engineering Chemistry, Dhanpat RaiandSons; New Delhi, 2015, ISBN 8187433175
- Dr. G. H Hugar & Prof. A. N. Pathak, Vol. land Vol. II, NITTTR Chandigarh, Publications, 2013-14.

4 ईंधन और स्नेहक का रसायन विज्ञान

यूनिट विशिष्ट

इस यूनिट में निम्नलिखित प्रमुख विषय शामिल हैं:

- ईंधन और ईंधन का दहन
- कोयले का विश्लेषण
- स्नेहन
- स्नेहक के कार्य
- अच्छे स्नेहक के अभिलाक्षणिक गुण
- स्नेहक का वर्गीकरण
- स्नेहन की क्रियाविधि
- स्नेहक के भौतिक गुण
- स्नेहक के रासायनिक गुण

यहाँ विभिन्न अवधारणाओं को उदाहरणों के द्वारा समझाया गया है ताकि विद्यार्थियों में आगे जिज्ञासा और रचनात्मक अन्वेषणशीलता उत्पन्न हो, साथ ही उद्योगों एवं दैनिक जीवन में उनके विभिन्न व्यवहारिक अनुप्रयोगों का उल्लेख किया गया है ताकि विद्यार्थियों में रचनात्मक समस्या समाधान की क्षमता विकसित हो।

यूनिट के भीतर विभिन्न अंतरालों पर अध्ययन के मूल्यांकन हेतु रचनात्मक मूल्यांकन (formative assessment) प्रश्नों को संज्ञानात्मक क्षेत्र (cognitive domain) के विभिन्न स्तरों पर डिजाइन किया गया है।

सही अर्थों में आउटकम आधारित पाठ्यक्रम के प्रभावी कार्यान्वयन के लिए, सूक्ष्म परियोजनाओं, कार्यों, औद्योगिक भ्रमण आदि जैसी गतिविधियों के व्यापक स्पेक्ट्रम को विद्यार्थियों के लाभ और उन्हें बढ़ावा देने के लिए यूनिट में डिजाइन और एकीकृत किया गया है। अतिरिक्त अध्ययन और सीखे हुए को मजबूत करने के लिए विभिन्न विषयों / उप विषयों पर नमूना क्यूआर कोड प्रदान किए गए हैं।

भूमिका

तीव्र विकास, औद्योगीकरण और तकनीकी विकास ने ऊष्मा, विद्युत् और ऊर्जा के उत्पादन की तत्काल आवश्यकता पर ध्यान केंद्रित किया है, जो इंजीनियरिंग की आज की प्रमुख चुनौतियों में से एक है। दुनिया में ऊर्जा की मांग लगातार बढ़ रही है। जीवाश्म ईंधन ने आधुनिक समाज की कई आवश्यकताओं और सुविधा को संभव बनाया है। गैर-नवीकरणीय ऊर्जा (Non-renewable energy) संसाधनों जिनमे कोयला, प्राकृतिक गैस, तेल और परमाणु ऊर्जा शामिल हैं, एक बार इन संसाधनों का उपयोग हो जाने के बाद, उन्हें प्रतिस्थापित नहीं किया जा सकता है, जो मानवता के लिए एक बड़ी

समस्या है क्योंकि वर्तमान में हम अपनी अधिकांश ऊर्जा जरूरतों को पूरा करने के लिए उन पर निर्भर हैं। इस परिदृश्य को देखते हुए, हमें फसलों से ईधन का उत्पादन करने और इसे गैसोलीन के विकल्प के रूप में उपयोग करने के लिए तंत्र विकसित करना होगा। इसलिए हम गैर-नवीकरणीय ईधन के उपयोग को कम करने के लिए इथेनॉल, बायोगैस का उत्पादन कर सकते हैं जो प्रदूषण को कम करने में मदद करता है।

स्नेहक को मशीन के लिए जीवनदायिनी माना जाता है। कई औद्योगिक गतिविधियों में स्नेहक एक आवश्यक घटक हैं। बियरिंग (bearing) से लेकर इंजन, इंजन से लेकर हाइड्रोलिक्स (hydraulics) तक, उद्योगों को सुचारू रूप से चलाने के लिए इनका उपयोग किया जाता है।

पूर्व-अपेक्षित ज्ञान

रसायन विज्ञान : पदार्थ की अवस्थाएं, इंजीनियरिंग सामग्री

गणित : मूल बीजगणित और ज्यामिति

यूनिट आउटकम्स (UOs)

इस यूनिट के आउटकम्स की सूची निम्नलिखित है:

U4-O1 घरेलू और औद्योगिक उपयोग हेतु कोयले की गुणवत्ता का आकलन करने के लिए कोयले का निकट विश्लेषण करना।

U4-O2 ईधन के ऊष्मीय मान का निर्धारण करके कोयले की दक्षता का आकलन करना।

U4-O3 विभिन्न गैसीय ईधन का उपयोग उनकी संरचना, कैलोरी मान और अन्य गुणों के आधार पर करना।

U4-O4 कार्य और विशिष्ट गुणों के आधार पर विभिन्न प्रकार की मशीनरी में उपयोग के लिए प्रासंगिक स्नेहक का चयन करना।

U4-O5 विशिष्ट उपयोग के लिए दिए गए स्नेहक की श्यानता, प्रज्ज्वलन और अग्नि बिंदु निर्धारित करना।

यूनिट-4 आउटकम्स	**कोर्स आउटकम्स (COs) के साथ यूनिट आउटकम्स (UOs) के अपेक्षित संबंध** *(1. कमजोर सहसंबंध; 2. मध्यम सहसंबंध; 3. मजबूत सहसंबंध)*				
	CO-1	**CO-2**	**CO-3**	**CO-4**	**CO-5**
U4-O1	-	-	-	3	-
U4-O2	-	-	-	3	-
U4-O3	-	-	-	3	-
U4-O4	-	-	1	3	2
U4-O5	-	-	1	3	2

4.1 ईधन और ईधन का दहन - एक परिचय

उद्योगों को अपने नियमित संचालन के लिए विद्युत की आवश्यकता होती है। ऊष्मा, ऊर्जा शक्ति का प्राथमिक स्रोत है। ईधन ज्वलनशील पदार्थ हैं, और ईधन के जलने से उत्पन्न ऊष्मा का उपयोग आर्थिक रूप से औद्योगिक और घरेलू दोनों उद्देश्यों के लिए किया जा सकता है और इन बढ़ती आवश्यकताओं को पूरा करने के लिए हमें विभिन्न प्रकार के ईधन की तलाश करनी चाहिए। वर्तमान इकाई, ईधन और स्नेहक के अध्ययन पर केंद्रित है।

4.1.1 ईंधन और उसका दहन

ईंधन एक ज्वलनशील पदार्थ है, जिसमें मुख्य घटक के रूप में कार्बन होता है, जो उचित जलने पर बड़ी मात्रा में ऊष्मा देता है, जिसका उपयोग घरेलू और औद्योगिक उद्देश्यों के लिए आर्थिक रूप से किया जा सकता है।

जैसे लकड़ी, कोयला, मिट्टी का तेल, गैसोलीन, द्रव पेट्रोलियम गैस (एलपीजी), पेट्रोल, डीजल, हाइड्रोजन गैस, इथेनॉल आदि। ईंधन के दहन की प्रक्रिया के दौरान, कार्बन, हाइड्रोजन आदि के परमाणु ऑक्सीजन के साथ जुड़ते हैं और साथ ही अत्यधिक मात्रा में ऊष्मा उत्पन्न होती है। इन परमाणुओं में संयोजकता इलेक्ट्रॉनों की पुनर्व्यवस्था के कारण यह ऊर्जा मुक्त होती है, जिसके परिणामस्वरूप नए यौगिकों का निर्माण होता है।

ईधन + ऑक्सीजन ⟶ उत्पाद + ऊष्मा

$$C + O_2 \longrightarrow CO_2 + \text{ऊष्मा} \qquad \Delta H = -94.1 \text{ Kcal/mole}$$

$$2H_2 + O_2 \longrightarrow 2H_2O + \text{ऊष्मा} \quad \Delta H = -67 \text{ Kcal/mole}$$

इन नए उत्पादों की ऊर्जा कम होती है, इसलिए दहन प्रक्रिया के दौरान प्राप्त ऊर्जा अभिकर्मको की ऊर्जा और बने उत्पादों की उर्जा का अंतर होती है।

ईधन का दहनः यह ईंधन और ऑक्सीजन के बीच ऊष्माक्षेपी अभिक्रिया होने के कारण बढ़ा तापमान है।

4.1.2 ईधन का वर्गीकरण

तालिका 4.1 में ईधन का वर्गीकरण उनकी भौतिक स्थिति और स्रोत के आधार पर, जिससे वे प्राप्त किए जाते हैं, दिखाया गया है

तालिका 4.1: ईधन का वर्गीकरण

भौतिक अवस्था	ईधन के प्राकृतिक स्रोत	ईधन के मानव निर्मित स्रोत
ठोस ईधन	लकड़ी, कोयला, पीट, लिग्नाइट, बिटुमिनस, एन्थ्रेसाइट, तेल शेल, टार रेत, गोबर	लकड़ी का कोयला, कोक, अर्द्ध कोक, पेट्रोलियम कोक, चूर्णित कोक, कोलायडी ईधन, थायोकॉल, हाइड्राजीन,नाइट्रोसैलूलोज, कोयला ईट आदि।
द्रव ईधन	कच्चा तेल या पेट्रोलियम, प्राकृतिक गैसोलीन	पेट्रोल, गैसोलीन, डीजल तेल, गैस तेल, मिट्टी का तेल, तेल, कोलतार, अल्कोहल, सिंथेटिक स्प्रिट आदि।
गैसीय ईधन	प्राकृतिक गैस	कोयला गैस, कोक ओवन गैस, जल गैस, प्रोड्यूसर गैस, कार्बोरेटेड जल गैस, तेल गैस, बायोगैस, ब्लास्ट फर्नेस गैस, रिफाइनरी तेल गैस, संश्लेषित गैस, एसिटिलीन और द्रव पेट्रोलियम गैस, हाइड्रोजन गैस आदि।

4.1.3 कैलोरी मान

कैलोरी मान (Calorific value) ईधन का एक आवश्यक गुण है, जो ऊष्मा की आपूर्ति करता है। ईधन की एक निश्चित मात्रा द्वारा आपूर्ति की जाने वाली ऊष्मा की मात्रा अलग-अलग ईधन के लिए अलग-अलग होती है। कैलोरी मान ईधन की दक्षता का आकलन करने में मदद करता है।

इकाई द्रव्यमान के ईंधन के पूर्ण दहन के दौरान प्राप्त ऊष्मा की मात्रा को उसका कैलोरी मान (calorific value) कहा जाता है।

ठोस और द्रव ईंधन के कैलोरी मान आमतौर पर कैलोरी प्रति ग्राम (cal/g) या किलो कैलोरी प्रति किलोग्राम (Kcal/Kg) या ब्रिटिश थर्मल यूनिट प्रति पाउंड (B.Th.U./lb) में व्यक्त किए जाते हैं, जबकि गैसों के कैलोरी मान किलो कैलोरी प्रति क्यूबिक मीटर (K cal/m^3) या ब्रिटिश थर्मल यूनिट प्रति क्यूबिक फुट (B.Th.U/ft^3) या सेंटीग्रेड हीट यूनिट प्रति पाउंड (CHU/lb) या सेंटीग्रेड हीट यूनिट प्रति क्यूबिक फुट (CHU/ft^3) के रूप में व्यक्त किया जाता है।

इन इकाइयों को आपस में निम्नानुसार बदला जा सकता है

1cal/g = 1 K cal/Kg = 1.8B.Th.U./lb

1 Kcal/m^3 = 0.1077 B.Th.U/ft^3

1 B.TH.U/ft^3 = 9.3 Kcals/m^3

4.1.3 (A) उच्च कैलोरी मान (HCV) या सकल कैलोरी मान

आमतौर पर, सभी ईंधन में कुछ हाइड्रोजन होता है और जब हाइड्रोजन युक्त ईंधन का कैलोरी मान प्रयोगात्मक रूप से निर्धारित किया जाता है, तो हाइड्रोजन भाप में परिवर्तित हो जाता है। यदि दहन के उत्पादों को कमरे के तापमान पर संघनित किया जाता है, तो भाप के संघनन की गुप्त ऊष्मा भी मापी गई ऊष्मा में शामिल हो जाती है, जिसे उच्च या सकल कैलोरी मान (Gross calorific value) कहा जाता है। तो सकल या उच्च कैलोरी मान है–

जब इकाई ईंधन का पूर्ण रूप से दहन किया जाता है और दहन के दौरान बने उत्पादों को 15 डिग्री सेंटीग्रेड तक ठंडा किया जाता है तब प्राप्त कुल ऊष्मा उच्च कैलोरी मान (high calorific value) कहलाती है।

4.1.3 (B) निम्न कैलोरी मान (LCV) या शुद्ध कैलोरी मान

किसी भी ईंधन के वास्तविक उपयोग में जल वाष्प और नमी आदि संघनित नहीं होते हैं और गर्म दहन गैसों के साथ निकल जाती हैं इसलिए कम मात्रा में ऊष्मा उपलब्ध होती है। अतः शुद्ध या निम्न कैलोरी मान है–

जब इकाई ईंधन का पूर्ण रूप से दहन किया जाता है और प्राप्त उत्पादों को निकल जाने दिया जाता है तो प्राप्त कुल ऊष्मा को निम्न कैलोरी मान या शुद्ध कैलोरी (net calorific value) मान कहते हैं।

शुद्ध या निम्न कैलोरी मान (LCV) = HCV – निर्मित जल वाष्प की गुप्त ऊष्मा

हम इस यूनिट के अंत में प्रायोगिक प्रदर्शन के द्वारा बम कैलोरीमीटर का उपयोग करके ठोस या द्रव ईंधन के ऊष्मीय मान के निर्धारण के बारे में सीखेंगे।

4.1.4 डुलोंग के सूत्र का उपयोग करके HCV और LCV की गणना

ईंधन के कैलोरी मान की गणना ईंधन के घटकों की मात्रा को ध्यान में रखते हुए की जा सकती है। ईंधन के कुछ मुख्य ज्वलनशील घटकों के उच्च ऊष्मीय मान तालिका 4.2 में दिए गए हैं।

तालिका 4.2: ईंधन घटको के उच्च कैलोरी मान

घटक	हाइड्रोजन	कार्बन	सल्फर
HCV (किलो कैलोरी / किलो)	34500	8080	2240

यदि ईंधन में ऑक्सीजन मौजूद है तो इसे हाइड्रोजन के साथ एक संयुक्त रूप में यानि स्थिर हाइड्रोजन [H_2O] के रूप में मौजूद माना जाता है।

तो, दहन के लिए उपलब्ध हाइड्रोजन की मात्रा

= ईंधन में हाइड्रोजन का कुल द्रव्यमान – स्थिर हाइड्रोजन

चूँकि ऑक्सीजन के 8 भाग हाइड्रोजन के एक भाग से संयोग करके H_2O बनते हैं अतः

= ईंधन में हाइड्रोजन का कुल द्रव्यमान – $\frac{1}{8}$ ईंधन में ऑक्सीजन का द्रव्यमान

ईंधन की रासायनिक संरचना से उच्च कैलोरी मान (HCV) के लिए डुलोंग का सूत्र है–

$$HCV = \frac{1}{100}\left\{8080C + 34500\left(H - \frac{O}{8}\right) + 2240\,S\right\} \text{Kcal/Kg}$$

जहां C, H, O और S क्रमशः ईंधन में कार्बन, हाइड्रोजन, ऑक्सीजन और सल्फर का प्रतिशत है, इस सूत्र में ऐसा माना जाता है कि ऑक्सीजन हाइड्रोजन के साथ दहन के लिए उपस्थित होकर जल बनाती है और यह इस तथ्य पर आधारित है कि भार अनुसार हाइड्रोजन का एक भाग जल के 9 भाग देता है।

$$\begin{array}{ccccc} H_2 & + & O & & H_2O \\ 2g & & 16g & \longrightarrow & 18g \\ 1g & & 8g & & 9g \end{array}$$

LCV = HCV– उत्पादित जलवाष्प के संघनन की गुप्त ऊष्मा

LCV = HCV– (जले हुए ईंधन के प्रति इकाई भार H का द्रव्यमान $\times 9 \times$ वाष्प की गुप्त ऊष्मा)

वाष्प की गुप्त ऊष्मा है = 587 किलो/किग्रा

ईंधन की रासायनिक संरचना से निम्न कैलोरी मान (LCV) के लिए डुलोंग सूत्र है–

$$LCV = \left[HCV - \frac{H}{100} 9 \times 587\right] \text{Kcal/Kg}$$

$$LCV = HCV - 0.09H \times 587 \text{ Kcal/Kg}$$

जहाँ H = ईंधन में हाइड्रोजन का % है

ईंधन के वास्तविक व्यावहारिक उपयोग में दहन उत्पादों को कमरे के तापमान तक ठंडा करना शायद ही संभव हो, ताकि जलवाष्प का संघनन हो सके और उस गुप्त ऊष्मा का उपयोग किया जा सके। इसलिए निर्मित जलवाष्प को भी गर्म दहन गैसों के साथ बाहर निकलने दिया जाता है।

4.2.1 कोयले का निकट विश्लेषण (ठोस ईंधन)

कोयले की संरचना खदानों के साथ बदलती रहती है, इसलिए कोयले की गुणवत्ता का विश्लेषण करना आवश्यक है, जो इसके वाणिज्यिक वर्गीकरण, महत्त्व निर्धारण और औद्योगिक उपयोग में मदद करता है। कोयले के निकट विश्लेषण में नमी, वाष्पशील पदार्थ, राख और स्थिर कार्बन का निर्धारण शामिल है। निकट विश्लेषण (Proximate analysis) कोयले की व्यावहारिक उपयोगिता के बारे में जानकारी देता है।

1. **नमी (Moisture) का निर्धारण:** एक ढक्कन सहित सिलिका क्रूसिबल में लगभग 1 ग्राम हवा में सुखाए गए कोयले के नमूने का बारीक चूर्ण को तौलते है। क्रूसिबल को गर्म हवा वाले विद्युत् ओवन के अंदर 105°–110°C पर रखा जाता है। क्रूसिबल को लगभग एक घंटे तक ओवन में रहने दिया जाता है, और फिर चिमटे की मदद से बाहर निकला जाता है, डेसिकेटर में ठंडा किया जाता है और तौला जाता है। कोयले के भार में हुई कमी को निकालकर नमी के प्रतिशत की गणना इस प्रकार की जा सकती है :

$$\text{नमी का \%} = \frac{\text{कोयले के भार में हुई कमी}}{\text{लिए गए कोयले का भार}} \times 100$$

नमी, परिवहन लागत को बढ़ाती है और कोयले के प्रभावी कैलोरी मान को भी कम करती है। दहन के दौरान कोयले में उपलब्ध नमी को वाष्पित करने में बहुत अधिक मात्रा में ऊष्मा बर्बाद होती है। नमी की मात्रा जितनी कम होगी, ईधन के रूप में कोयले की गुणवत्ता उतनी ही बेहतर होगी। इसलिए नमी का उच्च प्रतिशत अवांछनीय है।

2. **वाष्पशील पदार्थ (Volatile Matter) का निर्धारण:** क्रूसिबल में बचे कोयले के सूखे नमूने को (चरण 1 यानि नमी का निर्धारण) ढक्कन से ढक दिया जाता है और 925°C पर बनाए गए इलेक्ट्रिक मफल फर्नेस में रखा जाता है। इसे 7 मिनट तक गर्म किया जाता है। फिर गर्म क्रूसिबल को बाहर निकाला जाता है और पहले हवा में ठंडा किया जाता है, और फिर डेसिकेटर में ठंडा किया जाता है और फिर तौला जाता है। भार में कमी को वाष्पशील पदार्थ के प्रतिशत के रूप में सूचित किया जाता है। कोयले से निकले वाष्पशील पदार्थ का भार ज्ञात करके उसके प्रतिशत की गणना निम्न प्रकार की जा सकती है:

$$\text{वाष्पशील पदार्थ का \%} = \frac{\text{वाष्पशील पदार्थ के निकलने से भार में कमी}}{\text{लिए गए कोयले का भार}} \times 100$$

वाष्पशील पदार्थ कोयले का घटक नहीं है बल्कि इसमें कोयले के तापीय अपघटन के परिणामस्वरूप उत्पन्न गैसीय और द्रव उत्पादों का एक जटिल मिश्रण होता है।

इसलिए इसके निर्धारण के दौरान निर्धारित शर्तों का पालन किया जाना चाहिए। इस प्रकार जितना अधिक वाष्पशील पदार्थ होता है उसका कैलोरी मान उतना ही कम होता है और जितना कम वाष्पशील पदार्थ होता है कोयले की गुणवत्ता उतनी ही बेहतर होती है।

3. **राख (Ash) का निर्धारण:** क्रूसिबल में बचे हुए कोयले (चरण 2 में वाष्पशील पदार्थ के निर्धारण के बाद) को फिर एक खुले क्रूसिबल (बिना ढक्कन यानि हवा या ऑक्सीजन की उपस्थिति में) में 750°C पर आधे घंटे के लिए एक मफल भट्टी में गर्म किया जाता है। यहां कोयले को हवा में जलाकर राख में बदल दिया जाता है। क्रूसिबल को बाहर निकाला जाता है, पहले हवा में ठंडा किया जाता है, फिर डेसिकेटर के अंदर रखा जाता है और फिर इसे तौला जाता है। गर्म करने, ठंडा करने एवं तौलने को तब तक दोहराया जाता है जब तक कि स्थिर भार प्राप्त न हो जावे। उत्पादित अवशेष के प्रतिशत को राख के रूप में दर्ज किया जाता है।

कोयले का रसायन विज्ञान

$$\text{राख का \%} = \frac{\text{बनी राख का भार}}{\text{लिए गए शुष्क कोयले का भार}} \times 100$$

राख के भार को जानकर उसके प्रतिशत की गणना की जा सकती है। क्योंकि राख बेकार, गैर-दहनशील पदार्थ है, इससे कोयले का कैलोरी मान कम हो जाता है। इसके अलावा राख, हवा और ऊष्मा के प्रवाह में बाधा उत्पन्न करती है, जिससे तापमान कम हो जाता है। राख की उपस्थिति से परिवहन, रखरखाव और भंडारण की लागत भी बढ़ जाती है। राख को हटाने में अतिरिक्त लागत भी लगती है। इसलिए कोयले को जलाने से राख का बनना अवांछनीय है। राख की मात्रा जितनी कम होगी, कोयले की गुणवत्ता उतनी ही बेहतर होगी।

4. **स्थिर कार्बन (Fixed Carbon) का निर्धारण:** इसे परोक्ष रूप से नमी, वाष्पशील पदार्थ और राख के कुल प्रतिशत को 100 में से घटाकर निर्धारित किया जाता है। स्थिर कार्बन का प्रतिशत इस प्रकार निकला जाता है:

स्थिर कार्बन का % = 100 –[नमी का % + वाष्पशील पदार्थ का % + राख का %]

स्थिर कार्बन का प्रतिशत जितना अधिक होगा, इसका कैलोरी मान उतना ही ज्यादा होगा और कोयले की गुणवत्ता बेहतर होगी। स्थिर कार्बन का प्रतिशत जितना ज्यादा होगा, वाष्पशील पदार्थ का प्रतिशत उतना ही कम होगा। इसलिए स्थिर कार्बन का उच्च प्रतिशत वांछनीय है। हम यूनिट के अंत में संलग्न प्रयोग द्वारा निकट विश्लेषण का उपयोग करके दिए गए कोयले के नमूने में नमी और राख की मात्रा के निर्धारण के बारे में सीखेंगे।

4.2.2 पेट्रोल और डीजल की ईंधन रेटिंग (ऑक्टेन और सीटेन संख्या)

ऑक्टेन संख्या (Octane Number)

एक आंतरिक दहन इंजन में गैसोलीन (पेट्रोल) वाष्प और हवा का मिश्रण ईधन के रूप में उपयोग किया जाता है। सिलेंडर में एक चिंगारी द्वारा दहन प्रक्रिया की शुरुआत के बाद, गैसीय मिश्रण से लौ को तेजी से और सुचारू रूप से फैलना चाहिए, जिससे गैस का विस्तार होता है जो पिस्टन को सिलेंडर से नीचे ले जाता है। चूषण स्ट्रोक (Suction stroke) के अंत में सिलेंडर में गैस के आयतन एवं पिस्टन के संपीड़न स्ट्रोक के अंत में गैस के आयतन के अनुपात को संपीड़न अनुपात (compression ratio) के रूप में जाना जाता है। एक आंतरिक दहन (IC) इंजन की दक्षता संपीड़न अनुपात में वृद्धि के साथ बढ़ जाती है, जो इस्तेमाल किए गए गैसोलीन में मौजूद घटक की प्रकृति पर निर्भर करती है। कुछ स्थितियों में, ऑक्सीकरण दर इतनी अधिक हो जाती है कि ईधन-वायु मिश्रण का अंतिम भाग तुरंत प्रज्ज्वलित हो जाता है जिससे विस्फोट उत्पन्न होता है, जिसे अपस्फोटन (knocking) कहा जाता है।

इसका मतलब है कि पिस्टन के संपीड़न के दौरान, विस्फोटक मिश्रण का पूर्व-प्रज्ज्वलन (pre-ignition), चिंगारी से ठीक पहले स्वत: स्फूर्त रूप से दहन शुरू कर देता है। इंजन के अंदर ईधन के असमान दहन के कारण उत्पन्न होने वाली धात्विक ध्वनि या विस्फोट ध्वनि उत्पन्न होती है एवम् इसके परिणामस्वरूप दक्षता में भी कमी आती है। चमकती स्पार्क प्लग टिप भी पूर्व-प्रज्ज्वलन का कारण हो सकती है। पूर्व-प्रज्ज्वलन को रोकने के लिए स्पार्क प्लग का अनुशंसित ताप सीमा से सावधानीपूर्वक मिलान किया जाना चाहिए।

यह पाया गया है कि *n*-हेप्टेन बहुत बुरी तरह से अपस्फोटन करता है, इसका अपस्फोटनरोधी मान स्वेच्छा से शून्य मान लिया गया है और आइसो-ऑक्टेन (iso-octane) बहुत कम अपस्फोटन करता है, इसलिए इसका अपस्फोटनरोधी मान 100 मान लिया गया है।

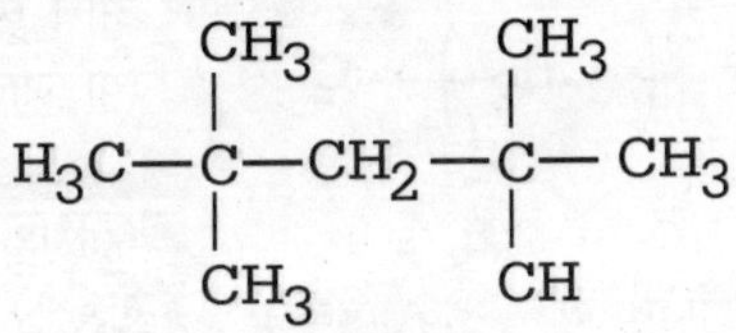

iso-octane

ऑक्टेन संख्या = 100

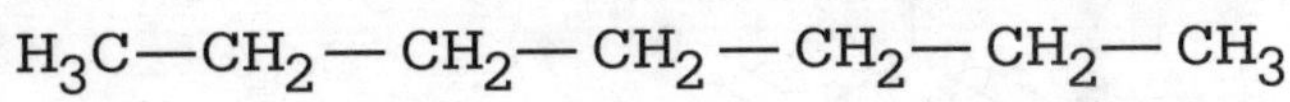

n-heptane

ऑक्टेन संख्या = 0

> गैसोलीन की ऑक्टेन संख्या आइसो-ऑक्टेन और *n*-हेप्टेन के मिश्रण में आइसो-ऑक्टेन का वह प्रतिशत है जो कि विचाराधीन ईंधन की अपस्फोटन विशेषताओं के साथ मेल खाता है।

ऑक्टेन रेटिंग निर्धारित करने के लिए, ईधन के अपस्फोटन की जांच की जाती है और इसकी ऑक्टेन संख्या, आइसो-ऑक्टेन और *n*-हेप्टेन के उस विशेष मिश्रण की ऑक्टेन संख्या के बराबर होती है, जिसका अपस्फोटन समान परिस्थितियों में दिए गए ईधन के समान रहता है। उदाहरण के लिए ऑक्टेन नंबर 80 का ईधन यह इंगित करता है कि इसका अपस्फोटन 80% आइसो ऑक्टेन और 20% *n*-हेप्टेन के ईधन द्वारा उत्पादित अपस्फोटन के समान है।

ऑक्टेन संख्या जितनी अधिक होगी, पिस्टन से उतना अधिक संपीड़न होता है और प्रज्ज्वलित होने से पहले गैसोलीन इंजन में बना रह सकता है। इसका मतलब है कि ऑक्टेन संख्या जितनी अधिक होगी, अपस्फोटन उतनी ही कम होगा। ईधन की ऑक्टेन संख्या बढ़ाने

तालिका 4.3: कुछ सामान्य हाइड्रोकार्बन की ऑक्टेन रेटिंग

हाइड्रोकार्बन	ऑक्टेन संख्या
बेंजीन	100+
आइसोपेंटेन	90
साइक्लोहेक्सेन	77
2-मिथाइल पेंटेन	71
n-पेंटेन	62
n-हेक्सेन	26

के लिए गैसोलीन में उच्च अपस्फोटन मान के ईधन को मिलाया जाता है। आमतौर पर गैसोलीन की अपस्फोटनरोधी गुण को बढाने के लिए टेट्रा एथिल लेड (TEL) [$Pb(C_2H_5)_4$] मिलाया जाता है और इस प्रक्रिया को डोपिंग (doping) कहा जाता है। TEL किसी भी हाइड्रोकार्बन के साथ मिश्रित होने पर अपस्फोटन की प्रवृति को बहुत कम कर देता है। कम अपस्फोटन वाले गैसोलीन में TEL की सूक्ष्म मात्रा भी अत्यधिक मात्रा में ऑक्टेन संख्या को बढ़ा देती है। मोटर स्पिरिट के लिए प्रति लीटर लगभग 0.5 mL टेट्रा एथिल लेड मिलाया जाता है और लगभग 1 mL TEL प्रति लीटर आमतौर पर विमानन पेट्रोल में मिलाया जाता है। कुछ सामान्य हाइड्रोकार्बन की ऑक्टेन रेटिंग तालिका 4.3 में दी गई है।

सीटेन संख्या (Cetane Number)

डीजल तेल की अपस्फोटन विशेषताओं को सीटेन संख्या के रूप में व्यक्त किया जाता है। सीटेन [$C_{16}H_{34}$] एक संतृप्त हाइड्रोकार्बन है जिसमें किसी भी वाणिज्यिक डीजल ईधन की तुलना में बहुत कम प्रज्ज्वलन अंतराल होता है। इसलिए इसकी सीटेन रेटिंग को 100 के रूप में लिया जाता है। इसके विपरीत, α-मिथाइल नेफथलीन [$C_{11}H_{10}$] एरोमेटिक हाइड्रोकार्बन में किसी भी वाणिज्यिक डीजल तेल की तुलना में बहुत लंबा प्रज्ज्वलन अंतराल होता है। इसलिए इसकी सीटेन रेटिंग को शून्य के रूप में लिया जाता है।

> सीटेन नंबर डीजल ईधन के प्रज्वलन मूल्य का एक माप है जो सीटेन और α-मिथाइल नेफथलीन के उस मिश्रण में सीटेन की मात्रा के प्रतिशत का प्रतिनिधित्व करता है जिसका अपस्फोटन परीक्षण किये जा रहे ईधन के एकदम समान होता है।

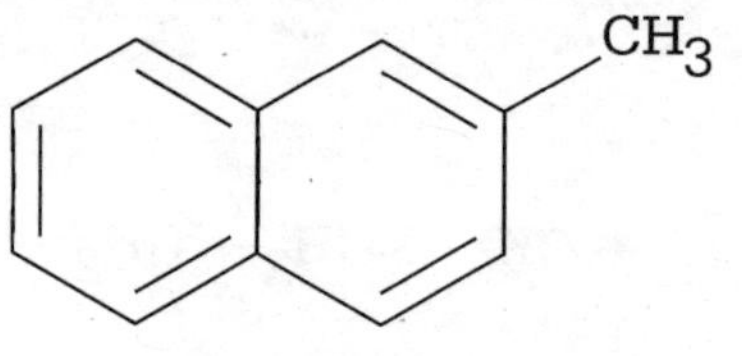

α-मिथाइल नेफथलीन
(सीटेन नंबर - 0)

$$H_3C-(CH_2)_{14}-CH_3$$

सीटेन या n-हेक्साडेकेन
(सीटेन नंबर = 100)

सीटेन नंबर एक ईधन का परीक्षण करके दिया जाता है और सीटेन और α-मिथाइल नेफथलीन के उस मिश्रण को रेटिंग प्रदान की जाती है, जिसका अपस्फोटन समान परिस्थितियों में दिए गए ईधन के समान होता है।

उच्च गति वाले डीजल इंजन में डीजल बूंदों को प्रज्ज्वलन बिंदु तक गर्म करने में बहुत कम समय लगता है, सेकंड का लगभग 1/500 वां भाग। ऐसे डीजल इंजनों में 45 से अधिक सीटेन संख्या वाले डीजल की आवश्यकता होती है। दूसरी ओर कम गति वाले डीजल के लिए लगभग 25 सीटेन संख्या की आवश्यकता होती है।

डोप (dope) नामक पदार्थों को जोड़कर तेल की सीटेन संख्या में सुधार किया जा सकता है जैसे एथिल नाइट्राइल, एथिल नाइट्रेट, आइसोमाइल नाइट्रेट और एसीटोन परोक्साइड। डोप केवल थोड़ी मात्रा में जोड़े जाते हैं और वे कम सीटेन संख्या वाले ईधन पर प्रभावी नहीं होते हैं। डीजल तेल के लिए डोप का उपयोग उतना सामान्य नहीं है जितना कि गैसोलीन के लिए TEL का उपयोग है।

पेट्रोल इंजन में अपस्फोटन ईधन के अंतिम भाग के स्वत:स्फूर्त दहन के कारण होता है, जबकि डीजल इंजन में अपस्फोटन ईधन के पहले भाग के स्वत:स्फूर्त दहन में देरी के कारण होती है। इस प्रकार उच्च ऑक्टेन संख्या के तेल की सीटेन संख्या कम होती है और इसके विपरीत। इसके अलावा एक कच्चा तेल जो उच्च ऑक्टेन संख्या का पेट्रोल देता है, कम सीटेन संख्या का डीजल तेल देता है।

कुल मिलाकर ऑक्टेन रेटिंग यह दर्शाती है कि बिना प्रज्ज्वलित हुए ईधन कितना संपीड़न झेल सकता है जबकि सीटेन रेटिंग यह दर्शाती है कि ईधन कितनी तेजी से प्रज्ज्वलित किया जा सकता है।

SAQ 1	आइसो-ऑक्टेन की ऑक्टेन संख्या है			
	1. 0	2. 100	3. 500	4. 30

उत्तर: (2)

4.2.3 ईधन की रासायनिक संरचना, कैलोरी मान और अनुप्रयोग

कुछ ईधन की संरचना, कैलोरी मान और अनुप्रयोग तालिका 4.4 में दिए गए हैं।

तालिका 4.4: ईधन की संरचना, कैलोरी मान और अनुप्रयोग

ईधन	संरचना	कैलोरी मान	अनुप्रयोग
द्रवीकृत पेट्रोलियम गैस (एलपीजी)	प्रोपेन, *n*-ब्यूटेन, आइसोब्यूटेन, प्रोपलीन, ब्यूटिलीन कुछ मात्रा में ईथेन, पेंटेन, एथिलीन और पेंटीन भी उपस्थित हो सकती है।	11,850 Kcal/Kg	घरेलू ईधन, औद्योगिक ईधन, तापीय उपकरण और वाहन, आंतरिक दहन इंजन में, मोटर ईधन (IC-इंजन)में।
संपीडित प्राकृतिक गैस (सीएनजी)	95% मीथेन, 4% नाइट्रोजन और ईथेन, 1% कार्बन डाइऑक्साइड और प्रोपेन	12,600 Kcal/Kg	मोटर वाहन ईधन में।
जल गैस (नीली गैस)	कार्बन मोनोऑक्साइड, हाइड्रोजन	2670 Kcal/m^3	अमोनिया का संश्लेषण, मिथाइल अल्कोहल रोशनी गैस, गर्म करने और जलाने के उद्देश्य, वेल्डिंग उद्देश्य हेतु।
कोयला गैस	हाइड्रोजन, मीथेन, एथिलीन, एसिटिलीन, कार्बन मोनोऑक्साइड, नाइट्रोजन	4500 Kcal/m^3	प्रकाश, गर्म करने, ईधन के लिए खाना पकाने, प्रदीपक हेतु।
प्रोड्यूसर गैस	कार्बन मोनोऑक्साइड, नाइट्रोजन	1300 Kcal/m^3	खुली चूल्हा भट्ठी को गर्म करना, मफल भट्टी में, एजेंट को कम करना धातुकर्म संचालन मैं अपचायक अभिकर्मक के रूप में।
बायोगैस	मीथेन, कार्बन डाइऑक्साइड, हाइड्रोजन, नाइट्रोजन।	5300 Kcal/m^3	घरेलू ईधन, विद्युत, जल के पंप, काटने की मशीन हेतु।

4.3 स्नेहन एक परिचय

सभी प्रकार की मशीनों में, गतिशील धातुओं या फिसलने वाले या घूमने वाले भागों की सतहें एक दूसरे के खिलाफ रगड़ती है। एक भाग को दूसरे भाग से परस्पर रगड़ने से उनके संचलन में प्रतिरोध उत्पन्न होता है।

कोई भी पदार्थ जो दो गतिशील या फिसलने वाली सतहों के बीच उत्पन्न घर्षण या घर्षण प्रतिरोध को कम करने के लिए लगाया जाता है, स्नेहक (lubricant) कहलाता है।

इस प्रतिरोध को घर्षण के रूप में जाना जाता है। यह गतिशील भागों की सतहों के बहुत अधिक टूट-फूट का कारण बनता है। घर्षण के कारण ऊष्मा के रूप में बड़ी मात्रा में ऊर्जा मुक्त होती है, जिससे मशीन की दक्षता कम हो जाती है। एक स्नेहक का मुख्य उद्देश्य गतिशील या फिसलने वाली सतहों को एक दूसरे से दूर रखना है ताकि घर्षण और उसके द्वारा उत्पन्न सामग्री की टूट-फूट कम से कम हो।

वह प्रक्रिया जिसके द्वारा दो गतिशील या फिसलने वाली सतहों के बीच होने वाले घर्षण को कम करने के लिए स्नेहक लगाया जाता है, स्नेहन (lubrication) कहलाती है।

रोलिंग बियरिंग के लिए या तो तेल या ग्रीस का प्रयोग किया जाता है, ताकि उनके घूमने या फिसलने की गति के द्वारा उत्पन्न होने वाले शोर, टूट, फूट और ऊष्मा को रोका जा सके। कुछ विशेष मामलों में ठोस स्नेहक का उपयोग किया जाता है। रोलिंग बियरिंग् के लिए स्नेहक की मात्रा और प्रकार संचालन की गति, तापमान, आसपास की स्थिति आदि के आधार पर निर्धारित किए जाते हैं। स्नेहक को समय-समय पर बदलना या तेल लगाना पड़ता है।

4.4 स्नेहक के कार्य

स्नेहक के मुख्य कार्य इस प्रकार हैं:

- बियरिंग को अधिक गर्म होने से रोकना और उत्पन्न गर्मी को बाहर की ओर निकाल कर इसे खराब होने से बचाना।
- बाह्य सामग्री के प्रवेश, जंग और संक्षारण को रोकना।
- रगड़ने वाली सतहों के बीच धातु- धातु के सीधे संपर्क को रोककर, यानि दो सतहों के बीच स्नेहक लगाकर सतहों के टूट-फूट को कम करना।
- घर्षण ऊष्मा और सामग्री के विनाश के कारण धातु के विस्तार को कम करना।
- ऊष्मा स्थानांतरण पदार्थ होने के कारण धातु के शीतलक के रूप में कार्य करना।
- असमान सापेक्ष गति से बचाना।
- रखरखाव लागत कम करना।
- आंतरिक दहन इंजन में विद्युत् की हानि को कम करना।
- दो चलती सतहों के बीच घर्षण को कम करना।
- जंग और संक्षारण अवरोधक का कार्य करना।

स्नेहक के अनुप्रयोग

स्नेहक का उपयोग निम्न में किया जाता है–

- साबुन और पेंट उद्योगों में।
- दवाई में।
- धातुओं को काटने, पीसने, छेदने में कर्तन द्रव के रूप में।
- एंटीवेयर, एंटीऑक्सिडेंट, और एंटीफोमिंग एजेंट के रूप में।

4.5 अच्छे स्नेहक के विशिष्ट गुण

अच्छे स्नेहक में निम्न गुण होने चाहिए–

- उच्च क्वथनांक बिंदु (boiling point)
- निम्न हिमांक बिंदु (freezing point)
- उचित कार्य के लिए पर्याप्त श्यानता (viscosity)
- ऑक्सीकरण और ऊष्मा के लिए उच्च प्रतिरोध (resistance)
- गैर-संक्षारक (non-corrosive) गुण
- कार्यकारी तापमान पर अपघटन के लिए स्थिरता
- उच्च श्यानता सूचकांक (viscosity index)

- मशीन के कार्यकारी तापमान की तुलना में उच्च प्रज्ज्वलन बिंदु (flash point) और अग्नि बिंदु (fire point)
- उच्च स्निग्धता (oiliness)
- मशीन के कार्यकारी तापमान की तुलना में निम्न मेघ बिंदु (cloud point) एवं बहाव बिंदु (pour point)
- कम वाष्पशीलता (volatility)
- उपयोग के दौरान कम से कम कार्बन जमा
- उच्च एनिलिन बिंदु (aniline point)
- ऑक्सीकरण के प्रति उच्च प्रतिरोध
- अच्छी डिटर्जेंट गुणवत्ता

4.6 स्नेहक का वर्गीकरण

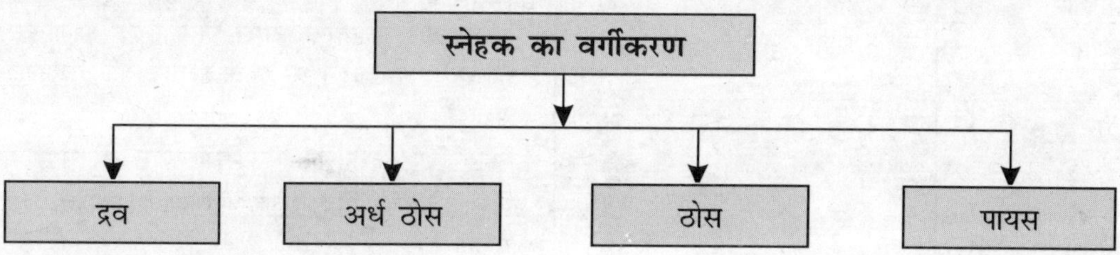

4.6.1 द्रव स्नेहक, वर्गीकरण और गुण

द्रव स्नेहक (Liquid Lubricants) को तीन श्रेणियों में वर्गीकृत किया जाता है, अर्थात

1. प्राकृतिक या पशु या वनस्पति तेल
2. खनिज या पेट्रोलियम तेल
3. संश्लेषित या मिश्रित तेल।

विभिन्न प्रकार के द्रव स्नेहक के गुण तालिका 4.5 में दर्शाए गए हैं–

तालिका 4.5: द्रव स्नेहक: वर्गीकरण उनके गुण

द्रव स्नेहक के प्रकार	उदाहरण	संरचना और गुण
प्राकृतिक या पशु या वनस्पति तेल	• पशु तेल, चर्बी तेल, व्हेल तेल, लार्ड तेल, सील तेल, मछली का तेल • वनस्पति तेल, जैतून का तेल, कपास के बीज का तेल, अरंडी का तेल, ताड़ का तेल, रेपसीड तेल आदि	• कच्चे वसा और वनस्पति तेलों जैसे कपास के बीज का तेल और केस्टर तेल से निकाला जाता है। इन तेलों में अच्छा चिकनापन होता है और इसलिए ये ऊंचे तापमान और भारी भार के तहत भी धातु की सतहों पर प्रभावी ढंग से चिपक सकते हैं। • ऑक्सीडेटिव और उष्मीय वातावरण में अस्थिर • महंगा, चिपचिपा उत्पाद देने के लिए आसान ऑक्सीकरण से गुजरना और नम हवा या जल के संपर्क में आसानी से जल अपघटित होना। इसलिए तेल में सुधार लाने के लिए पेट्रोलियम आधारित स्नेहक में सम्मिश्रण एजेंटों के रूप में शायद ही कभी इस्तेमाल किया जाता है।

द्रव स्नेहक के प्रकार	उदाहरण	संरचना और गुण
खनिज या पेट्रोलियम तेल	• बहुलीकरण द्वारा उत्पादित हाइड्रोकार्बन, नैप्थीन, सुगंधित या मिश्रित सुगंधित और स्निग्ध हाइड्रोकार्बन। • पेट्रोलियम अंश	• कम आणविक भार वाले हाइड्रोकार्बन जिनमें लगभग 12 से 50 कार्बन परमाणु होते हैं। • सल्फर ऑक्सीजन, फॉस्फोरस, नाइट्रोजन आदि शामिल हैं। • आम तौर पर कम श्यानता सूचकांक (VI) ($\approx$120 या उससे कम)। • चूंकि वे सस्ते हैं, बहुतायत में उपलब्ध हैं और सेवा शर्तों के तहत स्थिर हैं, इसलिए उनका व्यापक रूप से उपयोग किया जाता है। • खनिज तेलों की तेलीयता कम होती है, इसलिए ओलिक अम्ल और स्टीयरिक अम्ल जैसे उच्च आणविक भार यौगिकों को जोड़ने से खनिज तेल की चिकनाई बढ़ जाती है। • बहाव बिंदु-6 से -60 डिग्री सेल्सियस की सीमा में। • निम्न प्रज्वलन बिंदु, स्लज और वार्निश जमाव प्रदान कर सकता है।
संश्लेषित या मिश्रित तेल	• बहुलीकरण द्वारा उत्पादित हाइड्रोकार्बन, पॉली (अल्फा-ओलेफिन), ऑर्गेनिक एस्टर, पॉलीग्लाइकॉल, सिलिकोन	• उच्च आणविक भार यौगिकों जैसे ओलिकअम्ल, स्टीयरिकअम्ल, पामिटिकअम्ल या वनस्पति तेल जैसे नारियल तेल, अरंडी का तेल, आदि के अलावा खनिज तेल की तेलीयता बढ़ जाती है। • कोई अशुद्धियाँ नहीं। • उच्च श्यानता सूचकांक। • बहाव बिंदु -18 से -50 डिग्री सेल्सियस की सीमा में। • अज्वलनशील होने के लिए उच्च प्रज्वलन बिंदु। • आम तौर पर कीचड़ और वार्निश जमाव से मुक्त। • ये दो प्रकार के होते हैं (i) रासायनिक रूप से सक्रिय योजक- जैसे डिटर्जेंट, एंटीवियर एजेंट, डिस्पर्सेंट, ऑक्सीकरण अवरोधक। (ii) रासायनिक रूप से अक्रिय योजक-वे भौतिक गुणों में सुधार करते हैं जैसे श्यानता सूचकांक सुधारक, फोम अवरोधक, पायसीकारक, वि-पायसीकारक।

4.6.2 अर्ध-ठोस स्नेहक वर्गीकरण और उनके गुण

अर्ध-ठोस स्नेहक (semi-solid lubricant), स्नेहक तेल को गाढ़ा करने वाले अभिकर्मको जैसे कि ग्रीस के साथ मिलाकर प्राप्त किए जाते हैं। स्नेहक तेल पेट्रोलियम तेल या निम्न से उच्च श्यानता का संश्लेषित हाइड्रोकार्बन हो सकता है। गाढ़ा करने वाले पदार्थ Li, Na, Ca, Ba, Al आदि के विशेष साबुन हो सकते हैं। बिना साबुन वाले गाढ़ा करने

वाले पदार्थ में कार्बन ब्लैक, सिलिका जेल, पॉलियूरिया और अन्य संश्लेषित पॉलिमर, क्ले आदि शामिल हैं। ग्रीस, कम गति पर अधिक भारी भार को सह सकता है। स्नेहक तेलों की तुलना में ग्रीस का आंतरिक प्रतिरोध बहुत अधिक होता है, इसलिए ग्रीस के बजाय तेल का उपयोग करना बेहतर होता है। ग्रीस ऊष्मा को प्रभावी ढंग से नष्ट नहीं कर सकता है, इसलिए अपेक्षाकृत कम तापमान पर काम में लेना चाहिए। सबसे महत्वपूर्ण अर्ध-ठोस स्नेहक ग्रीस और वैसलीन हैं।

4.6.2 (A) अर्ध-ठोस स्नेहक का वर्गीकरण और गुण

अर्ध-ठोस स्नेहक का वर्गीकरण और गुण निम्न तालिका में दिए गए हैं–

तालिका 4.6: अर्ध ठोस स्नेहक का वर्गीकरण और गुण

प्रकार	गुण
सोडा आधारित	खनिज या पेट्रोलियम तेल में सोडियम साबुन गाढ़ा करने वाले एजेंट के रूप में उपयोग किया जाता है। ये जल में कम घुलनशील होते हैं। इनका उपयोग 175°C तक किया जा सकता है।
लिथियम आधारित	लिथियम साबुन पेट्रोलियम तेल के साथ पायसीकारी होते हैं। ये जल प्रतिरोधी हैं और 15 डिग्री सेल्सियस तक उपयोग किए जाते हैं।
कैल्शियम आधारित	कैल्शियम साबुन पेट्रोलियम तेल के साथ पायसीकारी होते हैं। ये जल प्रतिरोधी भी हैं और 80 डिग्री सेल्सियस तक उपयोग किए जाते हैं। उच्च तापमान पर साबुन और पेट्रोलियम तेल एक दूसरे से अलग हो जाते हैं।

स्नेहक ग्रीस का उपयोग निम्न स्थितियों में किया जाता है–

1. जब कोई मशीन धीमी गति और उच्च दाब पर काम करती है।
2. जहां बियरिंग से तेल छलकना या निकलना निर्मित उत्पाद के लिए हानिकारक है, उदाहरण के लिए कपड़ा मिलों, कागज और खाद्य उत्पाद निर्माण में।
3. जहां तेल खराब सील या सविराम संचालन (intermittent operation) के कारण एक स्थिति में नहीं रखा जा सकता है।
4. जहां गंदगी, जल, धूल और कंकर के प्रवेश के विरुद्ध बियरिंग को सील करना पड़ता है।

4.6.3 ठोस स्नेहक, वर्गीकरण और गुण

एक ठोस स्नेहक एक ऐसी सामग्री है जो दो गतिशील सतहों को सीमा स्थिति में अलग करती है और घिसाव की मात्रा को कम करती है। ग्रेफाइट, मोलिब्डेनम डाइसल्फाइड (MoS_2), बोरॉन नाइट्राइड (BN)x ज्यादातर ठोस स्नेहक के रूप में उपयोग किया जाते हैं। उनका उपयोग उच्च तापमान और उच्च दाब के तहत किया जाता है।

ग्रेफाइट

यह एक ठोस स्नेहक के रूप में सबसे व्यापक रूप से उपयोग किया जाता है। ग्रेफाइट में परत संरचना होती है [चित्र 4.1]। ये परते कमजोर वंडर वाल्स बलों की मदद से एक साथ जुडी रहती हैं, जो एक परत को दूसरी परत पर आसानी से खिसकने की सुविधा प्रदान करते हैं। यह स्पर्श करने पर साबुन जैसा है, ज्वलनशील नहीं है। इसका उपयोग उच्च तापमान (लगभग 450 डिग्री सेल्सियस) की स्थिति में किया जाता है।

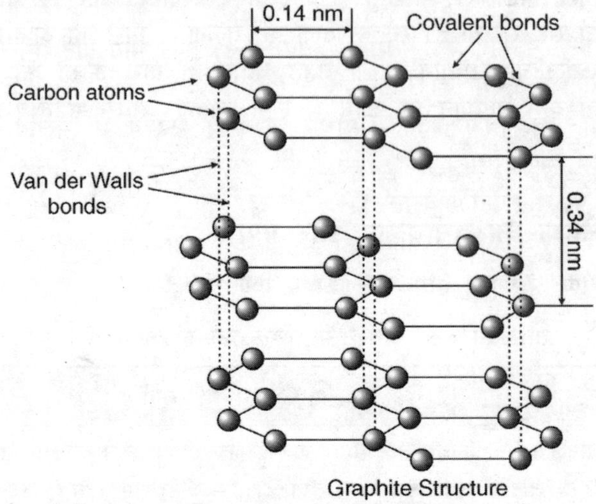

चित्र 4.1: ग्रेफाइट की संरचना

इनका या तो पाउडर के रूप में उपयोग किया जाता है या इन्हें तेल या जल के साथ मिलाया जाता है।

मॉलिब्डेनम डाइसल्फाइड (MoS_2)

यह सैंडविच जैसी संरचना वाला होता है जिसमें मोलिब्डेनम (Mo) की षटकोणीय परत सल्फर (S) परमाणु की दो षटकोणीय परतों के बीच स्थित होती है। ग्रेफाइट की तरह प्रत्येक परत कमजोर वंडर वाल्स बलों के साथ जुड़ी हुई है। यह 400°C तक स्थिर है। इसका उपयोग उच्च निर्वात में किया जाता है। यह धातु या अन्य सतह पर और भी अधिक मजबूती से चिपक जाता है।

4.6.3 (A) ठोस स्नेहक वर्गीकरण

ठोस स्नेहक के विभिन्न प्रकार निम्न हैं:

(i) **संरचनात्मक स्नेहक** – संरचनात्मक स्नेहक वे होते हैं जिनके स्नेहक गुण उनकी परतदार जालक संरचना के कारण होते हैं। उदाहरण ग्रेफाइट, मॉलिब्डेनम डाइसल्फाइड, टैल्क, अभ्रक, वरमीक्यूलाइट आदि। ये स्वयं टूटकर और बियरिंग सतह पर या सतह के अंदर समा कर स्वयं को स्थिर करके कार्य करते हैं।

(ii) **यांत्रिक स्नेहक** – ये रगड़ने वाली सतहों पर एक निरंतर चिपकने वाली फिल्म बनाते हैं और घिसाव को कम करते हैं। उदाहरण धातु और प्लास्टिक उनके बलिदानी सतह के लिए जाने जाते है।

(iii) **साबुन** – साबुन, वसीय अम्ल और धातु की परस्पर क्रिया द्वारा धातु की सतह पर यौगिकों के निर्माण द्वारा कार्य करता है।

(iv) **रासायनिक रूप से सक्रिय स्नेहक** – इसमें अत्यधिक दाब वाले योजक और अन्य रसायन शामिल हैं, जो एक स्नेहक परत बनाने के लिए धातु की सतह के साथ क्रिया करते हैं। उदाहरण फॉस्फेट, क्लोराइड और ऑक्सीकरण अभिकर्मक।

(v) **उच्चतापसह, सिरेमिक और कांच** – इनका उपयोग रक्षा कार्यक्रमों और रॉकेट्री (rocketry) में किया जाता है। उच्चतापसह के संयोजन उच्च तापमान पर कम अवधि के लिए स्नेहक के रूप में संतोषजनक ढंग से काम करते हैं। कांच कार्यकारी तापमान पर नरम होकर कार्य करता है और हाइड्रोडायनामिक स्नेहन में सहायता करता है।

योजक

कार्य के आधार पर स्नेहक तेलों में योगात्मक सामग्री (additives) कुछ भाग प्रति मिलियन से लेकर कई प्रतिशत तक होती है। उन्हें इस रूप में वर्गीकृत किया जा सकता है-

- आधार तेल की आंतरिक विशेषताओं में सुधार करने के उद्देश्य से मिलाये गए पदार्थ (श्यानता सूचकांक संशोधक और बहाव बिंदु सुधारक)।
- स्नेहक सुरक्षात्मक पदार्थ (एंटीऑक्सिडेंट)।
- नए गुण देने वाले और इंजन की धातु की सतहों की रक्षा करने वाले पदार्थ (डिटर्जेंट, डिस्पेंसर, घर्षण संशोधक, घिसाव प्रतिरोधी/अति उच्च दाब (EP) योजक, जंग और संक्षारण अवरोधक)।

4.6.4 पायस

मिलिंग, थ्रेडिंग, टर्निंग और बोरिंग जैसे मशीन कार्यों में, उपकरण बहुत उच्च तापमान तक गर्म हो जाते हैं, विशेष रूप से काटने वाले किनारों पर। काटने की प्रक्रिया में, चाकू की धार पर दबाव कभी-कभी 100,000 psi तक पहुंच सकता है और बहुत अधिक ऊष्मा उत्पन्न होती है, जिससे धातु का ऑक्सीकरण होता है और संक्षारण हो जाता है। अतः उपकरण को अधिक गरम होने और चोट से बचाने के लिए, कुशल शीतलन और स्नेहन प्रदान करना चाहिए। यह आमतौर पर जल में तेल की बूंदों के पायस (emulsion) को नियोजित करके किया जाता है, जिसे कर्तक तेल (cutting oil) या कर्तक द्रव या कर्तक पायस कहा जाता है।

तेल की विशिष्ट ऊष्मा कम होती है, लेकिन इसमें स्नेहक गुण अच्छे होते हैं, जबकि जल एक खराब स्नेहक है, लेकिन इसकी उच्च विशिष्ट ऊष्मा और वाष्पीकरण की उच्च ऊष्मा के कारण यह एक उत्कृष्ट शीतलन माध्यम है। इसलिए पायस के रूप में दोनों का संयोजन स्नेहन और शीतलन दोनों प्रभाव प्रदान कर सकता है। औजारों, मशीनों और कार्य किये जाने वाले भाग पर जल की संक्षारक क्रिया आपत्तिजनक होती है और इसलिए साबुन या अन्य अवरोधक क्षारीय पदार्थों को मिलाकर इसे रोका जाता है।

एक अच्छा कर्तक तेल निम्न के द्वारा काटने की सटीकता को बढ़ाता है और काम की लागत को कम करता है-

(a) उच्च काटने की गति प्राप्त करने को संभव बना कर
(b) काटने के उपकरण की आयु को बढ़ाकर, और
(c) शक्ति की मांग और अस्वीकार की संख्या को कम करके।

स्नेहन कार्य के लिए दो प्रकार के पायसों का उपयोग किया जाता है

- **जल में तेल (oil in water) प्रकार का पायस या कटिंग पायस** – ये लगभग 3 से 20% जल में घुलनशील पायसीकारी अभिकर्मक (जैसे, जल में घुलनशील साबुन, एल्काइल या एरिल सल्फोनेट, एल्काइल सल्फेट) युक्त तेल और जल की एक उपयुक्त मात्रा को मिलाकर तैयार किए जाते हैं। कभी-कभी ग्लाइकोल, ग्लिसरॉल और ट्राइथेनॉल एमाइन जैसे रसायन भी मिलाए जाते हैं। जल में तेल प्रकार के पायस का उपयोग काटने के उपकरण और डीजल मोटर पिस्टन और बड़े आंतरिक दहन इंजन में शीतलक सह स्नेहक के रूप में किया जाता है।
- **तेल में जल (water in oil) प्रकार का पायस या शीतलन द्रव** – ये जल और 1 से 10% जल में अघुलनशील पायसीकारी (जैसे, क्षारीय मृदा धातु साबुन) युक्त तेल को मिलाकर तैयार किए जाते हैं।

SAQ 2	**वनस्पति तेलों को किस श्रेणी के अंतर्गत रखा गया है**		
	1. प्राकृतिक तेल	2. खनिज तेल	3. सिंथेटिक तेल

उत्तर: (1)

स्नेहन की क्रिया विधि

सूक्ष्म या परमाणु स्तर पर, प्रकृति की सभी सतहें खुरदरी होती हैं। जब दो खुरदरी सतहें एक-दूसरे पर फिसलती हैं, तो खुरदरी सतहें एक-दूसरे के करीब आती हैं और आपस में जुड़ती हैं, चिपकती हैं और घर्षण पैदा करती हैं। स्नेहन का उद्देश्य रगड़ वाली सतहों को एक स्नेहक परत द्वारा अलग करना है, जो निकायों के सीधे संपर्क को रोकता या कम करता है। उपयुक्त स्नेहक चुनकर, सामग्री के घर्षण और घिसाव को नियंत्रित किया जा सकता है।

स्नेहन की घटना को निम्नलिखित तंत्र की सहायता से समझाया जा सकता है

(a) मोटी-फिल्म (Thick film) या द्रव-फिल्म (fluid film) या हाइड्रोडायनामिक स्नेहन (Hydrodynamic lubrication)

(b) पतली फिल्म स्नेहन (Thin Film lubrication) या सीमा स्नेहन (Boundary lubrication)

4.7.1 मोटी फिल्म या द्रव फिल्म या हाइड्रोडायनेमिक स्नेहन

द्रव गतिकी दो शब्दों, द्रव और गतिकी से मिलकर बना है। द्रव का अर्थ है तरल और गतिकी का अर्थ है सापेक्ष गति। इस तंत्र में, दो गतिशील और फिसलने वाली सतहों को लगभग 1000A° के स्नेहक द्रव की मोटी फिल्म द्वारा अलग किया जाता है, ताकि सतह से सतह के संपर्क को रोका जा सके और इसके परिणामस्वरूप धातुओं का टूटना कम हो जाता है [चित्र 4.2]।

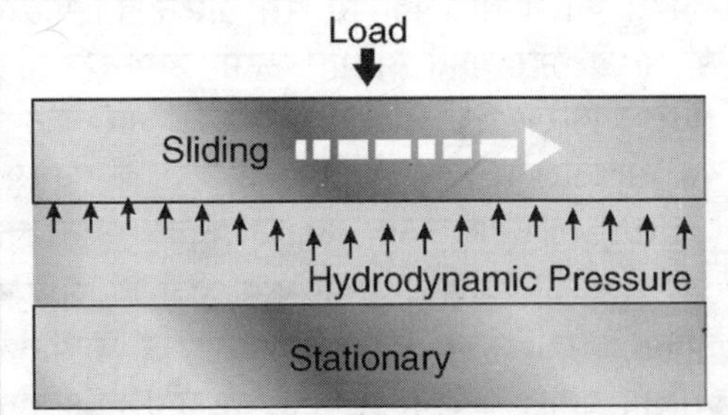

चित्र 4.2: मोटी फिल्म स्नेहन

स्नेहक फिल्म गतिशील / फिसलने वाली सतहों की अनियमितताओं को भरती है और उनके बीच मोटी परत बनती है, ताकि पदार्थों की सतहों के बीच कोई सीधा संपर्क न हो।

इसके फलस्वरूप यह घर्षण को कम करता है। चुने गए स्नेहक में न्यूनतम श्यानता होना चाहिए (स्नेहक के कणों के बीच आंतरिक प्रतिरोध को कम करने के लिए) और इसे जगह पर रहना चाहिए और सतहों को अलग करना चाहिए। हाइड्रोकार्बन तेल (खनिज तेल जो कम आणविक भार वाले हाइड्रोकार्बन होते हैं, जिनमें लगभग 12 से 50 कार्बन परमाणु होते हैं) को मोटी फिल्म स्नेहन के लिए संतोषजनक स्नेहक माना जाता है। वर्ष के सभी मौसमों में तेल की श्यानता को बनाए रखने के लिए, साधारण हाइड्रोकार्बन स्नेहक को चयनित लंबी श्रृंखला वाले बहुलक के साथ मिश्रित किया जाता है। इस मामले में श्यानता बनाए रखने के लिए हाइड्रोकार्बन तेल और लंबी श्रृंखला के बहुलक सहित एंटीऑक्सीडेंट के मिश्रण से द्रव बनाया जाता है। द्रव फिल्म स्नेहन नाजुक और हल्की मशीनों जैसे घड़ियाँ, दीवाल घड़ियाँ, बंदूकें, वैज्ञानिक उपकरण में उपयोगी है।

4.7.2 पतली फिल्म या सीमा स्नेहन

सीमा स्नेहन एक ऐसी स्थिति में किया जाता है जिसमें स्नेहक फिल्म पूर्ण पृथक्करण प्रदान करने के लिए बहुत पतली हो जाती है। पतली फिल्म स्नेहन अपेक्षाकृत कम गति और भारी भार या दाब की स्थिति में उपयोग में लाया जाता है [चित्र 4.3]।

इस प्रकार के स्नेहन को वहां प्राथमिकता दी जाती है जहां कम श्यानता वाले स्नेहक का उपयोग किए जाने पर स्नेहक की एक सतत फिल्म बनी नहीं रह सकती है। ऐसे मामलों में, गतिशील /फिसलने वाली सतहो के बीच में ऐसे पदार्थों के द्वारा स्नेहन किया जाता है जो दोनों धात्विक सतहों पर भौतिक व रासायनिक बलों के द्वारा या दुर्बल वंडरवॉल्स बलों के द्वारा अधिशोषित हो जाते है।

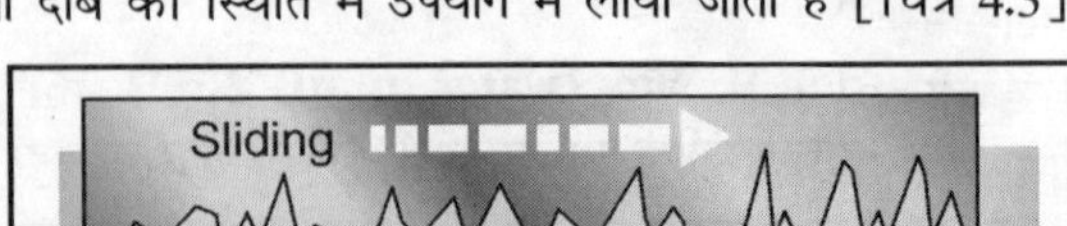

चित्र 4.3: सीमा फिल्म स्नेहन

अधिशोषित फिल्म धातु की सतहों को, कम से कम सतह पर मौजूद चोटियों की ऊंचाई तक, एक दूसरे से दूर रखने में मदद करती है। इस प्रकार के स्नेहन में वनस्पति और जंतु तेल और उनके साबुन का उपयोग किया जा सकता है, क्योंकि वे या तो भौतिक रूप से अधिशोषित हो जाते हैं या धातु की सतह पर रासायनिक रूप से अभिक्रिया करके धातु साबुन की एक पतली फिल्म बनाते हैं, जो स्नेहक के रूप में कार्य कर सकती है। हालांकि इन तेलों में अच्छी स्निग्धता होती है, लेकिन ये उच्च तापमान पर टूट जाते हैं। दूसरी ओर, खनिज तेल ऊष्मीय रूप से स्थिर होते हैं और वनस्पति या जंतु तेलों को खनिज तेलों में मिलाने से उनकी स्निग्धता भी बढ़ जाती है। ग्रेफाइट और मोलिब्डेनम डाइसल्फाइड भी पतली फिल्म स्नेहन के लिए उपयुक्त हैं।

4.8 स्नेहक के भौतिक गुण

स्नेहक के कुछ भौतिक गुण श्यानता, श्यानता सूचकांक, स्निग्धता, प्रज्ज्वलन बिंदु और अग्नि बिंदु, मेघ और बहाव बिंदु हैं। ये हम एक-एक करके सीखेंगे।

हम इस यूनिट के अंत में प्रायोगिक प्रदर्शन के माध्यम से एबल के प्रज्ज्वलन बिंदु उपकरण का उपयोग करके स्नेहक तेल के प्रज्ज्वलन बिंदु और अग्नि बिंदु के निर्धारण के बारे में गहराई से सीखेंगे।

4.8.1 श्यानता

श्यानता (viscosity) स्नेहक का महत्वपूर्ण भौतिक गुण है और यह तेल के अंतर-आणविक अंतः क्रियाओं का एक माप है और इसलिए प्रवाह में प्रतिरोध है।

श्यानता तरल का एक ऐसा गुण है जो इसके स्वयं के बहाव में प्रतिरोध को दर्शाता है। तरल के बहाव में होने वाले इस प्रतिरोध को श्यानता कहा जाता है। अथवा वैज्ञानिक रूप से 1 सेमी प्रति सेकंड के वेग के साथ बहने वाली दो परतों में से एक परत से दूसरी पर तरल के 1 सेमी वर्ग को स्थानांतरित करने के लिए डायन् में आवश्यक बल है।

श्यानता की इकाई प्वाइज है। यदि तेल की श्यानता बहुत कम है, तो एक तरल तेल फिल्म दो गतिशील / फिसलने वाली सतहों के बीच बनाए नहीं रखी जा सकती है। दूसरी ओर, यदि तेल की श्यानता बहुत अधिक है तो अत्यधिक घर्षण होगा। यह स्नेहक तेल की प्रवाह क्षमता का सूचक है। श्यानता जितनी कम होगी, प्रवाह क्षमता उतनी ही अधिक होगी। यदि तापमान बढ़ता है, तो स्नेहक की श्यानता कम हो जाती है। यदि दाब बढ़ता है, तो स्नेहक की श्यानता बढ़ जाती है। इस प्रकार एक अच्छा स्नेहक वह है जिसकी श्यानता तापमान के साथ नहीं बदलती है।

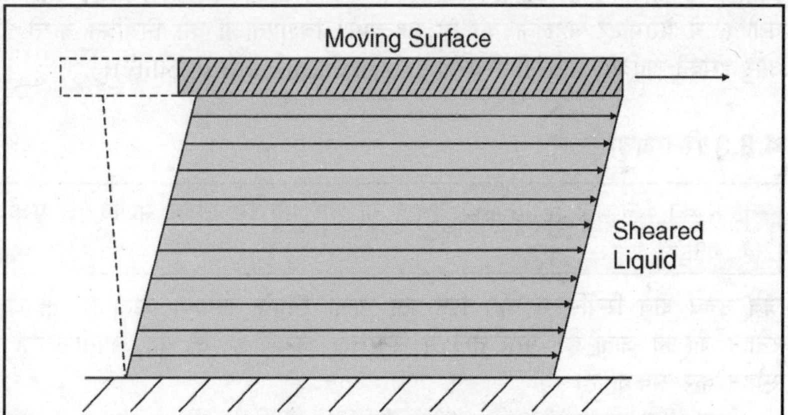

चित्र 4.4: श्यानता

उच्च श्यानता स्नेहक गाढ़े होते हैं और बहते नहीं हैं, जबकि कम श्यानता वाले स्नेहक जल के जैसे होते हैं और बहते हैं। उदाहरण एक गेंद पतले, कम श्यानता वाले तेल में तेजी से डूबती है जबकि उच्च श्यानता में धीमी गति से डूबती है, क्योंकि तेल गाढ़ा होता है। हम रेडवुड विस्कोमीटर का उपयोग करके स्नेहक की श्यानता के निर्धारण के बारे में विस्तार से इस यूनिट के अंत में प्रायोगिक प्रदर्शन के माध्यम से सीखेंगे।

4.8.2 श्यानता सूचकांक (Viscosity Index)

> तापमान के साथ तरल पदार्थ की श्यानता में होने वाले परिवर्तन को श्यानता सूचकांक कहा जाता है।

बढ़ते तापमान के साथ तरल पदार्थों की श्यानता कम हो जाती है और परिणामस्वरूप, कार्यकारी तापमान बढ़ने पर स्नेहक पतला हो जाता है। इसलिए, अच्छे स्नेहक की श्यानता तापमान में बदलाव के साथ ज्यादा नहीं बदलनी चाहिए, ताकि तापमान की बदलती परिस्थितियों में इसे लगातार इस्तेमाल किया जा सके।

जिस दर पर स्नेहक तेल की श्यानता तापमान के साथ बदलती है, उसे एक स्वैच्छिक पैमाने द्वारा मापा जाता है, जिसे श्यानता सूचकांक (V.I.) के रूप में जाना जाता है। यदि तापमान बढ़ने पर स्नेहक की श्यानता तेजी से गिरती है, तो इसका श्यानता सूचकांक कम होता है। दूसरी ओर, यदि तापमान बढ़ाने पर स्नेहक की श्यानता केवल थोड़ा प्रभावित होती है, तो इसका श्यानता सूचकांक अधिक होता है।

श्यानता सूचकांक सुधारक या श्यानता संशोधक

श्यानता सूचकांक सुधारक (Viscosity Index Improvers) या श्यानता संशोधक (Viscosity Modifiers), श्यानता तापमान प्रवृत्ति को प्रभावित करते हैं। श्यानता सूचकांक सुधारक (VII) विभिन्न आणविक भार वाले बहुलक होते है, जो निम्नलिखित मुख्य श्रेणियों से संबंधित हैं:

- हाइड्रोजनीकृत एथिलीन-प्रोपलीन सह बहुलक (जिसे OCP, ओलेफिन को-पॉलिमर भी कहा जाता है)।
- हाइड्रोजनीकृत पॉलीआइसोप्रीन जो रैखिक, आंशिक रूप से शाखित या तारे के आकार के हो सकते है।
- C12 से C18 तक लंबी-श्रृंखला वाले अल्कोहल के पॉलीमेटाक्रिलेट्स (PMA), रैखिक और/या आंशिक रूप से शाखित हो सकते है।
- हाइड्रोजनीकृत स्टाइरीन-आइसोप्रीन सह बहुलक, जो रैखिक, आंशिक रूप से शाखित या तारे के आकार का हो सकता है।
- पॉलीआइसोब्यूटेन (PIB)।

कम तापमान पर इन पॉलिमर में एक बारीकी से बुनी हुई संरचना होती है, जो स्नेहक आधार के साथ अंत: क्रिया को कम करती है; जैसे-जैसे तापमान बढ़ता है, बहुलक आधार के साथ अपनी अंत:क्रियाओं को बढ़ाता है, इसकी श्रंखला को बढ़ाता है और विस्तार करता है, आधार की श्यानता में कमी का मुकाबला करता है। श्यानता संशोधक (VM) के उत्पादन में, आणविक भार का नियंत्रण और इसका वितरण एक महत्वपूर्ण तत्व का प्रतिनिधित्व करता है, क्योंकि ये पैरामीटर बहुलक की दो महत्वपूर्ण विशेषताओं को नियंत्रित करते हैं, अर्थात इसकी गाढ़ा करने की शक्ति और इसकी यांत्रिक कतरनी स्थिरता (mechanical shear stability)।

4.8.3 स्निग्धता

> स्नेहक की स्निग्धता (oiliness) दबाव या भार की स्थिति में मशीन के पुर्जों की सतह पर चिपके रहने की क्षमता का माप है।

जब उच्च दाब स्थिति में कम स्निग्धता वाला स्नेहक लगाया जाता है, तो वह सतह से बाहर निकल जाता है और स्नेहन बंद हो जाता है। अगर तेल में स्निग्धता अच्छी है, तो यह अपनी जगह पर बना रह सकता है और दाब में भी स्नेहन कर सकता है।

यह सीमा या पतली फिल्म स्नेहन स्थितियों के तहत स्नेहक का एक महत्वपूर्ण गुण है। खनिज तेलों में बहुत कम स्निग्धता होती है जबकि जंतु और वनस्पति तेलों में अच्छी स्निग्धता होती है। इसलिए ओलिक अम्ल, स्टीयरिक अम्ल, इन अम्ल के क्लोरीनयुक्त एस्टर आदि जैसे उच्च आणविक भार वाले वसीय अम्ल की थोड़ी मात्रा जोड़कर खनिज

तेलों की स्निग्धता में सुधार किया जाता है। तेल की निरपेक्ष पूर्ण स्निग्धता के निर्धारण के लिए कोई सही तरीका नहीं है, केवल किसी विशेष कार्य के लिए स्नेहक का चयन करते समय सापेक्ष स्निग्धता पर विचार किया जाता है।

4.8.4 प्रज्ज्वलन बिंदु और अग्नि बिंदु

प्रज्ज्वलन बिंदु (Flash Point)

एक वाष्पशील पदार्थ का प्रज्ज्वलन बिंदु वह न्यूनतम तापमान है जिस पर स्नेहक को गर्म करने से इतनी वाष्प मिलती है कि यदि उसके पास एक प्रज्ज्वलित स्रोत लाया जाए तो एक क्षण के लिए यह चमकने लगता है।

यह वह तापमान है जिस पर स्नेहक गर्म करने और हवा के साथ मिलाने पर प्रज्ज्वलित होता है, लेकिन लगातार नहीं जलता है। एक अच्छे स्नेहक तेल का प्रज्ज्वलन बिंदु अपनी कार्यकारी तापमान से काफी अधिक होना चाहिए।

अग्नि बिंदु (Fire Point)

एक ईधन का अग्नि बिंदु वह न्यूनतम तापमान होता है जिस पर स्नेहक को गर्म करने से इतनी वाष्प मिलती है कि यदि उसके पास एक प्रज्ज्वलित स्रोत लाया जाए तो वह कम से कम 5 सेकंड तक लगातार जलता रहे।

ज्यादातर मामलों में अग्नि बिंदु प्रज्ज्वलन बिंदुओं की तुलना में 50°C से 40°C अधिक होते हैं। प्रज्ज्वलन बिंदु और अग्नि बिंदु का तेल के स्नेहन गुण से कोई संबंध नहीं है, लेकिन जब तेल उच्च कार्यकारी ताप पर कार्य करता है, तब ये महत्वपूर्ण हो जाते हैं । एक अच्छे स्नेहक का प्रज्ज्वलन बिंदु कम से कम उस तापमान से ऊपर होना चाहिए जिस पर इसका उपयोग किया जाना है। यह स्नेहक के उपयोग के दौरान आग के जोखिम से सुरक्षा प्रदान करता है।

हम इस पाठ्यपुस्तक के अंत में संलग्न प्रयोगशाला मैनुअल में व्यावहारिक प्रदर्शन के माध्यम से ऐबल के प्रज्ज्वलन बिंदु उपकरण (Able's flash point apparatus) का उपयोग करके स्नेहन तेल के प्रज्ज्वलन बिंदु और अग्नि बिंदु के निर्धारण के बारे में विस्तार से सीखेंगे।

4.8.5 मेघ बिंदु और बहाव बिंदु

मेघ बिंदु (Cloud Point): जब स्नेहक तेल को धीरे-धीरे ठंडा किया जाता है तो जिस तापमान पर स्नेहक दिखने में मेघ के समान दिखाई देने लगता है, उसे मेघ बिंदु कहा जाता है।

बहाव बिंदु (Pour Point): वह सबसे कम तापमान जिस पर स्नेहक तेल अर्ध-ठोस हो जाता है और बहना बंद कर देता है, उसे बहाव बिंदु कहा जाता है।

ठंड की स्थिति में मेघ और बहाव बिंदु स्नेहक तेल की उपयुक्तता का संकेत देते हैं। कम तापमान पर काम करने वाली मशीन में इस्तेमाल होने वाले स्नेहक तेल के बहाव बिंदु का मान कम होना चाहिए; अन्यथा स्नेहक तेल के जमने से मशीन जाम हो जाएगी। यह पाया गया है कि स्नेहक तेल में मोम की उपस्थिति बहाव बिंदु बढ़ा देती है। बहाव बिंदु उपकरण का उपयोग स्नेहक के मेघ बिंदु और बहाव बिंदु को निर्धारित करने के लिए किया जाता है।

बहाव बिंदु सुधारक (Pour point improvers)

ये योजक (बहाव बिंदु डिप्रेसेंट्स, PPD) कम तापमान पर स्नेहक की बहाव-बिंदु विशेषताओं में सुधार करते हैं। इनमें से मुख्य प्रकार पॉलीमेथैक्रिलेट्स, एथिलीन-विनाइल एसीटेट सह बहुलक और पॉलीफ्यूमरेट हैं। PPD का प्रभाव काफी हद तक इस्तेमाल किए गए आधारों की विशेषताओं और उनकी सांद्रता पर निर्भर करता है।

SAQ 3	सही या गलत लिखें अच्छे स्नेहक में होना चाहिए–
	i. मशीन के कार्यकारी तापमान की तुलना में कम प्रज्ज्वलन बिंदु और अग्नि बिंदु।
	ii. मशीन के कार्यकारी तापमान की तुलना में कम मेघ और बहाव बिंदु।

उत्तर: (i) गलत (ii) सही

4.9 स्नेहक के रासायनिक गुण

स्नेहक के कुछ रासायनिक गुण कोक संख्या या कार्बन अवशेष, कुल अम्ल संख्या (TAN) और साबुनीकरण मान हैं।

4.9.1 कोक संख्या या कार्बन अवशेष

स्नेहक का कार्बन अवशेष (carbon residue) एक संकेत है, जो एक तेल की कोक बनाने की क्षमता के बारे में बताता है या दूसरे शब्दों में यह एक अक्रिय पर्यावरण में उच्च तापमान की परिस्थितियों में कार्बन जमा होने की प्रवृत्ति को बताता है।

यह ईधन की ज्वलनशीलता का अनुमानित संकेत देने वाला माना जाता है। मात्रात्मक रूप से यह तेल के वाष्पीकरण और पायरोलिसिस के बाद बचे कार्बनयुक्त अवशेषों को मापता है। कार्बनयुक्त अवशेषों को सही ढंग से कार्बन अवशेष के रूप में संदर्भित किया जाता है, लेकिन इसे अक्सर कोक या थर्मल कोक के रूप में भी जाना जाता है। कार्बन अवशेषों के निर्धारण के लिए, कॉनराडसन के उपकरण (Conradson's apparatus) और रैम्सबॉटम विधियों (Ramsbottom methods) का उपयोग किया जाता है और इसे रैम्सबॉटम कार्बन अवशेष (RCR-ASTM D524), एक कॉनराडसन कार्बन अवशेष (CCR-ASTM D189), या एक माइक्रो कार्बन अवशेष (MCR-ASTM D5430) के रूप में व्यक्त किया जा सकता है। संख्यात्मक रूप से CCR मान MCR के समान ही होता है। दर्ज की गयी इकाइयाँ द्रव्यमान का प्रतिशत (% m/m) होती हैं। कार्बन अवशेष ईधन के अपघटन और कार्बनयुक्त सामग्री बनाने का एक संकेत है, जो डीजल ईधन इंजेक्शन नोजल को प्लग कर सकता है।

ईधन का कार्बन अवशेष मान इसके निर्माण में नियोजित शोधन प्रक्रियाओं पर निर्भर करता है। यह द्रव्यमान के हिसाब से 15-16% से 20% तक होता है। तेल के कार्बन अवशेष पर्यावरण को प्रभावित करते हैं। उपभोक्ताओं द्वारा कार्बन का विभिन्न रूपों में उपयोग किया जाता है और इसका एक बड़ा अंश वातावरण में दहन किया जाता है, जिससे अपशिष्ट उत्पाद के रूप में ग्रीनहाउस गैस, कार्बन डाइऑक्साइड, का भारी मात्रा में निर्माण होता है। प्राकृतिक गैस, ज्यादातर मीथेन, और भी अधिक शक्तिशाली ग्रीनहाउस हाउस गैस है जो जलने से पहले वातावरण में छोड़ी जाती है। अवशेष (डामर) हाइड्रोकार्बन जिन्हें उबाला नहीं जा सकता, आसवन के बाद प्रति अणु 20 से अधिक कार्बन परमाणुओं वाले हाइड्रोकार्बन के रूप में रहते हैं।

4.9.2 कुल अम्ल संख्या

कुल अम्ल संख्या (TAN) अम्लीयता का मापक है जो पोटेशियम हाइड्रॉक्साइड की मिलीग्राम में वह मात्रा है जो कि 1 ग्राम तेल में उपस्थित अम्ल को उदासीन करने के लिए आवश्यक होती है।

कुल अम्ल संख्या (Total Acid Number) स्नेहक में मौजूद अम्ल सांद्रण का माप है। स्नेहक की अम्ल सांद्रता योजक, अम्लीय संदूषण और ऑक्सीकरण उप-उत्पादों की उपस्थिति पर निर्भर करती है। योजक पैकेज की कमी से ताजे तेल के TAN में शुरुआती कमी हो सकती है। यह कच्चे तेल की गुणवत्ता का एक महत्वपूर्ण माप है। TAN मान, स्वयं तेल की संक्षारक प्रकृति की भविष्यवाणी करने के लिए उपयोग नहीं किया जा सकता है, क्योंकि परीक्षण

केवल एक नमूने में अम्ल की मात्रा को मापता है, न कि नमूने में उपस्थित विभिन्न अम्लीय यौगिकों की विशिष्ट मात्रा को मापता है। दो नमूनों का TAN मान समान हो सकता है लेकिन एक में उच्च स्तर का संक्षारक अम्ल होता है, जबकि दूसरे में समान संक्षारक अम्ल का निम्न स्तर होता है। श्यानता में वृद्धि और गोंद और रेजिन का निर्माण, दो अन्य नकारात्मक प्रभाव हैं जो TAN मान में वृद्धि के लिए जिम्मेदार हैं। TAN मान पेट्रोकेमिकल नमूने में मौजूद अम्लीय यौगिकों की मात्रा को निर्दिष्ट करता है। स्नेहक के खराब होने का निर्धारण करने के लिए TAN एक विश्लेषणात्मक परीक्षण है। स्नेहक जितना अधिक अम्लीय होता है, उतना ही अधिक क्षरण होता है। जैसे-जैसे द्रव विघटित होता है, घटक विफलता के खतरे के साथ-साथ संक्षारक अम्ल का स्तर बढ़ जाता है।

यह आमतौर पर कच्चे तेल में नैफ्थेनिक अम्ल की उपस्थिति के कारण होता है, जो संक्षारण की समस्या पैदा करता है। इस प्रकार के संक्षारण को नेफ्थेनिक अम्ल संक्षारण (NAC) कहा जाता है। TAN मान अन्य उद्योगों में भी उपयोगी हो सकते हैं, जहां तेल का उपयोग स्नेहक के रूप में किया जाता है, वहां स्नेहक के ऑक्सीकरण और उसके बाद मशीनरी को होने वाले संक्षारण जोखिम को निर्धारित करने के लिए इसका उपयोग किया जाता है। उदाहरण के लिए, कंप्रेसर और टरबाइन तेल आमतौर पर 0.01-0.25 मिलीग्राम KOH प्रति ग्राम नमूना, गियरबॉक्स और स्निग्धता तेल 0.1-10 मिलीग्राम KOH प्रति ग्राम, और स्नेहक योजक 20-200 मिलीग्राम KOH प्रति ग्राम अम्ल संख्या पर चलते हैं। अम्लीय गुण कई रसायनों के कारण होते हैं। कुल अम्ल संख्या (TAN) की माप के लिए विभवमितीय अनुमापन (potentiometric titration), रंग इंगित करने वाला अनुमापन और स्पेक्ट्रोस्कोपिक विधियों (spectroscopic methods) का उपयोग किया जाता है।

TAN का महत्व

- यह कच्चे तेल की गुणवत्ता का एक महत्वपूर्ण माप है और स्नेहक तेल के निर्माण के गुणवत्ता नियंत्रण में एक गाइड के रूप में उपयोग किया जाता है। इसे कभी-कभी सेवा में स्नेहक विघटन के मापक के रूप में भी प्रयोग किया जाता है।
- TAN परीक्षण उपकरण के रखरखाव और सुरक्षा के लिए आवश्यक है, जिससे पहले से होने वाले नुकसान को रोका जा सके।
- TAN परीक्षण तेल के भीतर मौजूद दुर्बल कार्बनिक अम्ल और प्रबल अकार्बनिक अम्ल दोनों का एक मापक है।

हम हम इस यूनिट के अंत में संलग्न प्रयोग के माध्यम से दिए गए तेल के TAN का निर्धारण सीखेंगे।

4.9.3 साबुनीकरण मान या साबुनीकरण संख्या

साबुनीकरण वह प्रक्रिया है जिसके द्वारा ट्राइग्लिसराइड या वसा में उपस्थित वसीय अम्लों को एक क्षार के द्वारा जल अपघटित कराया जाता है जिससे ग्लिसरोल एवं वसीय अम्लों के पोटेशियम लवण प्राप्त होते हैं। इसे ज्ञात करने के लिए वसा या तेल की एक ज्ञात मात्रा को अल्कोहलिक KOH की अधिक मात्रा के साथ रिफ्लक्स किया जाता है।

साबुनीकरण मान या साबुनीकरण नंबर (SV या SN)

स्नेहक तेल का साबुनीकरण मान (saponification value) पोटेशियम हाइड्रॉक्साइड की मिलीग्राम में वह संख्या है जो 1 ग्राम वसीय अम्ल का साबुनीकरण करने के लिए आवश्यक होती है।

यह ट्राइग्लिसराइड्स के रूप में नमूने में मौजूद सभी वसीय अम्ल के औसत आणविक भार (या श्रृंखला की लंबाई) का एक माप है। साबुनीकरण संख्या एक मिश्रित तेल में वसायुक्त साबुनीकरण योग्य सामग्री की मात्रा का एक संकेत है। यदि कुछ पदार्थ जैसे सल्फर यौगिक या हैलोजन तेल में मौजूद हैं, तो परीक्षण के परिणामों की व्याख्या करने में सावधानी बरती जानी चाहिए, क्योंकि ये भी KOH के साथ क्रिया करते हैं, जिससे साबुनीकरण संख्या स्पष्ट रूप से बढ़ जाती है।

अम्ल मान और साबुनीकरण मान के बीच अंतर

अम्ल मान (acid value) और साबुनीकरण मान (saponification value) के बीच मुख्य अंतर यह है कि अम्ल मान एक रासायनिक पदार्थ के एक ग्राम को उदासीन करने के लिए आवश्यक पोटेशियम हाइड्रॉक्साइड का भार है जबकि साबुनीकरण मान 1 ग्राम वसा के साबुनीकरण के लिए आवश्यक पोटेशियम हाइड्रॉक्साइड का भार है। साबुनीकरण का शाब्दिक अर्थ है "साबुन बनाना"। वसा में पाए जाने वाले लंबी श्रृंखला वाले वसीय अम्ल का साबुनीकरण मान कम होता है क्योंकि उनके पास वसा के प्रति इकाई द्रव्यमान में अपेक्षाकृत कम कार्बोक्जिलिक क्रियात्मक समूह होते हैं और इसलिए उच्च आणविक भार होता है।

यूनिट सारांश

- **ईधनः** कोई भी दहनशील पदार्थ जो हवा में जलने पर बड़ी मात्रा में ऊष्मा पैदा करता है जिसे घरेलू और औद्योगिक उद्देश्यों के लिए आर्थिक रूप में उपयोग किया जा सकता है।
- ईधन का ऊष्मीय मान ईधन के इकाई द्रव्यमान के पूर्ण दहन से प्राप्त ऊष्मा की मात्रा है।
- गैसोलीन की ऑक्टेन संख्या आइसो-ऑक्टेन और *n*-हेप्टेन मिश्रण में आइसो-ऑक्टेन का प्रतिशत है जो एक मानक परीक्षण इंजन में परीक्षण किए जा रहे ईधन से मेल खाता है।
- कोई भी पदार्थ जो दो गतिमान/फिसलने वाली सतहों के बीच घर्षण या घर्षण प्रतिरोध को कम करने की दृष्टि से उपयोग किया जाता है, स्नेहक के रूप में जाना जाता है।
- **स्नेहनः** गतिशील/फिसलने वाली सतहों के बीच घर्षण को कम करने की प्रक्रिया, उनके बीच स्नेहक की शुरूआत से, स्नेहन कहलाती है।
- स्नेहक को तरल, अर्ध-ठोस, ठोस और पायस के रूप में वर्गीकृत किया जाता है।
- स्नेहन की क्रिया विधि को मोटी फिल्म या द्रव फिल्म या हाइड्रोडायनामिक स्नेहन और पतली फिल्म या सीमा स्नेहन द्वारा समझा जा सकता है।
- **मेघ और बहाव बिंदुः** जब स्नेहक तेल को धीरे-धीरे ठंडा किया जाता है, तो जिस तापमान पर स्नेहक मेघ जैसा दिखने लगता है, उसे मेघ बिंदु कहा जाता है। वह सबसे कम तापमान जिस पर स्नेहक तेल अर्ध-ठोस हो जाता है और बहना बंद कर देता है, उसे बहाव बिंदु कहा जाता है। अच्छे स्नेहक में मशीन के कार्यकारी बिंदु की तुलना में मेघ बिंदु एवं बहाव बिंदु का मान कम होना चाहिए।
- **प्रज्ज्वलन बिंदु और अग्नि बिंदुः** जिस न्यूनतम तापमान पर स्नेहक गर्म होने और हवा के साथ मिश्रित होने पर क्षण भर के लिए प्रज्ज्वलित होता है, उसे प्रज्ज्वलन बिंदु कहा जाता है। एक ईधन का अग्नि बिंदु वह न्यूनतम तापमान होता है जिस पर उस ईधन का वाष्प कम से कम 5 सेकंड तक लगातार जलता रहता है, जब एक प्रज्ज्वलन स्रोत उसके पास लाया जाता है। अच्छे स्नेहक में मशीन के कार्यकारी तापमान की तुलना में प्रज्ज्वलन बिंदुऔर अग्नि बिंदु अधिक होना चाहिए।
- **श्यानताः** तरल के प्रवाह के प्रतिरोध को श्यानता के रूप में जाना जाता है। बढ़ते तापमान के साथ तरल पदार्थों की श्यानता कम हो जाती है।
- **स्निग्धताः** स्निग्धता स्नेहक का वह गुण है जिसके कारण एक स्नेहक उच्च दाब में काम करने वाले मशीन के पुर्जों की सतह पर चिपक सकता है।
- **कुल अम्ल संख्याः** TAN स्नेहक में मौजूद अम्ल सांद्रता का एक माप है।
- **साबुनीकरण संख्याः** यह एक ग्राम वसा के साबुनीकरण के लिए आवश्यक पोटेशियम हाइड्रॉक्साइड (KOH) के मिलीग्राम में संख्या का प्रतिनिधित्व करता है।

अभ्यास प्रश्न

4.1 कैलोरी मान को परिभाषित करिए और इसकी इकाइयों का उल्लेख करिए।

4.2 डुलोंग के सूत्र का उपयोग करके उच्च और निम्न कैलोरी मान की गणना करिए।

4.3 कोयले के निकट विश्लेषण के निर्धारण में शामिल घटकों की सूची बनाइए और संक्षेप में समझाइए।

4.4 गैसोलीन की ऑक्टेन संख्या बताइए। आइसोपेंटेन, n-हेक्सेन, बेंजीन और साइक्लोहेक्सेन की ऑक्टेन संख्या का उल्लेख करिए।

4.5 सीटेन संख्या को परिभाषित कीजिए। पेट्रोल इंजन के अपस्फोटन का कारण बताइए।

4.6 एलपीजी, सीएनजी, बायोगैस और कोयला गैस की संरचना, कैलोरी मान और अनुप्रयोग लिखिए।

4.7 अच्छे स्नेहक की अभिलक्षणिक गुणों की सूची बनाइए।

4.8 विभिन्न प्रकार के तरल स्नेहकों की संरचना और गुणों की व्याख्या करें।

4.9 हाइड्रोडायनामिक स्नेहन की अवधारणा का उपयोग करते हुए स्नेहन की क्रियाविधि को समझाइए।

4.10 निम्नलिखित शब्दों को समझाइए (i) श्यानता और श्यानता सूचकांक (ii) प्रज्ज्वलन बिंदु और अग्नि बिंदु (iii) मेघ बिंदु और बहाव बिंदु।

4.11 स्नेहक की कोक संख्या तथा TAN का महत्व लिखिए।

4.12 अम्ल मान और साबुनीकरण मान में अंतर स्पष्ट कीजिए।

प्रयोग

1. अम्ल-क्षार अनुमापन

प्रायोगिक कथन

दिए गए तेल की कुल अम्ल संख्या (TAN) निर्धारित करें।

प्रयोगिक महत्व

संदर्भः यूनिट 4 का खंड 4.9.2

प्रासंगिक सिद्धांत

यूनिट 4 खंड 4.9.2 देखें।

प्रैक्टिकल आउटकम्स (PrOs)

PrO1 दिए गए नमूने को इलेक्ट्रॉनिक तुला में सटीक रूप से तौलना।

PrO2 नमूना विलयन तैयार करना।

PrO3 TAN के निर्धारण के लिए अनुमापन करना।

आवश्यक रसायन और कांच के बने उपकरण

- **रसायन (AR ग्रेड):** तेल के नमूने, फिनोलफथेलिन सूचक, KOH।
- **कांच के बने उपकरण (बोरोसिल):** कोनिकल फ्लास्क (100 mL), ब्यूरेट (50 mL), पिपेट (10 mL), भार तुला (0.0001 mg संवेदनशीलता)

सुरक्षा सावधानियां

1. प्रयोगिक प्रदर्शन करते समय एप्रन, हाथ के दस्ताने का प्रयोग करें।
2. कांच के सामान और रसायनों को सावधानी से उपयोग करें।

प्रयोग विधि

1. कोनिकल फ्लास्क में 1 g तेल के नमूने का भार लें।
2. तेल में 50 mL एथिल अल्कोहल मिलाएं एवं तेल को पूरी तरह से घोलने के लिए विलयन को हिलायें।
3. कोनिकल फ्लास्क में विलयन में फिनोलफथेलिन सूचक की 2–3 बूंदें डालें।
4. ब्यूरेट धोएं और 0.01 N KOH विलयन के साथ ब्यूरेट भरें।
5. कोनिकल फ्लास्क में विलयन को 0.01 N KOH विलयन के साथ रंगहीन से स्थायी हल्के गुलाबी रंग में बदलने तक अनुमापित करें।
6. लगातार तीन सुसंगत ब्यूरेट रीडिंग के लिए प्रक्रिया को दोहराएं।

प्रेक्षण और गणना

1. ब्यूरेट में विलयन: 0.01N KOH
2. कोनिकल फ्लास्क में विलयन: 1 g तेल + 50 mL इथेनॉल
3. सूचक: फिनोलफथेलिन
4. अंतिम बिंदु: ....

रीडिंग	पायलट रीडिंग	1	2	3	Vx = माध्य अंतर = (1 + 2 + 3) / 3
प्रारंभिक ब्यूरेट रीडिंग (IBR)					
अंतिम ब्यूरेट रीडिंग (FBR)					
अंतर (FBR-IBR)					

$$1000 \text{ ml } 1\text{N KOH} = 56.119 \text{ g KOH}$$

$$1 \text{ ml } 1\text{N KOH} = 56.119 \text{ mg KOH}$$

$$1 \text{ ml } 0.01 \text{ N KOH} = 56.119 \times 0.01 \text{ mg KOH}$$

(माध्य अंतर) ml 0.01 N KOH = 56.119 × 0.01 × (माध्य अंतर ml) mg KOH/1 g तेल

अम्ल मान = ... ।

परिणाम एवं/अथवा विवेचना

1. तेल के दिए गए नमूने के 1 g का अम्ल मान ....

निष्कर्ष एवं/अथवा सत्यापन

....

प्रयोग संबंधित प्रश्न

संदर्भ के लिए, मौखिक रूप से पूछे जाने वाले नमूना प्रश्न यहां दिए गए हैं–

1. बाजार में उपलब्ध स्नेहक तेल की सूची बनाएं।
2. तेल के अम्ल मान का महत्व बताइए।
3. TAN को स्नेहक के क्षरण से संबंधित करें।

अपशिष्ट का निपटान

प्रकार	विवरण
बायोडिग्रेडेबल अपशिष्ट (हरा बिन)	प्रयोग के दौरान उपयोग में लाये गए सामान्य फिल्टर पेपर।
अपशिष्ट	प्रयुक्त रसायनों को उनके विशिष्ट रासायनिक गुणों के आधार पर उचित रूप से निपटान किया जाना चाहिए।

पर्यावरण के अनुकूल दृष्टिकोण: पुनः उपयोग (रियूज), कम उपयोग (रिड्यूज) एवं पुनः चक्रण (रिसायकल)

1. विलयन तैयार करते समय कांच के बर्तनों को अच्छी तरह से साफ करें। आगे के प्रयोग के लिए तैयार मानक विलयन को संग्रहित करें।
2. इस प्रयोग को करते समय कचरे को कम करने के लिए वांछित मात्रा में पदार्थ का उपयोग करें।
3. आसुत जल बर्बाद न करें।

सुझाई गई मूल्यांकन योजना

विद्यार्थी का नाम : .... **रोल नंबर :** ....

प्रक्रिया मूल्यांकन			उत्पाद/परिणाम मूल्यांकन			शिक्षक के हस्ताक्षर
प्रक्रिया सूचक (70%)	% भारिता (वेटेज)	प्राप्त अंक	उत्पाद/परिणाम सूचक (30%)	% भारिता (वेटेज)	प्राप्त अंक	
सैंपल के भार में सटीकता	10		मौखिक प्रश्न (Viva-voce)	10		
विलयन तैयार करना और अनुमापन करना	30		रिपोर्ट तैयार करना	10		
साफ-सफाई एवं देखभाल	10		गणना, परिणाम और व्याख्या	10		
कांच के सामान की सम्भाल	10					
सुरक्षा सावधानियों का पालन /अनुपालन	10					

2. कोयले के नमूने में नमी और राख सामग्री

प्रायोगिक कथन

दिए गए कोयले के नमूने में नमी और राख सामग्री का भारात्मक आकलन (निकटवर्ती विश्लेषण) करें।

प्रायोगिक महत्व

कोयला, कोक जैसे ठोस ईंधन सामग्री की गुणवत्ता का आकलन करने के लिए निर्धारित किए जाने वाले मुख्य पैरामीटर नमी, वाष्पशील पदार्थ, राख और स्थिर कार्बन हैं। कोयला विश्लेषण में नमी की मात्रा एक महत्वपूर्ण पैरामीटर है। कोयले के कैलोरी (ऊष्मीय) मान और उपयोग संबंधी गुणों को निर्धारित करने के लिए इसकी आवश्यकता होती है। कोल से राख का बनना इस बात की जानकारी प्रदान करता है कि दहन के बाद कितनी सामग्री बची होगी, जिसे निपटाने की आवश्यकता होगी। इस्पात उद्योग में, कोकिंग कोयले के लिए कम राख सामग्री को प्राथमिकता दी जाती है। निकटवर्ती विश्लेषण का उपयोग कोयले और कोक में नमी, वाष्पशील पदार्थ, स्थिर कार्बन और राख के निर्धारण के लिए, और कोयले की रैंक स्थापित करने के लिए, ज्वलनशील और अज्वलनशील घटकों के अनुपात को दिखाने के लिए, या खरीदने/बेचने के लिए आधार प्रदान करने के लिए, और अन्यथा विभिन्न प्रयोजनों हेतु कोयले का मूल्यांकन करने के लिए किया जाता है।

प्रासंगिक सिद्धांत

संदर्भ यूनिट 4, खंड 4.2.1

प्रैक्टिकल आउटकम्स (PrOs)

PrO1: कोयले के नमूने को सही ढंग से तौलना।

PrO2: किसी भी स्रोत से दिए गए कोयले के नमूने में नमी और राख की मात्रा का निर्धारण करना।

आवश्यक संसाधन

इलेक्ट्रिक तुला, इलेक्ट्रिक ओवन, मफल भट्टी, चिमटा, सिलिका क्रूसिबल, कोयला नमूना आदि।

सुरक्षा सावधानियां

1. पर्यवेक्षण के तहत ओवन और भट्टी को बहुत सावधानी से उपयोग करें।
2. गर्म क्रूसिबल का उपयोग करते समय चिमटे का प्रयोग करें।
3. मफल भट्टी का उपयोग करते समय हाथ के दस्ताने का प्रयोग करें।

प्रयोग विधि

भाग A: नमी के निर्धारण की प्रक्रिया

1. सिलिका क्रूसिबल में लगभग 1 ग्राम हवा में सुखाए गए कोयले के नमूने को तौलें।
2. क्रूसिबल को 1 घंटे के लिए 105°C पर इलेक्ट्रिक ओवन में रखें।
3. कोयले के नमूने के शुरुआती भार और अंतिम भार के बीच अंतर खोजें जो नमी की मात्रा का प्रतिनिधित्व करता है, क्योंकि गर्म करने के दौरान नमी वाष्पित हो जाती है।

भाग B: राख के निर्धारण की प्रक्रिया

1. सिलिका क्रूसिबल में बिल्कुल नमी रहित (भाग A से प्राप्त) कोयले के नमूने का भार करें।
2. क्रूसिबल को 1 घंटे के लिए 750°C पर रखी मफल भट्टी में रखें।
3. प्राप्त राख का भार ज्ञात कीजिए।

प्रेक्षण और गणना

भाग A: नमी सामग्री का निर्धारण

1. खाली क्रूसिबल का भार = W1 = ... g
2. गर्म करने से पहले क्रूसिबल और कोयले के नमूने का भार W2 = ... g
3. कोयले का भार = W3 = W2 – W1 = ... g
4. गर्म करने के बाद सिलिका क्रूसिबल और कोयला नमूने का भार = W4 = ... g
5. नमी का भार W5 = W2 – W4 = ... g

$$\text{नमी की \% मात्रा} = \frac{\text{नमी का भार (W5)}}{\text{कोयले की भार (W3)}} \times 100 = \frac{\dots\dots\dots\dots}{\dots\dots\dots\dots} \times 100$$

भाग B: राख का निर्धारण

1. खाली क्रूसिबल का भार = W1 = ... g
2. गर्म करने से पहले क्रूसिबल और कोयले के नमूने का भार = W2 = ... g
3. कोयले का भार = W3 = W2 – W1 = ... g
4. सिलिका क्रूसिबल और राख का भार = W4 = ... g
5. राख का भार W5 = W4 – W1 = ... g

$$\text{राख सामग्री की \% मात्रा} = \frac{\text{राख का भार (W5)}}{\text{कोयले की भार (W3)}} \times 100 = \frac{\dots\dots\dots\dots}{\dots\dots\dots\dots} \times 100$$

परिणाम एवं/अथवा विवेचना

1. कोयले में नमी की मात्रा का प्रतिशत = ... %
2. कोयले में राख की मात्रा का प्रतिशत = ... %

निष्कर्ष एवं/अथवा सत्यापन

....

प्रयोग संबंधित प्रश्न

संदर्भ के लिए, मौखिक रूप में पूछे जाने वाले नमूना प्रश्न यहां दिए गए हैं–

1. कोयले के निकटवर्ती विश्लेषण के मुख्य कार्य बताएं।
2. कोयले में राख और नमी की मात्रा के निर्धारण के महत्व को बताएं।
3. कोयले के विभिन्न रूपों का उल्लेख कीजिए।

अपशिष्ट का निपटान

प्रकार		विवरण
बायोडिग्रेडेबल अपशिष्ट	ग्रीन बिन	जले हुए कोयले के नमूने

पर्यावरण के अनुकूल दृष्टिकोण: पुनः उपयोग (रियूज), कम उपयोग (रिड्यूज) एवं पुनः चक्रण (रिसायकल)

इस प्रयोग को करते समय, कचरे को कम करने के लिए कोयले के नमूने की वांछित मात्रा का उपयोग करें।

सुझाई गई मूल्यांकन योजना

विद्यार्थी का नाम : .... **रोल नंबर :** ....

प्रक्रिया मूल्यांकन			उत्पाद/परिणाम मूल्यांकन			शिक्षक के हस्ताक्षर
प्रक्रिया सूचक (70%)	% भारिता (वेटेज)	प्राप्त अंक	उत्पाद/परिणाम सूचक (30%)	% भारिता (वेटेज)	प्राप्त अंक	
दिए गए नमूने को तौलना	10		मौखिक प्रश्न (Viva-voce)	10		
नमी निर्धारण की प्रक्रिया	20		रिपोर्ट तैयारी	10		
राख निर्धारण की प्रक्रिया	20		गणना, परिणाम और व्याख्या	10		
साफ-सफाई एवं देखभाल	10					
सुरक्षा सावधानियों का पालन / अनुपालन	10					

3. ठोस या द्रव ईंधन का कैलोरी मान

प्रायोगिक कथन

बम कैलोरीमीटर का उपयोग करके ठोस या द्रव ईंधन का कैलोरी मान निर्धारित करें।

प्रायोगिक महत्व

बम कैलोरीमीटर एक रासायनिक अभिक्रिया के दहन की ऊष्मा की गणना करने के लिए उपकरण हैं। इस तरह की जानकारी से वैज्ञानिकों को यह जानने में मदद मिलती है कि कुछ ईधन उत्पाद उपयोग के लिए सुरक्षित हैं या नहीं। ठोस और द्रव ईंधन के सकल कैलोरी मान (GCV) को निर्धारित करने के लिए एक बम कैलोरीमीटर का उपयोग किया जा सकता है। उच्च GCV का अर्थ है विशिष्ट ईंधन की कम खपत। दहन के लिए आवश्यक हवा की मात्रा की पूर्व गणना की जा सकती है। अच्छी गुणवत्ता वाले ईंधन का उपयोग करके विशिष्ट ईंधन की खपत को काफी हद तक कम किया जा सकता है।

प्रासंगिक सिद्धांत

कैलोरी मान ईंधन का सबसे महत्वपूर्ण गुण है। इसे ईंधन के एक इकाई द्रव्यमान के पूर्ण दहन से मुक्त होने वाली ऊष्मा की कुल मात्रा के रूप में परिभाषित किया जा सकता है। कैलोरी मान ईंधन की गुणवत्ता निर्धारित करता है और उस प्रक्रिया में ऊष्मीय दक्षता और ऊष्मा संतुलन की गणना करने में भी मदद करता है जहां कोयले का उपयोग ईंधन के रूप में किया जाता है। उच्च कैलोरी मान (HCV) या सकल कैलोरी मान (GCV) तब प्राप्त होता है जब दहन से बनने वाला जल पूरी तरह से संघनित हो जाता है। निम्न कैलोरी मान (LCV) या शुद्ध कैलोरी मान (NCV) तब प्राप्त होता है जब दहन से बनने वाला जल पूरी तरह वाष्प र्प्वस्था में मौजूद होता है। [यूनिट 4 खंड 4.1 से 4.14. देखें] मूल रूप से, यह उपकरण एक ईंधन के नमूने को जलाता है और ऊष्मा को जल के एक ज्ञात द्रव्यमान में स्थानांतरित करता है। मूल रूप से, बम कैलोरीमीटर एक ईंधन के नमूने को जलाता है और ऊष्मा को जल के ज्ञात द्रव्यमान में स्थानांतरित करता है।

प्रैक्टिकल आउटकम्स (PrOs)

PrO1 दिए गए नमूने को इलेक्ट्रॉनिक तुला में सही तौलना।

PrO2 परिभाषित मोलरता और नर्मालता के दिए गए नमूने का मानक विलयन तैयार करना।

PrO3 किसी अन्य ठोस या द्रव ईंधन के कैलोरी मान को निर्धारित करने के लिए बम कैलोरीमीटर का उपयोग करें।

प्रायोगिक व्यवस्था (ड्राइंग/स्केच/सर्किट आरेख/कार्य स्थिति)

बम कैलोरीमीटर में एक मजबूत स्टील का पात्र होता है जिसे बम के रूप में जाना जाता है। इसमें एक आधार होता है जिस पर प्लेटिनम क्रूसिबल रखी होती है और इसे स्क्रू द्वारा बम में कस दिया जाता है। बम के ऊपर एक ऑक्सीजन आपूर्ति कनेक्शन और उत्पाद को निकालने के लिए एक वाल्व होता है। इलेक्ट्रोड बम के आधार के माध्यम से जुड़ते हैं और फ्यूज तार को विद्युत परिपथ से जोड़ते हैं। विद्युत परिपथ को बंद करके कोयले को प्रज्वलित किया जा सकता है। बम को तांबे के बर्तन में रखा जाता है जिसमें जल होता है। कैलोरीमीटर में जल को हिलाने के लिए एक विलोडक होता है। बम युक्त कैलोरीमीटर को दूसरे पात्र में रखा जाता है जो ऊष्मारोधी के रूप में कार्य करता है। कैलोरीमीटर में जल का तापमान थर्मामीटर द्वारा मापा जाता है।

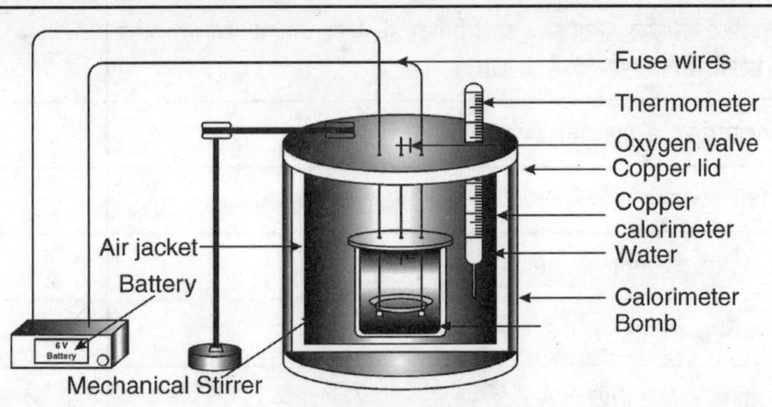

चित्रः बम कैलोरीमीटर

आवश्यक संसाधन, रसायन, कांच के बने उपकरण

संसाधन इलेक्ट्रॉनिक तुला (0.0001 mg संवेदनशीलता), इलेक्ट्रिक ओवन (आकार–18" × 18" × 18") 40 लीटर क्षमता तापमान 250 °C तक, मानक बम कैलोरीमीटर, सिलिका क्रूसिबल, चिमटा, कोयले का नमूना।

सुरक्षा सावधानियां

1. शिक्षक की देखरेख में कैलोरीमीटर का उपयोग करें।
2. क्रूसिबल का उपयोग करते समय चिमटे का प्रयोग करें।
3. विस्फोट के खतरे के कारण कैलोरीमीटर को कभी भी ऊपर से न देखें।

प्रयोग विधि

1. सिलिका क्रूसिबल में लगभग 1 ग्राम ठोस ईंधन का नमूना लें और इसे बम कैलोरीमीटर में डालें।
2. 2000 mL आसुत जल डालें, मिश्रित करें और जल का प्रारंभिक तापमान नोट करें।
3. लगभग 20 से 25 atm पर ऑक्सीजन गैस प्रवाहित करें।
4. क्रूसिबल में विद्युत धारा शुरू करें और ईंधन के नमूने को ऑक्सीजन की उपस्थिति में जलने दें।
5. बम कैलोरीमीटर के अंदर बिजली की चिंगारी पैदा करके ईंधन को जलाया जाता है।
6. नमूना ईंधन के दहन के दौरान निकलने वाली ऊष्मा जल द्वारा ली जाती है, जिससे जल का तापमान बढ़ जाता है।
7. अंतिम स्थिर तापमान रिकॉर्ड करें।
8. कैलोरीमीटर के जल समतुल्य को बेंजोइक अम्ल का उपयोग करके उसी प्रक्रिया को दोहरा कर निर्धारित किया जाता है जो ज्ञात GCV का मानक ईंधन है।

प्रेक्षण और गणना

क्रमांक	विवरण	ग्राम में भार
1	बम कैलोरीमीटर का जल तुल्यांक = कैलोरीमीटर के लिए तय या बेंजोइक अम्ल जलाने से गणना की जा सकती है = (m1)	
2	तांबे के कैलोरीमीटर में पानी का द्रव्यमान (m2)	
3	पानी की विशिष्ट ऊष्मा (Cw)	
4	ठोस ईंधन कोयले के नमूने का भार Ws	
5	पानी का प्रारंभिक तापमान (t1)	
6	पानी का अंतिम तापमान (t2)	

गणना

बर्तन में Ws Kg ईंधन द्वारा मुक्त ऊष्मा = बम में (m1 + m2)Kg पानी द्वारा अवशोषित ऊष्मा ....(1)

हम जानते हैं कि बंद उपकरण में 1 किलो ईंधन द्वारा मुक्त ऊष्मा = GCV

बंद उपकरण में Ws किलो ईंधन द्वारा मुक्त ऊष्मा

$= GCV \times Ws$ ....(2)

1 Kg पानी द्वारा उसके तापमान को $1^{\circ}C$ बढ़ाने के लिए अवशोषित ऊष्मा = जल की विशिष्ट ऊष्मा

$Cw = 4.187\ Kj/Kg/^{\circ}C\ (m1 + m2)Kg$

पानी द्वारा उसके तापमान को t1 से t2 °C बढ़ाने के लिए अवशोषित ऊष्मा

$= (m1 + m2) \times (t2 + t1) \times Cw$ ....(3)

समीकरण 2 और 3 को समीकरण 1में प्रतिस्थापित करने पर

$GCV \times Ws = (m1 + m2) \times (t2 + t1) \times Cw$

$$\text{सकल कैलोरी मान} = \frac{(m1 + m2) \times (t2 - t1) \times Cw}{Ws} = \frac{(\ldots\ldots\ldots)\times(\ldots\ldots\ldots)\times(\ldots\ldots\ldots)}{\ldots\ldots\ldots}$$

कैलोरी मान = ... Cal/g

कैलोरी मान = ... $\times 4.183 \times 10^3$ J/Kg = ... J/Kg

परिणाम एवं/अथवा विवेचना

1. नमूना ईंधन का कैलोरी मान .... है।

निष्कर्ष एवं/अथवा सत्यापन

....।

प्रयोग संबंधित प्रश्न

संदर्भ के लिए, मौखिक रूप से पूछे जाने वाले नमूना प्रश्न यहां दिए गए हैं।

1. उस ईंधन का नाम बताइए जिसका कैलोरी मान सबसे अधिक है।
2. कैलोरी मान का महत्व स्पष्ट कीजिए।
3. बम कैलोरीमीटर में बम का उद्देश्य समझाइए।

अपशिष्ट का निपटान

प्रकार	विवरण
बायोडिग्रेडेबल अपशिष्ट (हरा बिन)	प्रयोग के दौरान उपयोग में लाये गए सामान्य फिल्टर पेपर।
अपशिष्ट	प्रयुक्त रसायनों को उनके विशिष्ट रासायनिक गुणों के आधार पर उचित रूप से निपटान किया जाना चाहिए।

पर्यावरण के अनुकूल दृष्टिकोणः पुनः उपयोग (रियूज), कम उपयोग (रिड्यूज) एवं पुनः चक्रण (रिसायकल)

1. विलयन तैयार करते समय कांच के बर्तनों को अच्छी तरह से साफ करें। आगे के प्रयोग के लिए तैयार मानक विलयन को संग्रहित करें।
2. इस प्रयोग को करते समय कचरे को कम करने के लिए वांछित मात्रा में पदार्थ का उपयोग करें।
3. आसुत जल बर्बाद न करें।

सुझाई गई मूल्यांकन योजना

विद्यार्थी का नाम : .... रोल नंबर : ....

प्रक्रिया मूल्यांकन			उत्पाद/परिणाम मूल्यांकन			शिक्षक के हस्ताक्षर
प्रक्रिया सूचक (70%)	% भारिता (वेटेज)	प्राप्त अंक	उत्पाद/परिणाम सूचक (30%)	% भारिता (वेटेज)	प्राप्त अंक	
सैंपल के भार में सटीकता	10		मौखिक प्रश्न (Viva-voce)	10		
विलयन तैयार करना	10		रिपोर्ट तैयार करना	10		
साफ-सफाई एवं देखभाल	10		गणना, परिणाम और व्याख्या	10		
बम कैलोरीमीटर का उपयोग के दौरान प्रदर्शन	20					
सुरक्षा सावधानियों का पालन / अनु पालन	20					

4. स्नेहक तेल की श्यानता

प्रायोगिक कथन

रेडवुड श्यानातामापी का उपयोग करके स्नेहक तेल की श्यानता निर्धारित करें।

प्रायोगिक महत्व

श्यानता या तेल का गाढ़ापन महत्वपूर्ण है क्योंकि यह गतिशील भागों के बीच घर्षण को रोकने में स्नेहक की फिल्म की ताकत और दक्षता को निर्धारित करता है। यदि स्नेहक बहुत पतला है, तो फिल्म घर्षण को रोकने के लिए पर्याप्त मोटी नहीं हो सकती है।

गति, तापमान और भार के लिए सही श्यानता के स्नेहक का उपयोग, घूर्णन भागों के बीच एक पूर्ण स्नेहक फिल्म के विकास को सुनिश्चित करता है। इष्टतम द्रव फिल्म घूर्णन भागों को न्यूनतम घर्षण के साथ धातु-से-धातु संपर्क के बिना कार्य करने की अनुमति देने के लिए पर्याप्त मोटी होती है।

प्रासंगिक सिद्धांत

यूनिट 4, खंड 4.8.1 और 4.8.2

प्रैक्टिकल आउटकम्स (PrOs)

PrO1: विभिन्न प्रकार के स्नेहक तेल की श्यानता निर्धारित करने के लिए रेडवुड श्यानातामापी का उपयोग करना।

PrO2: ग्राफ से श्यानता और तापमान के बीच संबंध खोजना।

PrO3: विभिन्न अनुप्रयोगों में उपयोग हेतु प्रासंगिक स्नेहक का चयन करना।

प्रायोगिक व्यवस्था (ड्राइंग/स्केच/सर्किट आरेख/कार्य स्थिति)

स्नेहक तेल की श्यानता श्यानातामापी की सहायता से मापी जाती है। एक श्यानातामापी में तरल की निश्चित मात्रा को एक मानक केशिका ट्यूब के माध्यम से अपने भार के आधार पर एक निश्चित ऊंचाई से बहने दिया जाता है और सेकंड में प्रवाह का समय नोट किया जाता है। सेकंड में समय वास्तविक श्यानता के समानुपाती होता है। रेडवुड श्यानातामापी का उपयोग स्नेहक तेल की श्यानता को मापने के लिए किया जाता है। यह दो प्रकार की होती है। रेडवुड श्यानातामापी नंबर 1 कम श्यानता वाले स्नेहक तेल की श्यानता को मापने के लिए प्रयोग किया जाता है। इसमें बोर व्यास 1.62 मिमी और लंबाई 10 मिमी का जेट है। रेडवुड श्यानातामापी नंबर 2 अत्यधिक श्यानता वाले स्नेहक तेल की श्यानता को मापने के लिए प्रयोग किया जाता है। इसमें जेट का व्यास 3.8 मिमी और लंबाई 15 मिमी होता है।

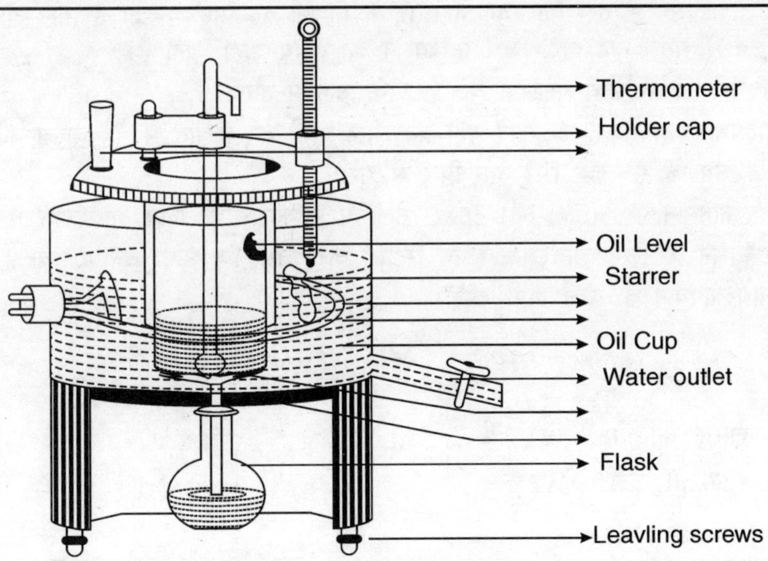

चित्र: रेडवुड श्यानतामापी

आवश्यक संसाधन, रसायन और कांच के बने उपकरण

- **संसाधन** रेडवुड श्यानातामापी नंबर 1 (मानक), स्टॉप वॉच, स्नेहक तेल (60 mL), थर्मामीटर का जेट है।
- **कांच के बने उपकरण** (बोरोसिल) कोलराश फ्लास्क (50 mL- फ्लास्क 50 mL तक चिह्नित) या मापने मापक सिलेंडर [100 mL]।

सुरक्षा सावधानियां

1. पहले उच्च तापमान पर और फिर कम तापमान पर श्यानता निर्धारित करें।
2. रेडवुड श्यानातामापी के ट्राइपॉड पर लेवलिंग स्क्रू की मदद से उपकरण को समतल करें।
3. एक समान वांछित तापमान बनाए रखने के लिए गर्म करने के दौरान विलोडक का प्रयोग करें।

प्रयोग विधि

1. वाटर बाथ में जल को संकेतक की नोक के अनुरूप ऊंचाई तक भरें, जहां तक बेलनाकार कप में तेल भरा जाता है।
2. वाल्व छड़ की पीतल की गेंद को इस स्थिति में रखें कि छिद्र सील हो जाए।
3. परीक्षण के तहत तेल को तेल के प्याले में संकेतक के सिरे तक सावधानी से डालें।
4. खाली कोलरॉश फ्लास्क या खाली मापक सिलेंडर को W1 के रूप में तोलें।
5. जेट के नीचे एक खाली 50 mL कोलरॉश फ्लास्क (या मापने वाला सिलेंडर) रखें।
6. एक थर्मामीटर तेल में और दूसरा पानी में रखें।
7. तेल और पानी को अच्छी तरह से चलाते रहें और उनका तापमान नोट कर लें।
8. तेल और पानी के तापमान को 60 °C पर स्थिर करें, गेंद वाल्व उठाये और यह थर्मामीटर वाले पात्र से हटाये और उसी समय स्टॉप वॉच चालू करें।
9. जब कोलरॉश फ्लास्क में तेल का स्तर 50 mL के निशान तक पहुंच जाता है, तो स्टॉप वॉच को बंद कर दें और सेकंड में समय नोट करें, जिसे निष्कासन का समय कहा जाता है।
10. 50 mL तेल रिकॉर्ड के साथ फ्लास्क को W2 के रूप में तौलें।
11. तेल के अतिप्रवाह को रोकने के लिए कप को सील करने की स्थिति में गेंद वाल्व को रखें।
12. तेल को तेल कप के संकेतक सिरे तक फिर से भरें।
13. अलग-अलग तापमान पर 50 °C और 40 °C तेल के निष्कासन के लिए आवश्यक समय रिकॉर्ड करें।
14. तेल के निष्कासन के लिए आवश्यक समय रिकॉर्ड करें, जैसा कि ऊपर बताया गया है।
15. श्यानता बनाम तापमान के बीच ग्राफ खीचें।

प्रेक्षण

खाली कोलरॉश फ्लास्क का भार = W1 g = ... g

फ्लास्क का भार + 50 mL तेल = W2 g = ... g

तेल का भार = W = W2 – W1 = ... g

$$\text{तेल का घनत्व} = \rho = \frac{\text{तेल का भार तेल का}}{\text{आयतन}} = \frac{W}{50} = \ldots\ldots\ldots \text{ g/m}^3 = \ldots\ldots\ldots \times 1000 = \ldots\ldots\ldots \text{ Kg/m}^3$$

$$\text{तेल 'S' का विशिष्ट गुरुत्व} = \frac{\text{तेल का घनत्व}}{\text{पानी का घनत्व}} = \frac{\rho}{1} = \frac{\ldots\ldots\ldots\ldots}{1} =$$

क्रमांक	तापमान °C	50 mL तेल एकत्र करने का समय (R) (सेकंड)	तेल का भार W (g)	तेल का घनत्व (Kg/m^3)	तेल का विशिष्ट गुरुत्व (s)	रेडवुड नंबर RN (sec)	श्यानता वेग (V = m^2/s में)	निरपेक्ष श्यानता ($\eta = Vx \times \rho$ Ns/m^2)
1	60							
2	50							
3	40							

$$\text{Redwood Number} = \frac{KRS}{R1S1} = \frac{\ldots\ldots\ldots\ldots}{\ldots\ldots\ldots\ldots} = \frac{\ldots\ldots\ldots\ldots}{\ldots\ldots\ldots\ldots}$$

जहाँ K स्थिरांक है = 100, R = 50 mL तेल एकत्र करने का समय, S–तेल का विशिष्ट गुरुत्व, R1 स्थिरांक है = 535, S1 तेल का विशिष्ट गुरुत्व स्थिरांक है = 0.915

यदि RN 100 से नीचे तब निम्न रूप में सूत्र का उपयोग करें

$$\text{गतिक श्यानता} = \left[0.26 \times RN - \frac{179}{RN}\right] \times 10^{-6}\ m^2/s$$

यदि RN 100 से ऊपर है तो $\eta = V \times \rho in$ के रूप में सूत्र का उपयोग करें

$$\text{गतिक श्यानता } V = \left[0.247 \times RN - \frac{50}{RN}\right] \times 10^{-6}\ m^2/s$$

परिणाम एवं/अथवा विवेचना

1. कमरे के तापमान पर दिए गए स्नेहक तेल की श्यानता ....
2. ग्राफ के अनुसार तापमान बढ़ाने से दिए गए तेल की श्यानता ....

निष्कर्ष एवं/अथवा सत्यापन

....

प्रयोग से संबंधित प्रश्न

संदर्भ के लिए, मौखिक रूप से पूछे जाने वाले नमूना प्रश्न यहां दिए गए–

1. इंजन ऑयल की श्यानता को समझाइए।
2. स्नेहक तेल की श्यानता पर तापमान और दबाव के प्रभाव का उल्लेख करें।
3. श्यानता और गाढ़ेपन के बीच संबंध का उल्लेख करें।

अपशिष्ट का निपटान

प्रकार	विवरण
बायोडिग्रेडेबल अपशिष्ट (हरा बिन)	प्रयोग के दौरान उपयोग में लाये गए सामान्य फिल्टर पेपर।
अपशिष्ट	प्रयुक्त रसायनों को उनके विशिष्ट रासायनिक गुणों के आधार पर उचित रूप से निपटान किया जाना चाहिए।

पर्यावरण के अनुकूल दृष्टिकोणः पुनः उपयोग (रियूज), कम उपयोग (रिड्यूज) एवं पुनः चक्रण (रिसायकल)

1. विलयन तैयार करते समय कांच के बर्तनों को अच्छी तरह से साफ करें। आगे के प्रयोग के लिए तैयार मानक विलयन को संग्रहित करें।
2. इस प्रयोग को करते समय कचरे को कम करने के लिए वांछित मात्रा में पदार्थ का उपयोग करें।
3. आसुत जल बर्बाद न करें।

सुझाई गई मूल्यांकन योजना

विद्यार्थी का नाम : .... रोल नंबर : ....

प्रक्रिया मूल्यांकन			उत्पाद/परिणाम मूल्यांकन			शिक्षक के हस्ताक्षर
प्रक्रिया सूचक (70%)	% भारिता (वेटेज)	प्राप्त अंक	उत्पाद/परिणाम सूचक (30%)	% भारिता (वेटेज)	प्राप्त अंक	
श्यानता का मापन	30		मौखिक प्रश्न (Viva-voce)	10		
साफ-सफाई एवं देखभाल	10		रिपोर्ट तैयार करना	10		
रेडवुड श्यानातामापी का उपयोग	20		गणना, परिणाम और व्याख्या	10		
सुरक्षा सावधानियों का पालन/ अनुपालन	10					

5. स्नेहक तेल का प्रज्ज्वलन और अग्नि बिंदु

प्रायोगिक कथन

एबेल के प्रज्ज्वलन बिंदु उपकरण का उपयोग करके स्नेहक तेल के प्रज्ज्वलन और अग्नि बिंदु का निर्धारण करें।

प्रायोगिक महत्व

प्रज्ज्वलन (Flash point) और अग्नि बिंदु (fire point) स्नेहक की अस्थिरता और अग्नि के प्रति प्रतिरोध को निर्धारित करने में उपयोगी होते हैं। स्नेहक की परिवहन और भंडारण तापमान आवश्यकताओं को निर्धारित करने के लिए प्रज्ज्वलन बिंदु का उपयोग किया जाता है। प्रज्ज्वलन बिंदु एवं अग्नि बिंदु की जांच अग्नि सुरक्षा में लागू होती है क्योंकि यह वह सबसे कम तापमान होता है जिस पर किसी दिए गए तरल में आग लगने का खतरा होता है। स्नेहक के निर्माता संभावित उत्पाद संदूषण का पता लगाने के लिए प्रज्ज्वलन बिंदु का उपयोग कर सकते हैं। 38°C (100°F)से कम प्रज्ज्वलन बिंदु वाले उत्पादों के सुरक्षित संचालन के लिए भी आमतौर पर विशेष सावधानियों की आवश्यकता होती है। स्नेहक के लिए अग्नि बिंदु आमतौर पर प्रज्ज्वलन बिंदु से 8 से 10 प्रतिशत ऊपर होता है। प्रज्ज्वलन बिंदु और अग्निबिंदु को स्नेहक के स्व-प्रज्ज्वलन तापमान, जो कि वह तापमान है जिस पर स्नेहक बाहरी प्रज्ज्वलन स्रोत के बिना अनायास प्रज्ज्वलित हो जाएगा, के साथ भ्रमित नहीं होना चाहिए।

प्रासंगिक सिद्धांत

प्रज्ज्वलन बिंदु वह सबसे कम तापमान होता है जिस पर एक तरल, तरल की सतह के पास हवा में एक ज्वलनशील मिश्रण बनाने के लिए इतनी वाष्प देता है जिससे उसका प्रज्ज्वलन शुरू हो जाता है। अग्नि बिंदु उस सबसे कम तापमान को बताता है जिस पर प्रज्ज्वलन शुरू होने के बाद थोड़े समय के लिए ईंधन जलता रहता है। अग्नि बिंदु आमतौर पर प्रज्ज्वलन बिंदु से कुछ डिग्री ऊपर होता है।

प्रैक्टिकल आउटकम्स (PrOs)

PrO1 स्नेहक तेल का प्रज्ज्वलन और अग्नि बिंदु खोजना।

PrO2 किसी भी स्नेहक तेल के प्रज्ज्वलन और अग्नि बिंदु को निर्धारित करने के लिए एबेल का प्रज्ज्वलन बिंदु उपकरण प्रयोग करना।

PrO3 उपयुक्त स्नेहक तेल का चयन करना।

प्रायोगिक व्यवस्था (ड्राइंग/स्केच/ सर्किट आरेख/कार्य स्थिति)

एबेल के उपकरण में एक डबल जैकेट वाले तांबे के वाटर बाथ से घिरा पीतल का बेलनाकार कप होता है, जो तांबे के आवरण में लोहे के ट्राइपॉड पर स्थित होता है। तेल के कप में एक पीतल का आवरण होता है जिसमें छोटी परीक्षण लौ की व्यवस्था होती है। यह एक खिसकने वाले शटर ढक्कन से ढका होता है जिसमें तीन छोटे छेद होते हैं, जो पैडल स्टिरर और मानक थर्मामीटर के लिए खुला होता है, जिसके बल्ब को तेल में डुबोया जाता है।

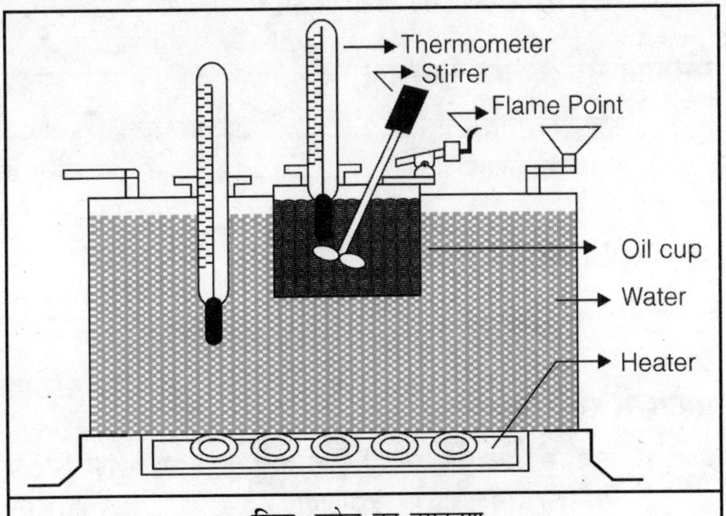

चित्र: एबेल का उपकरण

संसाधन

- एबेल का मानक उपकरण, स्पिरिट लैंप, वाटर बाथ, स्नेहक तेल।

सुरक्षा सावधानियां

1. पैडल स्टिरर को घुमाकर तेल को लगातार चलाते रहें। तेल की सतह पर परीक्षण लौ की शुरूआत के दौरान ही हलचल बंद कर दी जानी चाहिए।
2. ऊष्मा को इस तरह से समायोजित करें कि तेल का तापमान 1 से 1.5 °C प्रति मिनट की दर से बढ़े।
3. उपकरण से तेल के प्याले को निकालने के लिए चिमटे का प्रयोग करें।
4. तेल की सतह पर परीक्षण ज्वाला लाते समय सावधानी बरतने की जरूरत होती है।

प्रयोग विधि

1. परीक्षण के तहत कप को तेल से गेज बिंदु तक भरें और ढक्कन लगाएं।
2. उपकरण में तेल के कप को ठीक करें और पैडल स्टिरर और मानक थर्मामीटर को उसके बल्ब के साथ उपकरण में दिए गए उनके संबंधित स्थानों पर तेल में डुबो कर इकट्ठा करें।
3. वाटर बाथ को ठंडे पानी से भरें।
4. शटर बंद करें और मानक लौ जलाएं।
5. गर्म करने वाली व्यवस्था चालू करें।
6. तेल के तापमान में हर डिग्री की वृद्धि पर, स्लाइडिंग शटर पर, तेल की सतह पर केन्द्रीय छेद के माध्यम से लौ लेकर जाएँ और देखें कि क्या तेल चमकता है और जलता है। वह न्यूनतम तापमान प्रज्ज्वलन बिंदु के रूप में रिकॉर्ड करें जिस पर तेल क्षणिक चमक देता है।
7. तापमान को फिर से धीरे-धीरे अग्नि बिंदु तक बढ़ाएं,यह वह ताप है जिस पर स्नेहक वाष्प लगातार 5 सेकंड से अधिक समय तक जल सकें।
8. अग्नि बिंदु मिलने के बाद तेल के प्याले को ठंडा करने के लिए उपकरण से हटा दें।
9. ठंडा करने के दौरान प्राप्त रीडिंग को सत्यापित करें।

परिणाम एवं/अथवा विवेचना

1. चयनित स्नेहक तेल .... °C पर प्रज्ज्वलन बिंदु देता है।
2. चयनित स्नेहक तेल .... °C पर अग्नि बिंदु देता है।

निष्कर्ष एवं/अथवा सत्यापन

....

प्रयोग से संबंधित प्रश्न

संदर्भ के लिए, मौखिक रूप से पूछे जाने वाले नमूना प्रश्न यहां दिए गए हैं–

1. प्रज्ज्वलन बिंदु का महत्व बताएं।
2. प्रज्ज्वलन बिंदु और अग्नि बिंदु के बीच अंतर स्पष्ट करें।

3. क्वथनांक को प्रज्ज्वलन बिंदु से जोड़िए।
4. पेट्रोल किस तापमान पर प्रज्वलित होगा?
5. अधिक ज्वलनशील कौन है, पेट्रोल या मिट्टी का तेल?

अपशिष्ट का निपटान

प्रकार	विवरण
बायोडिग्रेडेबल अपशिष्ट (हरा बिन) 	प्रयोग के दौरान उपयोग में लाये गए सामान्य फिल्टर पेपर।
अपशिष्ट	प्रयुक्त रसायनों को उनके विशिष्ट रासायनिक गुणों के आधार पर उचित रूप से निपटान किया जाना चाहिए।

पर्यावरण के अनुकूल दृष्टिकोणः पुनः उपयोग (रियूज), कम उपयोग (रिड्यूज) एवं पुनः चक्रण (रिसायकल)

1. विलयन तैयार करते समय कांच के बर्तनों को अच्छी तरह से साफ करें। आगे के प्रयोग के लिए तैयार मानक विलयन को संग्रहित करें।
2. इस प्रयोग को करते समय कचरे को कम करने के लिए वांछित मात्रा में पदार्थ का उपयोग करें।
3. आसुत जल बर्बाद न करें।

सुझाई गई मूल्यांकन योजना

विद्यार्थी का नाम : .... रोल नंबर : ....

प्रक्रिया मूल्यांकन			उत्पाद/परिणाम मूल्यांकन			शिक्षक के हस्ताक्षर
प्रक्रिया सूचक (70%)	% भारिता (वेटेज)	प्राप्त अंक	उत्पाद/परिणाम सूचक (30%)	% भारिता (वेटेज)	प्राप्त अंक	
स्नेहक और थर्मामीटर के साथ कप को ठीक तरीके से रखना	20		मौखिक प्रश्न (Viva-voce)	10		
प्रज्ज्वलन बिंदु की प्राप्ति	10		रिपोर्ट तैयार करना	10		
अग्नि बिंदु की प्राप्ति	10		गणना, परिणाम और व्याख्या	10		
साफ-सफाई एवं देखभाल	10					
ऊष्मीय व्यवस्था का समायोजन	10					
सुरक्षा सावधानियों का पालन/ अनु पालन	10					

अधिक जानें

- शिक्षकों को धातु विज्ञान में उपयोग की व्यावहारिक प्रदर्शन के माध्यम से विभिन्न मानक विधियों द्वारा प्रज्ज्वलन बिंदु और अग्नि बिंदु और मेघ बिंदु और बहाव बिंदु का निर्धारण।
- एनिलिन बिंदु के बारे में ज्ञान।
- मृदु साबुन उच्च वसा अम्लों के पोटैशियम लवण होते हैं।
- कठोर साबुन उच्च वसीय अम्लों के सोडियम लवण होते हैं।
- डिटर्जेंट आमतौर पर लंबी श्रृंखला कार्बोक्जिलिक अम्ल के अमोनियम या सल्फोनेट लवण होते हैं। उन्हें साबुन रहित साबुन भी कहा जाता है।

सूक्ष्म परियोजनाएँ/गतिविधियाँ

- विभिन्न तेल के नमूने एकत्र करें और विभिन्न क्षारों का उपयोग करके साबुन तैयार करें और साबुन बनाने के लिए आवश्यक क्षार की मात्रा, और बने साबुन का प्रकार रिकॉर्ड करें।
- पेट्रोल, मिट्टी के तेल, डीजल, किसी भी खाद्य तेल, नारियल तेल के नमूने एकत्र करें। उनके प्रज्ज्वलन बिंदु और अग्नि बिंदु, मेघ और बहाव बिंदु और श्यानता का पता लगाएं। गुणों की तुलना करें और प्रासंगिक अनुप्रयोगों में उनके उपयोग का औचित्य सिद्ध करें।
- मशीनरी के प्रकार, लागू भार, मशीन की गति, उत्पन्न ऊष्मा आदि के आधार पर, उपयुक्त स्नेहक का चयन करें जिसे मशीनरी में लगाया जा सकता है। अपने शिक्षकों और सहकर्मियों के साथ चर्चा करें और उसे प्रस्तुत करें।

रचनात्मक अन्वेषणशीलता और जिज्ञासा

- पोटेशियम लवण का उपयोग करके हम मृदु साबुन तैयार कर सकते हैं जबकि सोडियम लवण से हम कठोर साबुन तैयार कर सकते हैं।
- हमारा देश सोयाबीन, सरसों आदि जैसे समृद्ध कृषि उत्पादों के लिए जाना जाता है। हम इन फसलों से खाद्य तेल निकालने में सक्षम हैं। क्या हमारे वैज्ञानिक स्नेहन उद्देश्य के लिए उद्योगों और मशीनरी के स्पेक्ट्रम की आवश्यकता को पूरा करने के लिए गुणों की विस्तृत श्रृंखला वाले इन तेलों को परिवर्तित/संशोधित करने के लिए नवीन तरीकों का पता लगा सकते हैं।

सन्दर्भ एवं अध्ययन हेतु सुझाव

- C. N. R. Rao, Understanding Chemistry, Universities Press (India) Pvt. Ltd., 2011, ISBN 8173712506
- Dara, S. S. & Dr. S. S. Umare, Engineering Chemistry, Universities Press (India) Pvt.Ltd., 2011, ISBN, 8121903599
- Jain & Jain, Engineering Chemistry, Dhanpat Rai and Sons; New Delhi, 2015, ISBN 8187433175
- Shikha Agarwal, Engineering Chemistry, Cambridge University Press; New Delhi, 2015. ISBN, 978-1-107-47641-

5 विद्युत रसायन

यूनिट विशिष्ट

इस यूनिट में निम्नलिखित प्रमुख विषय शामिल हैं:

- ऑक्सीकरण और अपचयन की इलेक्ट्रॉनिक अवधारणा
- विद्युत् अपघट्य और विद्युत अनअपघट्य
- विद्युत अपघटन के औद्योगिक अनुप्रयोग
- विद्युत रासायनिक सेल में रेडॉक्स अभिक्रियाओं का अनुप्रयोग
- संक्षारण
- संक्षारण की दर को प्रभावित करने वाले कारक
- आंतरिक संक्षारण निवारक उपाय

यहाँ विभिन्न अवधारणाओं को उदाहरणों के द्वारा समझाया गया है ताकि विद्यार्थियों में आगे जिज्ञासा और रचनात्मक अन्वेषणशीलता उत्पन्न हो, साथ ही उद्योगों एवं दैनिक जीवन में उनके विभिन्न व्यवहारिक अनुप्रयोगों का उल्लेख किया गया है ताकि विद्यार्थियों में रचनात्मक समस्या समाधान की क्षमता विकसित हो।

यूनिट के भीतर विभिन्न अंतरालों पर अध्ययन के मूल्यांकन हेतु रचनात्मक मूल्यांकन (formative assessment) प्रश्नों को संज्ञानात्मक क्षेत्र (cognitive domain) के विभिन्न स्तरों पर डिजाइन किया गया है।

सही अर्थों में आउटकम आधारित पाठ्यक्रम के प्रभावी कार्यान्वयन के लिए, सूक्ष्म परियोजनाओं, कार्यों, औद्योगिक भ्रमण आदि जैसी गतिविधियों के व्यापक स्पेक्ट्रम को विद्यार्थियों के लाभ और उन्हें बढ़ावा देने के लिए यूनिट में डिजाइन और एकीकृत किया गया है। अतिरिक्त अध्ययन और सीखे हुए को मजबूत करने के लिए विभिन्न विषयों / उप विषयों पर नमूना क्यूआर कोड प्रदान किए गए हैं।

भूमिका

विद्युत रसायन भौतिक रसायन शास्त्र की वह शाखा है जो रासायनिक परिवर्तन और विद्युत ऊर्जा की परस्पर निर्भरता से संबंधित है। विद्युत रसायन धातु निष्कर्षण, धातु संरक्षण, धातु को पुन: प्राप्त करना और रासायनिक ऊर्जा और सूर्य से विद्युत ऊर्जा उत्पादन जैसे व्यापक अनुप्रयोगों से संबंधित है। धातु संरक्षण से अर्धचालक और अर्धचालक से लेकर उन्नत बैटरी तक सुरक्षित, प्रभावी और कुशल संचालन के लिए विद्युत रसायन आवश्यक है संक्षारण को एक सार्वभौमिक, सर्वव्यापी और सर्वशक्तिमान घटना के रूप में देखा जा सकता है। संक्षारण के कारण भारत में प्रति वर्ष लगभग 2.0 लाख करोड़ रुपये का नुकसान हो सकता है। राजमार्गों, पुलों, इमारतों, तेल और गैस, रासायनिक प्रसंस्करण, पानी और अपशिष्ट जल उपचार और उपयोग में आने वाली सभी धात्विक पदार्थों पर, राष्ट्रीय बुनियादी ढांचे के सभी पहलुओं पर संक्षारण का भारी आर्थिक और पर्यावरणीय प्रभाव पड़ता है। संक्षारण मानव सुरक्षा में भी हस्तक्षेप करता है, औद्योगिक

संचालन को बाधित करता है और पर्यावरण को भी नुकसान पहुचता है। संक्षारण के प्रति जागरूकता और समय पर और उचित नियंत्रण उपायों को अपनाना संक्षारण विफलताओं को कम करने की कुंजी है।

पूर्व-अपेक्षित ज्ञान

रसायन विज्ञान : विलयन, इंजीनियरिंग सामग्री
गणित : मूल बीजगणित और ज्यामिति

यूनिट आउटकम्स (UOs)

इस यूनिट के आउटकम्स की सूची निम्नलिखित है:

U5-O1 इलेक्ट्रॉन के खोने और पाने के आधार पर ऑक्सीकरण-अपचयन अभिक्रियाओं की पहचान करना।

U5-O2 जमा या मुक्त पदार्थ के भार को निर्धारित करने के लिए फैराडे के विद्युत अपघटनी नियमों को लागू करना।

U5-O3 विभिन्न प्रकार की सेलों का उपयोग, उनके तंत्र और विशेषताओं के आधार पर करना।

U5-O4 विभिन्न विद्युत अपघटनी प्रक्रियाओं जैसे विद्युत धातुकर्म, विद्युत लेपन और विद्युत शोधन का उपयोग उद्योगों की विभिन्न प्रकार की समस्याओं को हल करने के लिए करना।

U5-O5 धातुओं को संक्षारण से बचाने के लिए उपयुक्त विधि का चयन करना।

यूनिट-5 आउटकम्स	**कोर्स आउटकम्स (COs) के साथ यूनिट आउटकम्स (UOs) के अपेक्षित संबंध** *(1. कमजोर सहसंबंध; 2. मध्यम सहसंबंध; 3. मजबूत सहसंबंध)*				
	CO-1	**CO-2**	**CO-3**	**CO-4**	**CO-5**
U4–O1	1	-	-	-	3
U4–O2	-	-	-	-	3
U4–O3	-	-	-	-	3
U4–O4	-	-	1	-	3
U4–O5	-	-	1	1	3

5.1 एक परिचय

विद्युत रसायन, रसायन विज्ञान की वह शाखा है जिसमें विद्युत ऊर्जा के रासायनिक ऊर्जा में अंतर परिवर्तन का अध्ययन किया जाता है। विद्युत धारा उच्च विद्युत विभव से निम्न विद्युत विभव की ओर प्रवाहित होती है। एक तार या विलयन के माध्यम से इलेक्ट्रॉनों का प्रवाह ही, विद्युत धारा है। ठोस अवस्था में, इलेक्ट्रॉन एक धन आवेशित धातु परमाणु से दूसरे परमाणु में स्थानांतरित होते हैं, जबकि विलयन या गलित अवस्था में, इलेक्ट्रॉनों को विलयन में मौजूद आयनों द्वारा ले जाया जाता है। अत: धातुओं में मुक्त इलेक्ट्रॉन विद्युत के चालन के लिए उत्तरदायी होते हैं, जबकि एक विलयन अवस्था या गलित अवस्था में आयन विद्युत के चालन के लिए उत्तरदायी होते हैं।

> **रोचक तथ्य:** एलन जे. बार्ड 60 से अधिक वर्षों से विद्युत् रसायन में अग्रणी रहे हैं और उन्हें आधुनिक विद्युत् रसायन के पिता के रूप में जाना जाता है।

5.1.1 ऑक्सीकरण-अपचयन की इलेक्ट्रॉनिक अवधारणा

हम कई प्रक्रियाओं जैसे ये ईंधन का जलना, धातुओं में जंग लगना, धातु का निष्कर्षण और धातु का संरक्षण, विद्युत लेपन आदि को देखते हैं। सभी रेडॉक्स अभिक्रियाओं पर आधारित हैं। ये रेडॉक्स अभिक्रियाएं विद्युत रसायन का आधार हैं। आइए कुछ शब्दों ऑक्सीकरण (oxidation), अपचयन (reduction) और रेडॉक्स (redox) अभिक्रियाओं को समझते हैं।

अपचयन: यह वह प्रक्रिया है जिसमें एक परमाणु, आयन या अणु द्वारा इलेक्ट्रॉनों को ग्रहण किया जाता है।

इलेक्ट्रॉनों के निकलने से धनात्मक आवेश में वृद्धि या ऑक्सीकरण से गुजरने वाली प्रजातियों के ऋणात्मक आवेश में कमी हो जाती है।

$$\underset{2,8,1}{2Na} \longrightarrow \underset{2,8}{2Na^+} + 2e^- \qquad ...(1)$$

सोडियम एक इलेक्ट्रॉन खो देता है, अतः सोडियम पर ऑक्सीकरण अभिक्रिया होती है।

$$Cu \longrightarrow Cu^{2+} + 2e^- \qquad ...(2)$$

कॉपर धातु के मामले में, यह दो इलेक्ट्रॉनों को खो देता है, अतः तांबे पर ऑक्सीकरण अभिक्रिया होती है।

$$\underset{(II)}{Pb^{2+}} \longrightarrow \underset{(IV)}{Pb^{4+}} + 2e^- \qquad ...(3)$$

अपचयन: यह वह प्रक्रिया है जिसमें एक परमाणु, आयन या अणु द्वारा इलेक्ट्रॉनों को ग्रहण किया जाता है।

इलेक्ट्रॉनों के ग्रहण से प्रजातियों के धनात्मक आवेश में कमी या ऋणात्मक आवेश में वृद्धि होती है।

$$Cl_2 + 2e^- \longrightarrow 2Cl^- \qquad ...(4)$$

क्लोरीन — क्लोराइड आयन

$$O + 2e^- \longrightarrow O^{2-} \qquad ...(5)$$

ऑक्सीजन — ऑक्सीजन आयन

$$\underset{(IV)}{Pb^{4+}} + 2e^- \longrightarrow \underset{(II)}{Pb^{2+}} \qquad ...(6)$$

रेडॉक्स या कुल अभिक्रिया: यह परस्पर आश्रित वे अभिक्रियाएं हैं जिनमें एक साथ एक प्रजाति का अपचयन होता है और दूसरे का ऑक्सीकरण होता है।

सोडियम क्लोराइड के निर्माण पर विचार करें। अभिक्रिया संख्या (1) और (4) को अर्ध सेल अभिक्रिया कहा जाता है, जो इलेक्ट्रॉनों की भागीदारी को दर्शाती हैं। अर्ध–अभिक्रियाओं के योग से प्राप्त समग्र अभिक्रिया को रेडॉक्स या नेट अभिक्रिया कहते हैं।

$2Na \longrightarrow 2Na^+ + 2e^-$ — ऑक्सीकरण

$Cl_2 + 2e^- \longrightarrow 2Cl^-$ — अपचयन

$2Na + Cl_2 \longrightarrow 2Na^+ + 2Cl^- \longrightarrow 2NaCl$ — रेडॉक्स / नेट अभिक्रिया

सोडियम क्लोराइड के लिए सोडियम और क्लोरीन के बीच अभिक्रिया में, सोडियम का ऑक्सीकरण (इसके ऑक्सीकरण संख्या Na में 0 से बढ़कर NaCl में +1 हो जाता है) और क्लोरीन का अपचयन हो जाता है (इसकी ऑक्सीकरण संख्या Cl_2 में 0 से घटकर NaCl में –1 हो जाती है)।

SAQ 1	निम्नलिखित अभिक्रिया एक उदाहरण है $Pb^{2+} \longrightarrow Pb^{4+} + 2e^-$		
	1. ऑक्सीकरण अभिक्रिया	2. अपचयन अभिक्रिया	3. रेडॉक्स अभिक्रिया

उत्तर: (1)

5.2 विद्युत अपघट्य और विद्युत अनअपघट्य

एक ठोस पदार्थ जो विद्युत धारा को अपने माध्यम से गुजरने देता है, चालक (conductor) कहलाता है, जैसे सभी धातु, ग्रेफाइट आदि। जब कोई पदार्थ विलयन के रूप में होता है, तो विद्युत के चालन को निम्न प्रकार से व्यक्त किया जा सकता है।

5.2.1 विद्युत अपघट्य

विद्युत अपघट्य : ऐसा पदार्थ जो गलित अवस्था अथवा विलयन में आयन उत्पन्न करता है और अपने में से विद्युत धारा को प्रवाहित होने देता है, विद्युत अपघट्य (eletrolyte) या विद्युत अपघटनी चालक कहलाता है।

जैसे गलित NaCl, NaCl विलयन, $CuSO_4$ विलयन, HCl, H_2SO_4, KOH, NaOH, NH_4OH, CH_3COOH, NaCl लवण एक गलित अवस्था में दो आयन देता है, Na^+ धनायन और Cl–ऋणायन। जब विद्युत गलित अवस्था से गुजारी जाती है, तो विलयन में मौजूद धनायन और ऋणायन विद्युत के संचालन के लिए जिम्मेदार होते हैं। इसलिए गलित NaCl एक विद्युत अपघट्य है।

विद्युत अपघट्य दो प्रकार के होते हैं

(A) प्रबल विद्युत अपघट्य (B) दुर्बल विद्युत अपघट्य

(A) **प्रबल विद्युत अपघट्य–** जब विलेय एक विलायक में घोला जाता है तो वह शीघ्र अपने आयनों में विघटित या आयनित हो जाता है। HCl, H_2SO_4, KOH, NaOH, और NaCl जैसे विलेय अत्यधिक तेजी से आयनों में विभाजित हो जाते हैं, जिन्हें प्रबल विद्युत अपघट्य (strong electrolyte) या प्रबल विलेय कहा जाता है।

(i) **वियोजन:** पहले से विद्यमान आयनों के पृथक्करण को वियोजन (dissociation) कहते हैं। उदाहरण के लिए जब NaCl जैसे आयनिक यौगिक विलायक में घुल जाते हैं, तो यह Na^+ और Cl^- में अलग हो जाते हैं। इस प्रक्रिया को वियोजन कहा जाता है।

(ii) **आयनन:** आयन उत्पन्न करना और आयनों का पृथक्करण आयनीकरण (ionization) कहलाता है। उदाहरण के लिए जब एक सहसंयोजी यौगिक जैसे HCl को विलायक में घोला जाता है, तब यह H^+ और Cl^- आयनों को उत्पन्न करता है, इस प्रक्रिया को आयनन कहा जाता है।

(B) **दुर्बल विद्युत अपघट्य–** जब किसी विलेय को एक विलायक में घोलने पर यह दुर्बल रूप से आयनित होता है या कम आयन देता है, दुर्बल विद्युत अपघट्य (weak electrolyte) कहलाता है। NH_4OH, CH_3COOH जैसे लवण कम विघटित होते हैं, इसलिए इन्हें दुर्बल विद्युत अपघट्य कहा जाता है।

विलेय अणुओं की कुल संख्या का वह अंश जो विघटित हो जाता है या आयनित हो जाता है, वियोजन की मात्रा के रूप में जाना जाता है जैसा कि तालिका 5.1 में दिखाया गया है (मान केवल अवधारणा स्पष्टता के लिए हैं)।

तालिका 5.1: प्रबल विद्युत अपघट्य और दुर्बल विद्युतअपघट्य

विलेय	धनायन	ऋण आयन	वियोजन की मात्रा	प्रबल या दुर्बल विद्युत अपघटय
HCl	H^+	Cl^-	90/100	प्रबल विद्युत अपघट्य
H_2SO_4	$2H^+$	SO_4^{--}	95/100	
HNO_3	H^+	NO_3^-	92/100	
KOH	K^+	OH^-	88/100	
NaOH	Na^+	OH^-	92/100	
NaCl	Na^+	Cl^-	100/100	
CH_3COOH	H^+	CH_3COO^-	40/100	दुर्बल विद्युत अपघट्य
NH_4OH	NH_4^+	OH^-	45/100	

5.2.2 विद्युत अनअपघट्य

ऐसे पदार्थ जो गलित अवस्था या विलयन में आयन उत्पन्न नहीं करते और अपने में से विद्युत को गुजरने नहीं देते हैं, विद्युत अनअपघट्य (non electrolyte) कहलाते हैं।

विद्युत अध्रुवीय विलायकों जैसे बेंजीन या CCl_4 या CS_2 या चीनी के विलयन, मीथेन, ईथेन आदि में से नही गुजरती, क्योंकि इनमे आयनों की अनुपस्थिति होती है, अत: ये विलयन विद्युत अनअपघट्य के उदाहरण हैं।

5.2.3 फैराडे के विद्युत अपघटन के नियम

5.2.3 (A) फैराडे का विद्युत अपघटन का प्रथम नियम

जब किसी विद्युत अपघट्य के विलयन में विद्युत धारा प्रवाहित की जाती है तो इलेक्ट्रोड पर मुक्त होने वाले या निकलने वाले पदार्थ की मात्रा उसमें प्रवाहित विद्युत धारा के परिमाण के समानुपाती होती है।

गणितीय रूप से

$$W \propto Q$$

$$W \propto It \quad [Q = It]$$

$$W = ZIt$$

जहां W - इलेक्ट्रोड पर जमा या मुक्त पदार्थ का भार (ग्राम में)

Q - विद्युत अपघट्य में प्रवाहित विद्युत की मात्रा (कूलाम में)

समानुपाती के चिन्ह को हटाने के लिए एक स्थिरांक का उपयोग किया जाता है जिसे समानुपातिक स्थिरांक कहते हैं यहां इसे विद्युत रासायनिक तुल्यांक (electeochemical equivalent) कहा जाता है, जिसे $z(g/C)$ द्वारा दर्शाया गया है;

I - एम्पीयर में विद्युत धारा

t - सेकंड में समय

जब $t = 1$ सेकंड, और $i = 1$ एम्पीयर तब $W = Z \times 1 \times 1$

$$W = Z$$

> जब 1 एंपियर की विद्युत धारा 1 सेकंड तक प्रवाहित की जाती है तब इलेक्ट्रोड पर जमा होने वाले या निकलने वाले पदार्थ की मात्रा विद्युत रासायनिक तुल्यांक Z के बराबर होती है।

हम इस यूनिट के अंत में संलग्न वर्णित प्रयोग के माध्यम से फैराडे के विद्युत अपघटन के प्रथम नियम का उपयोग करके तांबे के विद्युत रासायनिक तुल्यांक के निर्धारण के बारे में गहराई से सीखेंगे।

5.2.3 (B) फैराडे का विद्युत अपघटन का दूसरा नियम

जब समान शक्ति की विद्युत धारा श्रेणी क्रम में जुड़े हुए विभिन्न विद्युत अपघट्य के विलयनों में से प्रवाहित की जाती है, तब विभिन्न इलेक्ट्रोडो पर जमा हुए या निकलने वाले पदार्थ की मात्रा उनके रासायनिक तुल्यांक (पदार्थ के तुल्यांकी भार) के समानुपाती होती है।

मान लीजिए कि विद्युत की समान मात्रा श्रृंखला में जुड़े दो सेलों, जिनमे क्रमशः कॉपर सल्फेट और सिल्वर नाइट्रेट के विलयन हैं, के माध्यम से पारित की जाती है [चित्र 5.1]

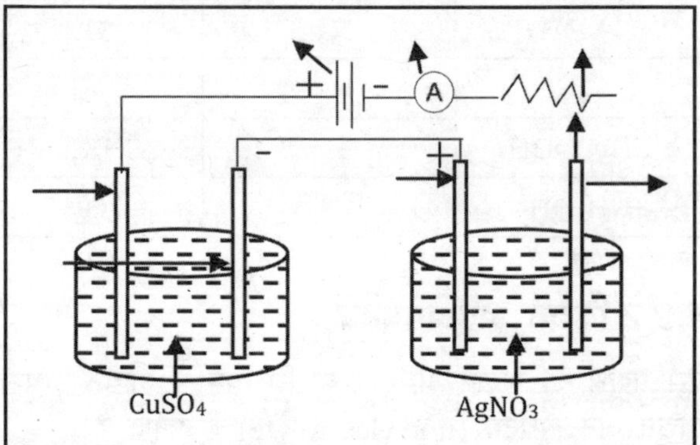

चित्र 5.1: फैराडे का विद्युत अपघटन का दूसरा नियम

तब फैराडे के विद्युत अपघटन के दूसरे नियम के अनुसार जमा हुए चांदी और तांबे का भार उनके तुल्यांकी भार (equivalent weight) के समानुपाती होगा, जिसे रासायनिक तुल्यांक के रूप में भी जाना जाता है।

जमा तांबे का भार (W_1) α तांबे का तुल्यांकी भार (E_1) (1)

जमा चांदी का भार (W_2) α चांदी का तुल्यांकी भार (E_2) (2)

समीकरण (1) को (2) से विभाजित करने पर हम प्राप्त करते हैं,

$$\frac{\text{जमा तांबे का भार } (W_1)}{\text{जमा चांदी का भार } (W_2)} = \frac{\text{तांबे का तुल्यांकी भार } (E_1)}{\text{चांदी का तुल्यांकी भार } (E_2)}$$

इस प्रकार, तीन पदों के मान पता होने पर हम चौथे की गणना बहुत आसानी से कर सकते हैं।

$$\frac{W_1}{W_2} = \frac{E_1}{E_2}$$

SAQ 2	विद्युत अपघटन के फैराडे के प्रथम नियम के अनुसार, जमा पदार्थ का भार–			
	1. रासायनिक तुल्यांक के समानुपाती होता है	2. तुल्यांकी भार के व्युत्क्रमानुपाती होता है	3. विद्युत रासायनिक तुल्यांक के व्युत्क्रमानुपाती होता है	4. विद्युत रासायनिक तुल्यांक के समानुपाती होता है

उत्तर: (4)

फैराडे और कूलाम के बीच संबंध

फैराडे के दूसरे नियम से, तांबे के एक ग्राम तुल्यांक अर्थात 31.75 ग्राम तांबे या चांदी के एक ग्राम तुल्यांक अर्थात 107.88 ग्राम चांदी को मुक्त करने वाली विद्युत की मात्रा की गणना निम्न प्रकार की जा सकती है–

चूँकि चाँदी का विद्युत रासायनिक तुल्यांक 0.001118 g/C होता है अतः विद्युत के 1 कूलाम द्वारा 0.001118 g चाँदी जमा की जाएगी।

चूँकि 0.001118 g चाँदी के निक्षेपण के लिए 1 कूलाम विद्युत की आवश्यकता होती है,

इसलिए 107.88 g चाँदी के निक्षेपण के लिए आवश्यक विद्युत की मात्रा होगी;

$$= \frac{107.88}{0.001118} = 96496 \text{ कूलाम}$$

चूँकि 0.000329 g तांबे के निक्षेपण के लिए 1 कूलाम विद्युत की आवश्यकता होती है

इसलिए तांबे के 31.75 g के निक्षेपण के लिए आवश्यक विद्युत की मात्रा होगी

$$= \frac{31.75}{0.000329} = 96504 \text{ कूलाम}$$

फैराडे ने प्रयोगात्मक रूप से किसी भी पदार्थ के एक ग्राम तुल्यांक के बराबर पदार्थ को मुक्त या जमा करने के लिए यह आवश्यक विद्युत की औसत मात्रा को निर्धारित किया, अतः इस मात्रा को एक फैराडे (F) के रूप में जाना जाता है।

$$1 \text{ फैराडे} = 96500 \text{ कूलाम}$$

तुल्यांकी भार (C.E.) और विद्युत रासायनिक तुल्यांक (ECE) के बीच संबंध

$$96500 \text{ कूलाम} \equiv \text{पदार्थ का 1 ग्राम तुल्यांक या पदार्थ का रासायनिक तुल्यांक}$$

$$1 \text{ कूलाम} \equiv \text{पदार्थ का 1 ग्राम विद्युत रासायनिक तुल्यांक (पदार्थ का E.C.E.)}$$

$$\text{पदार्थ का 1 ग्राम रासायनिक तुल्यांक} = 96500 \times \text{विद्युत रासायनिक तुल्यांक}$$

$$C.E. = 96500 \times E.C.E.$$

इस प्रकार पदार्थ का तुल्यांकी भार विद्युत रासायनिक तुल्यांक का 96500 गुना होता है।

5.3 विद्युत अपघटन के औद्योगिक अनुप्रयोग

विद्युत अपघटन प्रक्रिया में विद्युत ऊर्जा का उपयोग करके रासायनिक परिवर्तन किये जाते हैं। इसलिए इन सेलों में स्वतः अप्रवर्तित रासायनिक अभिक्रियाएं (non spontaneous reaction) होती हैं। इस प्रकार के सेलों को विद्युत अपघटनी सेल (electrolytic cell) के रूप में भी जाना जाता है। विद्युत अपघटन के महत्वपूर्ण औद्योगिक अनुप्रयोग इस प्रकार हैं–

1. विद्युत धातुकर्म 2. विद्युत लेपन 3. विद्युत अपघटनी शोधन

5.3.1 विद्युत धातुकर्म

यह विद्युत अपघटन द्वारा अपने अयस्क से धातु का निष्कर्षण है जैसा कि [3.1.4(C)] में दिखाया गया है। सोडियम, मैग्नीशियम, पोटेशियम और कैल्शियम जैसी कुछ सक्रिय धातुओं को उनके संबंधित धातु के लवणों की गलित अवस्था में विद्युत अपघटन द्वारा निकाला जाता है, जबकि अन्य धातुएं उनके जलीय विलयन से प्राप्त होती हैं।

गलित सोडियम क्लोराइड से सोडियम का निष्कर्षण

इसमें ग्रेफाइट इलेक्ट्रोड का उपयोग करके गलित सोडियम क्लोराइड के माध्यम से विद्युत प्रवाहित की जाती है, इस प्रक्रिया में ग्रेफाइट इलेक्ट्रोड सेल में होने वाली रासायनिक अभिक्रियाओं में सक्रिय रूप से भाग नहीं लेता है, लेकिन केवल इलेक्ट्रॉनों के संचालन के लिए उपयोग किया जाता है (अक्रिय इलेक्ट्रोड के रूप में)। इसलिए सोडियम धनायन

कैथोड की ओर जाते हैं और क्लोराइड आयन एनोड की ओर जाते हैं। ये निम्नलिखित रासायनिक अभिक्रियाओं को प्रदर्शित करते हैं। [चित्र 5.2]

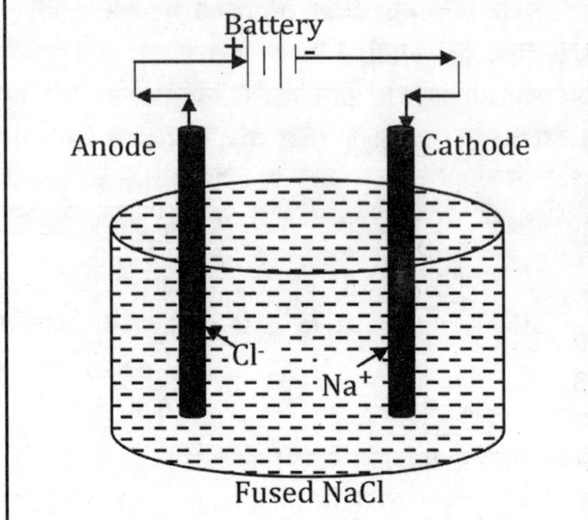

चित्र 5.2: सोडियम का निष्कर्षण

एनोड पर अभिक्रिया

क्लोराइड आयन प्राथमिक चरण (पहले चरण) में इलेक्ट्रॉनों को खो देते हैं और क्लोरीन परमाणु में परिवर्तित हो जाते हैं, फिर दो क्लोरीन परमाणु एक दूसरे के साथ जुड़ते हैं,

जिससे क्लोरीन गैस मुक्त होती है।

$Cl^- \longrightarrow Cl + e^-$ ऑक्सीकरण अभिक्रिया (प्राथमिक चरण)

$Cl^- \longrightarrow Cl + e^-$ ऑक्सीकरण अभिक्रिया

$Cl + Cl \longrightarrow Cl_2\uparrow$ द्वितीयक अभिक्रिया

कैथोड पर अभिक्रिया

क्लोराइड आयन द्वारा जो इलेक्ट्रॉन निकाले जाते हैं, वे एनोड से कैथोड में स्थानांतरित हो जाते हैं और विद्युत अपघट्य से सोडियम आयन इलेक्ट्रॉनों को स्वीकार करते है और कैथोड पर जमा हो जाते है।

$Na^+ + e^- \longrightarrow Na$ अपचयन अभिक्रिया

इस प्रकार से अधिक सक्रिय धातु को उनके गलित लवण से आसानी से निष्कर्षित किया जा सकता है।

5.3.2 विद्युत लेपन

विद्युत धारा की सहायता से आधार धातु (या अवर धातु या अधिक सक्रिय धातु) की सतह पर अधिक प्रतिरोधी धातु (या बेहतर धातु या कम सक्रिय धातु जैसे चांदी, सोना, निकल, क्रोमियम, तांबा आदि) की परत बनाने की प्रक्रिया को विद्युत लेपन (electroplating) कहते हैं।

विद्युत लेपन का उद्देश्य है (a) धातु को संक्षारण से बचाना, (b) बाजार मूल्य बढ़ाने के लिए आभूषण और कटलरी को सजाना और (c) क्षतिग्रस्त मशीनरी भाग में विकसित दरारें और गुहाओं की मरम्मत करना।

इस प्रक्रिया में, विद्युत लेपित वस्तु को सबसे पहले क्षार या साबुन के गर्म विलयन से अच्छी तरह साफ किया जाता है ताकि ग्रीस या ग्रिट या गंदगी निकल जाए। फिर ऑक्साइड परत या अन्य अशुद्धियाँ, जो वस्तु से चिपक जाती है, को हटाने के लिए इसे तनु अम्ल से उपचारित किया जाता है । तनु अम्लों से उपचार को एसिड पिकलिंग (acid pickling) कहते हैं। इसके बाद इसे पानी से धोया जाता है और फिर पॉलिश पेपर से सावधानी पूर्वक पॉलिश किया जाता है। साफ की गयी वस्तु को विद्युत अपघटनी सेल में डुबाया जाता है और उसे कैथोड बनाया जाता है। एनोड एक शुद्ध धातु की प्लेट या छड़ है जिसका लेप वस्तु पर किया जाना होता है और इसे सेल में निलंबित किया जाता है।

विद्युत अपघट्य एनोडिक धातु के धातु लवण का विलयन है जिसके साथ वस्तु को विद्युत लेपित किया जाना है। विद्युत धारा प्रवाहित करने पर, विद्युत अपघट्य से धातु आयन कैथोड के रूप में बनी वस्तु पर जमा हो जाते हैं। इसी समय एनोड से बराबर मात्रा में धातु, आयनों के रूप में घुल जाती है और विद्युत अपघट्य में चली जाती है। चिकना और उज्जवल निक्षेप निम्न स्थितियों में प्राप्त होते हैं (i) निम्न तापमान, (ii) उच्च धारा घनत्व, (iii) विद्युत अपघट्य की उच्च धातु आयन सांद्रता और (iv) विशिष्ट pH पर।

उदाहरण लोहे के चम्मच पर चांदी का विद्युत लेपन स्टील के एक आयताकार टैंक में किया जाता है। लोहे की चम्मच, जिसे विद्युत लेपित किया जाना है, को कास्टिक सोडा के साथ उबालकर अच्छी तरह से साफ किया जाता है ताकि गंदगी या ग्रिट या ग्रीस निकल जाए। इसके बाद इसे कास्टिक सोडा से मुक्त होने तक पानी से धोया जाता है। फिर इसे चम्मच पर मौजूद ऑक्साइड की परत को हटाने के लिए तनु अम्ल वाले अम्लीय टैंक में रखा जाता है। इसके बाद अतिरिक्त अम्ल को हटाने के लिए इसे पानी से धोया जाता है और फिर पॉलिश पेपर से पॉलिश किया जाता है। अब लोहे के चम्मच को कैथोड बनाया जाता है, और एनोड शुद्ध चांदी की धातु की प्लेट से बना होता है [चित्र 5.3]। एनोड और कैथोड को पोटैशियम अर्जेन्टो साइनाइड $K[Ag(CN)_2]$ के विद्युत अपघट्य में निलंबित कर दिया जाता है स लागू वोल्टेज पर विद्युत धारा को प्रवाहित करने पर, लोहे की चम्मच पर चांदी की चिकनी और चमकीली परत चढ़ जाती है। चांदी एनोड Ag^+ आयन देकर विलयन में धीरे-धीरे घुल जाता है।

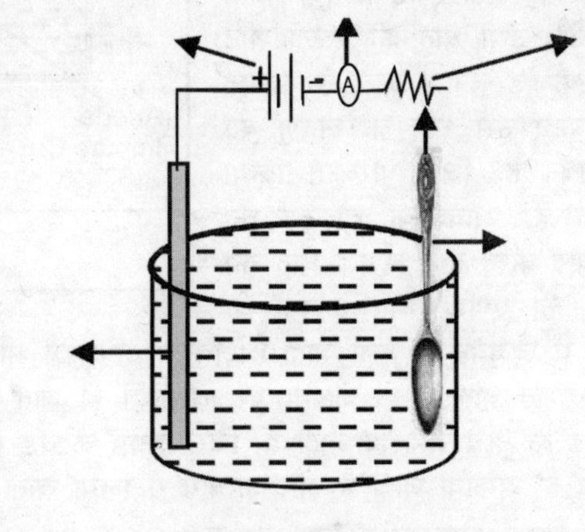

चित्र 5.3: विद्युत लेपन

एनोड (सक्रिय इलेक्ट्रोड) पर अभिक्रिया

$$\underset{\text{रजत एनोड}}{Ag} \longrightarrow Ag^+ + 1e^- \quad \text{(ऑक्सीकरण)}$$

कैथोड (अक्रिय इलेक्ट्रोड) पर अभिक्रिया

$$\underset{\text{चांदी}}{Ag^+} + \underset{\text{आयन}}{1e^-} \longrightarrow \underset{\text{चांदीधातु}}{Ag} \text{ (अपचयन)}$$

चूँकि एनोड धातु अपने स्वयं के लवण विलयन में डूबी रहती है, अत: कम आवेश विभव वाले आयनों के विसर्जन के बजाय, इसकी विलयन में घुलने की प्रवृत्ति होती है।

चूँकि चांदी की धातु की छड़/ इलेक्ट्रोड ने विलयन में होने वाली रासायनिक अभिक्रियाओं में सक्रिय रूप से भाग लिया है, इसलिए इसे एक सक्रिय इलेक्ट्रोड के रूप में जाना जाता है। एनोड-धातु का आकार लगातार घटता जाता है। Ag धातु द्वारा निकाले गए इलेक्ट्रॉन को एनोड से कैथोड में स्थानांतरित किया जाता है।

विद्युत अपघट्य से सभी धनायन, जैसे Ag^+, H^+ और K^+, कैथोड की ओर पलायन करते हैं, लेकिन Ag^+ आयन का विसर्जन विभव (discharge potential) H^+ और K^+ आयन की तुलना में कम होता है अत: केवल Ag^+ कैथोड पर जमा हो जाता है। लोहे का चम्मच या अवर धातु सेल में होने वाली अभिक्रिया में सक्रिय रूप से भाग नहीं लेता है और इसका उपयोग केवल इलेक्ट्रॉनों के संचालन के लिए किया जाता है।

विद्युत लेपन

विद्युत अपघटन का कुल परिणाम

पूरी प्रक्रिया के दौरान Ag^+ की सांद्रता स्थिर रहती है। जैसे ही एक धातु परमाणु, एक आयन में परिवर्तित होता है, वैसे ही विद्युत अपघट्य से एक Ag^+ धनायन कैथोड पर जमा हो जाता है।

जैसे ही एनोड को अपने लवण के विलयन में डुबोया जाता है, यह विलयन में घुल जाता है, इसलिए इस प्रक्रिया के दौरान एनोड का आकार कम हो जाता है। प्रक्रिया के दौरान जैसे-जैसे धात्विक धनायन कैथोड पर जमा होते जाते हैं, कैथोड का आकार बढ़ता चला जाता है।

5.3.3 विद्युत अपघटनी शोधन

यह अशुद्ध धातु की छड़ से शुद्ध धातुओं के निष्कर्षण की एक प्रक्रिया है। इस प्रक्रिया में विद्युत धारा प्रवाहित करके एक अशुद्ध धातु की छड़ से शुद्ध धातु प्राप्त की जाती है। अशुद्ध धातु की मोटी छड़ या प्लेट एनोड बनायी जाती है, और उसी धातु की पतली शीट को कैथोड बनाया जाता है। विद्युत अपघट्य उस धातु के लवण का विलयन है, जिसे परिष्कृत किया जाना है। आवश्यक वोल्टेज का उपयोग करते हुए, अशुद्ध धातु की छड़ का एनोड, धातु आयनों के रूप में विलयन में चला जाता है। विद्युत अपघट्य भी धन आवेशित धातु और ऋण आवेशित आयनों में टूट जाता है। धनावेशित धातु आयन कैथोड पर विसर्जित हो जाते हैं और जमा हो जाते हैं। एनोड घुलता जाता है, और अशुद्धियाँ एनोड के नीचे जमा हो जाती हैं, जिसे एनोड कीचड़ (anode mud) कहा जाता है। कैथोड परिष्कृत धातु है, इसे धोया जाता है, सुखाया जाता है और उपयोग में लिया जाता है।

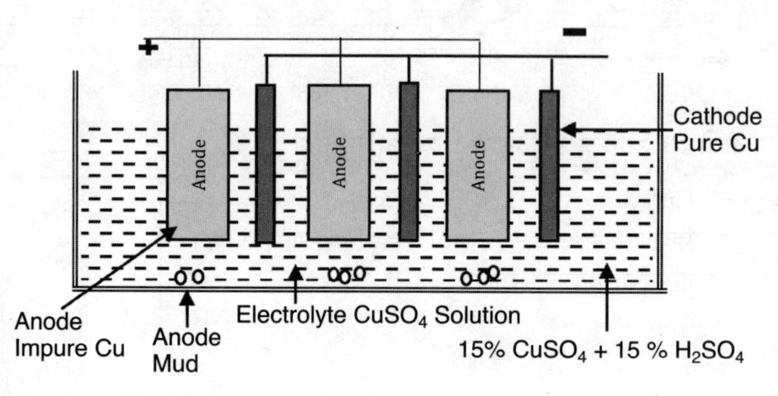

चित्र 5.4: तांबे का विद्युत अपघटनी शोधन

विद्युत अपघटन प्रक्रिया द्वारा Zn, Cu, Sn, Ag, Al, आदि धातुओं को परिष्कृत किया जाता है। निष्कर्षण प्रक्रिया द्वारा प्राप्त अशुद्ध तांबे में S, As, Zn, Fe, Ni, Ag, Pt आदि जैसी लगभग 3% से 5% अशुद्धियाँ हो सकती हैं। ऐसा अशुद्ध ताँबा विद्युत चालक के रूप में उपयोग करने के योग्य नहीं होता है। इसमें मौजूद अशुद्धियों की अल्प मात्रा के कारण इसकी चालकता काफी कम हो जाती है। विद्युत चालकता के लिए 100% शुद्धता वाले तांबे की आवश्यकता होती है। इसलिए, कच्चे तांबे को विद्युत अपघटनी शोधन नामक प्रक्रिया द्वारा परिष्कृत किया जाता है। तांबे का विद्युत अपघटनी शोधन एक बड़े लेड टैंक में किया जाता है। अशुद्ध तांबे को टैंक में निलंबित बड़ी प्लेटों में डाला जाता है जो एनोड के रूप में कार्य करता है। कैथोड शुद्ध तांबे की पतली प्लेट हैं, और प्रत्येक एनोड की दो प्लेटों के बीच निलंबित है। विद्युत अपघट्य 15% कॉपर सल्फेट विलयन और 10% तनु सल्फ्यूरिक अम्ल का मिश्रण होता है। प्रक्रिया के लिए कम वोल्टेज पर दिष्ट धारा (DC) का उपयोग किया जाता है [चित्र 5.3]।

जब धारा प्रवाहित की जाती है, तो अशुद्ध कॉपर जिसमें Zn, Fe, Ni जैसी अधिक सक्रिय धातुओं के अंश अशुद्धियों के रूप में मौजूद होते हैं, एनोड से धात्विक आयनों के रूप में विलयन में चले जाते हैं, जबकि Ag, Au और Pt जैसी कम सक्रिय धातुएँ आयनित नहीं होती हैं बल्कि टूट जाती हैं और एनोड के नीचे चली जाती हैं और एनोड कीचड़ के रूप में जम जाती हैं।

विद्युत अपघट्य में क्युप्रिक आयन (Cu^{2+}), सल्फेट आयन (SO_4^{2-}), H^+ आयन और OH^- आयन होते हैं। विद्युत अपघट्य के माध्यम से विद्युत पारित करने के बाद आयन विपरीत आवेशित इलेक्ट्रोड की ओर चले जाते हैं यानि Cu^{2+} और H^+ आयन आकर्षित होकर कैथोड की ओर जाते हैं या आकर्षित होते हैं और SO_4^{2-} और OH^- आयन एनोड की ओर चले जाते हैं। विद्युत प्रवाहित करने के बाद अभिक्रिया शुरू हो जाती है। इसलिए इन्हें स्वतः अप्रवर्तित रासायनिक अभिक्रियाओं के रूप में जाना जाता है। यहां विद्युत ऊर्जा प्रवाहित करने के बाद रासायनिक परिवर्तन हो रहे हैं, इसलिए इसे विद्युत अपघटनी सेल कहा जाता है।

एनोड (सक्रिय इलेक्ट्रोड) पर अभिक्रिया

$Cu \longrightarrow$	Cu^{2+}	+	2e-	(ऑक्सीकरण अभिक्रिया)
एनोड धातु	ताम्रयुक्त आयन विद्युत अपघट्य में प्रवेश करते है		एनोड से कैथोड पर जाते हैं	

कैथोड (अक्रिय इलेक्ट्रोड) पर अभिक्रिया

Cu^{2+}	+	$2e^{-} \longrightarrow$	Cu	(अपचयन अभिक्रिया)
विद्युत अपघट्य से ताम्रयुक्त आयन (नीले)		कैथोड पर एकत्रित	(लाल) कैथोड पर जमा	

क्युप्रिक आयनों (Cu^{2+}) की सांद्रता प्रक्रिया के दौरान स्थिर बनी रहती है। विद्युत अपघटन के दौरान एनोड का आकार कम होता जाता है और कैथोड का आकार बढ़ता जाता है। एनोड में मौजूद अशुद्धियों को एनोड के तल पर एकत्रित किया जाता है, जिसे एनोड कीचड़ (anode mud) कहा जाता है। यह विधि 99.9% शुद्ध तांबे के निष्कर्षण में सहायक है जो मुद्रित सर्किट बोर्ड, मदरबोर्ड, एकीकृत सर्किट, पेन ड्राइव, मोबाइल आदि के विकास के लिए उपयोगी है।

5.4 विद्युत रासायनिक सेल में रेडॉक्स अभिक्रियाओं के अनुप्रयोग

रेडॉक्स अभिक्रिया एक इलेक्ट्रोड से दूसरे इलेक्ट्रोड में इलेक्ट्रॉन के वास्तविक स्थानांतरण के रूप में जानी जाती हैं। जिस इलेक्ट्रोड पर धातु या आयन इलेक्ट्रॉन खोते हैं, उसका ऑक्सीकरण होता है, जबकि जिस इलेक्ट्रोड पर धातु या आयन इलेक्ट्रॉनों को स्वीकार करते हैं, उसका अपचयन होता है। सेल में मौजूद रसायन एक दूसरे के साथ तत्क्षण अभिक्रिया करते हैं और विद्युत ऊर्जा पैदा करते हैं। इस प्रकार के सेल को विद्युत रासायनिक सेल के रूप में जाना जाता है। सेल में ऑक्सीकरण और अपचयन अभिक्रियाएं होती हैं। विद्युत रासायनिक सेल के कुछ उदाहरण इस प्रकार हैं।

1. प्राथमिक सेल
2. द्वितीयक सेल

5.4.1 प्राथमिक सेल या शुष्क सेल

प्राथमिक सेल (primary cell) को आवेशित नहीं किया जा सकता और एक बार उपयोग करने के पश्चात यह बेकार हो जाते हैं। इन सेलों में विद्युत रासायनिक अभिक्रियाएं अनुत्क्रमणीय प्रकृति की होती हैं। प्राथमिक सेल को शुष्क सेल या पेंसिल सेल के नाम से भी जाना जाता है। यह अंदर से सूखा नहीं होता बल्कि यह पेस्ट के रूप में होता है। सेल में होने वाली रेडॉक्स अभिक्रियायें और प्राथमिक सेल का निर्माण इस प्रकार है।

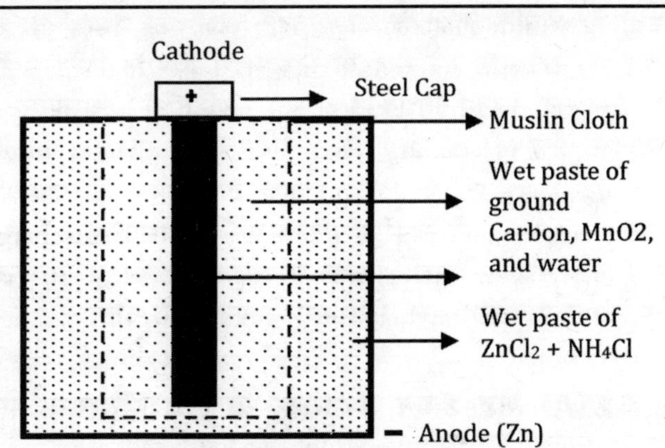

चित्र 5.5: प्राथमिक सेल

निर्माण:

शुष्क सेल (Dry cell) के केंद्र में एक ग्रेफाइट की छड़ होती है जो मैंगनीज डाइऑक्साइड (MnO_2), कार्बन पाउडर और पानी के पेस्ट से घिरी होती है। इस पूरी व्यवस्था को मलमल के कपड़े में रखा जाता है, जो अपने में से कुछ आयन को निकल

जाने देती है। ग्रेफाइट छड़ के शीर्ष पर स्टील कैप मौजूद होता है, जो धनात्मक टर्मिनल का प्रतिनिधित्व करता है। मलमल के कपड़े के चारों ओर पेस्ट के रूप में एक विद्युत अपघट्य मौजूद होता है। जिंक क्लोराइड और अमोनियम क्लोराइड पेस्ट को मलमल के कपड़े के चारों ओर रखा जाता है और जिंक धातु के कंटेनर से ढका जाता है जो एक ऋणात्मक टर्मिनल का प्रतिनिधित्व करने वाले एनोड के रूप में कार्य करता है।

जिंक के बर्तन पर एक कंपनी के स्टिकर को लगा दिया जाता है [चित्र 5.5]।

एनोड पर अभिक्रिया (Zn इलेक्ट्रोड पर)

$Zn \longrightarrow Zn^{2+} + 2e^-$ (ऑक्सीकरण अभिक्रिया)

$Zn + 4NH_3 \longrightarrow [Zn(NH_3)_4]^{2+}$

कैथोड पर अभिक्रिया

$2MnO_2 + 2NH_4^+ + 2e^- \longrightarrow Mn_2O_3 + 2NH_3 + 2H_2O$ (अपचयन अभिक्रिया)

ये सेल में होने वाली ऑक्सीकरण तथा अपचयन अभिक्रियाएँ है। चूंकि एनोड से कैथोड में इलेक्ट्रॉनों का स्थानांतरण होता है, अतः यह विद्युत के उत्पादन का प्रतिनिधित्व करता है। अतः प्राथमिक सेल में 1.5 वोल्ट विद्युत पैदा होती है। चूंकि सेल में रसायनों की प्राथमिक क्रिया के बाद विद्युत का उत्पादन होता है इसलिए इसे प्राथमिक सेल के रूप में जाना जाता है।

चूंकि रसायन विद्युत उत्पादन के लिए जिम्मेदार होते हैं, इसलिए इस सेल को विद्युत रासायनिक सेल के रूप में जाना जाता है और इसलिए यहाँ अपने आप रासायनिक अभिक्रियाएं होती हैं। Zn धातु विद्युत अपघट्य पेस्ट में घुले हुए जिंक क्लोराइड से जुड़ी होती है, जो एक सक्रिय इलेक्ट्रोड के रूप में कार्य करती है और ग्रेफाइट एक निष्क्रिय इलेक्ट्रोड के रूप में कार्य करता है। शुष्क सेल का जीवनकाल लंबा नहीं होता, क्योंकि अम्लीय अमोनियम क्लोराइड जिंक कंटेनर को तब भी खराब कर देता है जब वह उपयोग में नहीं लिया जा रहा हो।

5.4.1 द्वितीयक सेल

प्राथमिक सेल द्वारा बड़े पैमाने पर विद्युत को उत्पन्न नहीं किया जा सकता है क्योंकि इसमें खर्च होने वाले इलेक्ट्रोड को नए इलेक्ट्रोड द्वारा बदलने की आवश्यकता होती है। कुछ सेल उत्क्रमणीय भी होते हैं जिनमें रासायनिक ऊर्जा विद्युत ऊर्जा में परिवर्तित होती है, और विद्युत ऊर्जा का रासायनिक ऊर्जा में विपरीत परिवर्तन भी किया जा सकता है। खर्च किए गए इलेक्ट्रोड को सेल के माध्यम से विपरीत दिशा में विद्युत प्रवाह पारित करके पुनः उत्पन्न किया जा सकता है। ऐसे सेल जिनमें विद्युत ऊर्जा को संग्रहित एवं विस्तारित किया जा सकता है, भंडारण सेल (storage cells) या द्वितीयक सेल (secondary cells) या संचायक सेल (accumulators) कहलाते हैं।

एक संचायक सेल में विद्युत ऊर्जा के भंडारण की प्रक्रिया को आवेशन (charging) कहा जाता है, जबकि विद्युत ऊर्जा प्रदान करने की विपरीत प्रक्रिया को निरावेशन (discharging) के रूप में जाना जाता है। स्टोरेज बैटरी बनाने के लिए कई संचायक सेल श्रृंखला में जोड़े जाते हैं। ये संचायक सेल विभिन्न प्रकार के होते हैं जैसे क्षारीय प्रकार, लेड-अम्ल संचायक सेल, लिथियम-आयन बैटरी आदि।

5.4.2 (A) लेड-अम्ल संचायक या लेड संचायक सेल

लेड संचायक सेल

संचायक सेल, वोल्टाइक सेल और विद्युत अपघटनी सेल दोनों तरह से संचालित होते हैं। वोल्टाइक सेल के रूप में काम करते समय, यह विद्युत ऊर्जा की आपूर्ति करता है और अंत में निरावेशित हो जाता है। इन्हें फिर से आवेशित किया जा सकता है। आवेशित होने पर, यह सेल विद्युत अपघटनी सेल के

रूप में कार्य करता है। संचायक सेल का बढ़ा लाभ यह है कि यह विद्युत ऊर्जा प्राप्त करने और इसकी आपूर्ति करने के लिए दोनों तरीकों से काम करने की क्षमता रखता है।

लेड-अम्ल संचायक सेल में, इसका एक इलेक्ट्रोड लेड (Pb) से बना होता है, और दूसरा इलेक्ट्रोड लेड ऑक्साइड (PbO_2) से बना होता है।

कई लेड प्लेट (–ve मान) समानांतर में जुड़ी होती हैं, और कई लेड ऑक्साइड प्लेट (+ve मान) भी समानांतर में जुड़ी होती हैं।

लेड प्लेटो को दो लेड ऑक्साइड प्लेटों के बीच में रखा जाता है। इन प्लेटों को कांच या रबर, या लकड़ी की एक पट्टी जैसे इन्सुलेटर द्वारा एक दूसरे से अलग किया जाता है। इसके बाद इन्हें 20% तनु सल्फ्यूरिक अम्ल (25 डिग्री सेल्सियस पर विशिष्ट गुरुत्व 1.15 के साथ) में डुबाया जाता है [चित्र 5.6] हैं।

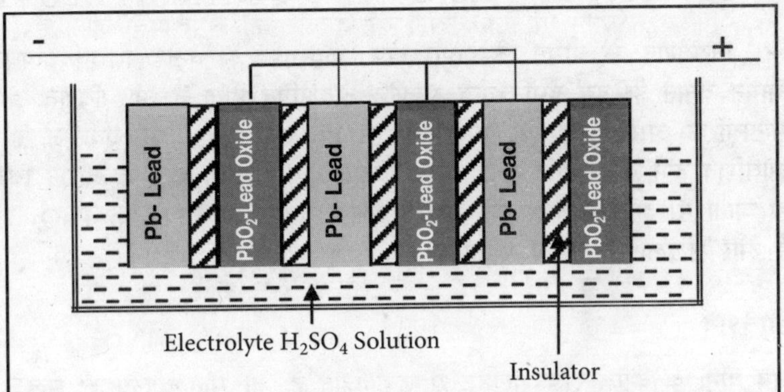

चित्र 5.6: लेड-अम्ल संचायक सेल

निरावेशन

जब सेल वोल्टाइक सेल के रूप में काम करता है, यानी यह विद्युत ऊर्जा की आपूर्ति करता है, तो इसे निरावेशन (discharging) कहा जाता है। इस दौरान लेड इलेक्ट्रोड लेड आयनों के निर्माण के साथ विलयन में जाता है। इसलिए लेड इलेक्ट्रोड पर ऑक्सीकरण होता है।

लेड (Pb) इलेक्ट्रोड पर अभिक्रियाएं

$$Pb \longrightarrow Pb^{++} + 2e^- \qquad \text{(ऑक्सीकरण अभिक्रिया)}$$

सक्रिय लेड (Pb) इलेक्ट्रोड इलेक्ट्रॉनों को खोकर आयनों के रूप में विद्युत अपघट्य में जाता है। निर्मित लेड आयन सल्फेट आयनों के साथ अभिक्रिया करके लेड सल्फेट का अवक्षेप बनाते हैं।

$$Pb^{++} + SO_4^{--} \longrightarrow PbSO_4\downarrow$$

अवक्षेपित लेड सल्फेट

लेड ऑक्साइड (PbO_2) इलेक्ट्रोड पर अभिक्रिया

लेड ऑक्साइड इलेक्ट्रोड भी बाहरी परिपथ से इलेक्ट्रॉनों को ग्रहण करके आयनिक रूप में विद्युत अपघट्य में प्रवेश करता है। इसलिए लेड ऑक्साइड इलेक्ट्रोड पर अपचयन अभिक्रिया होती है। यहाँ Pb की ऑक्सीकरण अवस्था +4 से +2 में बदल जाती है।

$$\underset{(4+)}{PbO_2} + 2e^- + 4H^+ \longrightarrow \underset{(2+)}{Pb^{++}} + 2H_2O \qquad \text{अपचयन}$$

निर्मित लेड आयन विद्युत अपघट्य से सल्फेट आयनों के साथ अभिक्रिया करके लेड सल्फेट अवक्षेप बनाते हैं।

$Pb_2^+ + SO_4^{2-} \longrightarrow PbSO_4$

लेड सल्फेट

इसलिए लेड संचायक सेल में रेडॉक्स अभिक्रिया

$Pb + PbO_2 + 4H^+ + 2SO_4^{2-} \longrightarrow 2PbSO_4 + 2H_2O + \text{Energy}$

निरावेशन के दौरान लेड और लेड ऑक्साइड इलेक्ट्रोड विद्युत अपघट्य में धीरे-धीरे घुल जाते हैं और Pb^{2+} आयन बनाते हैं। इस दौरान लेड सल्फेट अवक्षेपित होता है और विद्युत अपघट्य में पानी की मात्रा बढ़ती है जबकि सल्फ्यूरिक अम्ल की मात्रा कम होती है। Pb एवं PbO_2 की एक जोड़ी 2 वोल्ट विद्युत देती है। यह पूरी तरह से आवेशित होने की स्थिति में 2 वोल्ट विद्युत देता है निरावेशन के दौरान विभव धीरे-धीरे 1.6 से 1.7 वोल्ट तक कम हो जाता है। इसलिए बैटरी की विभव क्षमता बढ़ाने के लिए, $Pb\text{–}PbO_2$ इलेक्ट्रोड जोड़े की संख्या को बढ़ाना पड़ता है और श्रृंखला में जोड़ना पड़ता है।

आवेशन

जब दोनों इलेक्ट्रोड लेड सल्फेट से ढक जाते हैं, तो सेल वोल्टाइक सेल (विद्युत रासायनिक सेल) के रूप में काम करना बंद कर देता है। फिर इसे पुन: आवेशित (charge) करना जरूरी है। इसलिए बाहर से 2 वोल्ट से अधिक विद्युत वाहक बल (EMF) की आपूर्ति की जाने पर निरावेशन के दौरान होने वाली अभिक्रियाएं पलट जाती हैं, इसलिए सेल को विद्युत अपघटनी सेल कहा जाता है। अत: सेल में निम्न स्वत: अप्रवर्तित रासायनिक अभिक्रियाएं होंगी;

Pb (लैड) इलेक्ट्रोड पर अभिक्रियाएं

Pb^{2+} आयन विद्युत अपघट्य में $PbSO_4$ के रूप में मौजूद होते हैं।

$Pb^{2+} + 2e^- \longrightarrow Pb$ (अपचयन अभिक्रिया)

इलेक्ट्रोड का पुनर्जनन

PbO_2 (लैड ऑक्साइड) इलेक्ट्रोड पर अभिक्रियाएं

$\underset{(2+)}{Pb^{2+}} + 2H_2O \longrightarrow \underset{(4+)}{PbO_2} + 2e^- + 4H^+$ (ऑक्सीकरण अभिक्रिया)

PbO_2 इलेक्ट्रोड का पुनर्जनन

इसलिए आवेशन के दौरान शुद्ध अभिक्रिया

$2PbSO_4 + 2H_2O + \text{ऊर्जा} \longrightarrow Pb + PbO_2 + 4H^+ + 2SO_4^{2-}$

निरावेशन और आवेशन के दौरान रेडॉक्स सेल अभिक्रिया को निम्न रूप में दिखाया जा सकता है।

$$PbO_2 + Pb + 2H_2SO_4 \underset{\text{Charging}}{\overset{\text{Discharging}}{\rightleftharpoons}} 2PbSO_4 + 2H_2O$$

आवेशित करने की प्रक्रिया के दौरान, सेल के इलेक्ट्रोड को उनकी मूल स्थिति में बहाल कर दिया जाता है। यह देखा गया है कि निरावेशन के दौरान, अम्ल (H_2SO_4) की सांद्रता कम हो जाती है, जबकि आवेशन के दौरान अम्ल की सांद्रता बढ़ जाती है।

हम इस यूनिट के अंत में संलग्न प्रयोग में उल्लिखित प्रायोगिक प्रदर्शन के माध्यम से डेनियल सेल का उपयोग करके रासायनिक अभिक्रिया से उत्पन्न वोल्टेज के निर्धारण के बारे में गहराई से सीखेंगे।

तालिका 5.2: विद्युत अपघटनी सेल और विद्युत रासायनिक सेल के बीच अंतर

विद्युत अपघटनी सेल	विद्युत रासायनिक सेल
यह विद्युत ऊर्जा को रासायनिक ऊर्जा में परिवर्तित करता है।	यह रासायनिक ऊर्जा को विद्युत ऊर्जा में परिवर्तित करता है।
विद्युत की खपत होती है, ऊर्जा का स्रोत आवश्यक है।	विद्युत का उत्पादन करता है, यह ऊर्जा का एक स्रोत है।
रेडॉक्स अभिक्रियाओं के आधार पर स्वत: अप्रवर्तित रासायनिक अभिक्रियाएं होती हैं।	रेडॉक्स अभिक्रियाओं के आधार पर स्वत: प्रवर्तित रासायनिक अभिक्रियाएं होती हैं।
एनोड (+ve) टर्मिनल होता है जिस पर ऑक्सीकरण होता है।	एनोड (–ve) टर्मिनल होता है जिस पर ऑक्सीकरण होता है।
कैथोड (–ve) टर्मिनल होता है जिस पर अपचयन होता है।	कैथोड (+ve) टर्मिनल होता है जिस पर अपचयन होता है।

5.4.2 (B) ईंधन सेल

ईंधन सेल (fuel cell) एक विद्युत रासायनिक सेल है जो एक विद्युत रासायनिक प्रक्रिया द्वारा आसानी से उपलब्ध ईंधन ऑक्सीकारक निकाय में निहित रासायनिक ऊर्जा को विद्युत ऊर्जा में परिवर्तित कर सकता है, इसमें एनोड पर ईंधन का ऑक्सीकरण होता है। किसी भी अन्य विद्युत रासायनिक सेल के समान, ईंधन सेल में भी एक विद्युत अपघट्य और दो इलेक्ट्रोड होते हैं। हालांकि, ईंधन और ऑक्सीकारक अभिकर्मक की सेल के इलेक्ट्रोड, जिस पर वे अभिक्रिया करते हैं, लगातार और अलग-अलग आपूर्ति की जाती है। जब तक अभिकारकों की आपूर्ति की जाती है, ये प्राथमिक सेल धारा की आपूर्ति करने में सक्षम रहते हैं। हम जानते हैं कि वोल्टीय सेलों में ऑक्सीकरण अपचयन अभिक्रिया होती है।

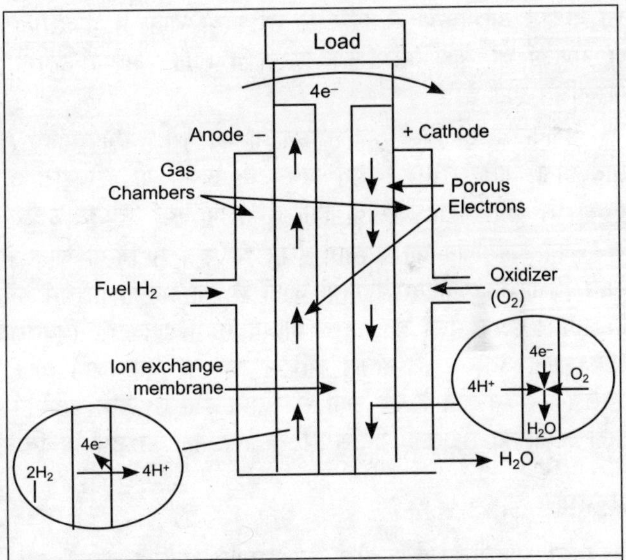

चित्र 5.7: हाइड्रोजन –ऑक्सीजन ईंधन सेल

ईंधन सेल उच्च दक्षता पर काम करते हैं और उनका परिणामी उत्सर्जन स्तर अनुमेय सीमा से काफी नीचे होता हैं।

एक ईंधन सेल में, ऑक्सीजन से दहन के बिना विद्युत ऊर्जा प्राप्त की जाती है। इसलिए ईंधन सेल ईंधन की रासायनिक ऊर्जा को सीधे विद्युत में परिवर्तित करता है।

ईंधन सेल की मूल व्यवस्था को निम्नानुसार दर्शाया जा सकता है–

ईंधन। इलेक्ट्रोड। विद्युत अपघट्य। इलेक्ट्रोड। ऑक्सीकारक

ईंधन सेल में आवश्यक प्रक्रिया–

ईंधन + ऑक्सीजन $\longrightarrow$ ऑक्सीकरण उत्पाद + विद्युत

सबसे सरल और सबसे सफल ईंधन में से एक हाइड्रोजन-ऑक्सीजन ईंधन सेल है। इसमें अनिवार्य रूप से [चित्र 5.7] विद्युत अपघटनी विलयन जैसे 25% KOH विलयन और दो निष्क्रिय छिद्रित इलेक्ट्रोड होते हैं। हाइड्रोजन और ऑक्सीजन गैसों को क्रमश: एनोड और कैथोड कक्षों के माध्यम से गुजारा जाता है, जहां निम्नलिखित अभिक्रियाये होती हैं।

एनोड	$2H_2$	⟶	$4H^+ + 4e^-$
	$4H^+ + 4OH^-$	⟶	$4H_2O$
कैथोड	$O_2 + 2H_2O + 4e^-$	⟶	$4OH^-$
रेडॉक्स	$2H_2 + O_2$	⟶	$2H_2O$

सेल का मानक EMF, $E^\circ = E^\circ ox + E^\circ red = 0.83\ V + 0.40\ V = 1.23\ V$

वास्तविक व्यवहार में, सेल का EMF 0.8 से 1.0 V होता है। आमतौर पर, एक बैटरी बनाने के लिए इन सेल की बड़ी संख्या को श्रृंखला में एक साथ रखा जाता है जिसे फ्यूल सेल बैटरी या फ्यूल बैटरी कहा जाता है।

हाइड्रोजन गैस $2H^+$ आयन का उत्पादन करने के लिए विद्युत अपघट्य और ठोस चालक संरचनाओं के साथ अभिक्रिया करती है। पानी बनाने के लिए ये दो प्रोटॉन विद्युत अपघट्य के हाइड्रॉक्सिल आयनों के साथ अभिक्रिया करते हैं, जो KOH विद्युत अपघट्य को तनु करता है।

बाह्य परिपथ में दो इलेक्ट्रॉन उपलब्ध कराए जाते हैं। इस प्रकार उपयोग किए जाने वाले हाइड्रॉक्सिल आयनों को कैथोड अभिक्रिया से फिर से भर दिया जाता है, जिसमें O_2 बाहरी सर्किट से चार इलेक्ट्रॉनों को लेकर पानी के दो अणुओं के साथ अभिक्रिया करके 4 OH^- आयन उत्पन्न करता है। ये तथ्य ऊपर दी गई सेल अभिक्रियाओं में परिलक्षित होते हैं।

इलेक्ट्रोड को निम्न आवश्यकताओं को पूरा करना चाहिए (i) अच्छे चालक होनी चाहिए, (ii) इलेक्ट्रॉन का अच्छा स्रोत होना चाहिए (iii) विद्युत् अपघट्य, ऊष्मा या इलेक्ट्रोड अभिक्रिया से खराब नहीं होना चाहिए और (iv) उनकी सतहों पर होने वाली अभिक्रियाओं के लिए एक उत्कृष्ट उत्प्रेरक होना चाहिए।

जब हाइड्रोजन का उपयोग ईंधन के रूप में किया जाता है, तो इलेक्ट्रोड या तो ग्रेफाइट से बने होते हैं जिन पर सूक्ष्म विभाजित प्लेटिनम लगाया जाता है, या यह पैलेडियम और चांदी या निकल के 75/75 मिश्र धातु से बना होता है। सफल ईंधन सेलों का रहस्य शायद महंगे इलेक्ट्रोड विकसित करने में निहित है जो इलेक्ट्रोड अभिक्रिया के लिए शक्तिशाली उत्प्रेरक हैं। सबसे अधिक उपयोग किए जाने वाले विद्युत अपघट्य जलीय KOH या H_2SO_4 या आयन एक्सचेंज रेजिन होते हैं जो पानी से संतृप्त होते हैं। कम तापमान पार कार्यरत ईंधन बैटरी (−54°C से 72°C) के लिए, तरल अमोनिया में घुला पोटेशियम थायोसाइनेट का उपयोग किया जाता है।

अनुप्रयोग

हाइड्रोजन-ऑक्सीजन ईंधन सेलों का उपयोग अंतरिक्ष वाहनों, पनडुब्बियों या अन्य सैन्य वाहनों में एक सहायक ऊर्जा स्रोत के रूप में किया जाता है। H_2–O_2 ईधन सेल में उत्पन्न जल अंतरिक्ष यात्रियों के लिए ताजे पानी का एक महत्वपूर्ण स्रोत साबित हुआ है।

5.4.2 (C) सोलर सेल

सौर ऊर्जा सूर्य से प्राप्त की जाती है जिसे एक फोटोवोल्टिक सेल का उपयोग करके सीधे विद्युत ऊर्जा में रूपांतरित किया जाता है। चित्र 5.8 एक फोटोवोल्टिक सोलर सेल (Solar Cell) दिखाता है जिसमें एक *p*-टाइप सेमीकंडक्टर (जैसे B मिश्रित Si) एक *n*-टाइप सेमीकंडक्टर (जैसे P मिश्रित Si) के संपर्क में है।

सूर्य का प्रकाश ऊर्जा के पैकेट के रूप में चलता है जिसे क्वांटा या फोटॉन कहा जाता है। विद्युत धारा *p*–*n* जंक्शन डायोड के अवक्षय क्षेत्र (deplation zone) के अंदर उत्पन्न होती है। जब प्रकाश का एक फोटॉन *n*-टाइप सिलिकॉन सामग्री पर आपतित होता है और किसी एक परमाणु द्वारा अवशोषित होता है तो यह एक इलेक्ट्रॉन को हटा देता है, जिससे एक मुक्त इलेक्ट्रॉन और एक होल (hole) बना जाता है। मुक्त इलेक्ट्रॉन और होल में अवक्षय क्षेत्र से बाहर निकलने के लिए पर्याप्त ऊर्जा होती है। इलेक्ट्रॉन P-प्रकार के पदार्थ के धनात्मक सिरे की ओर आकर्षित होता

है और बाहरी सर्किट से यात्रा करता है जिससे विद्युत धारा का प्रवाह होता है। विस्थापित इलेक्ट्रॉन द्वारा बनाया गया होल n-प्रकार की सामग्री के ऋणात्मक आवेश की ओर आकर्षित होता है और पश्च विद्युत संपर्क (back electrical contact) में चला जाता है। इलेक्ट्रॉन n-टाइप सामग्री से चलते हैं और p-टाइप पदार्थ में वापस विद्युत संपर्क से प्रवेश करते हैं, जहां यह होल के साथ जुड़ता है जो विद्युत उदासीनता को बनाए रखता है।

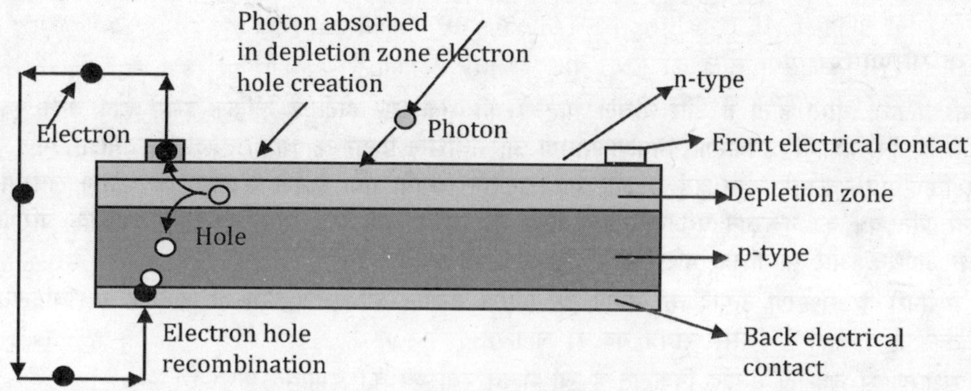

चित्र 5.8: फोटोवोल्टिक सोलर सेल

आम तौर पर एक सोलर पैनल (Solar panel) 32, 36, 48, 60, 72 और 96 फोटोवोल्टिक सेल से बना होता है। सोलर सरणी (Solar array) एक प्रणाली है जो एक साथ जुड़े कई सौर पैनलों के समूह से बनी होती है। 32 सेलों वाला एक सोलर पैनल आमतौर पर 14.72 वोल्ट का उत्पादन कर सकता है (प्रत्येक सेल लगभग 0.46 वोल्ट विद्युत का उत्पादन करता है)।

रोचक तथ्यः ऑक्सीजन एवं अन्य जहरीली गैसों का पता लगाने के लिए इलेक्ट्रोकेमिकल सेंसर का उपयोग किया जाता है। वास्तव में वे एक विशिष्ट गैस की सांद्रता को एक बाह्य परिपथ द्वारा मापते हैं। प्रायोगिक रूप से इसे ऑक्सीकरण या अपचयन अभिक्रिया द्वारा किया जा सकता है। ये अभिक्रियाएँ धनात्मक या ऋणात्मक विद्युत धारा उत्पन्न करती है जोकि बाह्य परिपथ में प्रवाहित होती है।

5.5 संक्षारण–एक परिचय

वातावरण के संपर्क में आने पर कई धातुओं की सतह पर आसानी से हमला हो जाता है। वे पर्यावरण में मौजूद हवा या पानी के साथ अभिक्रिया करते हैं और अपनी सतहों पर अवांछनीय यौगिक बनाते हैं। ये अवांछनीय यौगिक सामान्यतः ऑक्साइड होते हैं।

अतः पर्यावरण द्वारा धातु की सतह पर अवांछित रासायनिक, विद्युत रासायनिक और जैव रासायनिक हमले के माध्यम से ठोस धात्विक सतह के बिगड़ने या नष्ट होने और परिणामी नुकसान की प्रक्रिया को संक्षारण (Corrosion) कहा जाता है।

इस प्रकार संक्षारण धातुओं के निष्कर्षण से विपरीत प्रक्रिया है। इंजीनियरिंग में रचना या निर्माण पदार्थ के रूप में धातुओं और मिश्र धातुओं का उपयोग किया जाता है। यदि धातु या मिश्र धातु संरचनाओं का ठीक से रखरखाव नहीं किया जाता है, तो वे वायुमंडलीय गैसों, नमी और अन्य रसायनों की क्रिया से धीरे-धीरे खराब हो जाती हैं। धातुओं और मिश्र धातुओं के विनाश की इस घटना को संक्षारण के रूप में जाना जाता है।

उदाहरण:

(i) **लोहे में संक्षारण लगना** – जब लोहे को वायुमंडलीय परिस्थितियों के संपर्क में लाया जाता है, तो लाल रंग की परत और Fe_3O_4 का पाउडर बनता है।

(ii) **कॉपर पर हरी परत** – तांबे की सतह पर नम एवं CO_2 युक्त हवा के संपर्क में आने पर $[CuCO_3 + Cu(OH)_2]$ की हरी परत बन जाती है।

संक्षारण के परिणाम

संक्षारण की प्रक्रिया धीमी होती है और केवल धातुओं की सतह पर होती है लेकिन इससे होने वाले नुकसान बहुत अधिक होते हैं, जैसे मशीनों, उपकरणों, निर्माण सामग्री और विभिन्न प्रकार के धातु उत्पादों, संरचनाओं आदि का विनाश। इस प्रकार किए गए नुकसान बहुत बड़े हैं और यह अनुमान लगाया गया है कि संक्षारण के कारण लगभग 2 से 2.5 अरब डॉलर प्रति वर्ष का नुकसान पूरी दुनिया में होता है। संक्षारण के कई सामाजिक और आर्थिक परिणाम होते हैं। संक्षारण के आर्थिक और सामाजिक परिणामों में निम्नलिखित शामिल हैं–

- मशीनरी पर संक्षारण उत्पाद के निर्माण के कारण, मशीन की दक्षता कम हो जाती है या विफलता के चरण तक पहुंच जाती है जिससे संयंत्र बंद हो जाता है।
- संक्षारण से जहरीले उत्पाद निकलते हैं जो मानव स्वास्थ्य को प्रभावित करते हैं।

संक्षारण के कारण

धात्विक संक्षारण– धातुओं को उनके अयस्कों से निकाला जाता है। निष्कर्षण के दौरान, विभिन्न प्रक्रियाओं के रूप में ऊर्जा का उपयोग करके अयस्कों को उनकी धात्विक अवस्था में अपचयित कर दिया जाता है। शुद्ध धात्विक अवस्था में, धातुएँ अस्थिर होती हैं क्योंकि उन्हें उत्तेजित अवस्था (उच्च ऊर्जा अवस्था) में माना जाता है। इसलिए, जैसे ही धातुओं को उनके अयस्कों से निकाला जाता है, विपरीत प्रक्रिया शुरू हो जाती है और धातु के यौगिक बनते हैं, जो ऊष्मागतिकीय रूप से स्थिर (कम ऊर्जा अवस्था) होते हैं। इसलिए, जब धातुओं का विभिन्न रूपों में उपयोग किया जाता है, तो वे पर्यावरण के संपर्क में आती हैं, उजागर धातु की सतह विघटित होने लगती है या अधिक स्थिर यौगिकों में परिवर्तित हो जाती है। यह धातु संक्षारण का मूल कारण है।

$$\text{धातु} \underset{\text{Metallurgy-Reduction}}{\overset{\text{Corrosion-Oxidation}}{\rightleftharpoons}} \text{धात्विक यौगिक} + \text{ऊर्जा}$$

यद्यपि संक्षारित धातु शुद्ध धातु की तुलना में ऊष्मागतिकीय रूप से अधिक स्थिर होती है, लेकिन संक्षारण के कारण, धातुओं के उपयोगी गुण जैसे कि लचीलापन, तन्यता, कठोरता, चमक और विद्युत चालकता नष्ट हो जाती है।

5.5 (A) संक्षारण के प्रकार

प्राथमिक कारक जो धातुओं के संक्षारण की शुरुआत करते हैं, वे हैं वायुमंडलीय हवा और पानी।

पर्यावरण के आधार पर, संक्षारण को निम्न में वर्गीकृत किया जाता है–

(i) शुष्क या रासायनिक संक्षारण (Dry or Chemical Corrosion) (ii) गीला या विद्युत रासायनिक संक्षारण (Wet or Electrochemical Corrosion)

5.5.1 शुष्क या रासायनिक संक्षारण

यह नमी या चालक विद्युत अपघटय की अनुपस्थिति में होता है। इस प्रकार का संक्षारण वायुमंडलीय गैसों जैसे ऑक्सीजन, हैलोजन, हाइड्रोजन सल्फाइड, सल्फर डाइऑक्साइड, नाइट्रोजन, निर्जल अकार्बनिक तरल आदि द्वारा धातु

की सतहों के प्रत्यक्ष रासायनिक हमले के कारण होता है। रासायनिक संक्षारण को धातुओं के वातावरण में मौजूद वायुमंडलीय गैसों के प्रत्यक्ष रासायनिक हमले के रूप में परिभाषित किया जाता है। यह धातुओं और मिश्र धातुओं की सतह पर ऑक्साइड परत बनाने का कारण बनता है।

उदाहरण:

(i) चांदी की सामग्री वायुमंडलीय H_2S गैस द्वारा रासायनिक संक्षारण से गुजरती है।

(ii) लौह धातु HCl गैस द्वारा रासायनिक संक्षारण से गुजरती है।

शुष्क या रासायनिक संक्षारण के प्रकार

5.5.1 (A) ऑक्सीजन द्वारा संक्षारण या ऑक्सीकरण संक्षारण [चित्र 5.9]

5.5.1 (B) हाइड्रोजन द्वारा संक्षारण [चित्र 5.10]

5.5.1 (C) तरल धातु संक्षारण

हम यहाँ संक्षारण के पहले दो प्रकार का अध्ययन करेंगे।

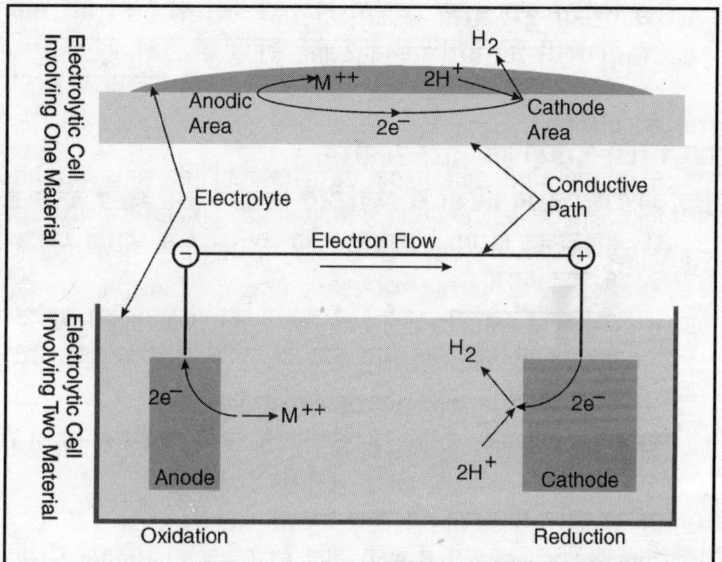

चित्र 5.9: ऑक्सीजन द्वारा संक्षारण

5.5.1 (A) ऑक्सीजन द्वारा संक्षारण या ऑक्सीकरण संक्षारण

- ऑक्सीकरण संक्षारण नमी की अनुपस्थिति में धातु की सतहों पर उच्च या कम तापमान पर ऑक्सीजन के प्रत्यक्ष हमले से लाया जाता है।
- क्षार धातु (Li, Na, K आदि) और क्षारीय मृदा धातु (Mg, Ca, Sn, आदि) कम तापमान पर तेजी से ऑक्सीकृत हो जाते हैं।
- उच्च तापमान पर, लगभग सभी धातुएं (Ag, Au और Pt को छोड़कर) ऑक्सीकृत हो जाती हैं।
- बनने वाले ऑक्साइड की प्रकृति ऑक्सीकरण संक्षारण प्रक्रिया में महत्वपूर्ण भूमिका निभाती है।
- धातु + ऑक्सीजन = धातु ऑक्साइड (संक्षारण उत्पाद)
- जब ऑक्सीकरण शुरू होता है, तो धातु की सतह पर ऑक्साइड की एक पतली परत बन जाती है और इस फिल्म की प्रकृति आगे की कार्रवाई तय करती है। विभिन्न धातुएं ऑक्सीजन के साथ विभिन्न प्रकार की परतें बनाती हैं, जैसा कि नीचे बताया गया है;

(i) **स्थिर परत–** एक स्थिर परत संरचना में महीन दाने वाली होती है और मूल धातु की सतह पर दृढ़ता से चिपक सकती है। इसलिए ऐसी परत, जो अंतर्निहित धातु में ऑक्सीजन के प्रवेश को रोकती है, सुरक्षात्मक कोटिंग के रूप में व्यवहार करती है जिससे धातु की सतह को परिरक्षित किया जाता है। Al, Sn, Pb, Cu, Pt, आदि पर ऑक्साइड फिल्में स्थिर, दृढ़ता से चिपकने वाली और अभेद्य प्रकृति वाली होती हैं।

(ii) **अस्थिर ऑक्साइड परत–** यह उत्कृष्ट धातुओं जैसे Ag, Au, Pt की सतह पर बनती है। धात्विक अवस्था ऑक्साइड अवस्था की तुलना में अधिक स्थिर होती है, इसलिए यह वापस धातु और ऑक्सीजन में अपघटित हो जाती है। अतः उत्कृष्ट धातुओं के साथ ऑक्सीकरण संक्षारण संभव नहीं है।

(iii) **वाष्पशील ऑक्साइड परत–** ऐसी ऑक्साइड परत फिल्म बनते ही वाष्पीकृत हो जाती है। इसलिए आगे के हमले के लिए हमेशा धातु की एक ताजा सतह उपलब्ध होती है। इससे लगातार संक्षारण होता है। MoO_3 अस्थिर प्रकृति की परत है।

(iv) **छिद्रित परत–** इस परत में छिद्र या दरारें होती हैं। ऐसे मामले में, वायुमंडलीय ऑक्सीजन परत के छिद्रों या दरारों के माध्यम से धातु की अंतर्निहित सतह तक पहुंच जाती है, जिससे संक्षारण तब तक जारी रहती है जब तक कि पूरी धातु पूर्ण रूप से इसके ऑक्साइड में परिवर्तित नहीं हो जाती।

5.5.1 (B) हाइड्रोजन द्वारा संक्षारण

हाइड्रोजन निम्नलिखित तरीकों से धातुओं के संक्षारण का कारण बनता है–

(i) **हाइड्रोजन क्षरण–** हाइड्रोजन की उपस्थिति में सामग्री के लचीलापन में कमी को हाइड्रोजन क्षरण के रूप में जाना जाता है।

(ii) **डीकार्बराइजेशन–** स्टील में कार्बन की मौजूदगी इसे पर्याप्त मजबूती देती है। लेकिन जब स्टील को उच्च तापमान पर हाइड्रोजन वातावरण के संपर्क में लाया जाता है, तो परमाणवीय हाइड्रोजन बनता है।

$$H_2 \xrightarrow{\text{Heat}} 2H$$ (हाइड्रोजन परमाणु)

परमाणवीय हाइड्रोजन स्टील के कार्बन के साथ अभिक्रिया करता है और मीथेन गैस का उत्पादन करता है।

$$C + 4H \longrightarrow CH_4$$ (मीथेन)

इसलिए स्टील में कार्बन की मात्रा कम हो जाती है। स्टील में कार्बन सामग्री में कमी की प्रक्रिया को डीकार्बराइजेशन (decarburisation) के रूप में जाना जाता है। स्टील की रिक्तियों में मीथेन गैस के संग्रह से उच्च दाब विकसित होता है जिससे दरारें पड़ जाती हैं। इस प्रकार स्टील अपनी ताकत खो देता है।

5.5.2 आद्र या विद्युत रासायनिक संक्षारण

विद्युत रासायनिक संक्षारण में निम्न शामिल है:

(i) एक दूसरे के संपर्क में एनोडिक और कैथोडिक क्षेत्रों या भागों का बनना
(ii) संवाहक माध्यम की उपस्थिति
(iii) केवल एनोडिक क्षेत्र का संक्षारण
(iv) एनोडिक और कैथोडिक क्षेत्रों के बीच संक्षारण उत्पाद का गठन

इसमें एनोडिक और कैथोडिक क्षेत्रों के बीच इलेक्ट्रॉन-धारा का प्रवाह शामिल है।

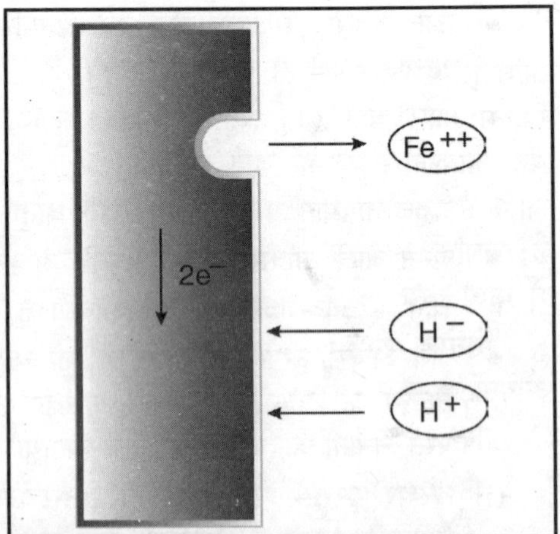

चित्र 5.10: आद्र या विद्युत रासायनिक संक्षारण

एनोडिक क्षेत्र में ऑक्सीकरण होता है (मुक्त इलेक्ट्रॉन का निकलना)। इसलिए एनोडिक धातु या तो घुलकर या संयुक्त अवस्था (जैसे ऑक्साइड, आदि) के रूप में नष्ट हो जाती है। इसलिए संक्षारण हमेशा एनोडिक क्षेत्रों में होता है।

M (धातु) $\longrightarrow M^{n+} + ne^-$

M^{n+} (धातु आयन) $\longrightarrow$ विलयन में घुलना एवं ऑक्साइड के रूप में बनना

कैथोडिक क्षेत्र में अपचयन अभिक्रिया होती है (इलेक्ट्रॉनों का लाभ)। कैथोडिक अभिक्रियाएं कैथोड को प्रभावित नहीं करती हैं, क्योंकि अधिकांश धातुओं को और आगे अपचायित नहीं किया जा सकता है। अत: कैथोडिक भाग में, संवाहक माध्यम में घुले हुए घटक कुछ आयन जैसे OH^- और O^{2-} बनाने के लिए इलेक्ट्रॉनों को स्वीकार करते हैं।

संक्षारक वातावरण की प्रकृति के आधार पर, कैथोडिक अभिक्रिया निम्न में से किसी एक के द्वारा इलेक्ट्रॉनों का उपभोग करती है–

(a) हाइड्रोजन के उदभव/मुक्ति

(b) ऑक्सीजन के अवशोषण

5.5.2 (A) हाइड्रोजन उदभव/ मुक्ति प्रकार

विद्युत रासायनिक श्रेणी में हाइड्रोजन के ऊपर स्थित सभी धातुओं की अम्ल में घुलने और अम्ल में से हाइड्रोजन को निकालने की प्रवृत्ति होती है। यह अम्लीय वातावरण में होता है। आयरन के उदाहरण पर विचार करें;

एनोड: $Fe \longrightarrow Fe^{2+} + 2e^-$

ये इलेक्ट्रॉन धातु के माध्यम से, एनोड से कैथोड की ओर प्रवाहित होते हैं, जहां अम्लीय घोल के H^+ आयन हाइड्रोजन गैस के रूप में निकल जाते हैं।

कैथोड पर: $2H^+ + 2e^- \longrightarrow H_2$

समग्र अभिक्रिया: $Fe + 2H^+ \longrightarrow Fe^{2+} + H_2$

जब दो असमान धातुओं को जोड़ा जाता है और विलयन में डुबोया जाता है, तो होने वाले भार परिवर्तन के निर्धारण के बारे में हम इस यूनिट के अंत में वर्णित प्रयोग में प्रायोगिक प्रदर्शन के माध्यम से गहराई से सीखेंगे।

5.5.2 (B) ऑक्सीजन अवशोषण प्रकार

वायुमंडलीय ऑक्सीजन की उपस्थिति में NaCl विलयन जैसे विद्युत अपघटय के जलीय घोल में लोहे का संक्षारण इस प्रकार के संक्षारण का एक सामान्य उदाहरण है। लोहे की सतह पर आमतौर पर आयरन ऑक्साइड की एक पतली फिल्म का लेप चढ़ा होता है। हालांकि, अगर यह आयरन ऑक्साइड फिल्म कुछ दरारें आ जाती हैं, तो सतह पर एनोडिक क्षेत्र बन जाते हैं; जबकि धातु के ठीक हिस्से कैथोड के रूप में कार्य करते हैं।

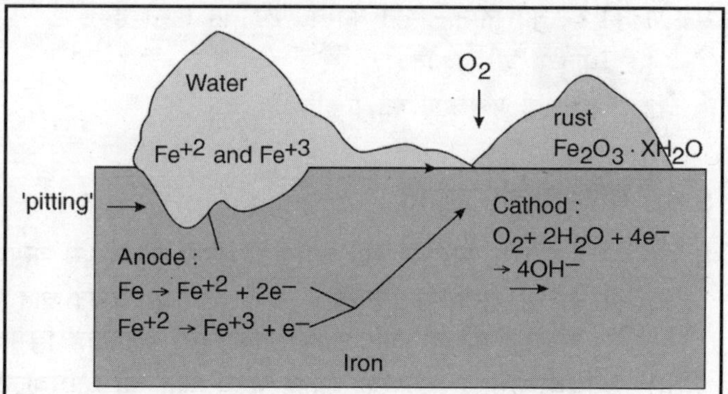

चित्र 5.11: ऑक्सीजन अवशोषण प्रकार

ऐनोड पर : धातु इलेक्ट्रान मुक्त कर फेरस आयनों के रूप में घुल जाती है। [चित्र 5.11]।

$Fe \longrightarrow Fe^{2+} + 2e^-$

कैथोड पर: मुक्त इलेक्ट्रॉनों को घुलित ऑक्सीजन द्वारा रोक दिया जाता है।

$\frac{1}{2} O2 + H_2O + 2e^- \longrightarrow 2OH^-$

Fe^{2+} आयन और OH^- आयन विसरित हो जाते है और जब वे मिलते हैं फेरस हाइड्रॉक्साइड का अवक्षेपण हो जाता है।

$Fe^{2+} + 2OH^- \longrightarrow Fe(OH)_2$

यदि पर्याप्त ऑक्सीजन मौजूद है तो फेरस हाइड्रॉक्साइड आसानी से फेरिक हाइड्रॉक्साइड में ऑक्सीकृत हो जाता है।

$4Fe(OH)_2 + O_2 + 2H_2O \longrightarrow 4Fe(OH)_3$ (पीली जंग $Fe_2O_3.H_2O$)

यदि ऑक्सीजन की आपूर्ति सीमित है तो संक्षारण उत्पाद काला निर्जल मैग्नेटाइट (Fe_3O_4) भी हो सकता है।

5.5.2 (C) शुष्क/रासायनिक संक्षारण और विद्युत रासायनिक संक्षारण के बीच अंतर

रासायनिक और विद्युत रासायनिक संक्षारण के बीच अंतर का उल्लेख तालिका 5.3 में किया गया है।

तालिका 5.3: शुष्क/रासायनिक और आद्र/विद्युत रासायनिक संक्षारण के बीच अंतर

क्र.सं	रासायनिक संक्षारण	विद्युत रासायनिक संक्षारण
1.	यह शुष्क अवस्था में होता है।	यह नमी या विद्युत अपघट्य की उपस्थिति में होता है।
2.	यह पर्यावरण द्वारा धातु पर सीधे रासायनिक हमले के कारण होता है।	यह बड़ी संख्या में एनोडिक और कैथोडिक क्षेत्रों के गठन के कारण है।
3.	यहां तक कि एक सजातीय धातु की सतह भी खराब हो जाती है।	केवल विषमांगी (द्विधातु) सतह ही संक्षारित होती है।
4.	संक्षारण उत्पाद संक्षारण के स्थान पर जमा होते हैं।	एनोड पर संक्षारण होता है जबकि उत्पाद अन्यत्र बनते हैं।
5.	यह एक स्व-नियंत्रित प्रक्रिया है।	यह एक सतत प्रक्रिया है।
6.	यह अधिशोषण क्रिया विधि को अपनाता है।	यह विद्युत रासायनिक अभिक्रिया का अनुसरण करता है।
7.	उदाहरण-लोहे की सतह पर हल्की पपड़ी का जमना।	नम वातावरण में लोहे में जंग लगना।

5.6 संक्षारण की दर को प्रभावित करने वाले कारक

संचरण की दर को निम्नलिखित कारक प्रभावित करते हैं-

1. धातुओं की प्रकृति
2. संक्षारक पर्यावरण की प्रकृति

5.6.1 धातुओं की प्रकृति

धातुओं की प्रकृति से संबंधित कई कारक संक्षारण की दर में योगदान करते हैं। उनमें से कुछ हैं–

(i) **गैल्वेनिक श्रेणी में स्थिति** - श्रेणी में ऊपर स्थित धातु अधिक सक्रिय होती है और संक्षारण से ग्रस्त होती है। संक्षारण की दर और सीमा उनके बीच इलेक्ट्रोड विभव के संभावित अंतर के सीधे समानुपाती होती है।

(ii) **अधिवोल्टता** - संक्षारक वातावरण में धातु की अधिवोल्टता (over voltage) संक्षारण दर के व्युत्क्रमानुपाती होता है। उदाहरण के लिए हाइड्रोजन का ओवर वोल्टेज 0.7 V है। जब जिंक धातु को 1 M सल्फ्यूरिक एसिड में रखा जाता है तो संक्षारण की दर कम होती है। जब हम सल्फ्यूरिक अम्ल को तनु करने के लिए कॉपर सल्फेट की थोड़ी मात्रा मिलाते हैं तो हाइड्रोजन का ओवर वोल्टेज 0.33 V तक कम हो जाता है। इसके परिणामस्वरूप जिंक धातु के संक्षारण की दर में वृद्धि होती है।

(iii) **धातु की शुद्धता** - धातु की अशुद्धता आम तौर पर विषमता का कारण बनती है और सूक्ष्म विद्युत रासायनिक सेलों का निर्माण करती है और इससे एनोडिक भाग का संक्षारण हो जाता है। उदाहरण के लिए Zn धातु जिसमें Pb या Fe की अशुद्धता होती है, संक्षारित होती है। अशुद्धियों की सीमा के साथ संक्षारण की दर और सीमा बढ़ती जाती है।

(iv) **सतही फिल्म की प्रकृति** - जब धातुएं वायुमंडल के संपर्क में आती हैं तो व्यावहारिक रूप से सभी धातुएं धातु ऑक्साइड की एक पतली परत से ढक जाती हैं। धातु ऑक्साइड के आयतन एवं धातु के आयतन के अनुपात को विशिष्ट आयतन अनुपात के रूप में जाना जाता है। विशिष्ट आयतन अनुपात जितना अधिक होगा,

ऑक्सीकरण संक्षारण दर उतनी ही कम होगी। उदाहरण के लिए Ni, Cr, W का विशिष्ट आयतन अनुपात क्रमशः 1.6, 2.0 और 3.6 है। अतः टंगस्टन (W) के लिए ऑक्सीकरण संक्षारण की दर सबसे कम होती है।

(v) **संक्षारण उत्पाद** – संक्षारण उत्पाद की प्रकृति में निम्नलिखित कारक योगदान करते हैं–

- **संक्षारण उत्पादों की घुलनशीलता**– यदि संक्षारण उत्पाद संक्षारक माध्यम में घुलनशील है तो संक्षारण तेज गति से आगे बढ़ता है, अन्यथा अगर यह अघुलनशील है, तो संक्षारण कम हो जाता है।

  जैसे H_2SO_4 में Pb के मामले में $PbSO_4$ का निर्माण होता है।

- **संक्षारण उत्पादों की वाष्पशीलता**– यदि संक्षारण उत्पाद वाष्पशील है, तो यह बनते ही वाष्पित हो जाता है, जिससे धातु की सतह आगे के हमले के लिए उजागर हो जाती है। यह तेजी से और निरंतर संक्षारण का कारण बनता है। उदाहरण के लिए Mo वाष्पशील ऑक्साइड MoO_3 बनाता है।

(vi) **भौतिक अवस्था**– संक्षारण की दर धातु की भौतिक अवस्था (जैसे कण का आकार, क्रिस्टल के अभिविन्यास, तनाव, आदि के रूप में) से प्रभावित होती है। धातु या मिश्र धातु के कण का आकार जितना छोटा होगा, इसकी घुलनशीलता उतनी ही अधिक होगी और इसलिए इसका संक्षारण भी अधिक होगा। इसके अलावा तनावग्रस्त क्षेत्र, यहां तक कि शुद्ध धातु में भी, एनोडिक हैं और इन क्षेत्रों में संक्षारण होता है।

5.6.2 संक्षारण पर्यावरण की प्रकृति

(i) **तापमान**– तापमान में वृद्धि के साथ, संक्षारण दर भी बढ़ जाती है क्योंकि संक्षारण माध्यम में आयनों की अभिक्रिया और विसरण दर बढ़ जाती है।

(ii) **हवा की नमी**– संक्षारण की दर तब अधिक होगी जब पर्यावरण की सापेक्षिक आर्द्रता अधिक होगी। नमी हवा में ऑक्सीजन, कार्बन डाइऑक्साइड, सल्फर डाइऑक्साइड आदि के लिए एक विलायक के रूप में कार्य करती है ताकि विद्युत अपघट्य का उत्पादन किया जा सके, जो एक संक्षारण सेल की स्थापना के लिए आवश्यक है।

(iii) **पीएच का प्रभाव**– पीएच में कमी के साथ संक्षारण की दर बढ़ जाती है।

यदि $pH > 10$, धातु पर हाइड्रस ऑक्साइड की सुरक्षात्मक परत बनने के कारण संक्षारण की दर रुक जाती है।

यदि pH, 3–10 के बीच है तो संक्षारण की दर अपचयन के लिए कैथोडिक क्षेत्र पर ऑक्सीजन की उपस्थिति पर निर्भर करती है। O_2 की सांद्रता जितनी अधिक होगी, संक्षारण की दर उतनी ही अधिक होगी।

यदि $pH < 3$ संक्षारण की दर वायु की अनुपस्थिति में भी अधिक होती है जो कैथोडिक क्षेत्र में हाइड्रोजन के बनने के कारण है।

(iv) **वातावरण में अशुद्धियों की उपस्थिति**– औद्योगिक क्षेत्रों के वातावरण में CO_2, H_2S, SO_2 जैसी संक्षारक गैसें और HCl, H_2SO_4 आदि के वाष्प होती हैं। इन गैसों की उपस्थिति में, धातु की सतहों के पास तरल की अम्लता बढ़ जाती है और इसकी विद्युत चालकता भी बढ़ जाती है, जिससे संक्षारण की दर बढ़ जाती है।

(v) **वायुमंडल में निलंबित कणों की उपस्थिति**– वायुमंडलीय संक्षारण के मामले में:

यदि निलंबित कण प्रकृति में रासायनिक रूप से सक्रिय हैं (जैसे NaCl, अमोनियम सल्फेट), तो वे नमी को अवशोषित करते हैं और प्रबल विद्युत अपघट्य के रूप में कार्य करते हैं, जिससे संक्षारण में वृद्धि होती है।

यदि निलंबित कण प्रकृति में रासायनिक रूप से निष्क्रिय हैं (जैसे, लकड़ी का कोयला), तो वे सल्फर गैसों और नमी दोनों को अवशोषित करते हैं और धीरे-धीरे संक्षारण दर को बढ़ाते हैं।

(vi) **माध्यम की चालकता में वृद्धि** के साथ संक्षारण की दर बढ़ जाती है।

उदाहरण के लिए, अधिक चालकता के कारण शुष्क वातावरण की तुलना में गीले वातावरण में धातु के संक्षारण की दर अधिक होगी। इसी तरह, नदी के पानी की तुलना में समुद्र के पानी में धातु का तेजी से संक्षारण होता है।

5.7 आंतरिक संक्षारण निवारक उपाय

कुछ आंतरिक संक्षारण निवारक उपाय जैसे धातुओं की शुद्धि, मिश्र धातु को बनाना और ऊष्मा उपचार नीचे दिए गए हैं;

5.7.1 धातुओं का शुद्धिकरण

धातुओं में मौजूद अशुद्धियाँ उनके संक्षारण प्रतिरोध को कम कर देती हैं। इसलिए धातुओं का शुद्धिकरण उचित शुद्धिकरण विधियों द्वारा किया जा सकता है। शुद्ध की जाने वाली विभिन्न धातुओं के गुण और संघटन के आधार पर, धातुओं के शोधन के विभिन्न तरीके निम्न प्रकार हैं

- आसवन
- द्रवीकरण
- पोलिंग
- विद्युत अपघटन
- जोन रिफाइनिंग
- भाप प्रवस्था शोधन
- क्रोमेटोग्राफी

5.7.2 मिश्र धातु का बनना

संक्षारण प्रतिरोधी मिश्र धातु को संक्षारण की रोकथाम के लिए इस्तेमाल किया जाना चाहिए। विशिष्ट उद्देश्यों और पर्यावरण के लिए कई संक्षारण प्रतिरोधी मिश्र धातुओं का विकास किया गया है।

उदाहरण के लिए,

(a) क्रोमियम युक्त स्टेनलेस स्टील एक असाधारण सुसंगत ऑक्साइड फिल्म का उत्पादन करता है जो स्टील को आगे के हमले से बचाता है।

(b) कुप्रो–निकल (70% Cu + 30% Ni) मिश्र धातुओं का उपयोग अब कंडेनसर ट्यूबों के लिए और तेल रिफाइनरियों के प्रभाजी स्तंभ में बबल ट्रे के लिए किया जाता है।

(c) गैस टर्बाइनों में उपयोग किए जाने वाले अत्यधिक तनाव वाले निमोनिक मिश्र (Ni-Cr-Mo मिश्र) गर्म गैसों के लिए बहुत प्रतिरोधी होते हैं।

मिश्र धातु इस्पात: मिश्र धातु इस्पात संक्षारण रोकथाम की सबसे प्रभावी विधियों में से एक है। संक्षारण प्रतिरोधी निकल और ऑक्सीकरण प्रतिरोधी क्रोमियम के साथ मिश्रधातु बनाकर विभिन्न धातुओं के संक्षारण प्रतिरोध में सुधार किया जा सकता है। इसके परिणामस्वरूप एक मिश्र धातु बनती है जिसका उपयोग ऑक्सीकरण और अपचयन के ऱासायनिक वातावरण में किया जा सकता है। मिश्र धातु तत्वों की उपस्थिति के कारण स्टेनलेस स्टील, कार्बन स्टील् की तुलना में संक्षारण प्रतिरोधी है। इसके निर्माण में न्यूनतम 10.5% क्रोमियम, स्टेनलेस स्टील को वास्तव में 'स्टेनलेस' बनाता है। इन स्टील की तैयारी के दौरान, क्रोमियम युक्त ऑक्साइड बैरियर बनता है जो सतह को सील कर देता है, एवं अन्य मिश्र धातु को स्टील की तुलना में बेहतर संक्षारण प्रतिरोध प्रदान करता है। क्रोमियम के अलावा, निम्नलिखित मिश्र धातु तत्व स्टेनलेस स्टील बनाने में सामान्यता जोड़े जाते हैं–

- निकल ऑस्टेनिटिक संरचना (austenitic structure) को अधिक स्थिर बनाता है, लचीलापन जोड़ता है और उच्च तापमान पर सामर्थ्य और संक्षारण प्रतिरोध को बढ़ाता है।
- मैंगनीज भी ऑस्टेनिटिक संरचना को स्थिर करता है और यह ऊष्मीय गुणों में सुधार करता है।
- मोलिब्डेनम क्लोराइड संक्षारण के प्रतिरोध को बढ़ाता है।

- नाइओबियम अंतर-दानेदार संक्षारण से बचाता है और क्रोम कार्बाइड के निर्माण को रोकने में भी मदद करता है।
- नाइओबियम और टाइटेनियम दोनों ही अंतर-दानेदार संक्षारण के जोखिम को कम करने में कार्बन की सहायता करते हैं और कण शोधक के रूप में कार्य करते हैं।

आप इस पाठ्य पुस्तक की इंजीनियरिंग सामग्री की इकाई-3 में पहले ही उल्लेखित तांबा, लोहा और एल्युमिनियम की कुछ मिश्र धातुओं की संरचना, गुण और उपयोग का भी देख सकते हैं।

5.7.3 ऊष्मीय उपचार

उष्मीय उपचार संक्षारण दरों को प्रभावित करने वाला पाया गया है। लौह और अलौह दोनों धातुओं को उपयोग में लाने से पहले उष्मीय उपचार से गुजरना पड़ता है। उष्मीय उपचार का उपयोग कास्ट मेटल मिश्र धातुओं को उनकी ऊष्मा में काम करने की क्षमता में सुधार करने के लिए, गर्म और ठंडे प्रसंस्करण कार्यों से पहले धातुओं को नरम करने के लिए, उनके सूक्ष्म संरचना को इस तरह से बदलने के लिए किया जा सकता ताकि वांछित यांत्रिक गुणों को प्राप्त किया जा सके। इस प्रक्रिया के दौरान, धातु के गुण जैसे विद्युत प्रतिरोध, चुंबकत्व, कठोरता, द्रढ़ता, लचीलापन, भंगुरता और संक्षारण प्रतिरोध आदि बदल जाएंगे।

धात्विक मिश्र धातुओं के ऊष्मीय उपचार का उपयोग किसी पदार्थ की सतह के रसायन को बदलने के लिए भी किया जाता है। यह घटक की सतह पर कार्बन, नाइट्रोजन और अन्य गैसीय या ठोस सामग्री को विसरित करके प्राप्त किया जाता है। इन प्रक्रियाओं का उपयोग परिभाषित सतह को कठोरता देने और घिसाव, संक्षारण और प्रतिरोध में सुधार करने के लिए किया जाता है।

ऊष्मीय उपचार वांछित गुण प्राप्त करने के लिए विभिन्न तरीकों का उपयोग करके धातुओं को गर्म करने और ठंडा करने की प्रक्रिया है। गर्म करने और ठंडा करने पर स्टील के भौतिक गुण बदल जाते हैं। कुछ ऊष्मा उपचार विधियाँ निम्नलिखित हैं जिनके द्वारा विभिन्न गुणों वाले स्टील प्राप्त किए जाते हैं।

(i) **तापानुशीतन (annealing):** यह स्टील को लाल तप्त होने तक गर्म करने और फिर इसे धीरे-धीरे ठंडा करने की प्रक्रिया है। इससे स्टील नरम और लचीला हो जाता है।

(ii) **कठोरपन या शमन (Hardening or Quenching):** यह स्टील को लाल तप्त होने तक गर्म करने और फिर तेल या पानी में डालकर अचानक ठंडा करने की प्रक्रिया है। ऐसा करने से स्टील बहुत सख्त और भंगुर हो जाता है।

(iii) **मृदुकरण (Tempering):** यह सबसे कठोर स्टील को लाल तप्त होने से काफी नीचे के तापमान पर गर्म करने और धीरे-धीरे ठंडा करने की प्रक्रिया है। इस प्रकार प्राप्त स्टील न तो बहुत कठोर होता है और न ही बहुत नरम। यह बहुत भंगुर भी नहीं होता है।

मोटे दानेदार वाले तापनुशीतित नमूने बेहतर संक्षारण प्रतिरोध प्रदर्शित करते हैं। तापनुशीतित नमूनों के लिए संक्षारण दर के परिणाम अन्य ऊष्मीय उपचारित नमूनों की तुलना में 35% कम थे। ऊष्मीय उपचार को वांछित गुण प्राप्त करने के लिए ठोस अवस्था में धातु या मिश्र धातु पर लागू ऊष्मीय एवं शीतलीय ऑपरेशन के संयोजन के रूप में परिभाषित किया जा सकता है।

समय के साथ विकसित विभिन्न नई विधियों के परिणामों और लागत-दक्षता को बेहतर बनाने के लिए धातुकर्मी लगातार काम कर रहे हैं। वे धातु को गर्म करने, धारण करने और ठंडा करने की एक अलग दर का उपयोग करते हुए विभिन्न प्रकार के ग्रेड का उत्पादन करने के लिए नए चरण या चक्र विकसित कर रहे हैं। इन विधियों का, जब सावधानीपूर्वक पालन किया जाता है, तो उल्लेखनीय विशिष्ट भौतिक और रासायनिक गुणों के साथ विभिन्न मानकों की धातुओं का उत्पादन किया जा सकता है।

5.8 बाह्य संक्षारण निवारक उपाय

संक्षारण बहुत हानिकारक है और इससे होने वाले नुकसान जबरदस्त हैं। चूंकि संक्षारण के प्रकार कई हैं और जिन परिस्थितियों में संक्षारण होता है वे बहुत भिन्न होते हैं, अत: संक्षारण को नियंत्रित करने के लिए विविध तरीकों का उपयोग किया जाता है। चूंकि संक्षारण धातु या मिश्र धातु और पर्यावरण के बीच होने वाली एक अभिक्रिया है इसलिए किसी भी विधि या संक्षारण नियंत्रण का उद्देश्य मिश्र धातु/धातु या पर्यावरण को संशोधित करना होना चाहिए।

5.8.1 कैथोडिक संरक्षण

जिस धातु को संरक्षित किया जाना है उसे कैथोड के रूप में बनाया जाता है, जिससे संक्षारण नहीं होता है। कैथोडिक सुरक्षा दो प्रकार की होती है।

5.8.1 (A) बलिदानी एनोडिक संरक्षण विधि

इस विधि में संरक्षित की जाने वाली धातु संरचना को एक तार द्वारा एक अधिक सक्रिय धातु से जोड़ा जाता है, ताकि सभी संक्षारण इस अधिक सक्रिय धातु पर केंद्रित हो [चित्र 5.12]। अधिक सक्रिय धातु स्वयं धीरे-धीरे संक्षारित हो जाती है, जबकि मूल संरचना जो कैथोड के रूप में होती है, सुरक्षित रहती है। इस प्रकार उपयोग की गयी अधिक सक्रिय धातु को "बलिदानी एनोड" कहा जाता है। जब भी संक्षारण लगा बलिदानी एनोड पूरी तरह से खत्म हो जाता है, तो इसे एक नए इलेक्ट्रोड से बदल दिया जाता है। आमतौर पर बलिदानी एनोड के रूप में उपयोग की जाने वाली धातुएं Mg, Zn, Al और उनके मिश्र धातु हैं।

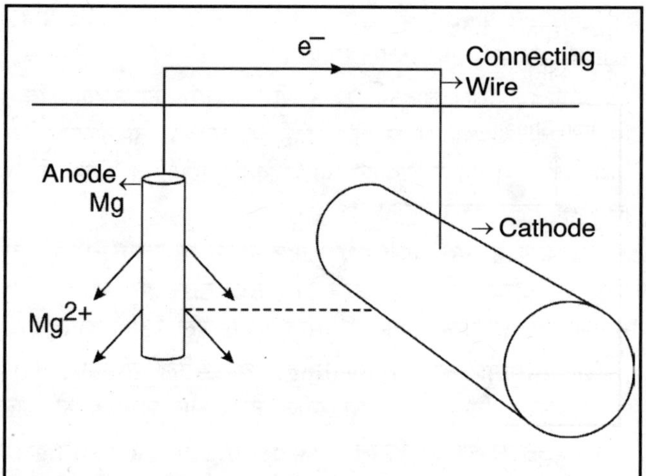

चित्र 5.12: बलिदानी एनोडिक संरक्षण विधि

धातु लेपन के लिए कैथोडिक सुरक्षा और एनोडिक सुरक्षा विधियों को बाहरी संक्षारण सुरक्षात्मक उपायों के तहत नियोजित किया जाता है।

अनुप्रयोग

कुछ अनुप्रयोग निम्न हैं–

(i) दबी पाइपलाइनों एवं भूमिगत केबल की मिट्टी के संक्षारण से सुरक्षा हेतु।
(ii) केबल, जहाज के पतवार, सेतु बांध आदि की समुद्री संक्षारण से सुरक्षा हेतु।
(iii) जंग को रोकने के लिए घरेलू पानी के बॉयलरों में मैग्नीशियम परत का सम्मिलन।
(iv) इंजन संक्षारण को कम करने के लिए कैल्शियम धातु का उपयोग किया जाता है।

5.8.1 (B) प्रभावित धारा कैथोडिक सुरक्षा

इस विधि में संक्षारण धारा को खत्म करने और संक्षारक धातु को एनोड से कैथोड में बदलने के लिए विपरीत दिशा में एक प्रभावित धारा लगाई जाती है। आमतौर पर प्रभावित धारा एक प्रत्यक्ष धारा स्रोत (जैसे AC लाइन पर बैटरी या

रेक्टिफायर) से ली जाती है जिसमें ग्रेफाइट, हाई सिलिका आयरन, स्क्रैप आयरन, स्टेनलेस स्टील या प्लैटिनम जैसे अक्रिय एनोड होते हैं। आमतौर पर एक पर्याप्त DC को एक निष्क्रिय एनोड पर लागू किया जाता है जो मिट्टी में दबा होता है (या संक्षारक माध्यम में डूबा हुआ होता है) और संरक्षित की जाने वाली धातु संरचना से जुड़ा होता है। एनोड कोक ब्रीज या जिप्सम से बना होता है जो आसपास की मिट्टी के साथ विद्युत संपर्क को बढ़ाता है।

प्रभावित धारा कैथोड सुरक्षा को खुले जल के डिब्बे वाले कूलर, पानी की टंकियों, तेल या पानी के दबे हुए पाइप, कंडेनसर, ट्रांसमिशन लाइन टावरों, जहाजों आदि पर लागू किया जा चुका है। यह सुरक्षा तकनीक लंबी अवधि के संचालन के लिए प्रयुक्त बड़ी संरचनाओं के लिए उपयोगी है।

5.8.2 एनोडिक संरक्षण

एनोडिक संरक्षण के लिए गैल्वनीकरण (Galvanizing) का इस्तेमाल आमतौर पर किया जाता है।

5.8.2 (A) गैल्वनीकरण

गर्म डूबाने की विधि (hot dipping method) द्वारा लोहे पर जिंक की एक परत चढ़ाने की प्रक्रिया को गैल्विनीकरण कहा जाता है [चित्र 5.13]।

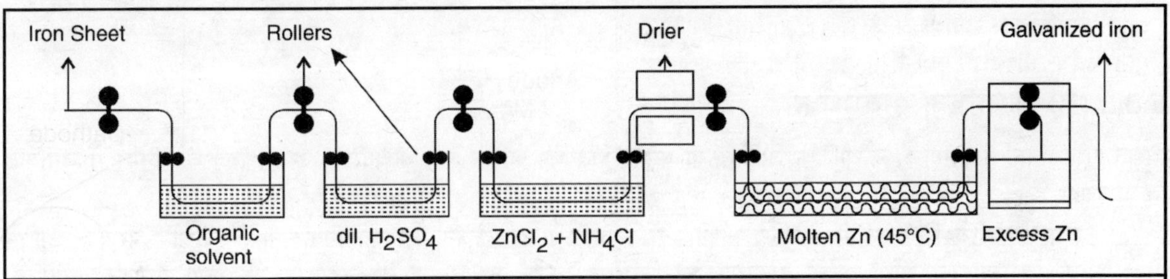

चित्र 5.13: गैल्वनीकरण (लोहे पर जिंक की परत)

इसमें निम्नलिखित चरण शामिल हैं–

(i) लोहे की चादर को कार्बनिक विलायक के माध्यम से गुजारा जाता है ताकि उस पर मौजूद तेल या ग्रीस को हटाया जा सके।

(ii) फिर सतह पर मौजूद किसी भी संक्षारण (ऑक्साइड परत) को हटाने के लिए इसे तनु H_2SO_4 से धो दिया जाता है।

(iii) फिर इसे जिंक क्लोराइड ($ZnCl_2$) और अमोनियम क्लोराइड (NH_4Cl), जो गालक का काम करता है, के जलीय घोल के मिश्रण से उपचारित किया जाता है और फिर सुखाया जाता है।

(iv) उपचारित चादर को सुखाकर 430–470 डिग्री सेल्सियस पर पिघले हुए जिंक में डुबोया जाता है।

(v) लोहे की चादर पर मौजूद अतिरिक्त जिंक को घुमाकर, पोंछकर या हवा के झोंके को प्रवाहित करके हटा दिया जाता है।

उपयोग: गैल्वनीकरण का उपयोग छत की चादरें, बाल्टी, बोल्ट, नट, कील, पाइप आदि के लिए किया जाता है।

गर्म डूबाने की विधि द्वारा की गयी गैल्वनीकरण और टिनिंग, विद्युत लेपन की तुलना में अधिक किफायती है। यह विधि लोहे के ऊपर Zn, Sn और Al जैसी कम गलनांक वाली धातुओं की परत तक सीमित है। लेकिन गैल्वेनाइज्ड बर्तनों का उपयोग खाद्य पदार्थों को तैयार करने और भंडारण के लिए नहीं किया जा सकता है, विशेष रूप से अम्लीय प्रकृति वाले, क्योंकि जिंक सभी अम्लों में घुलकर जहरीले पदार्थ बनाता है।

5.8.3 कार्बनिक अवरोधक

अवरोधक (inhibiters) कार्बनिक या अकार्बनिक पदार्थ होते हैं जो संक्षारण की दर को कम करते हैं। आमतौर पर संक्षारक माध्यम में अवरोधकों को कम मात्रा में जोड़ा जाता है। अवरोधकों को निम्न में वर्गीकृत किया जाता है

- एनोडिक अवरोधक (रासायनिक निष्क्रियक)
- कैथोडिक अवरोधक (अधिशोषक अवरोधक)
- वाष्प चरण अवरोधक (वाष्पशील संक्षारण अवरोधक)

5.8.3 (A) एनोडिक अवरोधक

ये वे अवरोधक हैं जो एक नए उत्पादित धातु आयन के साथ अल्प घुलनशील यौगिक बनाकर धातुओं के संक्षारण को रोकते हैं। फिर यह यौगिक धातु की सतह पर अधिशोषित होकर एक निष्क्रिय फिल्म या अवरोध बना लेते हैं। निम्न की मरम्मत के लिए एनोडिक अवरोधकों का उपयोग किया जाता है–

(i) धातु की सतह पर ऑक्साइड फिल्म की दरार के लिए,

(ii) पिटिंग संक्षारण के लिए,

(iii) धातु की सतह पर बनने वाली छिद्रित ऑक्साइड फिल्म के लिए स उदाहरण: क्रोमेट, फॉस्फेट, टंगस्टेट, नाइट्रेट, मोलिब्डेट आदि।

5.8.3 (B) कैथोडिक अवरोधक

विद्युत रासायनिक संक्षारण में कैथोडिक अभिक्रिया की प्रकृति के आधार पर, कैथोडिक अवरोधकों को निम्न में वर्गीकृत किया जाता है–

(a) **एक अम्लीय विलयन में :** मुख्य कैथोडिक अभिक्रिया हाइड्रोजन गैस का निकलना है, कैथोड पर H^+ आयन के विसरण को धीमा करके संक्षारण को नियंत्रित किया जा सकता है। उदाहरण के लिए एमाइन, मर्कैप्टन, थायोयूरिया आदि।

$$2\,H^+ + 2e^- \longrightarrow H_2$$

(b) **एक उदासीन विलयन में :** एक उदासीन विलयन में कैथोडिक अभिक्रिया ऑक्सीजन का अधिशोषण या हाइड्रॉक्सिल आयनों का निर्माण है।

इसलिए संक्षारण को या तो संक्षारक माध्यम से ऑक्सीजन को समाप्त करके या कैथोडिक क्षेत्र में इसके विसरण को धीमा करके नियंत्रित किया जाता है।

Na_2SO_3 जैसे अपचायक अभिकर्मक को जोड़कर घुलित ऑक्सीजन को समाप्त किया जा सकता है।

Mg, Zn या Ni लवण जैसे अवरोधकों को मिलाकर ऑक्सीजन के प्रसार को नियंत्रित किया जा सकता है।

$$\frac{1}{2}O_2 + H_2O + 2e^- \longrightarrow 2OH^-$$

5.8.3 (C) वाष्प चरण अवरोधक

ये कार्बनिक अवरोधक होते हैं, जो आसानी से वाष्पीकृत हो जाते हैं और धातु की सतह पर एक सुरक्षात्मक परत बनाते हैं। बंद स्थानों, भंडारण कंटेनरों, पैकिंग सामग्री, परिष्कृत उपकरणों आदि में संक्षारण को रोकने के लिए इनका आसानी से उपयोग किया जाता है। उदाहरण डाइसाइक्लोहेक्सिल अमोनियम नाइट्रेट, डाइसाइक्लोहेक्सिल अमोनियम क्रोमेट, बेंजोट्रायाजोल फेनिल थायोयूरिया आदि।

हल किये गए प्रश्न

5.1 यदि 32 मिनट के लिए धातु के लवण के घोल में 0.5 एम्पीयर की धारा प्रवाहित करने पर 0.3158 ग्राम धातु जमा होती है तो जमा धातु का विद्युत रासायनिक तुल्यांक क्या है?

हल: दिया गया है

$$I = 0.5 \text{ एम्पीयर}, t = 32 \times 60 \text{ सेकंड}, W = 0.3158 \text{ g},$$

जैसा कि हम जानते हैं $W = ZIt$ समीकरणों को पुनर्व्यवस्थित करने के बाद

$$Z = \frac{W}{It} \; Z = \frac{0.3158}{(0.5 \times 32 \times 60)}$$

$$Z = 3.29 \times 10^{-4} \text{ g/C}$$

विद्युत रासायनिक तुल्यांक (ECE) = 3.29×10^{-4} g/C

5.2 तांबे के लवण के घोल में 0.6 की धारा 20 मिनट के लिए प्रवाहित करने पर 0.24 ग्राम तांबा जमा हुआ। तांबे का तुल्यांकी भार कितना होता है?

हल: दिया गया है

$I = 0.6$ एम्पीयर, $t = 20$ मिनट $= 20 \times 60$ सेकंड, $W = 0.24$ ग्राम जमा हुआ तांबा, तांबे का रासायनिक तुल्यांक या तुल्यांकी भार = ?

सबसे पहले हमें विद्युत रासायनिक तुल्यांक z की गणना करना है

फैराडे का विद्युत अपघटन के पहले नियम के अनुसार $W = zIt$ समीकरणों को पुनर्व्यवस्थित करने के बाद

$$z = \frac{W}{It}, z = \frac{0.24}{0.6 \times 20 \times 60}$$

$$z = 3.33 \times 10^{-4} \text{ g/C}$$

चूँकि रासायनिक तुल्यांक $= 96500 \times z$

$= 96500 \times 3.33 \times 10^{-4} = 31.84$ g

इसलिए रासायनिक तुल्यांक = तुल्यांकी भार = 31.84 g

5.3 यदि दी गई विद्युत की मात्रा को कॉपर सल्फेट और सिल्वर नाइट्रेट विलयन युक्त दो सेलों से गुजारा जाता है। यदि 0.99 ग्राम चांदी और 0.29 ग्राम तांबा जमा होता है, यदि तांबे का तुल्यांकी भार 31.6 है चांदी का तुल्यांकी भार ज्ञात कीजिए।

हल: **सोल :** जमा चांदी का भार = 0.99 ग्राम, जमा किए गए तांबे का भार = 0.29 ग्राम, तांबे का तुल्यांकी भार = 31.6 ग्राम, चांदी का तुल्यांकी भार = ?

फैराडे के विद्युत अपघटन के दूसरे नियम के अनुसार

$$= \frac{\text{जमा चाँदी का भार}}{\text{जमा ताँबे का भार}} = \frac{\text{चाँदी का तुल्यांकी भार}}{\text{ताँबे का तुल्यांकी भार}}$$

$$\frac{0.99}{0.29} = \frac{\text{चाँदी का तुल्यांकी भार}}{31.6}$$

$$\text{चाँदी का तुल्यांकी भार} = \frac{0.99}{0.29} \times 31.6 = 107.8 \text{ ग्राम}$$

यूनिट सारांश

- विद्युत अपघट्न में जमा या मुक्त पदार्थ की मात्रा विद्युत अपघट्य् से गुजरने वाली विद्युत की मात्रा के समानुपाती होता है।
- जब विद्युत की समान मात्रा (परिमाण) श्रृंखला में जुड़े विभिन्न विद्युत अपघट्य के विलयनों में से गुजरती है तो संबंधित इलेक्ट्रोड पर जमा या मुक्त पदार्थ का भार पदार्थ के तुल्यंकी भार के समानुपाती होता है।
- रेडॉक्स अभिक्रियाओं को एक इलेक्ट्रोड से दूसरे इलेक्ट्रोड में इलेक्ट्रॉनों के वास्तविक स्थानांतरण के द्वारा जाना जाता है।
- विद्युत अपघटनी शोधन अशुद्ध धातु की छड़ से धातुओं के निष्कर्षण की एक प्रक्रिया है। विद्युत रासायनिक सेल के कुछ उदाहरण इस प्रकार हैं:
  (A) प्राथमिक सेल
  (B) द्वितीयक सेल
  (C) ईंधन सेल
  (D) सोलर सेल
- पर्यावरण द्वारा धातु की सतह पर अवांछित रासायनिक, विद्युत रासायनिक और जैव रासायनिक हमले के माध्यम से ठोस धात्विक सतह के बिगड़ने या नष्ट होने और परिणामी नुकसान की प्रक्रिया को संक्षारण कहा जाता है।

अभ्यास प्रश्न

5.1 निम्नलिखित को प्रबल विद्युत अपघट्य और दुर्बल विद्युत अपघट्य के रूप में वर्गीकृत करें–
(i) H_2SO_4 (ii) HNO_3 (iii) NH_4OH (iv) HCl (v) CH_3COOH (vi) NaCl

5.2 फैराडे के विद्युत अपघटन के प्रथम एवं द्वितीय नियम का उल्लेख कीजिए।

5.3 विद्युत अपघटन के औद्योगिक अनुप्रयोगों की सूची बनाएं।

5.4 विद्युत लेपन की प्रक्रिया को चित्र की सहायता से समझाइए।

5.5 विद्युत अपघटनी शोधन की प्रक्रिया को चित्र की सहायता से समझाइए।

5.6 प्राथमिक सेल की संरचना और कार्यप्रणाली को समझाइए।

5.7 लेड अम्ल संचायक सेल के निर्माण, कार्यप्रणाली और इसमें शामिल अभिक्रियाओं की व्याख्या करें।

5.8 ईंधन सेल का महत्व लिखिए और उसका अनुप्रयोग दीजिए।

5.9 रासायनिक और विद्युत रासायनिक संक्षारण के बीच अंतर कीजिए।

5.10 संक्षारण की दर को प्रभावित करने वाले कारकों की सूची बनाइए।

5.11 विद्युत रासायनिक संक्षारण में पाए जाने वाले हाइड्रोजन उदभव/मुक्ति प्रकार के संक्षारण को समझाएं।

5.12 संक्षारण को रोकने के आंतरिक उपायों को लिखिए।

5.13 संक्षारण को रोकने के बाहरी उपाय के रूप में बलिदानी एनोड संरक्षण विधि लिखिए।

5.14 लोहे के गैल्वनीकरण को नामांकित चित्र की सहायता से समझाइए।

प्रयोग

1. जल की चालकता

प्रायोगिक कथन

दिए गए जल के नमूने की चालकता का निर्धारण करें।

प्रायोगिक महत्व

जल की चालकता महत्वपूर्ण है क्योंकि यह हमें जल में मौजूद घुले हुए पदार्थों, रसायनों और खनिजों की मात्रा जानने में मदद करती है। इन अशुद्धियों की अधिक मात्रा में उच्च चालकता होगी। जल की गुणवत्ता के सामान्य माप के रूप में चालकता उपयोगी है। चालकता का उपयोग मुख्य रूप से जल में घुले हुए लवणों की सांद्रता का अनुमान लगाने के लिए किया जाता है। चालकता माप के महत्वपूर्ण अनुप्रयोग जल उपचार, रिसाव का पता लगाने, इंटरफेस का पता लगाने और वि-लवणीकरण में हैं।

प्रासंगिक सिद्धांत

चालकता, एक विलयन की विद्युत प्रवाह के संचालन की क्षमता है। चालकता को एक मीटर से मापा जाता है। चालकता (G) प्रतिरोध (R) का व्युत्क्रम है, जिसका निर्धारण विभव एवं धरा से होता है। ओम के नियम के अनुसार $R = V/I$ पर $G = 1/R = I/V$। मीटर जांच माप को माइक्रो म्हो प्रति सेंटीमीटर में परिवर्तित करता है और परिणाम प्रदर्शित करता है।

चालकता की यूनिट माइक्रो म्हो/सेंटीमीटर (μmho/cm) या मिली म्हो/सेंटीमीटर (mmho/cm) या मिली सीमेन्स/मीटर (mS/m) है $1\ mS/m = 10\ \mu mho/cm$

प्रैक्टिकल आउटकम्स (PrOs)

PrO1 दिए गए नमूने को इलेक्ट्रॉनिक तुला में सही तौलना।

PrO2 परिभाषित मोलरता और नर्मालता के दिए गए नमूने का मानक विलयन तैयार करना।

PrO3 चालकता मीटर को कैलिब्रेट करें।

PrO4 विभिन्न अनुप्रयोगों में इसके उपयोग को सक्षम करने के लिए विभिन्न स्रोतों से जल के नमूनों की चालकता निर्धारित करें।

प्रायोगिक व्यवस्था (ड्राइंग/स्केच/सर्किट आरेख/कार्य स्थिति)

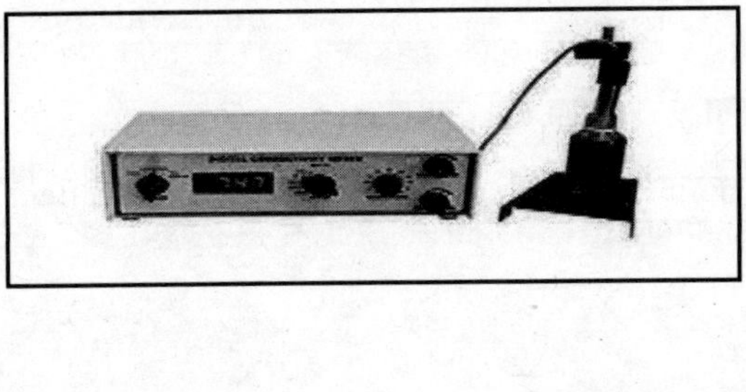

आवश्यक संसाधन, रसायन और कांच के बने उपकरण

- **संसाधनः** चालकता मीटर (रेंज-0 से 20, 200 S सटीकता ±1% रेंज), चुंबकीय स्टिरर (250–1250 rpm)
- **रसायन (AR ग्रेड):** 0.1N KCl विलयन, जल का नमूना
- **कांच के बने उपकरण (बोरोसिल):** बीकर (100 ml), ग्लास रॉड, मानक फ्लास्क

सुरक्षा सावधानियां

1. प्रयोग शुरू करने से पहले कम से कम 30 मिनट के लिए चालकता मीटर चालू करें ताकि उपकरण स्थिर हो जाए।
2. उपकरण का अंशांकन करें।
3. हमेशा प्रयोग शुरू होने से ठीक पहले अंशांकन विलयन तैयार करें।
4. इलेक्ट्रोड को हमेशा आसुत जल में डुबोएं और इसे हवा के संपर्क में न आने दें।

प्रयोग विधि

1. 50 mL आसुत जल को मापें और इसे बीकर में स्थानांतरित करें।
2. 0.7456 g पोटेशियम क्लोराइड तोलें।
3. 0.7456 g ग्राम पोटेशियम क्लोराइड को आसुत जल युक्त बीकर में स्थानांतरित करें। कांच की छड़ से लगातार हिलाते रहें, जब तक कि यह अच्छी तरह से घुल न जाए।
4. सामग्री को 100 mL मानक फ्लास्क में स्थानांतरित करें।
5. 100 mL तक की मात्रा बनाएं। आसुत जल डालकर सामग्री को अच्छी तरह हिलाएं। तैयार विलयन का उपयोग चालकता मीटर को जांचने के लिए किया जाता है।
6. एक बीकर में 0.1 N पोटैशियम क्लोराइड लें। चुंबकीय स्टिरर चालू करें और बीकर को स्टिरर पर रखें। बीकर में चुंबकीय मनका डालें।
7. विलयन के अंदर इलेक्ट्रोड रखें। कैलिब्रेशन बटन का चयन करें और ऊपर और नीचे कुंजियों का उपयोग करके, 0.1 N पोटेशियम क्लोराइड विलयन को 30 °C पर 14.12 millisiemens/cm पर समायोजित करें।
8. अब चालकता मीटर नमूनों की चालकता मापने के लिए तैयार है।

जल के नमूने के परीक्षण के लिए प्रक्रिया

1. इलेक्ट्रोड को विआयनीकृत जल से अच्छी तरह धोएं और ध्यान से एक टिशू पेपर से पोंछ लें।
2. 200 mL जल के नमूने को मापें और इसे एक बीकर में स्थानांतरित करें और इसे चुंबकीय स्टिरर पर रखें।
3. इलेक्ट्रोड को बीकर में लिए गए नमूना विलयन में डुबोएं और स्थिर रीडिंग की प्रतीक्षा करें।
4. सुनिश्चित करें कि उपकरण स्थिर रीडिंग दे रहा है।
5. डिस्प्ले में रीडिंग को सीधे नोट करें, जिसे millisiemens में व्यक्त किया जाता है।

प्रेक्षण और गणना

1. दिए गए नमूने की चालकता .... millisiemens है।

परिणाम एवं/अथवा विवेचना

1. दिए गए नमूने की चालकता .... millisiemens है।

निष्कर्ष एवं/अथवा सत्यापन

....

प्रयोग से संबंधित प्रश्न

संदर्भ के लिए मौखिक रूप से पूछे जाने वाले नमूना प्रश्न यहां दिए गए हैं।

1. क्या चालकता जलीय जीवन को प्रभावित करती है, समझाइए।
2. दैनिक जीवन में चालकता के अनुप्रयोगों का उल्लेख कीजिए।
3. जल की चालकता के महत्व को समझाइए।
4. pH को चालकता से जोड़िए।

अपशिष्ट का निपटान

प्रकार	विवरण
बायोडिग्रेडेबल अपशिष्ट (हरा बिन) 	प्रयोग के दौरान उपयोग में लाये गए सामान्य फिल्टर पेपर।
अपशिष्ट	प्रयुक्त रसायनों को उनके विशिष्ट रासायनिक गुणों के आधार पर उचित रूप से निपटान किया जाना चाहिए।

पर्यावरण के अनुकूल दृष्टिकोण: पुनः उपयोग (रियूज), कम उपयोग (रिड्यूज) एवं पुनः चक्रण (रिसायकल)

1. विलयन तैयार करते समय कांच के बर्तनों को अच्छी तरह से साफ करें। आगे के प्रयोग के लिए तैयार मानक विलयन को संग्रहित करें।
2. इस प्रयोग को करते समय कचरे को कम करने के लिए वांछित मात्रा में पदार्थ का उपयोग करें।
3. आसुत जल बर्बाद न करें।

सुझाई गई मूल्यांकन योजना

विद्यार्थी का नाम : .... **रोल नंबर :** ....

प्रक्रिया मूल्यांकन			उत्पाद/परिणाम मूल्यांकन			शिक्षक के हस्ताक्षर
प्रक्रिया सूचक (70%)	% भारिता (वेटेज)	प्राप्त अंक	उत्पाद/परिणाम सूचक (30%)	% भारिता (वेटेज)	प्राप्त अंक	
सैंपल के सटीकता	15		मौखिक प्रश्न (Viva-voce)	10		
विलयन तैयार करना	15		रिपोर्ट तैयार करना	10		
साफ-सफाई एवं देखभाल	10		गणना, परिणाम और व्याख्या	10		
चालकता मीटर का उपयोग	20					
सुरक्षा सावधानियों का पालन / अनुपालन	10					

2. कॉपर का विद्युत अपघटन

प्रायोगिक कथन

कॉपर सल्फेट एवं कॉपर इलेक्ट्रोड का उपयोग करके फैराडे के विद्युत् अपघटन के प्रथम नियम को सत्यापित करें।

प्रायोगिक महत्व

विद्युत् अपघटन वस्तु या मशीन के हिस्से को सजाने में मदद करता है। यह धातु को जंग से बचाने में भी मदद करता है। फैराडे के नियम से, हम विद्युत् की खपत मात्रा और विशेष इलेक्ट्रोड पर धातु के जमाव या गैसों की मुक्ति के लिए आवश्यक समय का अनुमान लगा सकते हैं।

प्रासंगिक सिद्धांत

विद्युत् अपघटन का पहला नियम बताता है कि इलेक्ट्रोड-विद्युत् अपघट्य सीमा पर विद्युत् धारा द्वारा उत्पादित रासायनिक परिवर्तन की मात्रा उपयोग की जाने वाली विद्युत की मात्रा के समानुपाती होती है। विभिन्न पदार्थों में समान मात्रा में विद्युत द्वारा उत्पादित रासायनिक परिवर्तन की मात्रा उनके समतुल्य भार के समानुपाती होती है। एक इलेक्ट्रोड पर जमा या मुक्त पदार्थ का भार विद्युत-अपघट्य से गुजरने वाली विद्युत की मात्रा के सीधे आनुपातिक होता है। [यूनिट 5, खंड 5.2.3(।) और 5.3 देखें]

प्रैक्टिकल आउटकम्स (PrOs)

PrO1: रिओस्टेट, एमीटर, प्लग कुंजी जैसे संसाधनों का कुशलता से उपयोग करना।

PrO2: सर्किट को जोड़ना।

PrO3: किसी अन्य धातु/इलेक्ट्रोड का उपयोग करके विद्युत् अपघटन करना।

प्रायोगिक व्यवस्था (ड्राइंग/स्केच/सर्किट आरेख/कार्य स्थिति)

चित्र के लिए देखें यूनिट 5 खंड 5.3.2

आवश्यक संसाधन, रसायन और कांच के बने उपकरण

- **संसाधन** Cu प्लेट, लोहे की चम्मच, एमीटर, रिओस्टेट, प्लग कुंजी, बैटरी (12 वोल्ट), संपर्क वायर, स्टॉपवॉच, पॉलिश पेपर, एयर ड्रायर, इलेक्ट्रॉनिक तुला।
- **रसायन** (AR ग्रेड) कॉपर सल्फेट ($CuSO_4$), 1% H_2SO_4
- **कांच के बने उपकरण** (बोरोसिल) बीकर (1000 mL)

सुरक्षा सावधानियां

1. लोहे के चम्मच को पहले क्षार से, फिर अम्ल से साफ करें, पॉलिशि पेपर से पॉलिश करें और अंत में कैथोड के रूप में लटकाए।
2. सभी तारों को तांबे की प्लेट, लोहे की चम्मच, बैटरी आदि से ठीक से जोड़े।

प्रयोग विधि

1. लोहे के चम्मच को इलेक्ट्रोड के रूप में लगाने से पहले W1 के रूप में तौलें।
2. उपकरण को सेट करें और सर्किट को चित्र में दर्शाए अनुसार जोड़े [चित्र यूनिट 5 खंड 5.3.2 देखें]।
3. एमीटर और रिओस्टेट की मदद से एक साथ 1 से 2 एम्पीयर के बीच आवश्यक धारा को समायोजित करें। स्टॉप वाच शुरू करें।
4. स्टॉप वॉच का उपयोग करके 900 सेकंड (15 मिनट) के लिए धारा प्रवाहित करें।
5. 15 मिनट के बाद लोहे की चम्मच हटा दें। इसे एयर ड्रायर से सुखाएं और सटीक रूप से W2 के रूप में तौलें।

प्रेक्षण और गणना

क्रमांक	प्रेक्षण	मूल्य
1	निक्षेपण से पहले लोहे के चम्मच (कैथोड) का भार (W1)	.... g
2	निक्षेपण के बाद लोहे के चम्मच का भार (W2)	.... g
3	जमा तांबे का भार W = W2 – W1	.... g
4	एम्पीयर में विद्युत् धारा (वास्तविक पारित)	.... एम्पीयर
5	समय सेकंड	.... सेकंड

विद्युत् अपघटन का फैराडे का प्रथम नियम

$$W = Zit$$

$$Z = \frac{W}{it} = \frac{\text{...}}{\times \text{..................}} =$$

परिणाम एवं/अथवा विवेचना

1. तांबे का विद्युत रासायनिक तुल्यांक = ... g/C

निष्कर्ष एवं/अथवा सत्यापन

....

प्रयोग संबंधित प्रश्न

संदर्भ के लिए मौखिक रूप से पूछे जाने वाले नमूना प्रश्न यहां दिए गए हैं।

1. विद्युत अपघटन का महत्व लिखिए।
2. विद्युत् अपघटन में कौन सा नियम लागू होता है?

अपशिष्ट का निपटान

प्रकार	विवरण
बायोडिग्रेडेबल अपशिष्ट (हरा बिन)	प्रयोग के दौरान उपयोग में लाये गए सामान्य फिल्टर पेपर।
अपशिष्ट	प्रयुक्त रसायनों को उनके विशिष्ट रासायनिक गुणों के आधार पर उचित रूप से निपटान किया जाना चाहिए।

पर्यावरण के अनुकूल दृष्टिकोण: पुनः उपयोग (रियूज), कम उपयोग (रिड्यूज) एवं पुनः चक्रण (रिसायकल)

1. विलयन तैयार करते समय कांच के बर्तनों को अच्छी तरह से साफ करें। आगे के प्रयोग के लिए तैयार मानक विलयन को संग्रहित करें।
2. इस प्रयोग को करते समय कचरे को कम करने के लिए वांछित मात्रा में पदार्थ का उपयोग करें।
3. आसुत जल बर्बाद न करें।

सुझाई गई मूल्यांकन योजना

विद्यार्थी का नाम : .... रोल नंबर : ....

प्रक्रिया मूल्यांकन			उत्पाद/परिणाम मूल्यांकन			शिक्षक के हस्ताक्षर
प्रक्रिया सूचक (70%)	% भारिता (वेटेज)	प्राप्त अंक	उत्पाद/परिणाम सूचक (30%)	% भारिता (वेटेज)	प्राप्त अंक	
कैथोड तैयार करना	10		मौखिक प्रश्न (Viva-voce)	10		
विद्युत् अपघटन के लिए प्रायोगिक व्यवस्था	20		रिपोर्ट तैयारी	10		
मौजूदा समायोजन	10		गणना, परिणाम और व्याख्या	10		
साफ-सफाई एवं देखभाल	10					
काँच के उपकरण की सम्भाल	10					
सुरक्षा सावधानियों का पालन / अनुपालन	10					

3. डैनियल सेल का उपयोग करके विद्युत् वाहक बल EMF का मापन

प्रायोगिक कथन

विद्युत् रासायनिक सेल (डैनियल सेल) का उपयोग करके विद्युत् वाहक बल EMF निर्धारित करें।

प्रायोगिक महत्व

डैनियल सेल रसायनों से विद्युत् विकसित करता है। ऑक्सीकरण-अपचयन प्रक्रिया के कारण विभव उत्पादन का निर्धारण इलेक्ट्रॉनों के स्थानांतरण के बारे में जानकारी देता है। यह धातु के क्षरण और इसके क्षरण से सुरक्षा को समझने में भी मदद करता है।

प्रासंगिक सिद्धांत

गैल्वेनिक सेल में दो इलेक्ट्रोड के बीच संभावित अंतर को सेल की क्षमता या EMF कहा जाता है। इसे वोल्ट में मापा जाता है। डेनियल सेल को गैल्वेनिक सेल या वोल्टाइक सेल के रूप में भी जाना जाता है। यह सेल विद्युत् रासायनिक सेल का एक उदाहरण है। आम तौर पर छड़ या प्लेट को इलेक्ट्रोड कहा जाता है। प्रत्येक इलेक्ट्रोड अपने धातु लवण विलयन में डूबा रहता है, और ये अर्ध-सेल बनाते हैं। दो अर्ध-सेलों को एक लवण ब्रिज या सरंध्र विभाजन द्वारा अलग किया जाता है। वह विलयन जो या तो गलित अवस्था में या जलीय विलयन में विद्युत का संचालन करता है, विद्युत अपघट्य कहलाता है। एक इलेक्ट्रोड एनोड के रूप में कार्य करता है जहां ऑक्सीकरण होता है। जब दो धातुओं को आपस में जोड़ा जाता है, तो अधिक सक्रीय धातु एनोड के रूप में कार्य करती है जबकि दूसरी धातु कैथोड के रूप में कार्य करती है।

डैनियल सेल में इलेक्ट्रोड अभिक्रिया–

एनोड पर अभिक्रिया $Zn \longrightarrow Zn^{2+} + 2e^-$ ऑक्सीकरण अभिक्रिया

कैथोड पर अभिक्रिया $Cu^{2+} + 2e^- \longrightarrow Cu$ अपचयन अभिक्रिया

$Zn + Cu^{2+} \longrightarrow Zn^{2+} + Cu$ रेडॉक्स अभिक्रिया

डेनियल सेल को $Zn(s) \mid ZnSO_4\,(aq) \| CuSO_4(aq) \mid Cu(s)$ के रूप में दर्शाया जाता है।

डेनियल सेल में उत्पादित वोल्टेज, इलेक्ट्रोड में विकसित ऑक्सीकरण एवं अपचयन वोल्टेज का योग है जिसे $E^0Cell = E^0Reduction + E^0Oxidation$ के रूप में लिखा जाता है।

प्रैक्टिकल आउटकम्स (PrOs)

PrO1 डैनियल सेल के माध्यम से EMF को मापने के लिए पूरी व्यवस्था तैयार करना।

PrO2 EMF के निर्धारण के लिए डेनियल सेल का उपयोग करना।

प्रायोगिक व्यवस्था (ड्राइंग/स्केच/सर्किट आरेख/कार्य स्थिति)

यह लगभग 1.1 वोल्ट का एक स्थिर विद्युत् वाहक बल वाला एक प्राथमिक सेल है, जिसमें कॉपर सल्फेट के विलयन में इसके कॉपर इलेक्ट्रोड और तनु सल्फ्यूरिक अम्ल या जिंक सल्फेट के विलयन में जिंक इलेक्ट्रोड होता है, दोनो

विलयन एक सरंध्र विभाजन द्वारा अलग किए जाते हैं। डेनियल सेल में Cu और Zn इलेक्ट्रोड को क्रमशः $CuSO_4$ और $ZnSO_4$ विलयन में डुबोया जाता है। Zn एनोड के रूप में कार्य करता है और Cu कैथोड के रूप में कार्य करता है। ऑक्सीकरण Zn एनोड पर तथा अपचयन कैथोड पर होता है। Zn आयन विलयन में जाते हैं। चूंकि दो इलेक्ट्रोड एक बाहरी तार का उपयोग करके जुड़े होते हैं, Zn के ऑक्सीकरण द्वारा उत्पादित इलेक्ट्रॉन तार के माध्यम से चलते हैं और कॉपर इलेक्ट्रोड पर एकत्र हो जाते हैं। विलयन (विद्यत अपघट्य) में मौजूद क्यूप्रिक आयन इलेक्ट्रॉनों को स्वीकार करते हैं और कैथोड पर जमा हो जाते हैं।

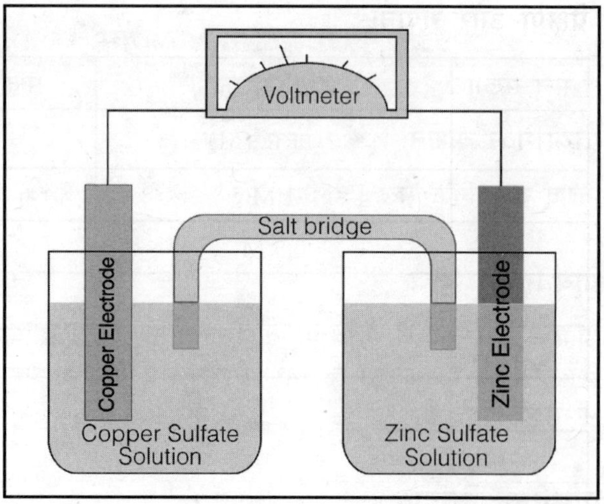

आवश्यक संसाधन, रसायन और कांच के उपकरण

संसाधनः मल्टीमीटर, वोल्टमीटर, सम्पर्क तार।

रसायन (AR ग्रेड): $CuSO_4$, $ZnSO_4$, Zn NM छड़, Cu छड़, लवण ब्रिज।

कांच के बने उपकरण (बोरोसिल): बीकर (1000 mL)।

सुरक्षा सावधानियां

1. छड़ को पहले क्षार, फिर अम्ल से साफ करें और अंत में पॉलिश पेपर से पॉलिश करें।
2. चूंकि $CuSO_4$ मनुष्यों के लिए विषैला होता है, इसलिए इसे ठीक से हटाने के लिए सावधानी बरतने की आवश्यकता है।

प्रयोग विधि

1. Zn छड़ को $ZnSO_4$ विलयन में और Cu को $CuSO_4$ विलयन में रखें।
2. Zn छड़ को मल्टीमीटर के एक सिरे से और Cu छड़ को दूसरे सिरे से जोड़े।
3. दोनों विलयन में साल्ट ब्रिज रखें। सॉल्ट ब्रिज एक उल्टा 'U' ट्यूब होता है जो एक अक्रिय विद्युत अपघट्य KCl/KNO_3 के संतृप्त विलयन से भरा होता है जिसमें अगर-अगर होता है, यह विद्युत अपघट्य में आयनों को छोड़ता है ताकि पूरा विलयन विद्युत उदासीन हो जाए।
4. प्रेक्षण सारणी में दर्शाए अनुसार $ZnSO_4$ और $CuSO_4$ विलयन की सांद्रता लीजिए।
5. $ZnSO_4$ और $CuSO_4$ की क्रमशः पाँच विभिन्न सांद्रताएँ तैयार करें।
6. दो बीकरों को प्रेक्षण तालिका में दर्शाए गए संयोजनों से जोड़िए।
7. इन दो अर्ध सेलों में विकसित EMF को रिकॉर्ड करें।

प्रेक्षण और गणना

सेल संख्या	$ZnSO_4$ की	सांद्रता $CuSO_4$ की सांद्रता	उत्पादित EMF (वोल्ट में)
1	2 मोलर (M)	2 M	
2	1 M	2 M	
3	0.5 M	2 M	
4	0.25 M	2 M	
5	0.0125 M	2 M	
6	2 M	1 M	
7	2 M	0.5 M	
8	2 M	0.25 M	
9	2 M	0.0125 M	

परिणाम एवं/अथवा विवेचना

1. सेल 1 में विकसित Emf = ... वोल्ट
2. सेल 2 में विकसित Emf = ... वोल्ट
3. सेल 3 में विकसित Emf = ... वोल्ट
4. सेल 4 में विकसित Emf = ... वोल्ट
5. सेल 5 में विकसित Emf = ... वोल्ट
6. सेल 6 में विकसित Emf = ... वोल्ट
7. सेल 7 में विकसित Emf = ... वोल्ट
8. सेल 8 में विकसित Emf = ...
9. सेल 9 में Emf = ... वोल्ट

निष्कर्ष एवं/अथवा सत्यापन

....

प्रयोग संबंधित प्रश्न

संदर्भ के लिए मौखिक रूप से पूछे जाने वाले नमूना प्रश्न यहां दिए गए हैं।

1. डेनियल सेल में साल्ट ब्रिज का कार्य बताइए।
2. डैनियल सेल में एनोड और कैथोड के नाम का उल्लेख करें।
3. ऐनोड तथा कैथोड पर होने वाली ऑक्सीकरण अभिक्रिया लिखिए।

अपशिष्ट का निपटान

प्रकार	विवरण
बायोडिग्रेडेबल अपशिष्ट (हरा बिन)	प्रयोग के दौरान उपयोग में लाये गए सामान्य फिल्टर पेपर।
अपशिष्ट	प्रयुक्त रसायनों को उनके विशिष्ट रासायनिक गुणों के आधार पर उचित रूप से निपटान किया जाना चाहिए।
	चूंकि $CuSO_4$ मनुष्यों के लिए विषैला होता है, इसलिए इसका ठीक से निपटान करने के लिए सावधानी बरतने की जरूरत है।

पर्यावरण के अनुकूल दृष्टिकोणः पुनः उपयोग (रियूज), कम उपयोग (रिड्यूज) एवं पुनः चक्रण (रिसायकल)

कॉपर सल्फेट का उपयोग कृषि और गैर-कृषि दोनों में एक कवकनाशी, शैवालनाशी, जड़नाशी और शाकनाशी के रूप में किया जाता है। चूंकि $CuSO_4$ शैवाल और बैक्टीरिया को नष्ट कर देता है, इसलिए इसका उचित उपयोग किया जाना चाहिए। अपव्यय को रोकने के $CuSO_4$ और $ZnSO_4$ की थोड़ी मात्रा प्रयोग के लिए ली जाना चाहिए।

अध्ययन हेतु सुझाये गए संसाधन

http://amrita.olabs.edu.in/?sub=73&brch=8&sim=153&cnt=1

सेल के EMF का निर्धारण

सुझाई गई मूल्यांकन योजना

विद्यार्थी का नाम : .... **रोल नंबर :** ....

प्रक्रिया मूल्यांकन			उत्पाद/परिणाम मूल्यांकन			शिक्षक के हस्ताक्षर
प्रक्रिया सूचक (70%)	% भारिता (वेटेज)	प्राप्त अंक	उत्पाद/परिणाम सूचक (30%)	% भारिता (वेटेज)	प्राप्त अंक	
डेनियल सेल का सेटअप तैयार करना	20		मौखिक प्रश्न (Viva-voce)	10		
विलयन की तयारी	20		रिपोर्ट तैयार करना	10		
साफ-सफाई एवं देखभाल	10		गणना, परिणाम और व्याख्या	10		
प्रयोग और प्रेक्षण का प्रदर्शन	10					
सुरक्षा सावधानियों का पालन / अनुपालन	10					

4. अलग-अलग धातुओं के संपर्क के प्रभाव

प्रायोगिक कथन

विलयन में डूबे दो अलग-अलग धातुओं के संपर्क के प्रभाव का निर्धारण करें।

प्रायोगिक महत्व

जब दो या दो से अधिक असमान धातुओं को पानी के अन्दर विद्युत संपर्क में लाया जाता है, तो असमान धातु का क्षरण या गैल्वेनिक संक्षारण होता है। जब धातु को कम सक्रिय धातु से जोड़ा जाता है, तो यह घुल जाती है, जबकि जब इसे अधिक सक्रिय धातु से जोड़ा जाता है, तो यह सुरक्षित हो जाती है। चूंकि डिप्लोमा इंजीनियरों को विभिन्न स्थितियों में काम करना होता है, इसलिए उन्हें संक्षारण के तंत्र को जानना चाहिए।

प्रासंगिक सिद्धांत

विद्युत् रासायनिक श्रृंखला में, धातुओं को उनके मानक इलेक्ट्रोड क्षमता के अनुसार व्यवस्थित किया जाता है। सक्रिय धातुएँ सबसे ऊपर हैं, जबकि कम अभिक्रियाशील या उत्कृष्ट धातुएँ सबसे नीचे हैं। श्रेणी में उच्च स्थिति वाले तत्वों में इलेक्ट्रॉनों को खोने की प्रवृत्ति अधिक होती है। ऐसी धातुएं आसानी से ऑक्सीकृत हो जाती हैं। श्रृंखला में निचले स्थान पर मौजूद तत्व इलेक्ट्रॉनों को नहीं खोते हैं। जब दो असमान धातुओं को जोड़ा जाता है, तो क्रियाशीलता श्रृंखला में उच्च स्थिति वाली धातु एनोड के रूप में कार्य करती है और जंग खा जाती है, जबकि क्रियाशीलता श्रृंखला में निचली स्थिति वाली धातु कैथोड के रूप में कार्य करती है और संरक्षित हो जाती है। जब असमान धातुएं नमी की उपस्थिति में एक दूसरे के संपर्क में आती हैं, तो गैल्वेनिक क्षरण हो सकता है। गीली धातुएं बैटरी की तरह व्यवहार करती हैं और विद्युत प्रवाह उत्पन्न करती हैं। जैसे-जैसे इलेक्ट्रॉनों का आदान-प्रदान होता है, एक या दोनों धातुओं की सतहें धँसी हुई और खुरदरी हो जाती हैं। कैथोडिक सुरक्षा नामक प्रक्रिया के माध्यम से धातु मशीनरी को अधिक सक्रिय धातु से संलग्न करके संरक्षित किया जा सकता है [यूनिट 5, 5.8.1 देखें]।

प्रैक्टिकल आउटकम्स (PrOs)

PrO1: क्रियाशीलता श्रृंखला की अवधारणा का उपयोग करके धातुओं की सुरक्षा करना।

PrO2: विभिन्न प्रकार के अनुप्रयोगों में इसका उपयोग करने के लिए क्रियाशीलता श्रृंखला से उपयुक्त धातु का चयन करना।

प्रायोगिक सेटअप (ड्राइंग/स्केच/सर्किट डायग्राम/कार्य की स्थिति)

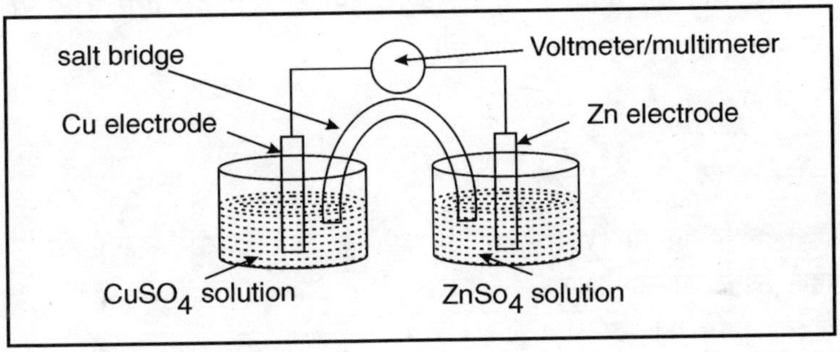

आवश्यक संसाधन, रसायन और कांच के बने उपकरण

संसाधनः वोल्टमीटर, संपर्क तार, इलेक्ट्रॉनिक तुला।

रासायनिक (AR ग्रेड) $CuSO_4$(2M), $ZnSO_4$(2M), $Al_2(SO_4)_3$(2M), Zn छड़, Cu छड़, Al छड़

कांच के बने उपकरण (बोरोसिल) बीकर (1000 mL), साल्ट ब्रिज (U ट्यूब KCl या KNO_3 युक्त अगर-अगर के साथ)

सुरक्षा सावधानियां

1. क्षार, अम्ल, पानी की मदद से Zn और Cu, Al इलेक्ट्रोड को साफ करें और पॉलिश पेपर से पॉलिश करें।
2. सभी तार ठीक से जोड़े।
3. सभी कांच के बर्तनों को ठीक से साफ करें।
4. साल्ट ब्रिज को दोनों बीकरों में डुबाना चाहिए।

प्रयोग विधि

व्यवस्था 1 (Cu-Zn सेल)

1. कॉपर और जिंक छड़ को तोलें।
2. एक बीकर में जिंक सल्फेट और दूसरे में कॉपर सल्फेट का विलयन लें।
3. जिंक की छड़ को जिंक सल्फेट के विलयन में इलेक्ट्रोड के रूप में और कॉपर की छड़ को कॉपर सल्फेट के विलयन में इलेक्ट्रोड के रूप में डालें।
4. जिंक छड़ को वोल्टमीटर के ऋणात्मक टर्मिनल से और कॉपर छड़ को वोल्टमीटर के धनात्मक टर्मिनल से कनेक्ट करें।
5. 30 मिनट के बाद, सेल को डिस्कनेक्ट करें, इलेक्ट्रोड हटा दें और उन्हें एयर ड्रायर से सुखाएं।
6. जिंक और कॉपर इलेक्ट्रोड का भार करें।

व्यवस्था 2 (Zn-Al सेल)

1. एल्युमिनियम और जिंक छड़ को तौलें।
2. एक बीकर में जिंक सल्फेट और दूसरे में एल्युमिनियम सल्फेट का विलयन लें।
3. जिंक की छड़ को जिंक सल्फेट के विलयन में इलेक्ट्रोड के रूप में और एल्यूमीनियम की छड़ को एल्युमिनियम सल्फेट के विलयन में इलेक्ट्रोड के रूप में डालें।
4. एल्युमिनियम छड़ को वोल्टमीटर के ऋणात्मक टर्मिनल से और जिंक छड़ को वोल्टमीटर के धनात्मक टर्मिनल से जोड़ें।
5. 30 मिनट के बाद, सेल का संपर्क हटायें, इलेक्ट्रोड हटा दें और उन्हें एयर ड्रायर से सुखाएं।
6. जस्ता और एल्यूमीनियम इलेक्ट्रोड का भार लें।

प्रेक्षण और गणना

व्यवस्था-I (Cu-Zn सेल)

1. जोड़ने से पहले कॉपर का भार $W1_{cu}$ = ... g
2. जोड़ने से पहले जिंक का भार $W1_{Zn}$ = ... g
3. 30 मिनट के बाद तांबे का भार $W2_{cu}$ = ... g

4. 30 मिनट के बाद जिंक का भार $W2_{Zn}$ = ...
5. Cu छड़ केभार में परिवर्तन = ... g
6. Zn छड़ के भार में परिवर्तन = ... g

व्यवस्था-II (Zn-Al सेल)

1. जोड़ने से पहले एल्युमिनियम का भार $W1_{Al}$ = ... g
2. जोड़ने से पहले जिंक का भार $W1_{Zn}$ = ... g
3. 30 मिनट के बाद एल्युमिनियम का भार $W1_{Al}$ = ... g
4. 30 मिनट के बाद जिंक का भार $W2_{Zn}$ = ... g
5. Al छड़ के भार में परिवर्तन = ... g
6. Zn छड़ के भार में परिवर्तन = ... g

परिणाम एवं/अथवा विवेचना

1. Zn धातु का भार घट जाता है जब इसे .... धातु के साथ जोड़ा जाता है। अत: जिंक .... धातु के साथ जुड़ने पर संक्षारित हो जाता है।
2. Zn धातु का भार .... धातु के साथ जुड़ने पर बढ़ जाता है। अत: ....धातु के साथ जुड़ने पर जिंक सुरक्षित हो जाता है।

निष्कर्ष एवं/अथवा सत्यापन

....

प्रयोग संबंधित प्रश्न

संदर्भ के लिए, मौखिक परीक्षा में पूछे जाने वाले नमूना प्रश्न यहां दिए गए हैं-

1. विभिन्न धातुओं के उपयोग का महत्व लिखिए।
2. Zn इलेक्ट्रोड पर संक्षारण लिखिए और समझाइए।
3. आप असमान धातुओं के बीच क्षरण को कैसे रोक सकते हैं?

अपशिष्ट का निपटान

प्रकार	विवरण
बायोडिग्रेडेबल अपशिष्ट (हरा बिन)	प्रयोग के दौरान उपयोग में लाये गए सामान्य फिल्टर पेपर।
अपशिष्ट	प्रयुक्त रसायनों को उनके विशिष्ट रासायनिक गुणों के आधार पर उचित रूप से निपटान किया जाना चाहिए।

पर्यावरण के अनुकूल दृष्टिकोणः पुनः उपयोग (रियूज), कम उपयोग (रिड्यूज) एवं पुनः चक्रण (रिसायकल)

- आगे के प्रयोग के लिए इलेक्ट्रोड पुनः उपयोग में लाया जा सकता है।
- आगे उपयोग के लिए धातुओं को संरक्षित किया जाना चाहिए।

सुझाई गई मूल्यांकन योजना

विद्यार्थी का नाम : .... **रोल नंबर :** ....

प्रक्रिया मूल्यांकन			उत्पाद/परिणाम मूल्यांकन			शिक्षक के हस्ताक्षर
प्रक्रिया सूचक (70%)	% भारिता (वेटेज)	प्राप्त अंक	उत्पाद/परिणाम सूचक (30%)	% भारिता (वेटेज)	प्राप्त अंक	
सैंपल के भार में सटीकता	10		मौखिक प्रश्न (Viva-voce)	10		
विलयनकी तैयारी	20		रिपोर्ट तैयार करना	10		
साफ-सफाई एवं देखभाल	10		गणना, परिणाम और व्याख्या	10		
प्रयोगों की व्यवस्था तैयार करना	20					
सुरक्षा सावधानियों का पालन / अनुपालन करना	10					

अधिक जानें

- बुनियादी अवधारणाओं की तरह, सेलों के प्रकार, चालक, कुचालक, ध्रुवीय विलयन, विद्युत अपघट्य वियोजन का अरहेनियस सिद्धांत, वियोजन की डिग्री, गलित सोडियम क्लोराइड, सोडियम क्लोराइड विलयन का विद्युत अपघटन, प्लैटिनम का उपयोग कर $CuSO_4$ और तांबे इलेक्ट्रोड का उपयोग कर $CuSO_4$ का विद्युत अपघटन, विद्युत रासायनिक श्रृंखला, वियोजन की डिग्री एवं ऑक्सीकरण अवस्था को प्रभावित करने वाले कारक।
- श्रेणी क्रम और समानांतर क्रम के बारे में ज्ञान।
- शिक्षकों को दैनिक जीवन में विद्युत रसायन के विभिन्न अनुप्रयोगों जैसे कार बैटरी, दोपहिया बैटरी, मोबाइल बैटरी इत्यादि के बारे में विस्तार से पता होना चाहिए। उन्हें इनके रखरखाव और उचित उपयोग के बारे में भी समझाने की जरूरत है।
- शिक्षकों को कुछ संबंधित गतिविधियों, अवलोकनों और विश्लेषणों को प्रायोगिक रूप से निष्पादित करके विभिन्न धातुओं और मिश्र धातुओं पर संक्षारण के लिए जिम्मेदार विभिन्न कारकों के प्रभाव को समझने की आवश्यकता है।

सूक्ष्म परियोजनाएँ/गतिविधियाँ

- Al, Cu, Fe धातु की तीन पट्टियों को एकत्रित करें, उन्हें समान सांद्रता वाले विभिन्न अम्लीय और क्षारीय विलयन में रखें। अम्लीय और क्षारीय वातावरण के कारण धातुओं के भार में कमी को देखें और रिकॉर्ड करें। अपने शिक्षक और सहकर्मियों के साथ निष्कर्षों पर चर्चा करें।
- लोहा, तांबा, पीतल, कांस्य और अन्य मिश्र धातुओं के बर्तनों के विभिन्न नमूने एकत्र करें। उन्हें खुले वातावरण में टिन की छाया में रखें। चार सप्ताह तक प्रत्येक दूसरे दिन में संक्षारक गुणों का निरीक्षण करें। अपने प्रेक्षण रिकॉर्ड करें। अपने शिक्षक और साथियों के साथ निष्कर्षों पर चर्चा करें।

रचनात्मक अन्वेषणशीलता और जिज्ञासा

लोहे में जंग लगना बहुत आम और सार्वभौमिक रूप से ज्ञात घटना है, लोहे का व्यापक रूप से निर्माण और कई औद्योगिक अनुप्रयोगों में उपयोग किया जाता है। क्या हमारे इंजीनियर, शोधकर्ता और वैज्ञानिक वैकल्पिक सामग्री के रूप में इसके विकल्प के लिए समान गुणों वाली नई सामग्री/उत्पादों का पता लगा सकते हैं।

सन्दर्भ एवं अध्ययन हेतु सुझाव

- C. N. R. Rao, Understanding Chemistry, Universities Press (India) Pvt. Ltd., 2011, ISBN 8173712506
- Dara, S. S. & Dr. S. S. Umare, Engineering Chemistry, Universities Press (India) Pvt. Ltd., 2011, ISBN, 8121903599
- Jain & Jain, Engineering Chemistry, Dhanpat Rai and Sons; New Delhi, 2015, ISBN 8187433175
- Agnihotri, Rajesh, Chemistry of Engineers, Wiley India Pvt. Ltd. 2014, ISBN 9788126550784
- Shikha Agarwal, Engineering Chemistry, Cambridge University Press; New Delhi, 2015. ISBN, 978-1-107-47641-7

परिशिष्ट–A

प्रायोगिक कार्य का रिकॉर्ड

क्रमांक	पृष्ठ क्रमांक	प्रयोग का नाम	दिनांक			अंक	हस्ताक्षर
			वास्तविक	पुनरावृत्ति	रिकार्ड		
1	38	ऑक्जेलिक अम्ल या पोटेशियम परमैंगनेट का मानक विलयन तैयार करना।					
2	42	अनुमापन विधि द्वारा फीनॉलफ्थेलिन सूचक का उपयोग करते हुए ऑक्जेलिक अम्ल के मानक विलयन की सहायता से दिए गए सोडियम हाइड्रॉक्साइड विलयन की शक्ति ज्ञात करना।					
3	90	एथिलीन डायमाइन टेट्रा एसिटिक अम्ल (ईडीटीए) के मानक विलयन का उपयोग करके दिए गए जल के नमूने की कुल कठोरता का आकलन करना।					
4	94	0.01M सल्फ्यूरिक अम्ल का उपयोग करके किसी दिए गए जल के नमूने की क्षारीयता का निर्धारण करना।					
5	134	मानक $KMnO_4$ विलयन की सहायता से हेमेटाइट अयस्क में लोहे का प्रतिशत निर्धारित करना।					
6	138	कॉपर पाइराइट अयस्क में तांबे का आयोडोमिति आकलन करना।					
7	143	कॅलरीमापी का उपयोग करके दिए गए सीमेंट नमूने में लौह तत्व का निर्धारण करना।					
8	171	दिए गए तेल की कुल अम्ल संख्या (TAN) निर्धारित करना।					

क्रमांक	पृष्ठ क्रमांक	प्रयोग का नाम	दिनांक			अंक	हस्ताक्षर
			वास्तविक	पुनरावृत्ति	रिकार्ड		
9	174	दिए गए कोयले के नमूने में नमी और राख सामग्री का भारात्मक आकलन (निकट विश्लेषण) करना।					
10	176	बम कैलोरीमीटर का उपयोग करके ठोस या द्रव ईंधन का कैलोरी मान निर्धारित करना।					
11	180	रेडवुड श्यानातामापी का उपयोग करके स्नेहक तेल की श्यानता निर्धारित करना।					
12	184	एबेल के प्रज्ज्वलन बिंदु का उपयोग करके स्नेहक तेल का प्रज्ज्वलन और अग्नि बिंदु निर्धारित करना।					
13	219	दिए गए जल के नमूने की चालकता का निर्धारण करना।					
14	222	कॉपर सल्फेट एवं कॉपर इलेक्ट्रोड का उपयोग करके फैराडे के विद्युत् अपघटन के प्रथम नियम को सत्यापित करना।					
15	225	विद्युत रासायनिक सेल (डैनियल सेल) का उपयोग करके EMF का निर्धारण करना।					
16	229	एक विलयन में डूबी दो असमान धातुओं के संपर्क के प्रभाव का निर्धारण करना।					

अनुलग्नक-1

रसायन प्रयोगशाला में सामान्य दिशा निर्देश

- छात्रों को निर्धारित समय-सारणी के अनुसार प्रयोगशाला में रिपोर्ट करना चाहिए।
- प्रयोगशाला में प्रवेश करते ही सभी व्यक्तिगत सामान को बुककेस में रखा जाना चाहिए।
- काम करने वाली टेबल को साफ और व्यवस्थित रखना चाहिए।
- प्राथमिक चिकित्सा किट सभी के लिए आसानी से उपलब्ध और सुलभ होनी चाहिए।
- प्रत्येक छात्र को निर्देश, प्रदर्शन और अवलोकन के दौरान आकस्मिक लेखन के लिए एक लॉग बुक रखना चाहिए।
- प्रयोगशाला में प्रयोग प्रशिक्षित व्यक्ति की देखरेख में करें।
- प्रयोगशाला कर्मियों, छात्रों और संकाय को अपनाये जाने वाले सामान्य विद्युत सुरक्षा दिशा निर्देशों / नियमों के बारे में पता होना चाहिए।
- प्रयोग हेतु हमेशा व्यवस्थित और सही प्रक्रिया का पालन करें। कभी भी शॉर्टकट न अपनाएं।
- आपातकालीन निकास मार्गों को जानें।
- किसी भी प्रकार की सहायता के लिए, अपने प्रशिक्षक से प्रश्न पूछने में कभी संकोच न करें। ये उचित संचालन प्रक्रिया, सुरक्षा आदि से संबंधित हो सकते हैं। सुनिश्चित करें कि आगे बढ़ने से पहले आप प्रत्येक निर्देश को समझते हैं।
- प्रयोग के दौरान होने वाली किसी भी प्रकार की क्षति को प्रयोगशाला प्रभारी के ध्यान में लाया जाना चाहिए। कांच के सामान या उपकरण का उपयोग करते समय सावधान रहना चाहिए।
- प्रयोगशाला में अत्यधिक सतर्कता के साथ उचित अनुशासन बनाए रखें।
- छात्रों को प्रयोगशाला में आने से पहले, प्रयोग करने के लिए, उसमे अंतर्निहित अवधारणाओं और सिद्धांतों की समझ के साथ तैयार होकर आना चाहिए।
- जब भी आवश्यक हो, अपनी टिप्पणियों को रिकॉर्ड करें।
- महत्वपूर्ण आपातकालीन नंबरों को प्रयोगशाला में प्रदर्शित किया जाना चाहिए और प्रत्येक को ज्ञात होना चाहिए।
- प्रयोगशाला में सामान्य सुरक्षा प्रतीकों और संकेतों को प्रदर्शित किया जाना चाहिए।
- विद्यार्थियों को दिए गए लैब मैन्युअल / प्रक्रिया शीट/डेटा पत्रक की प्रति समय पर, जैसा तथा जब मांगी जाये, जमा करनी चाहिए।
- प्रयोगशाला में खाना, धूम्रपान और शराब पीना मना है।

रसायन प्रयोगशाला में विशिष्ट दिशा निर्देश

- कभी भी सांद्र अम्ल में जल न डालें।
- रसायन प्रयोगशाला में काम करते समय हमेशा उचित व्यक्तिगत सुरक्षा उपकरण (पीपीई) पहनें।
- किसी भी दुर्घटना से बचने के लिए प्रयोगशाला कर्मियों, छात्रों और शिक्षकों को सुरक्षा उपकरणों, अग्निशामकों आदि के संचालन के बारे में अच्छी तरह से पता होना चाहिए।
- सभी रसायनों को उचित रूप से लेबल किया जाना चाहिए और उचित रूप से संग्रहीत किया जाना चाहिए।
- प्रयोगशाला कर्मियों, छात्रों और शिक्षकों को प्रयोगशाला दुर्घटनाओं जैसे रासायनिक रिसाव, आग और विस्फोट, और व्यक्तिगत चोटों के मामले में किए जाने वाले उचित उपायों के बारे में पता होना चाहिए।
- पिपेट भरने के लिए मुंह चूषण (mouth suction) का उपयोग कभी नहीं किया जाता है।
- प्रयोगशाला कर्मियों, छात्रों और शिक्षकों को रासायनिक कचरे के उचित निपटान, विशिष्ट रसायनों के भंडारण, सुरक्षा और आपातकालीन उपकरणों के उपयोग, रासायनिक खतरों का आकलन करने के बारे में जागरूक होना चाहिए।
- प्रयोगशाला कर्मियों, छात्रों और शिक्षकों को रासायनिक जलन, गर्मी से जलन, आंखों में चोट, कांच के बने पदार्थ से कटने, खतरनाक गैसों के अंदर जाने आदि के मामले में किए जाने वाले उचित उपायों के बारे में अच्छी तरह से अवगत होना चाहिए।
- सुनिश्चित करें कि बर्नर जलाने से पहले सभी ज्वलनशील अभिकर्मकों को अच्छी तरह से हटा दिया गया है।
- प्रयोगशाला छोड़ने से पहले, सुनिश्चित करें कि आपका कार्य क्षेत्र साफ और सूखा हो। सुनिश्चित करें कि सभी गैस, पानी, वैक्यूम और वायु वाल्व पूरी तरह से बंद हों।
- जहरीले या परेशान करने वाले वाष्प होने पर धूआं हुड का प्रयोग करें।
- जब प्रयोग पूरा हो जाए, तब छात्रों को उपकरण और कांच के बर्तनों को साफ करना चाहिए। बचे हुए रसायनों का सावधानीपूर्वक निपटान करें। अपने द्वारा बनाए गए सेटअप को डिस्कनेक्ट करें और इस प्रयोजन हेतु लिए गए सभी घटक / उपकरणों को वापस जमा करना चाहिए ।
- कभी भी रासायनिक पदार्थ को सीधे तुला के पलड़े पर न रखें। रसायन को तोलने के लिए तुला का उपयोग करते समय हमेशा उचित तौल पात्र का प्रयोग करें।
- लैब से निकलने के बाद अपने हाथों को अच्छी तरह धो लें।
- उपयोग के बाद अभिकर्मकों को उनके उचित स्थान पर रखें। उनकी स्थिति में परिवर्तन न करें।
- सिंक में सांद्रित अम्ल न डालें। किसी भी बेकार कागज/लिटमस पेपर आदि को सिंक में न फेंके। उन्हें कूड़ेदान में फेंके। उपयोग में न होने पर गैस के नल और पानी के नल बंद रखें।
- रसायन विज्ञान प्रयोगशाला में प्रयुक्त सामान्य कांच के बने उपकरण नीचे दिए गए हैं

प्रयोगशाला हेतु कांच के उपकरण

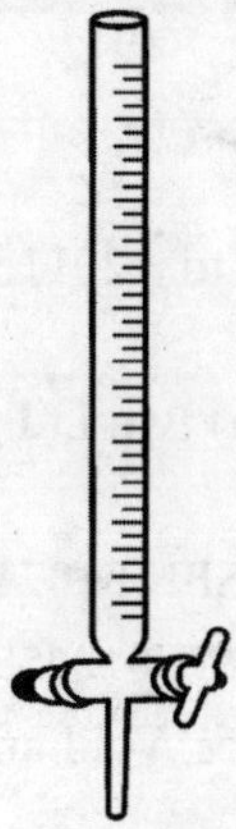

Burette

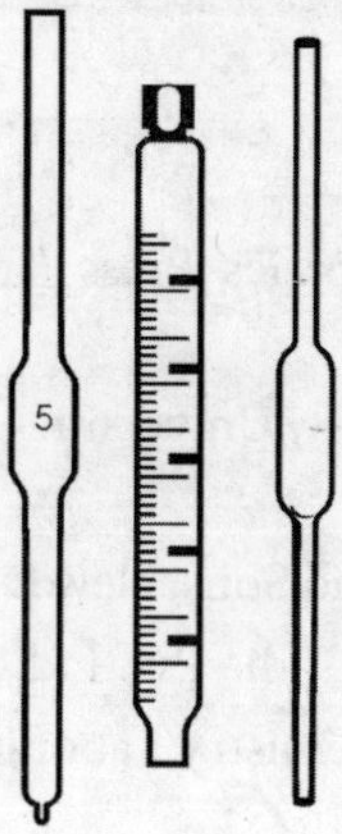

Pipette

Test-tube

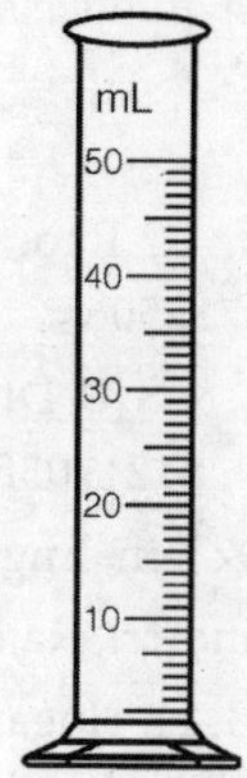

Measuring cylinder

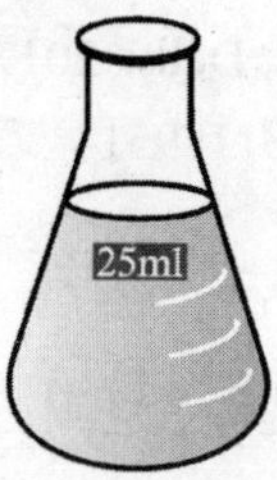

Conical flask

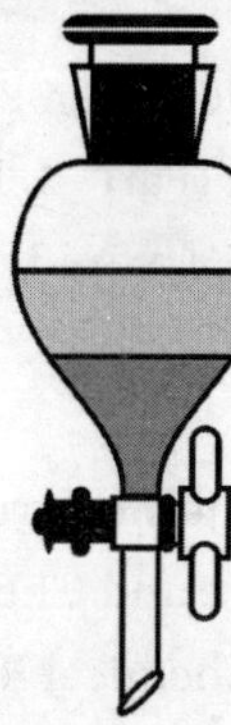

Separating funnel

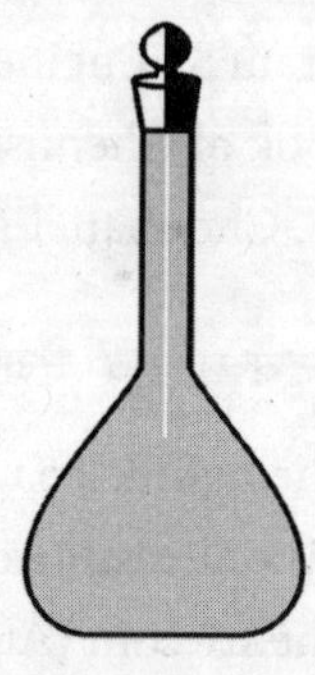

Volumetric flask

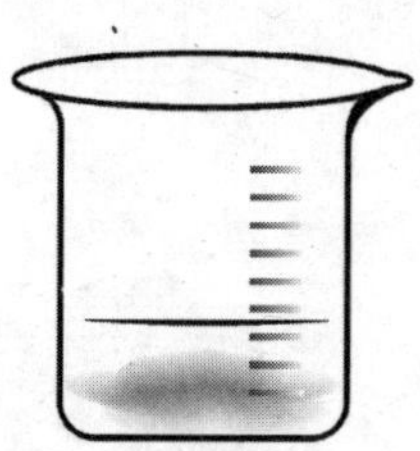

Beaker

Filter funnel

आगामी अध्ययन हेतु सन्दर्भ

पुस्तकें :

- C. N. R. Rao, Understanding Chemistry, Universities Press (India) Pvt. Ltd., 2011, ISBN 8173712506
- Dara, S. S. & Dr. S. S. Umare, Engineering Chemistry, Universities Press (India) Pvt. Ltd., 2011, ISBN, 8121903599
- Jain & Jain, Engineering Chemistry, Dhanpat Rai and Sons; New Delhi, 2015, ISBN 8187433175
- Agnihotrri, Rajesh, Chemistry of Engineers, Wiley India Pvt. Ltd. 2014, ISBN 9788126550784
- Dr. G. H. Hugar & Prof. A. N. Pathak, Applied Chemistry Laboratory Practices, Vol.I and Vol. II, NITTTR, Chandigarh, Publications, 2013 - 14.
- Shikha Agarwal, Engineering Chemistry, Cambridge University Press; New Delhi, 2015. ISBN, 978-1-107-47641-7
- Dr. Vairam S., Engineering Chemistry, Wiley India Pvt.Ltd., New Delhi, 2013, 43035
- Text Book of Chemistry for Class XI & XII (Part - I, Part - II), N.C.E.R.T., Delhi, 2017-18.
- Dr. B. S. Chouhan, Engineering Chemistry, Laxmi Publications, 97893 - 81159514

ओपन सोर्स सॉफ्टवेयर एवं वेबसाइट :

- www.chemguide.co.uk/atommenu.html (Atomic Structure and Chemical Bonding)
- www.visionlearning.com (Atomic Structure and Chemical Bonding
- www.chem1.com (Atomic Structure and Chemical Bonding)
- https://www.wastewaterelearning.com/elearning/ (Water Treatment)
- www.capital-refractories.com (Metals, Alloys, Cement, and Refractory Materials)
- www.em-ea.org/guide%20books/book-2/2.1%20fuels%20and%20combustion.pdf (Fuel and Combustion)
- www.chemcollective.org (Metals, Alloys)
- www.wqa.org(Water Treatment)

CO और PO अटैनमेंट तालिका

कोर्स आउटकम्स (COs)	प्रोग्राम आउटकम्स (POs) के आपेक्षित संबंध *(1. कमजोर सहसंबंध; 2. मध्यम सहसंबंध; 3. मजबूत सहसंबंध)*						
	PO-1	**PO-2**	**PO-3**	**PO-4**	**PO-5**	**PO-6**	**PO-7**
CO-1							
CO-2							
CO-3							
CO-4							
CO-5							

अनुक्रमणिका

श

स

ह

शब्दकोष

अंतिम बिंदु	End point
अग्नि बिंदु	Fire point
अणु	Molecule
अनुमापन	Titration
अपकेन्द्रिय बल	Centrifugal Force
अपक्रमण	Priming
अपचयन	Reduction
अम्ल	Acid
अयस्क	Ore
अवक्षेपण	Precipitation
अवरोधक	Inhibiter
अवसादन	Sedimentation
अशुद्धि	Gang
अष्टक	Octet
अस्थायी कठोरता	Temporary hardness
आकलन	Estimation
आक्सीकरण	Oxidation
आयन विनिमय	Ion exchange
आयनन	Ionization
आवेशन	Charging
आसवन	Distillation
ईधन सेल	Fuel cell
उच्चतापसह	Refractory
उत्प्रेरक	Catalyst
उदासीनीकरण अभिक्रिया	Neutralization reaction
उप सहसंयोजक बंध	Coordinate bond
ऊर्णन	Flocculation
ऋणायन	Anion
एकलक	Monomer
एकाकी युग्म	Lone pair
एनोड कीचड़	Anode mud
कक्षक	Orbital
कक्षा	Orbit
कठोर जल	Hard water
काँच	Glass
कीचड़	Sludge
कुल घुलित ठोस	Total Dissolved Solid
कोश	Shell
क्वथनांक	Boiling point
क्षार	Base
क्षारीयता	Alkalinity
खनिज	Mineral
गलनांक	Melting point
गालक	Flux
गैल्विनीकरण	Galvanizing
चक्रण क्वान्टम संख्या	Spin quantum number
चालकता	Conductance
चुम्बकीय क्वान्टम संख्या	Magnetic quantum number
छानना	Filtration
जल अपघटन	Hydrolysis
जलयोजन	Hydration

झाग उत्प्लावन विधि	Froth floatation method
डमरू आकार	Dum-bell shape
ढलाई	Casting
तत्वात्मक विश्लेषण	Ultimate analysis
तनन सामर्थ्य	Tensile strength
तापानुशीतन	Annealing
तुल्यांकी भार	Equivalent weight
थर्मोप्लास्टिक	Thermoplastic
थर्मोसेटिंग	Thermosetting
दविगंशी क्वान्टम संख्या	Azimuthal quantum number
द्रवण	Liquation
द्वितीयक सेल	Secondary cell
धनायन	Cation
धातुकर्म	Metallurgy
धातुमल	Slag
धात्विक बंध	Metallic bond
ध्रुवीय बंध	Polar bond
नमी	Moisture
नार्मलता	Normality
नाभिक	Nucleus
निकट विश्लेषण	Proximate analysis
निरावेशन	Discharging
निस्तापन	Calcination
पपड़ी	Scale
परमाणु	Atom
परमाणु क्रमांक	Atomic number
परमाणु भार	Atomic mass
प्रगलन	Smelting
प्रज्वलन बिंदु	Flash point
प्रतिरोध	Resistance
प्राथमिक सेल	Primary cell
फेनन	Foaming
बंधित युग्म	Bond pair
बहाव बिंदु	Pour point
बहुलक	Polymer
भट्ठी	Furnace
भराव	Fillers
भर्जन	Roasting
मानक विलयन	Standard solution
मिश्र धातु	Alloy
मुख्य क्वान्टम संख्या	Principle quantum number
मृदु जल	Soft water
मृदुपन	Tempering
मेघ बिंदु	Cloud point
मैल	Scum
मोल प्रभाज	Mole fraction
मोलरता	Molarity
मोललता	Molality
योगात्मक बहुलीकरण	Addition polymerization
योजक	Additives
राख सामग्री	Ash content
रासायनिक तुल्यांक	Chemical equivalent
लचीलापन/तन्यता	Ductility
लवण	Salt
वाष्पशील पदार्थ	Volatile matter
विद्युत अपघटनी शोधन	Electrolytic refining

विद्युत चुम्बकीय पृथक्करण	Electromagnetic Separation
विद्युत लेपन	Electroplating
विद्युतअपघटन	Electrolysis
विद्युत् अनअपघट्य	Non-electrolyte
विद्युत् अपघटनी सेल	Electrolytic cell
विद्युत् अपघट्य	Electrolyte
विद्युत् ऋणात्मक	Electronegative
विद्युत् धनात्मक	Electropositive
विद्युत् धातुकर्म	Electro Metallurgy
विद्युत् रासायनिक तुल्यांक	Electrochemical equivalent
विद्युत् रासायनिक सेल	Electrochemical cell
विद्युत् शोधन	Electrorefining
विद्युत् संयोजक बंध	Electrovalent bond
वियोजन	Dissociation
वियोजन की मात्रा	Degree of dissociation
विलयन	Solution
विलायक	Solvent
विलेय	Solute
विसर्जन विभव	Discharge potential
विस्थानिकृत	Delocalized
शमन	Quenching
शुष्क सेल	Dry cell
श्यानता	Viscosity
संकरण	Hybridization
संक्षारण	Corrosion
संघनात्मक बहुलीकरण	Condensation polymerization
संयोजकता	Valency
सम बहुलक	Homomer
समभारिक	Isobar
समस्थानिक	Isotope
सम्तुल्यांक बिंदु	Equivalence Point
सह बहुलक	Copolymer
सहसंयोजक बंध	Covalent bond
सांद्रण	Concentration
सूचक	Indicator
सौर सेल	Solar cell
स्कंदन	Coagulation
स्थायी कठोरता	Permanent hardness
स्थिर विद्युत् बल	Electrostatic Force
स्निग्धता/चिकनापन	Oiliness